U0162069

“十二五”国家重点图书出版规划项目
新型城镇规划设计指南丛书

新型城镇·住区规划

骆中钊 戴 俭 张 磊 张惠芳 ■ 总主编
张 磊 ■ 主 编
王笑梦 霍 达 ■ 副主编

中国林业出版社

图书在版编目（CIP）数据

新型城镇．住区规划 / 骆中钊等总主编．-- 北京：
中国林业出版社，2020.8
（新型城镇规划设计指南丛书）
“十二五”国家重点图书出版规划项目
ISBN 978-7-5038-8376-7

Ⅰ．①新… Ⅱ．①骆… Ⅲ．①城镇－居住区－城市规
划 Ⅳ．① TU984

中国版本图书馆 CIP 数据核字 (2015) 第 321521 号

策　　划：纪　亮
责任编辑：纪　亮

出版：中国林业出版社（100009 北京西城区刘海胡同 7 号）
网站：http://www.forestry.gov.cn/lycb.html
印刷：河北京平诚乾印刷有限公司
发行：中国林业出版社
电话：（010）8314 3573
版次：2020 年 8 月第 1 版
印次：2020 年 8 月第 1 次
开本：1/16
印张：15.25
字数：300 千字
定价：196.00 元

编委会

组编单位：

世界文化地理研究院

国家住宅与居住环境工程技术研究中心

北京工业大学建筑与城规学院

承编单位：

乡魂建筑研究学社

北京工业大学建筑与城市规划学院

天津市环境保护科学研究院

北方工业大学城镇发展研究所

燕山大学建筑系

方圆建设集团有限公司

编委会顾问：

国家历史文化名城专家委员会副主任　郑孝燮

中国文物学会名誉会长　谢辰生

原国家建委农房建设办公室主任　冯　华

中国民间文艺家协会驻会副会长党组书记　罗　杨

清华大学建筑学院教授、博导　单德启

天津市环保局总工程师、全国人大代表　包景岭

恒利集团董事长、全国人大代表　李长庚

编委会主任：骆中钊

编委会副主任：戴　俭　张　磊　乔惠民

编委会委员：

世界文化地理研究院　骆中钊　张惠芳　乔惠民　骆　伟　陈　磊　冯惠玲

国家住宅与居住环境工程技术研究中心　仲继寿　张　磊　曾　雁　夏晶晶　鲁永飞

中国建筑设计研究院　白红卫

方圆建设集团有限公司　任剑锋　方朝晖　陈黎阳

北京工业大学建筑与城市规划学院　戴　俭　王志涛　王　飞　张　建　王笑梦　廖含文　齐　羚

北方工业大学建筑艺术学院　张　勃　宋效巍

燕山大学建筑系　孙志坚

北京建筑大学建筑与城市规划学院　范霄鹏

合肥工业大学建筑与艺术学院　李　早

西北工业大学力学与土木建筑学院　刘　煜

大连理工大学建筑环境与新能源研究所　陈　滨

天津市环境保护科学研究院　温　娟　李　燃　闫　佩

福建省住建厅村镇处　李　雄　林琼华

福建省城乡规划设计院　白　敏

《城乡建设》全国理事会　汪法濒

《城乡建设》　金香梅

北京乡魂建筑设计有限责任公司　韩春平　陶茉莉

福建省建盟工程设计集团有限公司　刘　蔚

福建省莆田市园林管理局　张宇静

北京市古代建筑研究所　王　倩

北京市园林古建设计研究院　李松梅

编者名单

1《新型城镇·建设规划》
总主编 骆中钊 戴 俭 张 磊 张惠芳
主 编 刘 蔚
副主编 张 建 张光辉

2《新型城镇·住宅设计》
总主编 骆中钊 戴 俭 张 磊 张惠芳
主 编 孙志坚
副主编 陈黎阳

3《新型城镇·住区规划》
总主编 骆中钊 戴 俭 张 磊 张惠芳
主 编 张 磊
副主编 王笑梦 霍 达

4《新型城镇·街道广场》
总主编 骆中钊 戴 俭 张 磊 张惠芳
主 编 骆中钊
副主编 廖含文

5《新型城镇·乡村公园》
总主编 骆中钊 戴 俭 张 磊 张惠芳
主 编 张惠芳 杨 玲
副主编 夏晶晶 徐伟涛

6《新型城镇·特色风貌》
总主编 骆中钊 戴 俭 张 磊 张惠芳
主 编 骆中钊
副主编 王 倩

7《新型城镇·园林景观》
总主编 骆中钊 戴 俭 张 磊 张惠芳
主 编 张宇静
副主编 齐 羚 徐伟涛

8《新型城镇·生态建设》
总主编 骆中钊 戴 俭 张 磊 张惠芳
主 编 李 燃 刘少冲
副主编 闫 佩 彭建东

9《新型城镇·节能环保》
总主编 骆中钊 戴 俭 张 磊 张惠芳
主 编 宋效巍
副主编 李 燃 刘少冲

10《新型城镇·安全防灾》
总主编 骆中钊 戴 俭 张 磊 张惠芳
主 编 王志涛
副主编 王 飞

总前言

习近平总书记在党的十九大报告中指出，要“推动新型工业化、信息化、城镇化、农业现代化同步发展”。走“四化”同步发展道路，是全面建设中国特色社会主义现代化国家、实现中华民族伟大复兴的必然要求。推动“四化”同步发展，必须牢牢把握新时代新型工业化、信息化、城镇化、农业现代化的新特征，找准“四化”同步发展的着力点。

城镇化对任何国家来说，都是实现现代化进程中不可跨越的环节，没有城镇化就不可能有现代化。城镇化水平是一个国家或地区经济发展的重要标志，也是衡量一个国家或地区社会组织强度和管理水平的标志，城镇化综合体现一国或地区的发展水平。

从20世纪80年代费孝通提出“小城镇大问题”到国家层面的“小城镇大战略”，尤其是改革开放以来，以专业镇、重点镇、中心镇等为主要表现形式的特色镇，其发展壮大、联城进村，越来越成为做强镇域经济，壮大县区域经济，建设社会主义新农村，推动工业化、信息化、城镇化、农业现代化同步发展的重要力量。特色镇是大中小城市和小城镇协调发展的重要核心，对联城进村起着重要作用，是城市发展的重要递度增长空间，是小城镇发展最显活力与竞争力的表现形态，是“万镇千城”为主要内容的新型城镇化发展的关键节点，已成为镇城经济最具代表性的核心竞争力，是我国数万个镇形成县区城经济增长的最佳平台。特色与创新是新型城镇可持续发展的核心动力。生态文明、科学发展是中国新型城镇永恒的主题。发展中国新型城镇化是坚持和发展中国特色社会主义的具体实践。建设美丽新型城镇是推进城镇化、推动城乡发展一体化的重要载体与平台，是丰富美丽中国内涵的重要内容，是实现“中国梦”的基础元素。新型城镇的建设与发展，对于积极扩大国内有效需求，大力发展服务业，开发和培育信息消费、医疗、养老、文化等新的消费热点，增强消费的拉动作用，夯实农业基础，着力保障和改善民生，深化改革开放等方面，都会产生现实的积极意义。而对新城镇的发展规律、建设路径等展开学术探讨与研究，必将对解决城镇发展的模式转变、建设新型城镇化、打造中国经济的升级版，起着实践、探索、提升、影响的重大作用。

《中共中央关于全面深化改革若干重大问题的决定》已成为中国新一轮持续发展的新形势下全面深化改革的纲领性文件。发展中国新型城镇也是全面深化改革不可缺少的内容之一。正如习近平同志所指出的“当前城镇化的重点应该放在使中小城市、小城镇得到良性的、健康的、较快的发展上”，由“小城镇 大战略”到“新型城镇化”，发展中国新型城镇是坚持和发展中国特色社会主义的具体实践，中国新型城镇的发展已成为推动中国特色的新型工业化、信息化、城镇化、农业现代化同步发展的核心力量之一。建设美丽新型城镇是推动城镇化、推动城乡一体化的重要载体与平台，是丰富美丽中国内涵的重要内容，是实现“中国梦”的基础元素。实现中国梦，需要走中国道路、弘扬中国精神、凝聚中国力量，更需要中国行动与中国实践。建设、发展中国新型城镇，就是实现中国梦最直接的中国行动与中国实践。

城镇化更加注重以人为核心。解决好人的问题是推进新型城镇化的关键。新时代的城镇化不是简单地把农村人口向城市转移，而是要坚持以人民为中心的发展思想，切实提高城镇化的质量，增强城镇对农业转移人口的吸引力和承载力。为此，需要着力实现两个方面的提升：一是提升农业转移人口的市民化水平，使农业转移人口享受平等的市民权利，能够在城镇扎根落户；二是以中心城市为核心、周边中小城市为支撑，推进大中小城市网络化建设，提高中小城市公共服务水平，增强城镇的产业发展、公共服务、吸纳就业、人口集聚功能。

为了推行城镇化建设，贯彻党中央精神，在中国林业出版社支持下，特组织专家、学者编撰了本套丛书。丛书的编撰坚持三个原则：

1. 弘扬传统文化。中华文明是世界四大文明古国中唯一没有中断而且至今依然充满着生机勃勃的人类文明，是中华民族的精神纽带和凝聚力所在。中华文化中的“天人合一”思想，是最传统的生态哲学思想。丛书各册开篇都优先介绍了我国优秀传统建筑文化中的精华，并以科学历史的态度和辩证唯物主义的观点来认识和对待，取其精华，去其糟粕，运用到城镇生态建设中。

2. 突出实用技术。城镇化涉及广大人民群众的切身利益，城镇规划和建设必须让群众得到好处，才能得以顺利实施。丛书各册注重实用技术的筛选和介绍，力争通过简单的理论介绍说明原理，通过翔实的案例和分析指导城镇的规划和建设。

3. 注重文化创意。随着城镇化建设的突飞猛进，我国不少城镇建设不约而同地大拆大建，缺乏对自然历史文化遗产的保护，形成“千城一面”的局面。但我国幅员辽阔，区域气候、地形、资源、文化乃至传统差异大，社会经济发展不平衡，城镇化建设必须因地制宜，分类实施。丛书各册注重城镇建设中的区域差异，突出因地制宜原则，充分运用当地的资源、风俗、传统文化等，给出不同的建设规划与设计实用技术。

丛书分为建设规划、住宅设计、住区规划、街道广场、乡村公园、特色风貌、园林景观、生态建设、节能环保、安全防灾这10个分册，在编撰中得到很多领导、专家、学者的关心和指导，借此特致以衷心的感谢！

丛书编委会

前　言

改革开放40年，是我国城镇发展和建设最快的时期，特别是在沿海较发达地区，星罗棋布的城镇，如雨后春笋，迅速成长，向人们充分展示着其拉动农村经济社会发展的巨大力量。

要建设好城镇，规划是龙头。搞好城镇的规划设计是促进城镇健康发展的保证，这对推动城乡统筹发展加快我国的新型城镇化进程，缩小城乡差别、扩大内需、拉动国民经济持续增长都发挥着极其重要的作用。

住区规划是城镇详细规划的主要组成部分，是实现城镇总体规划的重要步骤。现在人们已经开始追求小康生活的居住水平，这不仅要求住宅的建设必须适应可持续发展的需要，同时还要求必须具备与其相配套的居住环境，城镇的住宅建设必然趋向于小区化。改革开放以来，经过众多专家、学者和社会各界的努力，城市住区的规划设计和研究工作取得很多可喜的成果，为促进我国的城市住区建设发挥了极为积极的作用。城镇住区与城市住区虽然同是住区，有着很多的共性，但在实质上，还是有着不少的差异，具有特殊性。在过去相当长的一段时间里，由于对城镇住区规划设计的特点缺乏深入研究，导致城镇住区建设生硬地套用一般城市住区规划设计的理念和方法，采用简单化和小型化的城市住区规划。甚至将城市住区由于种种原因难能避免的远离自然、人际关系冷漠也带到城镇住区，使得介于城市与乡村之间、处于广阔的乡村包围之中、地域中心的城镇的自然环境、贴近人际关系密切、传统文化深厚的特征遭受到严重的摧残；使得“国际化”和“现代化”对中华民族优秀传统文化的冲击波及至广泛的城镇，导致很多城镇丧失了独具的中国特色和地方风貌，破坏了生态环境严重地影响到人们的生活，阻挠了城镇的经济发展。

十八届三中全会审议通过的《中共中央关于全面深化改革若干重大问题的决定》中，明确提出完善新型城镇化体制机制，坚持走中国特色新型新型城镇化道路，推进以人为核心的新型城镇化。2013年12月12～13日，中央城镇化工作会议在北京举行。在本次会议上，中央对新型新型城镇化工作方向和内容做了很大调整，在新型城镇化的核心目标、主要任务、实现路径、新型城镇化特色、城镇体系布局、空间规划等多个方面，都有很多新的提法。新型新型城镇化成为未来我国新型城镇化发展的主要方向和战略。

新型城镇化是指农村人口不断向城镇转移，第二、三产业不断向城镇聚集，从而使城镇数量增加，城镇规模扩大的一种历史过程，它主要表现为随着一个国家或地区社会生产力的发展、科学技术的进步以及产业结构的调整，其农村人口居住地点向城镇的迁移和农村劳动力从事职业向城镇第二、三产业的转移。新型城镇化的过程也是各个国家在实现工业化、现代化过程中所经历社会变迁的一种反映。新型新型城镇化则是以城乡统筹、城乡一体、产城互动、节约集约、生态宜居、和谐发展为基本特征的新型城镇化，是大中小城市、城镇、新型农村社区协调发展、互促共进的新型城镇化。新型城镇化的核心在于不以牺牲农业和粮食、生态和环境为代价，着眼农民，涵盖农村，实现城乡基础设施一体化和公共服务均等化，促进经济社会发展，实现共同富裕。

现在，处于我国新型城镇化又一个发展的历史时期，城镇将会加快发展，东部沿海较为发达地区和中西部地区的城镇也将迅速发展。这就要求我们必须认真总结和教训。充分利用城镇比起城市，有着环境优美贴近自然、乡土文化丰富多彩、民情风俗淳朴真诚、传统风貌鲜明独特以及依然保留着人与自然、人与人、人与社会和谐融合的特点。努力弘扬优秀传统建筑文化，借鉴我国传统民居聚落的布局，讲究“境态的藏风聚气，形态的礼乐秩序，势态和形态并重，动态和静态互释，心态的厌胜辟邪”等。十分重视人与自然的协调，强调人与自然融为一体的“天人合一”。在处理居住环境和自然环境的关系时，注意巧妙地利用自然来形成“天趣”。对外相对封闭，内部却极富亲和力和凝聚力，以适应人的居住、生活、生存、发展的物质和心理需求。因此，新型城镇化住区的规划设计应立足于满足城镇居民当代且可持续发展的物质和精神生活的需求，融入地理气候条件、文化传统及风俗习惯等，体现地方特色和传统风貌，以精心规划设计为手段，努力营造融于自然、环境优美、颇具人性化和各具独特风貌的城镇住区。

通过对实践案例的总结，特将对城镇住区规划设计的认识和理解整理成书，旨在抛砖引玉。

住区规划是城镇详细规划的主要组成部分，是实现城镇总体规划的重要步骤。现在人们已经开始追求适应小康生活的居住水平，这不仅要求住宅的建设必须适应可持续发展的需要，同时还要求必须具备与其相配套的居住环境，城镇的住宅建设必然趋向于小区化。

本书是“新型城镇规划设计指南丛书”中的一册，书中扼要地综述了中华建筑文化融于自然的聚落布局独特风貌和深蕴意境，介绍了城镇住区的演变和发展趋向；分章详细地阐明了城镇住区的规划原则和指导思想、城镇住区住宅用地的规划布局、城镇住区公共服务设施的规划布局、城镇住区道路交通规划和城镇住区绿化景观设计；特辟专章探述了城镇生态住区的规划与设计；并精选历史文化名镇中的住区、城镇小康住区和福建省村镇住区规划实例以及住区规划设计范例进行介绍，以便于广大读者阅读参考。书中内容丰富、观念新颖，通俗易懂，具有实用性、文化性、可读性强的特点，是一本较为全面、系统地介绍新型城镇化住区规划设计和建设管理的专业性实用读物。可供从事城镇建设规划设计和管理的建筑师、规划师和管理人员工作中参考，也可供高等院校相关专业师生教学参考，还可作为对从事城镇建设的管理人员进行培训的教材。

本书在编纂中得到许多领导、专家、学者的指导和支持；引用了许多专家、学者的专著、论文和资料；张惠芳、骆伟、陈磊、冯惠玲、李松梅、刘蔚、刘静、张志兴、骆毅、黄山、庄耿、柳碧波、王倩等参加资料的整理和编纂工作，借此一并致以衷心的感谢。

限于水平，书中不足之处，敬请广大读者批评指正。

骆中钊

于北京什刹海畔滋善轩乡魂建筑研究学社

目　录

4 住宅用地的规划布局

5 公共设施的规划布局

6 道路交通的规划设计

7 绿化景观的规划设计

8 生态住区的规划设计

（提取码：5t0c）

1 融于自然的传统聚落

在人类历史上，以易学为代表的中国传统文化，对“人与自然的关系”有着独特的认识和追求。“人与自然的关系”，在中国古代称为“天人关系”，亦叫做“天人之际”。它在中国传统文化中占有重要的地位。汉代哲学家、语言学家扬雄（公元前58～公元18年）认为，能够通达天地人之道理的人，才可以称之为儒者；只通天地之道而不通人道者，只能算作是有一技之长的匠人。在“天人关系”上，中国哲学的一个重要见解就是“天人合一”，即：认为人是自然界的一部分，人与天地万物本来就是一个有机统一的整体。这种强调天与人之间紧密相连，不可分割的“天人合一”观念，可以说是数千年来中国农业文明的产物。老子哲学认为，宇宙间有“四大”，即：“道”“天”“地”“人”，并指出：“人法地，地法天，天法道，道法自然”。同时主张师法自然，法地则天。这种“天人合一”的观念和法地则天的思想，对中国传统家居环境文化的形成和发展都有着极其深远的影响。

崇尚和谐的思想，是中国传统文化的灵魂。董仲舒在《春秋繁露·天地阴阳》中称：“天地之道美于和”与“天地之美莫大于和”，这里所说的“和”，即“和谐”。它包括“天地之和”“天人之和”“人际之和”和“身心之和”等。“崇尚和谐”的思想观念，对中国社会生活的许多领域都有着深远的影响。“和谐”，是中国传统文化所崇尚和追求的一种理想境界。所谓“天人合一”，实际上就是讲“天人之和”与“天人合一”，即天人构成一个和谐、有机统一的整体，人作为天（即自然）的一部分，理应与其和谐相处，中华建筑文化非常讲究“天人之和”“人际之和”以及“身心之和”。

人类社会是自然环境中重要的组成部分，人是自然环境中最积极、最活跃的因素，同时又是自然环境的对立物。人时时刻刻都不能脱离环境而生活；环境每日每时都在影响着、制约着人们的生存和发展，参与形成不同人群的各种特点。同时，人类的生产、生活活动又不断地作用于自然环境，使它发生巨大而深刻的变化。因此，人和自然环境的关系是极其错综复杂的。中国古代有着基本独立的文化系统和中华建筑文化理论，从萌芽时期开始就包含着对人地关系的独特认识。各种人地关系的认识又千丝万缕地深入与渗透到人们的生产与生活活动之中。

1.1 人类对于自然环境的认识

对于人类社会与自然环境关系的认识，历来一直有以下三种观点。

1.1.1 听命于天

听天由命，在中国古代是以庄子为代表因任自然的顺天说。

这种思想在西方的地理学史上，叫做“地理环境决定论”。它将人的地位和作用，作为自然环境的奴仆与附庸，强调环境是塑造人（类）生活的控制力量。人（类）并不是一个自由的因素，而是跟在自然所确定的方向后边走。

这是自然顺从论，是一种消极思想的倒退论，认为今天人类活动给自然界造成的影响，已经超出了自然界自我调节功能所能同化的限度，生物圈中的物理、化学、生物学的参数开始变得不利于人类的生存，主张“退向自然”“返璞归真”。然而，人类的进化，社会的进步是一个不可逆转的历史进程，一切顺从自然的消极观点也是违背历史发展规律的。不过，这种重视自然价值和生态学的思想已提醒和迫使人们重新广泛地检验人类的行为是否符合自然的法则和人与自然共生的法则。

1.1.2 人定胜天

人定胜天，在中国古代是以荀子为代表改造自然的制天说，这种观点是一种片面的激进思想。自从西方“戡天”（战胜自然）的思想传入中国后，荀子的学说受到高度赞扬。但是，这种狂热的激进思想一味讲“戡天”，便会陷于破坏自然的一面。事实上，自然界是人类生存的基础，如果盲目破坏自然，会引起破坏人类生存条件的严重后果。

“人定胜天”思想认为，人是自然的主宰者、统治者，人是自然的主人。自然环境可以由人的意志来支配。人的意志可以决定一切。这种思想片面夸大了人的作用及人的主观意志和力量，认为一切客观的自然环境条件都可以由人来创造、由人来塑造、由人来安排。

这是环境虚无论，也是一种人类中心论，认为随着科学技术的进步，人类对自然的征服能力必将达到无所不及的程度。人最终一定能摆脱自然界的束缚，用技术圈、智慧圈代替生物圈，将建筑视作可以独立于环境之外为人控制的一个场所，人类会依靠自身的力量，在各种环境下使自己得以生存。

这种征服大自然、视环境虚无的思想是相当危险的，我们应该时刻记住这样一个最简单的事实——人也是一种动物，其生于大自然，滋补成长于大自然，人类每一行为都会受自然无所不在的规律所左右，自然环境将永远是人类生存和发展的基础。

1.1.3 人地协调

人地协调，在中国古代是以《易经》为代表的天人调谐说。

这是一种整体、有机循环的人地思想。远在周代，由于农业的飞速发展，已经注意到发展生产与保护、协调环境之间的关系。相传西周初年，周文王就提出如果不爱惜自然资源，终有一天将“力尽而敝之”。自然环境会恶化、资源会枯绝。于是他提出“能协天地之胜，是以长久”，发展生产要与自然环境相协调。基于这种保护动植物资源是保护人类生存、社会发展的基本认识，周文王在镐京召见太子发（后为周武王），谆谆告诫说：“呜呼！吾身老矣。吾语汝，我所保与我所守，传之子孙……山林非时不升斤斧，以成草木之长；川泽非时不入网罟，以成鱼鳖之长；不卵不馔，以成鸟兽之长。畋猎唯时，不杀童羊，不夭胎，童牛不服，童马不驰不骛；泽不行害，土不失其宜，万物不失其性，天下不失其时。”这种谨慎保护生物再生产能力的思想，就是人地关系协调的思想。他的话语中包含了保护自然生物繁衍的远见卓识。他反对掠夺式开发，反对开发性破坏，提出在利用自然资源时，要按照自然规律来办事。他还提出要根据不同地区的自然地理条件，分别种植树木、藤本、竹子、芦苇、水草等。他要求对自然资源合理利用，以图取之不尽，用之不竭，达到自然环境与人类社会的协调发展。这作为“先王之法”对后世产生了深远的影响。此后，《齐民要术》一书也提出“顺天时，量地利，用力少而成功多，任情反道，劳而无获”。《周易大传》主张“裁成天地之道，辅相天地之宜”“范围天地之化而不过，曲成万物而不遗”，是一种全面的观点，人要利用自然就要顺应自然，应调整自然使其符合人类的愿望，既不屈服于自然，也不破坏自然。以天人相互协调为理想应该肯定，这种学说确实有很高的价值。

作为中华建筑文化之魂的环境风水学认为，对人类影响最大的莫过于居住的生活环境，家居环境的好坏，对人类的体质和智力发展均有重大影响。《阳宅十书》说：“卜其兆宅者，卜其地之美恶也，地之美者，则神灵安，子孙昌盛，若培植其根而枝叶茂。……择之不精，地之不吉，则必有水泉、蝼蚁、地风之属，以贼其内，使其形神不安，而子孙亦有死类绝灭之忧。”气候的好坏、水土的美恶的确对人类各方面影响甚巨，如在缺乏某种人体所需元素的地方，就往往流行地方性疾病。据流行病资料表明，地方性甲状腺肿与病区缺碘有关，克山病与病区缺硒有关，氟斑牙病是由于饮用含氟量过高的水引起的。某些微生物、寄生虫在某些特殊的环境条件下易于繁殖和传播疾病，故在某些地区会流行某些疾病，如流行出血热则大多分布于湖泊、河湾、沼泽和易受淹涝的丰垦区，血吸虫病则流行于江南的湿热地区；而居住在陡崖和低洼之处，则会有滑坡岩崩和洪涝之害的威胁。反之，自然条件好的地方，则会促进人的发育，改善生活生产条件，“子孙昌盛”自合情理之中。

环境风水学还认为，良好的家居环境不仅有利于人类的身体健康，而且还为人们的大脑智力发育提供了条件。现代科学研究表明，良好的环境可使脑效率提高 15%～35%，譬如明代时的江南地区，继承和发展了宋代的经济繁荣，山明水秀的自然景观，丰厚湿润的水土气候条件等，孕育了众多的文人志士。明代的 200 多名状元、榜眼、探花三鼎甲，江南竟占 50%以上，出现了“东南财赋地，江浙人文薮”的繁荣景象。这除了政治、经济和文化等社会因素外，不能不与江南清秀的自然环境有关，那就是“物华天宝，人杰地灵”。

随着现代文明的飞速发展，人类在获得极大利益的同时，也带来了一些新的环境破坏和污染问题，使人类居住环境质量下降。对森林绿地开发过度导致了水土流失；对土地的不断蚕食滥用以及人口的失控，使不少发展中国家面临饥荒；大量的工厂夜以继日地向河流与空气中排放大量的化学性污染物，城市“公害”日益加剧等等，对人类素质的不良影响正在深化。所以，我们不得不重视环境问题，不得不总结历史的经验和教训，以借鉴和发展科学的环境工程学，同时也要纠正人与自然关系的非正确观念，重提中华建筑文化的环境风水学，注意环境生态问题就是原因之一。

渊源于中国东方文化的环境风水学是有关人们对自然环境选择与规划布局的概念系统。它通过人们选择和建立和谐的环境来调节人类生态。中国传统的人地关系机理追求的目标是人类和自然环境的平衡与和谐。选择、保护这种和谐、协调的关系，就会给人们带来吉利、昌盛和鸿运。反之，就会给人们带来灾难。人作用于自然环境，要因势利导，使后来的、人为加工于客观环境的地物与原先的环境达到新的平衡，这样才能产生吉利的后果。

当前西方世界广泛地兴起了对中国传统科学与文化研究的热潮。这一科学潮流反映了当代科学的突变性和长足进步，迫切需要在更高阶段上向整体、综合性回归。因此，研究中国古代“究天人之际”的地理思想体系，深入发掘中国古代人与自然关系机理的科学思想，具有打开未来科学之门的重要价值。它对于建立开放、复杂的地理系统，是有其现实意义的。

自然与人等价值论，是一种伙伴论，认为在人与环境的关系上，要抛弃以人为中心的价值观念，主张承认人类以外的他物自然体的价值权力，和人类相

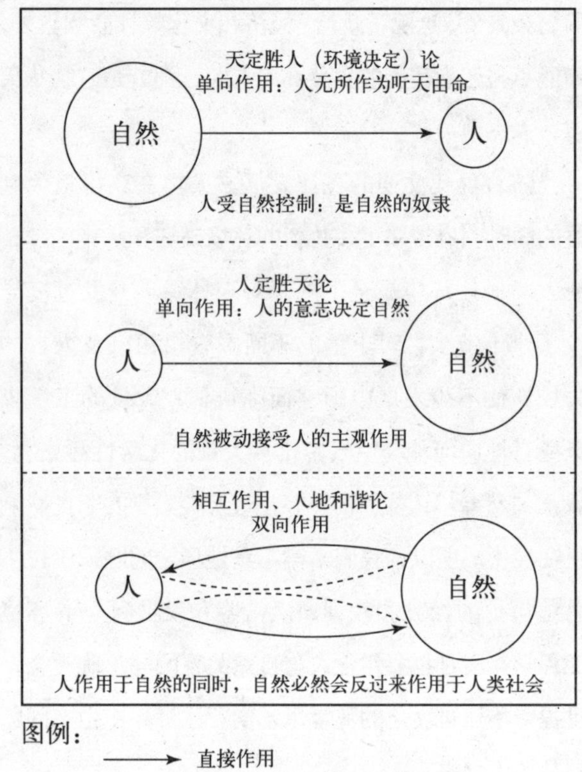

图 1-1 人地关系的理论图解

比同等重要，各有尊严，即主体与客体有同等的价值和权力。该观点有不少可取之处，但太绝对化了，人毕竟还是主体，人类应努力寻求使自身的价值和自然的价值相一致的道路。

人类生存离不开自然环境，自然的法则从来没有为了人的利益、人的意志而失效或暂停，它是不以人的意志为转移的。人的天性和非人的天性是从来没有被征服过，如生物的昼夜节律就是不能改变的。当然，人不仅是生物的人，而且还是文化的人，并不像微生物、植物和一般动物那样仅靠改变自己的生理性状态消极地适应环境，还主要靠改善体外生态环境以保其生存，促其发展。问题在于人类改善环境的活动是否适度。正确的观点是既不能抛弃自然，又不能屈服于自然，在人与自然这个复杂的矛盾中，去把握一种动态的平衡，不去把世界分为人和自然两个部分，而是融为一体。人对自然的态度不是巧取豪夺，而是要参考社会生物学中的“宜适”策略，尽可能地利用自然规律和现象，使人类的生理和心理以及人类社会得以正常的发展。这样，我们就会找出并开拓一条与大自然错综复杂的秩序体系相一致的一种秩序。那么，我们的生活就能开启这伟大的自然力，我们的文化才能具有方向，我们的形式建筑、形式组织与形式秩序才可能具有意义。我们才会再度明白与自然协调的生命的丰富和和谐，取得与大自然不变法则较相一致的生活方式（图 1-1）。

1.2 中华建筑文化环境风水学的环境选择

中华建筑文化环境风水学，实际上就是融汇了地球物理磁场、宇宙星体气象、山川水文地质、生态建筑景观、宇宙生命信息和奇妙黄金分割等多门科学、哲学、美学、伦理学以及宗教、民俗等众多智慧，最终形成内涵丰富、具有综合性和系统性很强的独特文化体系。其环境选择的原则，概括起来有如下五项原则。

1.2.1 立足整体、适中合宜

整体系统论，作为一门完整的科学，是在 20 世纪才产生的。但作为一种朴素的方法，中国的先哲很早就开始运用了。环境风水学把环境作为一个整体系统，这个系统以人为中心，包括天地万物。环境中的每一个子系统都是相互联系、相互制约、相互依存、相互对立、相互转化的要素，环境风水学的功能就是要宏观地把握协调各子系统之间的关系优化结构，寻求最佳组合。

环境风水学充分注意到环境的整体性。《黄帝宅经》主张“以形势为身体，以泉水为血脉，以土地为皮肉，以草木为毛发，以舍屋为衣服，以门户为冠带，若得如斯，是事俨雅，乃为上吉。”清代姚廷銮在《阳宅集成》中强调整体功能性，主张“阳宅应须择地形，背山面水称人心，山有来龙昂秀发，水须围抱作环形，明堂宽大斯为福，水口收藏积万金。关煞二方无障碍，光明正大旺门庭。”

立足整体原则是环境风水学的总原则，其他原则都从属于整体原则，以立足整体的原则处理人与环境的关系，是环境风水学的基本点。

适中合宜，就是恰到好处，不偏不倚，不大不小，不高不低，尽可能优化，接近至善至美。《管氏地理指蒙》论穴云：“欲其高而不危，欲其低而不没，欲其显而不张扬暴露，欲其静而不幽囚哑噎，欲其奇而不怪，欲其巧而不劣。”适中的原则早在先秦时就产生了。《论语》中提倡的中庸，就是过犹不及，处事选择最佳位，以便合乎正道。《吕氏春秋·重己》指出：“室大则多阴，台高则多阳，多阴则蹶，多阳则痿，此阴阳不适之患也。”阴阳平衡就是适中。

环境风水学主张山脉、水流、朝向都要与穴地协调，房屋的大与小也要协调，房大人少不吉，房小人多不吉，房小门大不吉，房大门小不吉。清人吴鼒在《阳宅撮要》指出：“凡阳宅须地基方正，间架整齐，东盈西缩，定损丁财。”

适中的另一层意思是居中，中国历代的都城为什么不选择在广州、上海、昆明、哈尔滨？因为地点太偏。《太平御览》卷有记载：“王者命创始建国，立都必居中土，所以控天下之和，据阴阳之正，均统四方，以制万国者。”洛阳之所以成为九朝故都，原因在于它位居天下之中，级差地租价就是根据居中的程度而定。银行和商场只有在闹市中心才能获得最大效益。

适中合宜的原则还要求突出中心，布局整齐，附加设施紧紧围绕轴心。在典型的环境景观中，都有一条中轴线，中轴线与地球的经线平行，向南北延伸。中轴线的北端最好是横行的山脉，形成丁字形组合，南端最好有宽敞的明堂（平原），中轴线的东西两边有建筑物簇拥，还有弯曲的河流，明清时期的帝陵，清代的园林就是按照这个原则修建的。

1.2.2 观形察势、顺乘生气

清代的《阳宅十书》指出：“人之居处宜以大山河为主，其来脉气最大，关系人祸最为切要。”环境风水学重视山形地势，把小环境放入大环境考察。

中国的地理形势，纬度每隔 8° 左右就有一条大的纬向构造，如天山 — 阴山纬向构造；昆仑山 — 秦岭纬向构造。《考工记》云：“天下之势，两山之间必有川矣。大川之上必有途矣。”《禹贡》把中国山脉划为四列九山。环境风水学把绵延的山脉称为龙脉。龙脉源于西北的昆仑山，向东南延伸出三条龙脉，北龙从阴山、贺兰山入山西，起太原，渡海而止。中龙由岷山入关中，至泰山入海。南龙由云贵、湖南至福建、浙江入海。每条大龙脉都有干龙、支龙、真龙、假龙、飞龙、潜龙、闪龙，勘察环境首先要搞清楚来龙去脉，顺应龙脉的走向。

龙脉的形与势有别，千尺为势，百尺为形，势是远景，形是近观。势是形之崇，形是势之积。有势然后有形，有形然后知势，势住于外，形在于内。势如城郭墙垣，形似楼台门第。势是起伏的群峰，形是单座的山头，认势惟难，观形则易。势为来龙，若马之驰，若水之波，欲其大而强，异而专，行而顺。形要厚实、积聚、藏气。

在龙脉集结处有朝案之山为佳。朝山案山是类似于朝拱伏案之形的山，就像臣僚簇拥君主。朝案之山可以挡风，并且很有趣屈之情。《朱子语类》论北京的大环境云：“冀都山脉从云发来，前则黄河环绕，泰山耸左为龙，华山耸右为虎，嵩为前案，淮南诸山为第二案，江南五岭为第三案，故古今建都之地莫过于冀，所谓无风以散之，有水以界之。”这是以北京城市为中心，以全国山脉为朝案，来说明北京地理环境之优势。

从大环境观察小环境，便可知道小环境受到外界的制约和影响，诸如水源、气候、物产、地质等。任何一块宅地表现出来的吉凶都是由大环境所决定的，犹如中医切脉，从脉象之洪细弦虚紧滑浮沉迟速，就可知道身体的一般状况，因为这是由心血管的机能状态所决定的。只有形势完美，宅地才完美。每建一座城市，每盖一栋楼房，每修一个工厂，都应当先考山川大环境。大处着眼，小处着手，必无后顾之忧，而后富乃大。

环境风水学认为，气是万物的本源。太极即气，一气积而生两仪，一生三而五行具，土得之于气，水得之于气，人得之于气，气感而应，万物莫不得于气。

由于季节的变化，太阳出没的变化，使生气与方位发生变化。不同的月份，生气和死气的方向就不同。生气为吉、死气为凶。人应取其旺相，消纳控制。《管子·枢言》云："有气则生，无气则死，生则以其气。"《黄帝宅经》认为，正月的生气在子癸方，二月在丑艮方，三月在寅甲方，四月在卯乙方，五月在辰巽方，六月在己丙方，七月在午丁方，八月在未坤方，九月在申庚方，十月在酉辛方，十一月在戌乾方，十二月在亥壬方。罗盘体现了生气方位观念，理气派很讲究这一套。

明代蒋平阶在《水龙经》中指出，识别生气的关键是望水。"气者，水之母，水者，气之止。气行则水随，而水止则气止，子母同情，水气相逐也。夫溢于地外而有迹者为水，行于地中而无形者为气。表里同用，此造化之妙用。故察地中之气趋东趋西，即其水或去或来而知之矣。行龙必水辅，气止必有水界。"这就讲清了水和气的关系。

明代《葬经翼》中指出，应当通过山川草木辨识生气，"凡山紫气如盖，苍烟若浮，云蒸霭游，四时弥留，皮无崩蚀，色泽油油，草木繁茂，流泉甘洌，土香而腻，石润而明，如是者，气方钟而来休。云气不腾，色泽暗淡，崩摧破裂，石枯土燥，草木凋零，水泉干涸，如是者，非山冈之断绝于掘凿，则生气之行乎他方。"可见，生气就是万物的勃勃生机，就是生态表现出来的最佳状态。

风水学提倡在有生气的地方修建城镇房屋，这叫做乘生气。只有得到生气的滋润，植物才会欣欣向荣，人类才能健康长寿。宋代黄妙应在《博山篇》云："气不和，山不植，不可扦；气未上，山走趋，不可扦；气不爽，脉断续，不可扦；气不行，山垒石，不可扦。"扦就是点穴，确定地点。

环境风水学认为：房屋的大门为气口，如果有路有水环曲而至，即为得气，这样便于交流，可以得到信息，又可以反馈信息。如果把大门设在闭塞的一方，谓之不得气。得气有利于空气流通，对人的身体有好处。宅内光明透亮为吉，阴暗灰秃为凶。只有顺乘生气，才能称得上贵格。

1.2.3 因地制宜、调谐自然

因地制宜，即根据环境的客观性，采取适宜于自然的生活方式。《周易·大壮卦》提出："适形而止。"先秦时的姜太公倡导因地制宜，《史记·货殖列传》记载："太公望封于营丘，地泻卤，人民寡，于是太公劝其女功，极技巧，通渔盐。"

中国地域辽阔，气候差异很大，土质也不一样，建筑形式亦不同。西北干旱少雨，人们就采取穴居式窑洞居住。窑洞位多朝南，施工简易，不占土地，节省材料，防火防寒，冬暖夏凉，人可长寿，鸡多下蛋。西南潮湿多雨，虫兽很多，人们就采取干阑式竹楼居住。《旧唐书·南蛮传》曰："山有毒草，虱蝮蛇，人并楼居，登梯而上，号为干阑。"楼下空着或养家畜，楼上住人。竹楼空气流通，凉爽防潮，大多修建在依山傍水之处。此外，草原的牧民采用蒙古包为住宅，便于随水草而迁徙。贵州山区和大理人民用山石砌房，这些建筑形式都是根据当时当地的具体条件而创立的。中国现存许多建筑都是因地制宜的楷模。湖北武当山是道教名胜，明成祖朱棣当初派30万人上山修庙，命令不许劈山改建，只许随地势高下砌造墙垣和宝殿。

中国是个务实的国家，因地制宜是务实思想的体现，根据实际情况，采取切实有效的方法，使人与建筑适宜于自然，回归自然，返璞归真，天人合一，这正是中华建筑文化的真谛所在。

人们认识世界的目的在于利用世界为自己服务。《周易》有革卦，彖曰："己日乃孚，革而信之。文明以说，大亨以上，革而当，其悔乃亡。天地革而四时成，汤武革命，顺乎天而应乎人。革之时义大矣。"革就是改造。人们只有适当地改造环境、调谐自然，才能创造优化的生存条件。

调谐环境、适应自然的实例很多，四川都江堰就是调谐环境的成功范例。岷江泛滥，淹没良田和民宅，一旦驯服了岷江，都江堰就造福于人类了。

北京城中处处是调谐环境的名胜。故宫的护城河是人工挖成的障，河土堆砌成景山，威镇玄武。北海是金代时蓄水成湖，积土为岛，以白塔为中心，寺庙以山势排列。圆明园堆山导水，修建一百多处景点，堪称"万园之园"。

我国传统的村镇聚落很注重调谐环境、适应自然。如果下工夫，花力气翻检一遍历史上留下来的地方志书和村谱、族谱，每部书的首卷都叙述了自然环境，细加归纳，一定会有许多调谐环境、适应自然的记载。就目前来说，如深圳、珠海、广州、汕头、上海、北京等许多开放城市，都进行了许多的移山填海，建桥铺路，折旧建新的环境调谐工作，而且取得了很好的效果。

研究环境风水学的目的，在于努力使城市和村镇的格局更合理，更有益于人民的健康长寿和经济的发展。

1.2.4 依山傍水、负阴抱阳

依山傍水是中华环境风水学最基本的原则之一。山体是大地的骨架，水域是万物生机之源泉，没有水，人就不能生存。考古发现的原始部落几乎都在河边台地，这与当时的狩猎和捕捞、采摘经济相适应。

依山的形势有两类：

一类是"土包屋"，即三面群山环绕，奥中有旷，南面敞开，房屋隐于万树丛中。湖南岳阳县渭洞乡张谷英村就处于这样的地形，五百里幕阜山余脉绵延至此，在东北西三方突起三座大峰，如三大花瓣拥成一朵莲花。明代宣德年间，张谷英来这里定居，五百年来发展六百多户、三千多人的赫赫大族，全村八百多间房子连成一片，男女老幼尊卑有序，过着安宁祥和的生活。

依山另一种形式是"屋包山"，即成片的房屋覆盖着山坡，从山脚一直到山腰，长江中上游沿岸的码头小镇都是这样，背枕山坡，拾级而上，气宇轩昂。有近百年历史的武汉大学建筑在青翠的珞珈山麓，设计师充分考虑到特定的环境，依山建房，学生宿舍贴着山坡，像环曲的城墙，有了个城门形的出入口。山顶平台上以中空城门洞为轴线，图书馆居中，教学楼分别立于两侧。主从有序，严谨对称。学校得天然之势，有城堡之壮，显示了高等学府的宏大气派。

六朝故都南京，濒临长江，四周是山，有虎踞龙盘之势。其四边有秦淮河入江，沿江多山矶，从西南往东北有石头山、马鞍山、幕府山；东有钟山；西有富贵山；南有白鹭洲和长命洲形成夹江。明代高启有赞曰："钟山如龙独西上，欲破巨浪乘长风。江山相雄不相让，形胜争夸天下壮。"

中国处于地球北半球，欧亚大陆东部，大部分陆地位于北回归线以北，一年四季的阳光都由南方射入。朝南的房屋便于采集阳光。阳光对人的好处很多：一是可以取暖，冬季时，朝南的房间比朝北的房间温度高1～2℃；二是参与人体维生素D的合成，小儿常晒太阳可预防佝偻病；三是阳光中的紫外线具有杀菌作用，尤其对经呼吸道传播的疾病有较强的灭菌作用；四是可以增强人体免疫功能。因此，对于处在地球北半球的中国来说，环境风水学的环境选择原则负阴抱阳就是要求坐北朝南。

坐北朝南，不仅是为了采光，还为了避风。中国的地势决定了其气候为季风型。冬天有西伯利亚的寒流，夏天有太平洋的凉风，一年四季风向变幻不定。甲骨卜辞有测风的记载。《史记·律书》云："不周风居西北，十月也。广莫风居北方，十一月也。条风居东北，正月也。明庶风居东方，二月也。"

风有阴风与阳风之别。清末何光廷在《地学指正》中称："平阳原不畏风，然有阴阳之别，向东向南所受者温风、暖风，谓之阳风，则无妨。向西向北所受者凉风、寒风，谓之阴风，宜有近案遮拦，否则风吹骨寒，主家道败衰丁稀。"这就是说应避免西北风。

环境风水学表示方位的方法有：其一，以五行的木为东、火为南、金为西、水为北、土为中。其二，以八卦的离为南、坎为北、震为东、兑为西。其三，以干支的甲乙为东、丙丁为南、庚辛为西、壬癸为北。以地支的子为北，午为南。其四，以东方为苍龙，西方为白虎，南方为朱雀、北方为玄武。或称作：左青龙、右白虎，前朱雀，后玄武。《吴兴志·谈起》记载宋代吴兴郡治的布局：大厅居中，谯门翼其前，"卞苍"拥其后，"清风""会景""销署蜿蜒于左，有青龙象。""明月"一楼独峙西南，为虎踞之形，合阴阳家说。

《黄帝内经》中的"九宫八风"就是古代中国人对风进行长期观察的结果，由于它是一部中医学著作，所以其八风的名称都是以是否风寒伤人为标准的。春风和煦称为"婴女风"；夏季风暖湿称为："弱风"或"大弱风"；秋风强劲称为"刚风"；冬季风寒冷凛冽称为"大刚风"或"凶风"。其风与方位的排列表明，西面是刚风，北面是大刚风，东北面是凶风，西北面是折风，这些较强劲的风均需在地形上有挡避；而东、东南、南、西南各方之风均属人体能接受的"弱风"类，故而不需全面挡护，地形可以稍微敞开。《吕氏春秋·有始览》对"八风"的认识主要是从风的大小和寒暖方面来说的，书中云："何谓八风？东北曰炎风，东方曰滔风，东南曰熏风，南方曰巨风，西南曰凄风，西方曰 风，西北曰厉风，北方曰寒风。"其中所说北方的寒风、西北的厉风、西方的风和西南的凄风均是寒冷之风，需要抵挡才行。可见，古代中国人早就认识到了所处地理环境下不同方向风的属性，并据此进行了挡风聚气的环境选择。所以黄土高原的窑洞，其洞口的朝向均背离寒冷的偏北风，北京猿人居住的"龙骨洞"，则是通过周围山体来挡风的。长期的生活体验得出的理想居住环境，往往是一个以能抵挡偏北风为主要目的的东、北、西三面为群山环抱，南面地形稍稍敞开的"功能性"居住环境。在没有靠山的平原地区，人们就通过营造防护林的办法来达到挡风的目的。

概言之，负阴抱阳（坐北朝南）原则是对自然现象的正确认识，顺应天道，得山川之灵气，受日月之光华，颐养身体，陶冶情操，地灵方出人杰。

1.2.5 地质检验、水质分析

风水学对地质很讲究，甚至是挑剔，认为地质决定人的体质，现代科学也证明这并不是危言耸听。地质对人体的影响至少有以下 4 个方面：

（1）土壤中含有微量元素锌、钼、硒、氟等，在光合作用下放射到空气中直接影响人的健康。明代王同轨在《耳谈》云："衡之常宁来阳产锡，其地人语予云：凡锡产处不宜生殖，故人必贫而迁徙。"比《耳谈》早一千多年的《山海经》也记载了不少地质与身体的关系，特别是由特定地质生长出的植物，对人体的体形、体质、生育都有影响。

（2）潮湿或臭烂的地质，会导致关节炎、风湿性心脏病、皮肤病等。潮湿腐败地是细菌的天然培养基地，是产生各种疾病的根源，因此，不宜建宅。

（3）地球磁场的影响。地球是一个被磁场包围的星球，人感觉不到它的存在，但它时刻对人发生着作用。强烈的磁场可以治病，也可以伤人，甚至引起头晕、嗜睡或神经衰弱。中国先民很早就认识了磁场，《管子·地数》云："上有磁石者，下有铜金。"战国时有了司南，宋代普遍使用指南针，皆科学运用地磁之举。传统家居环境文化主张顺应地磁方位。杨筠松在《十二杖法》指出："真冲中煞不堪扦，堂气归随在两（寸）边。依脉稍离二三尺，法中开杖最精元。"这就是说，要稍稍避开来势很强的地磁，才能得到吉穴。传统家居环境文化常说巨石和尖角对门窗不利，实际是担心巨石放射出的强磁对门窗里住户的干扰。

（4）有害波的影响。如果在住宅地面 3 米以下有地下河流，或者有双层交叉的河流，或者有坑洞，或者有复杂的地质结构，都可能放射出长振波或污染辐射线或粒子流，导致人头痛、眩晕、内分泌失调等症状。

以上四种情况，旧时凭借经验知其然不知其所以然，不能用科学道理加以解释，在实践中自觉不自觉地采取回避措施或使之神秘化。在相地时，相地者亲临现场，用手研磨，用嘴尝泥土，甚至挖土井察看深层的土层、水质，俯身贴耳聆听地下水的流向及声音，这些看似装模作样，其实不无道理。

《管子·地贞》认为：土质决定水质，从水的颜色判断水的质量，水白而甘，水黄而糗，水黑而苦。古代经典著作《博山篇》主张"寻龙认气，认气尝水。其色碧，其味甘，其气香主上贵。其色白，其味清，其气温，主中贵。其色淡、其味辛、其气烈，冷主下贵。若苦酸涩，若发馊，不足论。"《堪舆漫兴》论水之善恶云："清涟甘美味非常，此谓嘉泉龙脉长。春不盈兮秋不涸，于此最好觅佳藏""浆之气味惟胆，有如热汤又沸腾，混浊赤红皆不吉。"

不同地域的水分中含有不同的微量元素及化合物质，有些可以致病，有些可以治病。浙江省泰顺承天象鼻山下有一眼山泉，泉水终年不断，热气腾腾，当地人生了病就到泉水中浸泡，比吃药还见效。后经检验。发现泉水中含有大量放射性元素——氡。《山海经·西山经》记载，石脆山旁有灌水，"其中有流赭，以涂牛马无病。"

云南省腾冲县有一个"扯雀泉"，泉水清澈见底，但无生物，鸭子和飞禽一到泉边就会死掉。经科学家调查发现，泉中含有大量的氰化酸、氯化氢，这是杀害生物的剧毒物质。《三国演义》中描写蜀国士兵深入荒蛮之地，误饮毒泉，伤亡惨重，可能与这种毒泉有关。在这样的水源附近是不宜修建聚落的。

中国的绝大多数泉水具有开发价值，山东济南称为泉水城。福建省发现矿泉水点 1590 处，居全国各省之最，其中可供医疗、饮用的矿泉水 865 处。广西凤凰山有眼乳泉，泉水似乳汁，用之泡茶，茶水一星期不变味。江西永丰县富溪日乡九峰岭脚下有眼一平方米的味泉，泉水有鲜啤酒那种酸苦清甘的味道。由于泉水是通过地下矿石过滤的，往往含有钠、钙、镁、硫等矿物质，以之口服、冲洗、沐浴，则有益于健康。

环境风水学主张考察水的来龙去脉，辨析水质，掌握水的流量，优化水环境，这条原则值得深入研究和推广。

1.3 中华建筑文化环境风水学的方位大气

方位，是人类最早具有的知识，前后左右上下，时时刻刻都需要辨别。所以，卜辞中表示东南西北的字比比皆是。《尚书·尧典》对四个方位有明确记载："嵎夷、暘谷是东方，南交是南方，西日、昧谷是西方，朔方是北方。"

先秦时期，有的地区尊右，有的地方尊左。周王室、郑国、晋国、赵国都尊右。秦国和楚国尊左。

有的国家时而尊左，时而尊右。辨别左右，在我国一般是以坐北向南。环境风水学以左右为龙虎，认为木色青德像龙，金色白德像虎，水色黑德像玄武，火色赤德像朱雀。如果四势不面南，其兽之色与德均非其位。

中国传统建筑，格外重视其方位朝向。中华建筑文化环境风水学中的方位包括自然方位和文化方位，在自然方位中有着天文、地理、气象、季节、阴阳等诸多内容和特殊的文化色彩。

环境风水学很讲究左右的区别。《管氏地理指蒙•山水释微》论及山水的左右之形时说："左形全而右势就，左势就而右形全。是则刚柔相得，牝牡相成之道，未为一胜而一偏。惟左抱而右反，右往而左奔。左举而右掣，左抚而右，左停而右陷，左胜而右翻，左连而右断，右宽而左痕，左顾而右背，右去而左蹲，左防而右脱，右泽而左乾。"这是以左为刚，右为柔；左为牡，右为牝。掣，即曳。刓，即削。

《管氏地理指蒙》又有专篇《左右释名》论左右地形："左右之形，谓之夹室；左右之势，谓之辅门。……左断而男不寿，右裂而女伤。……苟或如龙如蛇，盘身顾尾，则左右形足，四势成全。"这就将左右与吉凶联系在一起了。

中国建筑很早就讲究方位。邹衡先生在《商周考古》中说："殷墟基址的方向，东西向者居多，南北向者较少，与一律南向的后世宫殿有所不同。值得注意的是，有不少的宫殿基址都接近磁针的正方向，即接近正南北或者是正东西，说明当时测定方向的技术已经相当进步。"

房屋建设时，应当讲究方向。因此，子午向为正南向，丑未向为南偏西 30° 的西南向，和亥巳向为南偏东 30° 的东南向等，这些朝向都可以使室内阳光充足，冬暖夏凉，有利于人的起居劳作，保护视力，调养身体。同一栋大楼，朝南的房间和朝北的房间温度至少相差几度。同样体质的人，在朝北的房间冻得四肢麻木，易患感冒、风湿，而在朝南的房间则是红光满面。朝南的房间经常得到紫外线杀菌，温度较高，居民一般心情比较舒畅。这就是俗话说"向阳门第好风光"的缘故。

1.3.1 对于大气八种性格的感悟

现代住宅，其布局的形式不少都是只重视实用性，而忽视了从东、西、南、北所吹来的大气影响。

风向和阳光的感受度，是常识性的问题。由于太阳的热能会随着四季的转移而变化，因此只重视方便或只考虑到某一时期阳光的照射程度，不可说是很理想的住宅。以一幢房子所具的各种机能而言，住宅的功能方便和实用当然重要，但更应该注重大气和家居的关系。因为大气的影响虽然是无形的，但却是最具影响力的。

对于家居空气流动的要点，包含大门、窗户、厅、卧室、厨房、浴室、厕所等，如果要将这些地方完全配合大自然的变化，不是很容易做得到的。但是，只要把握重点，了解哪一个方位是呈现哪一种风向，就容易多了。

为此，必须熟悉大气具有八种不同的特性。

所谓的四正方位，是指东、西、南、北，而这四正方位之间，还存在着四个隅位，即东南方、东北方、西南方及西北方，这四个隅位，在环境风水学中，把作为春、夏、秋、冬四季中的转变时期的隅位称为"土用"。从以上八个方位吹来气，性质完全不同。例如，住宅北方及南方的大气温度就相差很大。对于大自然间气候的变化，人类的感觉的确比其他的动植物迟钝得多。

此外，还必须考虑朝阳和夕阳的差异。将时间和方位组合加以思考，则能得到最理想的结果。

图 1-2 表示八方位和四季及一天 24 小时之间的关系。

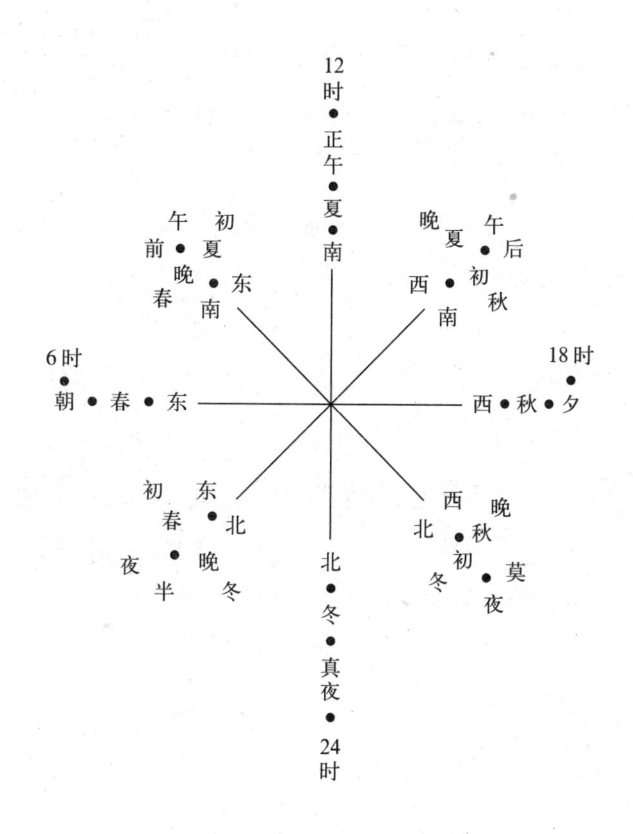

图 1–2 八方位和四季及 24 小时关系图

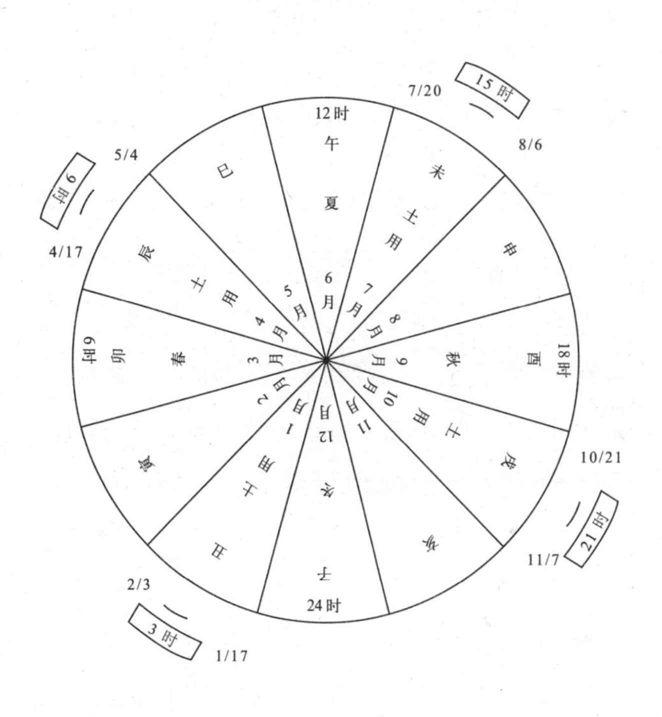

图 1–3 土用（土气旺盛时期）

为了要了解大气的特性，可将八方位配合四季来看，东方是属于春天、南方是属于夏天，西方是属于秋天，北方是属于冬天。在四隅（东南、东北、西南、西北）则属于土用。土用也就是土地旺盛的时期（图 1-3）。

土用属于季节之间，故有四次。土用期间很短，大约是 18 天，以东南方为例，其二侧是晚春和初夏，然后绕到南方，则成为晚夏和初秋。

将方位配合一天 24 小时来看，以东方为例，则以春天的大气最为旺盛。以一天 24 小时来说，则是属于早上大气很旺盛的方位。

同时，也可以用 12 地支来说明，亦即将 360°分为 12 等分，使每一支成为 30°。可将 12 地支中的子、卯、午、酉，分别配置在东、西、南、北四方位。然后，再以月份来区分，则从 12 月配合 12 地支中的子开始。以时间而言，12 地支中的一支，等于一般所使用时间的 2 小时。

春天的土用，即从 4 月 17 日至 5 月 4 日，前后大约 18 天，然后是夏天的土用，从 7 月 20 日至 8 月 6 日。秋天的土用是 10 月 21 日至 11 月 7 日，冬天的土用则是 1 月 17 日至 2 月 3 日，以上 4 个时期的土用为期约 18 天左右。而一年中，则约有 72 天的土用。这种称为土用的时期，即是土气很旺盛的时期。

1.3.2 揭示四季和土用相互关系

在四正方位之间的四隅，各自有为期约 18 天的土用。土用所担任的是调节四季的机能，同时，也是大气变化很大的时期。换句话说，就相当于是从一季连接到另一季的转变时期。因此，土用可以说是大气状态最不安定和大自然间大气无法顺调交流的时期。

总之，土用所具有的并不是人体有益的大气。虽然它是土气很旺盛的时期，但是在四季各种条件中，也有着有益之气和无益之气的不同，土用则是属于这种无益之气很旺盛的时期。因此，在这段期间的土气，容易使物体腐败，甚至容易使人心败坏。由于土用期间会产生种种不良的影响，在此季节里，各方面都必须特别注意。因此，认为一年应分为八季更为合理。

1.3.3 鬼门是土用最危险的方位

如上所述，土用共 72 天，每一期约为 18 天，若将其分为12支，则辰的土用是4月17日至5月4日，是属于春的土用。未的土用是 7 月 20 日至 8 月 6 日，是属于夏的土用。戌的土用是10月21日至11月7日，是属于秋的土用，丑的土用则是1月17日至2月3日，是属于冬的土用。

以上是以四季来分类的土用，若将它配置于一天 24 小时中，则通常是上午九点前后约 37 分钟，合计约 1 小时 15 分钟，其次是未时的下午 3 点前后大约 1 小时 15 分钟，接下来是丑时，即凌晨 3 点前后约 1 小时 15 分钟。

如果要将其分为和四季土用一样，即午后 3 点是坤的土用，上午 9 点是巽的土用，此外还有两个土用，共四个土用在支配着一天。而各土用的特性，也各自有其不同之处。

其中，丑寅的土用和未申的土用，被认为是会带来坏影响的土用。因为丑寅的土用，相当于冬天的土用，是寒冷之气最严苛的时候，容易消耗人体体温之故。为了提醒人们的警觉，通常称为表鬼门（有时叫男鬼门）。未申时辰的土用，也会带来坏影响，称为里鬼门（亦称女鬼门），以引起人们的重视。因为热气旺盛的季节，容易出汗，人体本身须担任冷却的功能，因此，体力消耗也较激烈。这一天之中的二个鬼门，是一天之内最容易让人感到疲劳的时间。

1.3.4 充分认识鬼门的警醒意义

上面已说明，鬼门是为了提醒人们应该重视的特别时段。其实，鬼门也叫生门，其本来的含义是指能产生生气的地方，亦即阴冬之气减少，而阳气旺盛产生之处。是阴阳变换的时段，问题也就发生在这阴阳之气的交流。

表鬼门是冷气旺盛，而里鬼门是热气旺盛，也就是体温和外界气温差别最显著的时期。人体本身，平常必须保持36℃左右的体温，不管是超过或不足，都会使身体的冷却或暖和功能减退。对于这种情况，如果健康强壮的身体尚可忍受。但若是身体虚弱或生病的人，则可能使病症更为恶化。

人类生存的主要要素是氧，而鬼门的氧气却很稀薄。西南的里鬼门，是属于夏天的鬼门。由于气温较高，使地面上的氧气上升，随之，身边的氧气也相对地减少。

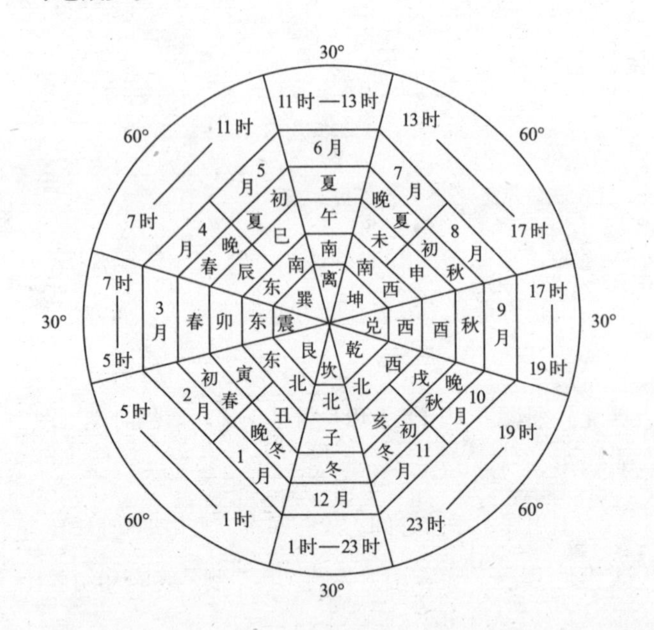

东北（艮）位		北（坎）位	北西（乾）位		西（兑）位	西南（坤）位		南（离）位	南东（巽）位		东（震）位	方位 分配
丑		子	戌		酉	未		午	辰		卯	十二支
寅			亥			申			巳			
初春	晚冬	冬	初冬	晚秋	秋	初秋	晚夏	夏	初夏	晚春	春	四季
二月	一月	十二月	十一月	十月	九月	八月	七月	六月	五月	四月	三月	十二个月
1时		23时	19时		17时	13时		11时	7时		5时	二十四时
5时		1时	23时		19时	17时		13时	11时		7时	

图 1–4 方位和四季以及 24 小时的分配图

东北的表鬼门，则由于气温太冷，必定会消耗人体大量的热量来保持一定的体温。这时能散发氧气的草木都属于冬眠状态，产生的氧气较少。通常，氧气如果加上某种程度的热量，即会上升，若不加热，则会往下沉淀。从水中产生的氧气，由于寒冷之故，不会上升，这样的话，产生氧气的来源便减少了。由此可知，为什么鬼门会令人畏惧。

如果从时间上来看，表鬼门的时间，是在丑寅的时刻，共达 4 个小时，也就是古人所说的草木都处在睡眠状态的丑寅之时。尤其是以凌晨 3 点为中心的土用，可说是鬼门中的鬼门。

表（男）鬼门和里（女）鬼门的差异可比作男、女的体质，最显著的是女性的皮下脂肪较厚，男性则较少。这种皮下脂肪，可说是相当于穿了一件很厚的衣服。女性通常如同比男性多穿一件叫皮下脂肪的厚衣服。所以，大部分的女性都比较怕热，男性则比较怕冷，这也是将热气旺盛的土用叫做女鬼门，冷气旺盛的土用叫男鬼门的缘故。图 1-4 是方位和四季以及 24 小时的分配图。

1.3.5 严格区分不同方位的大气

（1）东（震）位

1）一天的分配

以一天而言，东（震）的方位，相当于早晨的阶段。若以 24 小时细分的话，大约是上午 5 点至 7 点之间。早上，东方的大气呈现旺盛的状态，风压是从东边向西边移动，图 1-5 是东（震）位的关系图。

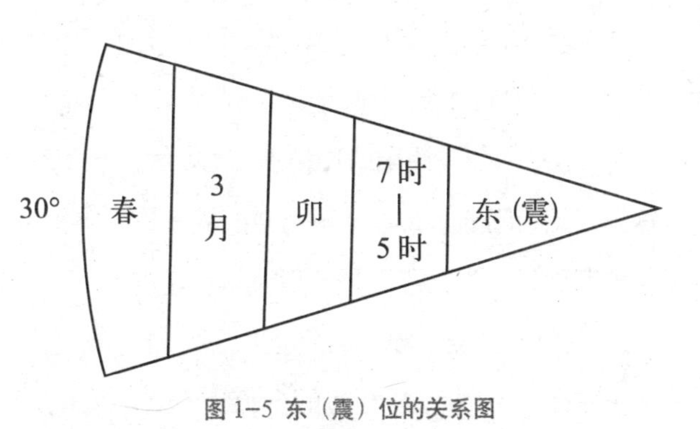

图 1–5 东（震）位的关系图

春天的早晨，是东方之气最旺盛的时期，草木的生长活动也达到极点，因此，所吐出的氧气也最充沛。在这种状态下，如果能充分地吸取一天中最新鲜的氧气，对身体一定有莫大的助益。

如果人体的氧气不足，就很容易打哈欠，并感到极端的疲倦，甚至会变成引发病症的原因。

在一天中，早上的大气是最为干净、清澈的，对身体也最有助益，若能早起吸收一天中最佳的空气，对身体绝对是有益的。

2）四季的分配

对于四季来说，春天正好配置在东方。这时候自然界的植物成长处于最旺盛的状态，因此也能产生大量的氧气。尤其在春天的早晨，是东方之气特别旺盛的时期，必须充分地吸取此期间的大气，给予身体细胞足够的补给，到了秋、冬季节，才不会有缺乏活气的情况，而变为引发病症或体力衰弱的原因。

春天是人体新陈代谢活动最旺盛的时期，以人的一生来说，青春期就等于四季中的春天。

草木如人类之间的互相关系，经由大气的交换，有着非常紧密的联系。如果能长期吸收良好的东方之气，即可减少身体的老化现象。

3）大气的作用

东方大气的作用范围，是从东方的正中央线往南 15°，再往北 15°，总共 30°。东方具有一种活泼的气质，人如果处于这种活泼的大气中，一定能保持健康的身体及开朗的心境。人与人之间也一样，如果时常和年轻人接触，就等于是时常吸收到东方之气，可以防止老化，恢复年轻的心，想必一般人都有类似经验。

（2）东南（巽）位

1）一天的分配

早上东南（巽）方位会充满温和的大气。

东方的大气，会由于太阳的升起，而随之上升，可减少体温热能的消耗，但是早上的大气还是会具有一点寒意。而到了上午 10 点左右（东南），由于太阳已完全升起，可说是最理想的方位。图 1-6 是东南（巽）位的关系图。

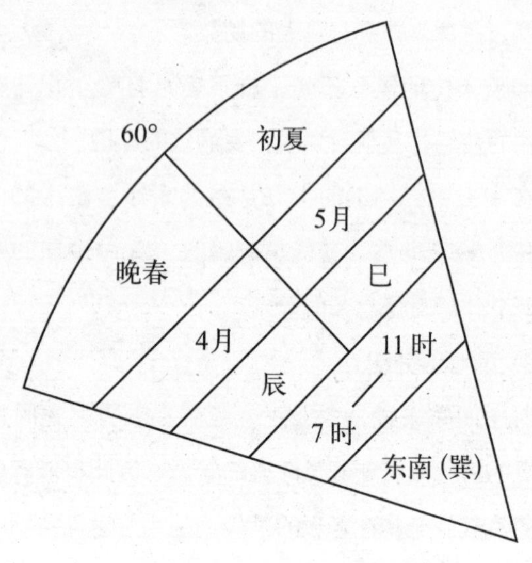

图 1-6 东南（巽）位的关系图

2）四季的分配

东南（巽）方位，如果以四季来说，相当于 4 月、5 月，即春末夏初，是一年中最理想的季节方位，也正是绿色植物长得最鲜亮的方位。

这种方位，大气具有足量的氧气，温度也最适当，不需要多浪费调节体温冷暖的能量。在这种环境下，可说是增强体力最佳方位，对人类来说，是身心感到最活跃的时期。

3）大气作用

东南（巽）方位的范围，是向东 30°，向南 30°，共 60° 的位置。

这是草木成长茂盛，太阳温度也极适度，而大气中的氧气属于很充沛状态的方位，也具有整齐的含义。人们常把富有青春活力的年轻人比喻为如“八九点钟的太阳”也就在于此。

（3）南（离）位

1）一天的分配

南（离）位如果以时间来说，正好是正午，即日正当中的时候，虽然有一点过于酷暑之嫌，但也正是草木及水中氧气达到完全发挥的时间，这个方位也可说是最好的方位，图 1-7 是南（离）位的关系图。

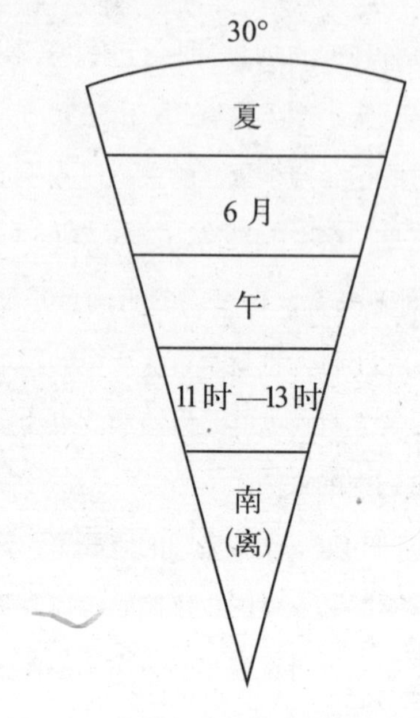

图 1-7 南（离）位的关系图

2）四季的分配

南方正好配置在夏季，即 6 月。这个季节的草木，已完全发挥了内在的潜力，枝叶生长至饱和状态，阳气的热度也增高。这时虽然会稍微消耗冷却的能量，但由于草木茂盛及水中氧气的上浮，使得氧气可发挥到极点，所以人体不会因为消耗能量而受到很大的影响。

从四季的观点来看，这个方位可说是最好的方位。

3）大气作用

南（离）位的范围，是指从南正中央线，向东 15°，向西 15°，共 30° 的位置。在一天中，相当于正中午，即日正当中的时刻，具有可看清一切能量的特点。这个方位是阴阳的连接点，具有离合的作用。从这里开始，阳的力量已渐渐离开而减弱，而阴的力量则渐渐增强，因此可说是阴阳转移的连接点。

以此作为基点，阳气将慢慢减弱，而逐渐进入阴气旺盛的一边。通常，树木的生长状态以 6 月为界，这时候便开始进入枯萎的时期，虽然以常人的眼睛无法看出其变化，但实际上，其成长机能已经停止，正在做冬眠的准备。

（4）西南（坤）位

1）一天的分配

西南（坤）位向来有鬼门之称，以一天而言，大约是下午 3 点左右，大致上，是从下午 1 点至 5 点，而其中心时刻即下午 3 点，图 1-8 是西南（坤）位的关系图。

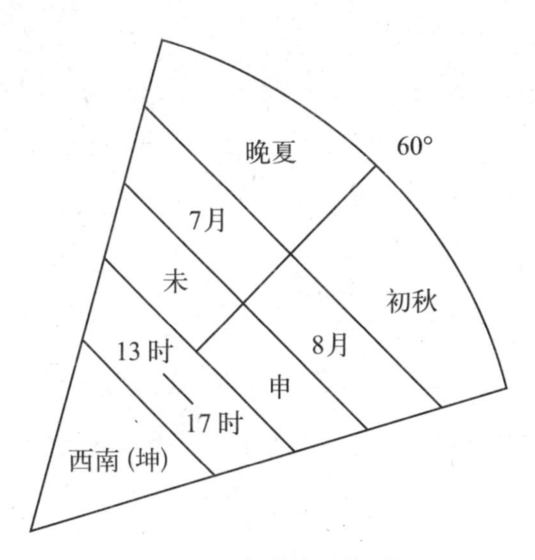

图 1–8 西南（坤）位关系图

这段时间，是一天中热气达到最高的时候，由于太阳的放射热能照射之故，使大气中的氧气上升，而空气中则会呈现一股杀气似的状态。同时，也是土气很旺盛的时期，相当于阴阳之气要转变的时刻。因此在这段时间里，人的体力减弱，而产生叫做里鬼门的这种危险状态。

2）四季的分配

西南（坤）位可说是相当于夏天和秋天之间的土用期。大自然界中的草木，已经停止成长，其枝叶也呈现衰弱的状态，并且将生气内藏，使氧气的产生及新陈代谢作用减到最低。这期间的太阳会发散一种类似杀气的光度，由于大气受太阳高热的照射，其中的氧气会变得更为稀薄。

综合种种恶劣的条件，形成体力会显著衰弱的时刻，因此西南位的确是值得特别注意的方位。

3）大气作用

西南（坤）位的范围，是从坤四隅线向南 30°，向西 30°，总共是 60° 的位置。

这种方位，由于大气中的土气非常旺盛之故，向来被称为里鬼门。其好的含义仍多于坏的含义。但对于此方位，至少要注意尽量不要引发其坏的影响。

（5）西（兑）位

1）一天的分配

西（兑）位相当于一天中的黄昏。由于被太阳照射而呈现杀气状态的大气，随着太阳的西下，而恢复到比较平静的状态。图 1-9 是西（兑）位的关系图。

人生中，有很多事物亦是如此：刚开始的时候可能很顺调，很有冲动。到了中途，则渐渐地懈怠、松弛，这也相当于前面所说的里鬼门时段。但是不管哪一种事物，随着岁月的累积，经验会由于磨炼而增加，因此行事会愈来愈顺利而至安定。同时，本身也逐渐有了抵抗力，就像已经开始行驶的车子，会愈来愈顺畅。西（兑）位可说是相当于此种将要进入安定期的前奏。

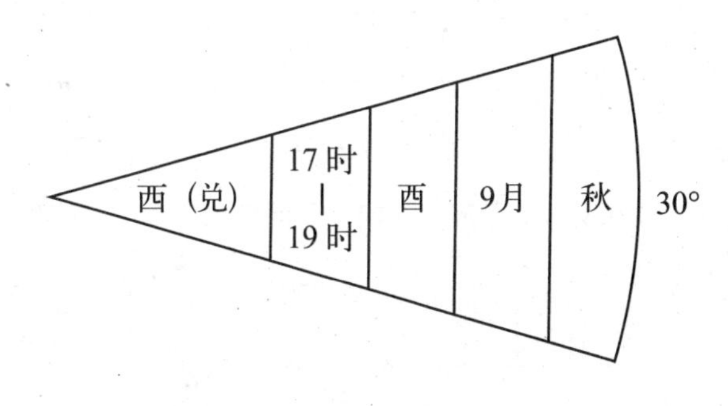

图 1–9 西（兑）位的关系图

2）四季的分配

西（兑）位也相当于秋天的季节，土气旺盛的状态至此已渐渐接近结束，早晚的寒意也逐渐增加，大气慢慢趋向平静。所谓秋高气爽，天高马肥。在夏天变为衰弱的体力，亦可在此时期得以恢复。

3）大气作用

西（兑）位的范围，是从正西中央线，向南15°，向北15°，总共是30°的位置。

这时候是属于氮性的大气，氧气比春天少，虽然在东（震）位及东南（巽）位会产生多量的氧气，但也会由于太阳的热度而上浮，使得大气中的氧气变得很少。另一方面，植物的枝叶已经开始枯萎，生气渐渐回归到根部，其呼吸也变得很消极，不太容易产生产氧气。所以，此时的秋天大气，比起氧气性较强的春天来说，也就变得氮气性较强的季节。

这种氮性的大气，具有特体变红的性能。这也就是为什么到了秋天，某些植物会变红的原因之一。春天中大气中充满氧，会激发蓬勃的生气。相反地，秋天氮性强烈的大气，则会使植物的枝叶发红而枯萎，更使果实成熟。同样的，秋天也具有让人老化的作用。秋天还具有让收获物成熟，大自然界物质丰富的功能。

（6）西北（乾）位

1）一天的分配

西北（乾）位相当于华灯初上的时刻，这时太阳已经完全下沉，大气的寒意随之增加，对人类来说，具有镇定的作用。在体力方面，早晨所补给的氧气，这时已经快用尽，人亦随之感到疲倦。所以，这也是要松弛身心，以培养体力，准备第二天活动所需体力的时刻。图1-10是西北（乾）位的关系图。

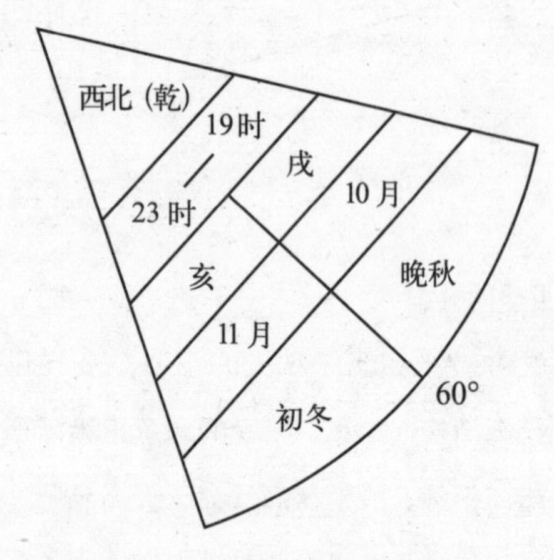

图1—10 西北（乾）位的关系图

2）四季的分配

到了深秋，寒气增强，是一种还算适合于生活的季节。这个时期，要培养进入冬季的体力及英气，动植物亦随着阳气的下沉，而渐渐进入冬眠状态。

3）大气作用

西北（乾）位的范围，是从乾四隅线向西30°，向北30°，总共60°的位置，是太阳西下，冷气增强，能获得更安定状态的方位。

（7）北（坎）位

1）一天的分配

北（坎）位如果以一天来说，是等于深夜时刻。这时阳气下沉，阴气旺盛。我们人类和动植物，都为了要闭关第二天的精力来源，而处于睡眠状态。图1-11是北（坎）位的大气关系图。

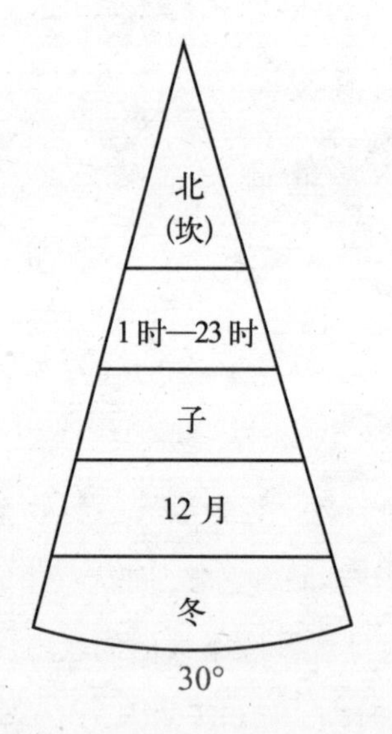

图1—11 北（坎）位的大气关系图

2）四季的分配

如果以四季来说，北（坎）位是相当于冬季，这时寒气增加，地表的阳光已经减弱，北风亦强烈地吹袭，人们通常都会逗留在屋子里头，植物则大多隐藏在地表之下，其他的动物则大都是躲藏在窝巢中，或者呈现冬眠状态。

3）大气作用

北（坎）位的范围，是从北方的正中央线，向西 15°，向东 15°，总共是 30° 的位置。这时候冷气很旺盛，呈现出一种夜阴的大气。必须防备此种寒风，以玄武镇守。

(8) 东北（艮）位

1）一天的分配

东北（艮）位是一天的结束，同时也是一天的开始。这个方位是阴气之穷，阳气开始成长的地方，大气的变化及冷气也最为显著。图 1-12 是东北（艮）位的关系图。

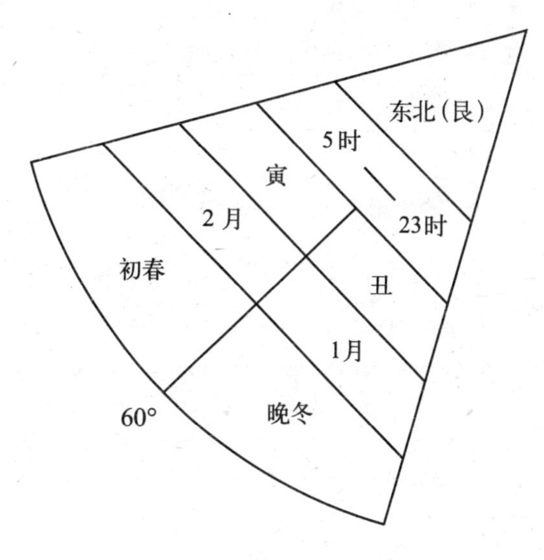

图 1–12 东北（艮）位的关系图

这时也正是草木睡眠的时刻，不会产生氧气。而人类则由于处于很深的睡眠状态，会失去白天所具有的抵抗力。因此，是危险之气最猖獗的时刻。

2）四季的分配

东北（艮）位亦被称为表鬼门。由于冷气严苛，土气很旺盛，而且草木又处于冬眠状态，大气中缺乏氧气。对人类而言，这是最恶劣的季节。

3）大气的作用

东北（艮）位的范围，是从东北的四隅线，向东 30°，向北 30°，总共是 60° 的位置。表鬼门和里鬼门同样具有土气旺盛及大气变化多端的缺点，而且是阴气很强的地方。

1.4 中华建筑文化环境风水学的聚落布局

宇宙浩瀚，星河璀璨，蓝色地球是人类生命的家园。太空飞旋，四季变幻，万物在地球的环抱中生息繁衍。千山万水，戈壁高原，地球的容颜风光无限。日月生辉，风雨雷电，生命的姿态景象万千。鱼游大海，鸟飞蓝天，人类的智慧寰宇。万物牵手，相生相伴，每个生命都展示着尊严。人都是聚居的动物，聚居是人类的本性，人类社会的发展始于聚居。

1.4.1 聚落的形成及其演变

聚落，也称为聚居点。它是人们聚居的场所，是以住宅房屋为主的环境，并配置有辅助的建筑群、道路网、绿化系统、对外交通设施以及其他各种公用工程设施的综合基地。

聚落是社会生产力发展到一定历史阶段的产物，它是人们按照生活与生产的需要而形成的聚居地方。在原始社会，人类过着完全依附于自然采集和猎取的生活，当时还没有形成固定的住所。人类在长期与自然的斗争中，发现并发展了种植业和养殖业，于是出现了人类社会第一次劳动大分工，即渔业、牧业同农业开始分工，从而出现了以农业为主的固定聚居点——村庄。

随着生产工具的进步，生产力的不断发展，劳动产品就有了剩余，人们将剩余的劳动产品用来交换，进而出现了商品通商贸易，商业、手工业与农业、牧业劳动开始分离，出现了人类社会第二次劳动大分工。这次劳动大分工使居民点开始分化，形成了以农业生产为主的聚居点——村庄；以商业、手工业生产为主的聚居点——城镇。目前我国根据聚居点在社会经济建设中所担负的任务和人口规模的不同，把以农业人口为主，从事农、牧、副、渔业生产的聚居点称之为乡村；把具有一定规模的，以非农业人口为主，从事工、商业和手工业的聚居点称之为城镇。

聚居点的形态大致经历了以下几个过程：巢居、穴居和逐水草而居——分散的半固定的乡村聚落——固定的乡村聚落——集镇聚落——城市聚落。

（1）巢居和穴居

在生产力水平低下的状况下，人类的生活场所基本依靠于自然，天然洞穴和巢显然首先成为最宜居住的“家”。这些居住方式都能在很多的古籍文献和考古遗址中得到证实。根据《庄子·盗跖》中记载：“古者禽兽多而人少，于是皆巢居以避之，昼拾橡栗，暮栖树上，故命之同有巢氏之民。”《韩非子·五蠹》中也有类似的记载：“上古之世，人民少而禽兽众，人民不胜禽兽虫蛇，有圣人作，构木为巢，以避群害，而民悦之，使王天下，好之曰有巢氏。”从考古发现的北京周口店遗址、西安半坡遗址、浙江河姆渡遗址等，都能证实穴居是当时人类主要的居住方式，它满足了原始人对生存的最低要求。

进入氏族社会以后，随着生产力水平的提高，房屋建筑也开始出现。但是在环境适宜的地区，穴居依然是当地氏族部落主要的居住方式，只不过人工洞穴取代了天然洞穴，且形式日渐多样，更加适合人类的活动。例如在黄河流域有广阔而丰厚的黄土层，土质均匀，含有石灰质，有壁立不易倒塌的特点，便于挖做洞穴。因此原始社会晚期，竖穴上覆盖草顶的穴居成为这一区域氏族部落广泛采用的一种居住方式。同时，在黄土沟壁上开挖横穴而成的窑洞式住宅，也在山西、甘肃、宁夏等地广泛出现，其平面多为圆形，和一般竖穴式穴居并无差别。山西还发现了“低坑式”窑洞遗址，即先在地面上挖出下沉式天井院，再在院壁上横向挖出窑洞，这是至今在河南等地仍被使用的一种窑洞。随着原始人营建经验的不断积累和技术提高，穴居从竖穴逐步发展到半穴居，最后又被地面建筑所代替。

巢居和穴居是原始聚落发生的两大渊源。

（2）逐水草而居

逐水草而居是游牧民族主要的生活方式。《汉书·匈奴传》中记载：“匈奴逐水草迁徙，无城郭常居耕田之业，然亦各有分地。”匈奴人是中国历史上最早的草原游牧民族。草原环境的生态特性决定了草原载畜量的有限性，因为没有哪一片草场经得起长期放牧，因此，当游牧业一经产生就与移动性生活相伴而行。为了追寻水草丰美的草场，游牧社会中人与牲畜均作定期迁移，这种迁移既有冬夏之间季节性牧场的变更，也有同一季节内水草营地的选择。由于这种居无定所的状况，游牧民们住的基本都是帐篷或蒙古包，方便移动。

逐水草而居的生活方式经历了漫长的历史，虽然随着社会的发展，这种生活方式是越来越少了，然而在当今地势偏远一些的草原，它依然存在。这种居住文化是草原游牧民族所特有的，是一种历史的传承。

（3）乡村聚落

聚落约始于新石器时代，由于生产工具的进步，促进了农业的发展，出现了人类社会的第一次劳动大分工，即农业与狩猎、畜牧业的分离。随着原始农业的兴起，人类居住方式也由流动转化为定居，从而出现了真正意义上的原始乡村聚落——以农业生产为主的固定村落。河南磁山和裴李岗等遗址，是我国目前发现的时代最早的新石器时代遗址之一，距今7000多年。从发掘情况看，磁山遗址已是一个相当大的村落。定居对人类发展具有不可估量的影响，因为定居使农业生产效率提高，使运输成为必要，定居促进了建筑技术的发展，使人们树立起长远的生活目标，强化了人们的集体意识，产生了“群内”和“群外”观念，为更大规模社会组织的出现提供了前提。

乡村聚落的发展是历史的、动态的，都有一个定居、发展、改造和定型的过程。乡村聚落的最初形态其实就是散村，这些散村单元慢慢以河流、溪流或道路为骨架聚集，成为带形聚落，带形聚落发展到一定程度则在短向开辟新的道路，这种平行的长向道路经过巷道或街道的连接则称为井干形或日字形道路骨架，进一步可发展为团状的乡村聚落。

从乡村聚落形态的演化过程看，上述过程实际是一种由无序到有序、由自然状态慢慢过渡到有意识的规划状态。已经发掘的原始乡村聚落遗址，如陕西宝鸡北首岭聚落、河南密县莪沟北岗聚落、郑州大河村聚落、黄河下游大汶口文化聚落、浙江嘉兴的马家浜聚落以及余姚的河姆渡聚落等，明显表现出以居住区为主体的功能分区结构形式。这说明中国的村落规划思想早在原始聚落结构中，已有了明显的和普遍的表现。

原始的乡村聚落都是成群的房屋与穴居的组合，一般范围较大，居住也较密集。到了仰韶文化时代，聚落的规模已相当可观，并出现了简单的内部功能划分，形成了住宅区、墓葬区以及陶窑区的功能布局。聚落中心是供氏族成员集中活动的大房子，在其周围则环绕着小的住宅，门往往都朝着大房子。陕西西安半坡氏族公社聚落和陕西临潼的姜寨聚落就是这种布局的典型代表。

陕西西安半坡氏族公社聚落，形成于距今五六千年前的母系氏族社会。遗址位于西安城以东6公里的浐河二级阶地上，平面呈南北略长、东西较窄的不规则圆形，面积约5平方公里，规模相当庞大。经考古发掘，发现整个聚落由三个性质不同的分区组成，即居住区、氏族公墓区和制陶区。其中，居住房屋和大部分经济性建筑，如贮藏粮食等物的窖穴、饲养家畜的圈栏等，集中分布在聚落的中心，成为整个聚落的重心。在居住区的中心，有一座供集体活动的大房子，门朝东开，是氏族首领及一些老幼的住所，氏族部落的会议、宗教活动等也在此举行。大房子与所处的广场，便成了整个居住区规划结构的中心。46座小房子环绕着这个中心，门都朝向大房子。房屋中央都有一个火塘，供取暖煮饭照明之用，居住面平整光滑，有的房屋分高低不同的两部分，可能分别用作睡觉和放置东西之用。房屋按形状可分方形和圆形两种，最常见的是半窑穴式的方形房屋。以木柱作为墙壁的骨干，墙壁完全用草泥将木柱裹起，屋面用木椽或木板排列而成，上涂草泥土。居住区四周挖了一条长而深的防御沟。居住区壕沟的北面是氏族的公共墓地，几乎所有死者的朝向都是头西脚东。居住区壕沟的东面是烧制陶器的窑场，即氏族制陶区。居住区、公共墓地区和制陶区的明显分区，表明朴素状态的聚落分区规划观念开始出现。

陕西临潼的姜寨聚落，也属于仰韶文化遗存，遗址面积5万多平方米。从其发掘遗址来看，整个聚落也是以环绕中心广场的居住房屋组成居住区，周围挖有防护沟。内有4个居住区，各区有十四五座小房子，小房子前面是一座公共使用的大房，中间是一个广场，各居住区房屋的门都朝着中心，房屋之间也分布着储存物品的窑穴。沟外分布着氏族公墓和制陶区，其总体布局与半坡聚落如出一辙。

由此可见，原始的乡村聚落并非单独的居住地，而是与生活、生产等各种用地配套建置在一起。这种配套建置的原始乡村聚落，孕育着规划思想的萌芽。

（4）集镇聚落

集镇聚落产生于商品交换开始发展的奴隶社会。在众多的乡村聚落中，那些具有交通优势或一定中心地作用的聚落，有可能发展成为当地某一范围内的商品集散地，即集市。在集市的基础上渐次建立经常性商业服务设施，逐渐成长为集镇。在集镇形成后，大都保留着传统的定期集市，继续成为集镇发展的重要因素。

集镇内部结构的主要特征，是商业街道居于核心的地位。集镇的平面形态则受当地环境以及与相邻村镇联络的道路格局的影响，或作带状伸展，或作块状集聚，并随其自身的成长而逐步扩展。

集镇的形态和经济职能兼有乡村和城市两种特点，是介于乡村和城市间的过渡型居民点，其形成和发展多与集市场所有关。

（5）城市聚落

规模大于乡村和集镇的以非农业活动和非农业人口为主的聚落。城市一般人口数量大、密度高、职业和需求异质性强，是一定地域范围内的政治、经济、文化中心。

一般来说，城市聚落具有大片的住宅、密集的道路，有工厂等生产性设施，以及较多的商店、医院、学校、影剧院等生活服务和文化设施。在聚落的历史演进中，每个时期都留下了光辉的足迹。中华建筑文化在传统聚落的营建中发挥着极其重要的、也是颇为值得现代城乡建设者努力借鉴和发扬光大的作用。

1.4.2 传统聚落的相地选址

聚落生活，它在服务人类生存和发展过程中必定存在着许多不可预测的因素，尤其是对初始条件有着很大的敏感性。聚落的选址是个关键的步骤，这一步既决定了人类聚居环境的品质，也决定了人的文明素质。所以，聚落的选址定点自古以来一直是先民非常重视的一项工作。

在深厚的优秀传统文化孕育下的中国人，极为重视环境风水学对自然的审视相度，视自然为有机的生命体，并对人与自然的感应关系投以热切的关注，同时还赋予自然高度的精神象征意义，认为自然环境的优劣会直接导致人命运的吉凶祸福。这在极力追求人与自然相协调的今天格外令人惊服。

传统聚落一直是环境风水学的主题和首要使命，其所追求的也正是建筑、环境、天候、人事的某种对应和谐的关系。

乡村，位于自然之怀，既是人类居息的生存场所，也是人类农耕生产的基地，因而乡村之址既要方便生活又要满足生产环境的要求。

一方面，在中国，历史上的农耕生产对气候条件和自然环境有着强烈的依赖，先民们本能地体察到天地万物四时节气的神秘变化，这种变化以其强大而不可逆转的力量震慑了众人，人们不敢违背这种力量。另一方面，这种生产方式又加强了人们聚族而居的心理，先民们往往视宗族人口的繁昌、财源茂盛、人文发达为追求的目标，所有这些恰巧与中华建筑文化的理念及使命相合。环境风水学也正是在乡村这样的土壤中滋生的，于是聚落建筑的各个方面，尤其是选址，都受着环境风水学的主导，这从现存的很多家族宗谱里都可以获得见证。

最早记录聚落选址的是周朝的《诗经》。在《诗经•大雅•公刘》中有一段诗句咏道：“笃公刘，既溥既长，既景乃岗，相其阴阳，观其流泉。”翻译成现代文即：忠诚厚道的公刘，面对新开的土地越来越广，他登山观测日影来确定方向，视察那山的阴面和阳面，观察那河流的高低走向。从全诗的意境分析，公刘不只是简单地视察山的阴面和阳面，他既登山又下河，说明他对山峰和河谷这一凸一凹的地形是非常在意的，“相其阴阳”与其说是视察山的阴阳面，不如说是详细地勘察山川峰谷阴阳形胜对聚落环境的影响。

将“阴阳”作为选址的环境评价标准是出于古人对自然界两极现象的思维。从现代科学看来，“阴阳”的两极思维是一种了不起的认识世界的方法，因为促进事物发展的最简明的诱因是倍周期分岔，如果把“阴”与“阳”各看成分岔的一支，随着分岔不断出现，事物的演变会跟着进入“阴阳”运动，形成各种自然现象。在几乎与《诗经》同时代成书的《易经》中已对“阴阳”分岔引起事物变化有着深刻的认识。《易经》认为，万物都是在阴阳两势力的对立中变化而成。阴阳是天地万物的总根源。所以能找到一个事物的“阴阳”构成形式，就比较容易把握这个事物的发展变化规律。

聚落的选址。一般多要邀请形家，进行寻龙、察砂、观水、点穴等一系列步骤。面对荒无人烟的自然环境，人们首先要知道的是，在这里的地形中哪些因素将对未来聚落产生重要的影响。通过实际观察很容易作出判断，一是溪谷，二是山峰。中华建筑文化称溪谷为“阳”，山峰为“阴”。选址时，还可以将一阴一阳的其中一部分再分析下去，比如山峰虽为“阴”，然而向阳坡与背阳坡对居住环境是大不相同的，山峰因此又分为“阴阳”两坡。当然，还可以根据地貌地质的实际需要再对阳坡基址进行深层次的“阴阳”分析。不过，第一个层次的“阴阳”系统最直观，这是决定聚落选址类型、生活环境和景观好坏的先决条件。

（1）聚落选址的类型

1）选址在山顶

将聚落选址在山顶上，曾是原始社会大量存在的聚居现象，后因山岭交通联系不便，人们纷纷下山选址溪谷台地，剩下的只有极少数人继续居住在山上，如苗岭村寨、山顶城堡和畲族民居的寮屋。这种人口和基址迁徙现象可以得到科学的解释。这是由于聚落在山上最容易受到除江河洪水以外的自然灾害侵袭，时时处在不稳定状态，居住环境比较脆弱，生活、生产发展受到地形生态的限制。而溪谷里的聚落，正好处于生态要素的交换地带，各种生活资料比较齐全，环境稳定平衡。对于这两种聚落状态的选点，余秋雨先生在散文《沙原隐泉》中写道：“向往峰巅，向往高度，结果峰巅只是一道刚能立足的狭地。不能横行，不能直走，只享一时俯视之乐，怎可长久驻足安坐？上已无路，下又艰难，我感到从未有过的孤独与惶恐。世间真正温煦的美色，都熨帖着大地，潜伏在深谷。”

既然山峰、溪谷可以当成大地有机体的穴位加以利用。山峰穴位尽管不适宜于居住，然而作为独特景观却是难得的位置。人站在山顶时可用“旷”来形容此时此地的心理感受。倘若山顶安亭置塔，登临环顾，远近美景，尽收眼底，心胸开朗，烦愁恼闷，是非杂念，随着飘动的烟雾，抛向云霄，时间一长，人的思绪隐约涌起一种浮想联翩，上接天国的梦幻感受。

2）选址在溪谷

环境风水学认为，比照山峰的雄性阳刚之美，溪谷似乎接近于雌性阴柔之美。本来溪谷就是一个低稳的地带，如果村口、水口再有山丘围护，此地的溪谷俨然成了一个平立双向均为“U”形的封闭空间，这样的空间环境给人的感受，可以用“奥”字来概括。所谓“奥”就是幽僻深藏，少有外界干扰，让人心情宁静平和，“诗意地栖居”（图 1-13）。对于如此奥境的妙处，历代诗人皆投以无比的热情，纷纷作诗唱和，如魏晋陶渊明的“采菊东篱下，悠然见南山”，唐人孟浩然的“绿树村边合，青山郭外斜”；宋人韩维《下横岭望宁极舍》写得更富有真情：“驱车下峻坂，西去龙阳道。青烟人几家，绿野山四抱。鸟啼春意间，林变夏阴早。应近先生庐，民风亦淳好。”

图 1–13 诗意地栖居

幽奥的溪谷不止有诗情画意，还是各种生态系统凝集的地点。此处地面有水流，空气有湿度，冬天有暖温，夏天有凉风。总之，这样的地方最适合于各种动植物的生长，当然有利于聚落的生存和发展。如此有生育繁殖意义的溪谷自然会得到先民的重视，老子在《道德经》第六章中曰：“谷神不死，是谓玄牝，玄牝之门，是谓天根。绵绵若存，用之不勤。”

玄牝就是雌性的生殖器官。按照古人“以身为度”仿生来理解，大地上“玄牝”的穴位就是类似女人阴户的幽奥处。环境风水学将大地上适合生长的穴位与女人的生殖器官对应起来，并强调人在此地生活，必将旺盛长命。数千年的历史证明，这种幽奥的环境，是真的适合人类生存和发展的理想环境。不论是四周环山的盆地也好，三面山岭“U”形围护也罢，“四神砂”、丘陵封闭也行，都是幽居之美的体现。

3）选址在山脉或溪流分形交叉内角的地形上

上述溪谷的理想基址并不多见，因此，更多基址是选在山脉或溪流分形交叉内角的地形上（图 1-14）。山脉与支脉分岔很像是树枝分叉，其内侧有两山夹护，这是个藏风聚气、潜藏生机的地方，可以选作基址。图 1-14（a）所示的北京城正是处于西部太行山脉和北部燕山山脉的夹角之间。图 1-14（b）所示的村落选址理想位置，对于溪流，主流与分岔的支流更像树枝的分叉，其内交角也是一个充满活力的地方，聚落基址常常定点于此。大到城市汉口处于长江与汉江交汇处，小到安徽的历史名村西递夹于两条溪流之间，许许多多的聚落均选在溪流分岔缠绕的台地上。至于为何聚落会选在山脉分岔和溪流分支的交点内侧，先民们继承发展了老子的阴柔哲学，认为这种穴位之所以有生长效应，是它与两腿夹角之间的女人生殖器官有类似的位置。这只是一种直观朴素的仿生联想，这是环境风水学所以缘起于“大地为母”的缘由所在。

(a)

(b)

图 1-14 选址在山脉或溪流分形交叉内角的地形上

（a）北京选址位置示意图 （b）村落选址理想位置

树枝是具有分形生长的植物，分叉是从简单的树干通过倍周期分岔进入复杂的发展，以此获得更多生长所需的阳光和养分的自然形式。树枝分形图像的分叉节点形成了很多的分叉，其夹角区域是一个阴阳交感的敏感区，是树枝易于发生再分叉再生长的地方。山脉、溪流虽不像树枝那样生长，但山脉、溪流阴阳交感在倍周期分岔变化中却有着树枝分叉的普适性，所以在山脉及溪流分叉节点内侧附近正是一块适合人类生存和发展的好生境。

（2）聚落选址的模式

聚落选址可概括为枕山、水抱、面屏和背水、面街、人家两种理想的模式。

1）枕山、水抱、面屏

清代姚廷銮在《阳宅集成》卷一“基形”中，提出的“丹经口诀”称：“阳宅须教择地形，背山面水称人心。山有来龙昂秀发，水须围抱作环形。明堂宽大斯为福，水口收藏集万金。关煞二方无障碍，光明正大旺门庭。”

这种枕山、水抱、面屏的理想模式，图 1-15 为风水学的居住空间理想模式示意。在风水学的长期熏陶下，早已深得民心，无论是文人隐士、达官显贵，还是普通民众，都对其热烈追崇图 1-16 所示的陶渊明屋及墓便是此种理想模式的格局。

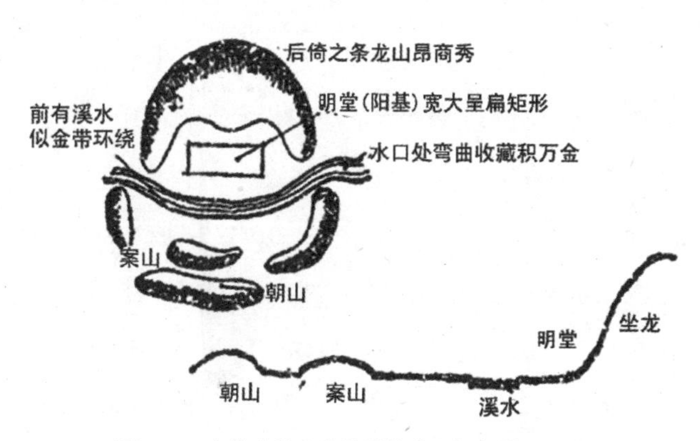

图 1-15 中华建筑文化的居住空间理想模式示意

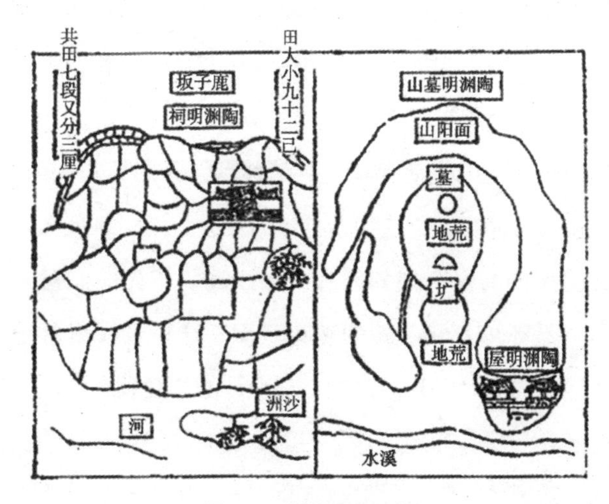

图 1-16 陶渊明屋及墓

在这种聚落选择的理想模式中，龙脉最为关键，所谓龙脉就是聚落所倚之山，其山势要蜿蜒起伏宛如行龙，则此村基始有生气，聚落才能兴旺发达，不少宗谱都自豪地宣称：“吾乡之脉自……来”或“吾村基之脉起于”。脉作为一村生命之源，所以引起整个村落的极度关注，多数聚落都通过祠规来保护这神圣的龙脉：江西婺源（古徽州）《翀麓祁氏族谱》卷一“祠规”中称：“来龙为一村之命脉，不能伐山木。”上述模式只适用于山区及丘陵地带。

2）背水、面街、人家

在没有山（龙脉）的平原地区，正如《宅谱指额》一卷“问阳基作用”中所说：“山地观脉，脉气重于水；平地观水，水神旺于脉。”

《地理五诀》卷八称：“山地属阴，平洋属阳，高起为阴，平坦为阳，阴阳各分看法不同，山地贵坐实朝空，平洋要坐空朝满，山地以山为主，穴后宜高，平洋以水作主，穴后宜低。”

江西婺源（古徽州）《翀麓祁氏族谱》卷一“祠规”中称：“平洋地阳盛阴衰，只要四面水绕归流一处，以水为龙脉，以水为护卫”“平洋莫问龙，水绕是真踪。”

在这种以水为龙脉的中华建筑文化理论指导下，形成了东南平原地区聚落外部空间以水为龙脉的另一种模式。水是一村的保护神，住宅背河而建，尤以江、浙一带的水乡为典型。如江苏吴江同里镇、浙江吴兴乌青镇和双林镇等地，均呈“四湖环绕于外，一镇包含于中”家家尽依河的格局，其地方志的记载也以水为骄傲。

《乌青镇志》记：“两镇之水，乌镇之水自顾家塘分一股入三里泾下……总出太师桥……是乌镇之水分于坤申而合于丑艮，所谓斗牛纳丁庚之气也，尤妙在西烂溪一水，自北逆上与太师桥之水合，此乌镇大得力处；青镇水由白马塘一股……是青镇之水分于丙丁而合于乾戌，所谓乙丙交而趋戌也，尤妙在东青石桥之水，又下北过西出六里坝，此青镇大得力处。……而其大会大交，至分水墩则东者归西，西者归东，南流下北，北流上南，皆合聚于此，故分水墩为两镇之大关键大组合”，图 1-17 是吴兴乌青镇水系及水口示意图。

《同里镇》记：“西有庞山湖，郡邑之路由此达也，南有叶泽湖，乡明而治文教之所以日昌也，东有同里湖，水望东流有所归也，北有九里湖，言地势无不自北而南，且诗礼大姓多居北隅也”，图 1-18 是吴县同里镇水系及水口示意图。

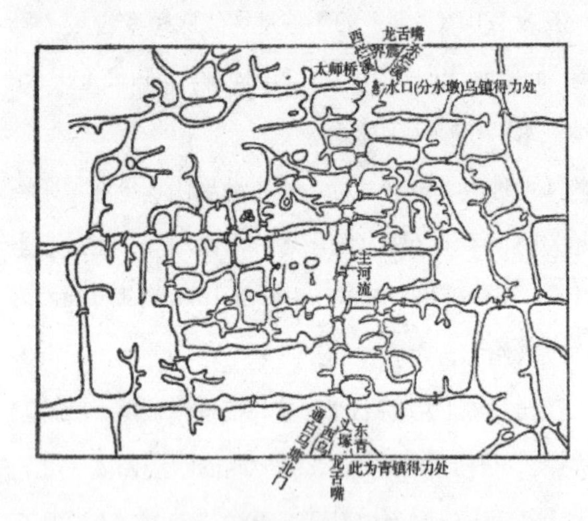

图 1-17 吴兴乌青镇水系及水口示意

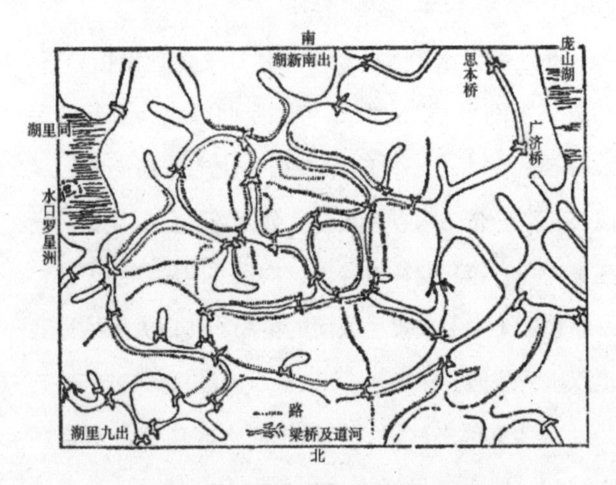

图 1-18 吴县同里镇水系及水口示意

上述空间模式即为“背水、面街、人家”。

总之，环境风水学所倡导的两种空间模式皆是因地制宜的结果，正所谓：“靠山吃山，靠水吃水。”

1.4.3 聚落外部的环境形胜

中国古代聚落选址注重景观优美。风水学认为，好的聚落环境应该是好气场的表现，其景观上表现是“山川秀发”“绿林阴翳”，正如理学家程颐在《河南二程全书》中所讲：“何为地之美者？土色之光润，草木之茂盛，乃其验也。”徽州《弯里裴氏宗谱》中说：“鹤山之阳黟北之胜地也，面亭子而朝印山，美景胜致，目不给赏，前有溪清波环其室，后有树葱茏荫其居，悠然而虚渊然而静，……惟裴氏相其宜度其原，卜筑于是。”这便是从环境景观的角度对聚落选址所进行的评价。

（1）山峦峰岭的形胜环境

既然山川分野定位能够训导人的行为，那么，优美的山形水势更能点化人的灵魂。因此，先民们在选择聚居地时，不仅仅重视基地周围要有丰富的生活资源，还特别关注聚居地周边山川形态的美感，企求族人所聚居的地方是一处地灵人杰，物阜民丰的人间胜地。正如唐朝丞相李吉甫所指出的：“收地保势胜之利，示形束壤制之端。”这也就是传统中华建筑文化在研究人居环境时以“形胜法”作为指导的由来。

为什么居住环境需要“形胜”，唐朝丞相李吉甫认为，要达到聚落兴旺发达的“胜之利”，聚落要有良好的外部条件，直观判断就是充分利用自然“收地保势”的山川形势，以求达到人与自然的和谐。然后对聚落环境进行“示形束壤”来制约社会人群行为，即用秩序化的生活环境达到潜移默化人的思想行为，减少人群冲突，创造和谐有序的社会。中华建筑文化简明扼要的聚落规划理念，充分表明了先民们对人与自然环境互相关系的独特认识。这种重视聚落地形地貌的利用以及内部的合理设计的“胜利之法”，无疑是一项具有历史意义的创造发明。经过长期的营造实践，“形胜法”得到不断完善，逐步发展成为先民处理人居环境与自然环境之间关系的基本理论和指导思想。

形胜规划首先是对聚落周边的山体形状和走向进行观察想象，然后模拟生活中美好事物的图像进行命名标示，从而将自然山峰通过人的意志转化为一个公众认同的环境意象，相应地创立独特的人文环境景观。通过世代传授和经验积累，通过环境风水学的“喝形”，人们总结出山体命名的各种形式：如三峰山叫笔架山或三台山，双峰山叫天马山或马鞍山，单峰山叫华盖山或金屏山，如单尖形山峰叫文笔山或琅琊山，扁平形山峰叫玉几山。这些文绉绉的山名像是一股强大的气流吹遍四周的空间，为聚落营造出一种浓烈的文化氛围。人们时不时地望着优雅美丽的山峰，顺着山峰名称的点化，延伸自己的想象空间，憧憬各种美好的前程。

正因为形胜命名的山峰具有巨大的意象能量，聚落和民居会把形胜山峰作为面屏，将大门朝向形胜山峰，向山峰看齐，以求吸收到形胜山峰的灵气；向山峰看齐，是为了能与万古不变的山峰构成一种和谐的理念；向山峰看齐，是为了锁定目标，使自己的思想行为有一可靠的方向，不至于误入“空茫”；向山峰看齐，更多的目的是为了以特定山峰“不动点”为媒介，建立聚落的文化认同，构筑聚落环境空间的秩序。牛梁河史前祭坛对着猪首山；秦始皇建阿房宫“表南山之巅以为阙”，用终南山作为宫殿建筑群的轴线终端。这种表山峰、造景观、立标识、作对位、定轴线、求秩序的朴素方法，不仅含有丰富的人文思想，而且协调了人居环境与自然环境之间的融合，不失为一种直观又合理的方法。

（2）聚落选址与山脉形胜

孤峰独秀，特征明显，人们可以很快地感受到它的“场”能量，但多数的山体是由山峰连绵组成的山脉，而山脉的形胜景观价值则取决于它的起伏跌落的天际轮廓线变化状况，为此，环境风水学才有“龙脉”之说。既然山脉似“龙体”，就有“龙头”与“龙尾”之分。一般情况，多数人选择聚居地肯定以占据形胜“龙头”为荣耀。其实，“龙头”只是区域内资源相对优势的一种说法，并非就是山脉的始端或终端，而山脉的始端、终端也不一定就有区域资源的“龙头”优势。因此，真正山脉的形胜优势更多是指山脉与山脉之间的关系，正是这种山脉的关系脉络才真正对聚落环境的优劣产生作用。

山脉的形胜主要有两种表现形式：条状形胜和环抱形胜。

1）条状形胜

人的视觉感官上，一条山脉像游龙，那么两条山脉的终止之处就好像迎面两龙的驻足点。这个驻点的低谷往往就是山脉两侧不同领域的交通隘口，也是气候变化最为剧烈的风口。无论从交通联系、军事防御还是聚居地的局部气候，这个山口无疑就是聚落生存和发展至关重要之所在，因此，聚落选址营造需慎重地考虑这个生境“关口”的形胜位置。

至于两条平行的山脉，山脉之间形成的溪谷平地就是一处具有资源优势又有形胜价值的聚居地。这种谷地湘人称山冲，云南叫平坝。毫无疑问，谷地两侧山脉的高低走向的势态，决定了聚居地的生态环境。合适的山脉走向可以成为聚居地的一道生态屏障，保护聚落少受自然灾害的侵袭，不好的山峰走向之间的谷地很可能就是一条寒流的通道，影响聚居地的局部气候，这就迫使聚落的选址须慎重审察山脉形胜。

假如有多条山脉从不同方向会聚一处，这样的地点是极其稀有的形胜要地，不仅有山冲谷地的连接辐射，而且还有水网纵横汇集，肯定是个聚居的好地方。但扼守放射交通网络的交汇点无疑也是一个兵家必争之地——控制这个要冲就可以阻断各个方向的交通要道，占据军事上的优势，这个地点对于战乱频繁地区的聚落防御，显得尤其重要。

2）环抱形胜

山体脉络除了条状纵横外，有些山脉还会呈现出曲折环抱之状，环抱中间必然形成一个中间低周边高的盆地，这个盆地历来是吸引人们驻足的理想聚居点。因为盆地四周有坚强的山脉屏蔽寒风的侵袭，为动植物的生长提供了良好的生态环境；因为盆地四周森林植被涵养的水分和养料，渗透谷地田园，“肥水不流外人田”；因为聚居点外围有山脉阻隔，防止了外界战乱干扰，从而护卫着人间的一片温情。受到中华建筑文化内向收敛文化背景影响的中国先民，一进入大规模营建宫城活动，就放弃了高地立基、孤悬“天堂”的城堡生活。殷墟如此，周原也不例外，一般的老百姓更是老实巴结于谷地，在四面环山的盆地里，营造着美好生境的桃花源，过着一种独立自由的理想生活。

福建惠安县城地处沿海，境内虽无高山大川，但丘陵连绵，环绕围护，天造地设构成了一方可圈可点的形胜之地，自然被古人记录下来，图 1-19 福建惠安县城形胜图便是说明城镇山川脉络形胜的佳例。

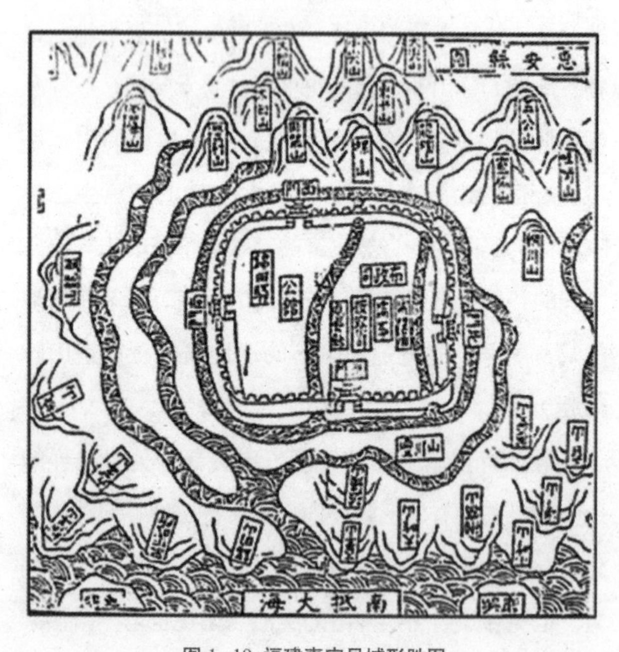

图 1–19 福建惠安县城形胜图

对此，《万历重修泉州府志》两段有关惠安舆地记述：“惠安之山自仙游大尖、小尖二山东行，历晋江吴洋村、卢田村，东循芹岭、鸡笼至于三髻，稍北为大帽，其南为云峰，又南为吴岭、为东平、为卧龙。龙蟠峙其北门，鼓楼为其近案，太白、登科（诸山）拱其左右，云峰之西分南行，曰盘龙山，转而南，……曰文笔山，……至于洛江而止。是惠安诸山之大势也。”

沧海桑田，地表变迁，河川溪圳也已移位，而这些山岭至今仍然“面貌依旧”，千百年不改其志，还是那么神情专注地卫护着县城周围一百多平方公里的盆地，为惠安人民提供肥沃的生养土地，为城镇发展提供足够的腹地。顺着前人地理志书中的形势图，按图察看诸山峰岭，从中便可发现，县城背靠登科山和前面对景的文笔山及灵瑞山正好构成一个“三星拱照”的空间格局，三山又集中了历代众多的文化古迹。不知是前人的暗示，还是自然地理脉络使然，文笔山与灵瑞山两道山脉之间空隙的二三公里谷地正成为县域经济最为活跃的廊道，估计若干年后将与县城连成一片。为此，总体规划之初，就应该对城镇周边的山川形胜态势作个细致的分析，这样才能透彻地理解城镇地理脉络，更好地把握城镇发展的方向。

（3）聚落外部空间形胜的增补

不是所有的聚落外部环境都能达到山水形胜的要求，或多或少存在着这样那样的缺陷和不足，因此形胜的“增补”便成为环境风水学选择环境“调谐自然”之原则。

缺乏美的聚落形势要增补，但不能乱增补。“增补”是中国传统聚落获得好环境的重要途径之一。中国传统聚落特别讲求形局完美，但大自然姿态万千，并非都是佳境。对某些在形局或格局上不完备的村基，面对不理想的地形，环境风水学既不一味放弃也不完全“顺应自然”，即认为“以地气之兴，虽由天定，亦可人为”。在“顺天”的同时，往往采取一定的积极补救措施，使之趋于和谐的理想模式。

聚落外部空间形胜增补最为常见的措施如下：

1）引水聚财

华亭姚瞻旗在《阴阳二宅全书》手辑中称：“人身之血以气而行，山水之气以水而运。”水在中华建筑文化中是关系到气的一大要素，水在中国传统文化中有着特别的含义，通常被看做是“财富”的象征。《水龙经》说：“水积如山脉之住，……水环流则气脉凝聚…… 后有河兜，荣华之宅；前逢池沼，富贵之家。左右环抱有情，堆金积玉。”所以，许多没水的聚落就要引水入村。引水的方法恰如福建《龙岩县志》所云“水之利大矣……古之智者因自然之势而导之，潴而蓄之曰塘；壅而积之曰陵；防而障之曰堤曰坝；引而通之曰沟曰圳”。引水的方法可概括为：

a. 引沟开圳

这种做法其实是为疏通聚落内的给排水，具有极其鲜明的实用功能，借助风水学中水能带来“财气”而使其成为最为常用的方法。

引水补基最负盛名的例子当推地处皖南山区的宏村，明永乐时听从休宁国师何可达之言开挖月塘：“定主甲科，延绵万亿子孙千家。”至明万历年间又因为有“内阳之水”，还不能使子孙逢凶化吉，于是在村南开南湖作为“中阳之水”以避邪。这种水系的变化说明了人追求理想模式的顽强，图 1-20 是皖南宏村水系变化示意。

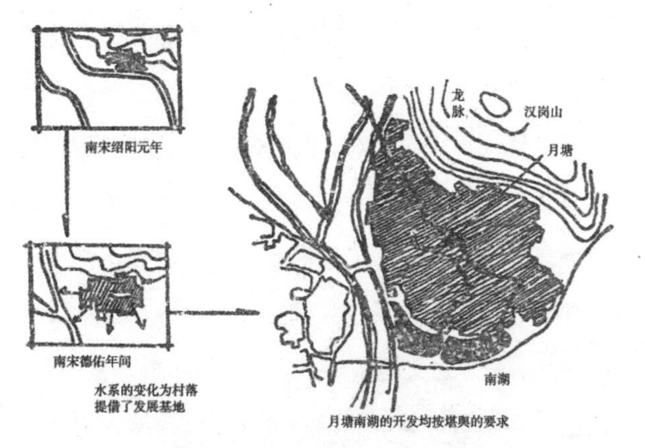

图 1–20 皖南宏村水系变化示意图

b. 挖塘蓄水

清代林枚在《阳宅会心集》卷上《开塘说》中认为：“塘之蓄水，足以荫地脉，养真气。”挖塘蓄水通常是在下面三种情况下进行的：

（a）顺居宽旷，则取塘以凝聚之（图 1-21）。

（b）来水躁急，则取塘以静注之，图 1-22 是皖南宏村水系成网在来水急湍之处挖塘，既缓冲水势又可防洪，同时使得景观上形成对比，还可利用蓄水供居民洗濯、饮用、灌溉和造景，极具实用功能。

（c）值煞曜之方，有高山逼压，阴煞射来，取塘以纯之（图 1-23）。

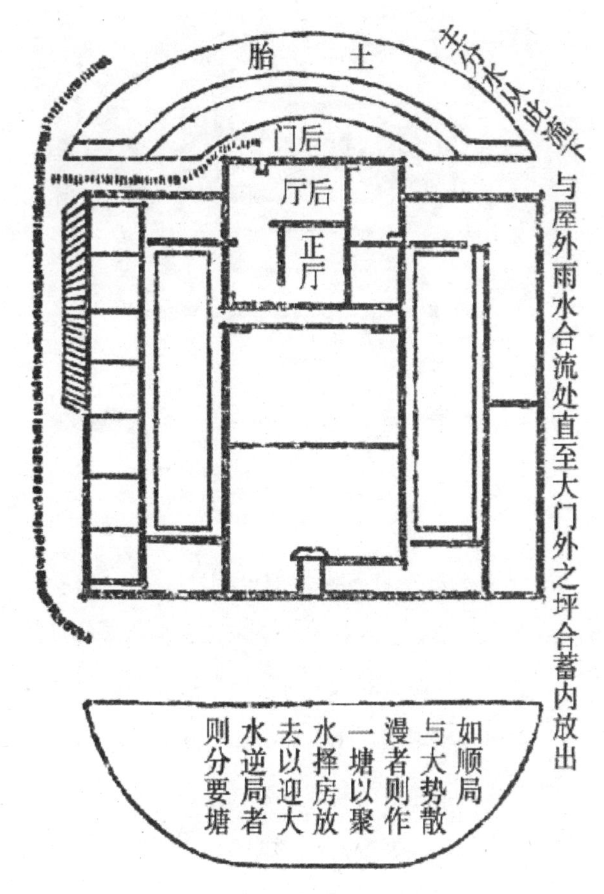

图 1–21 挖塘以凝聚示意图

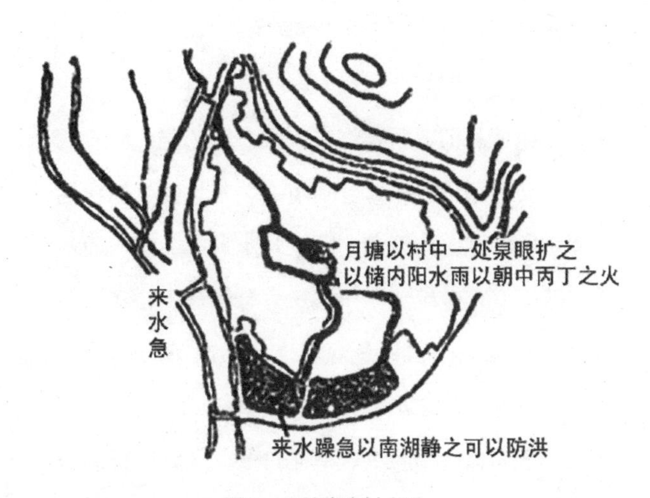

图 1–22 皖南宏村水系

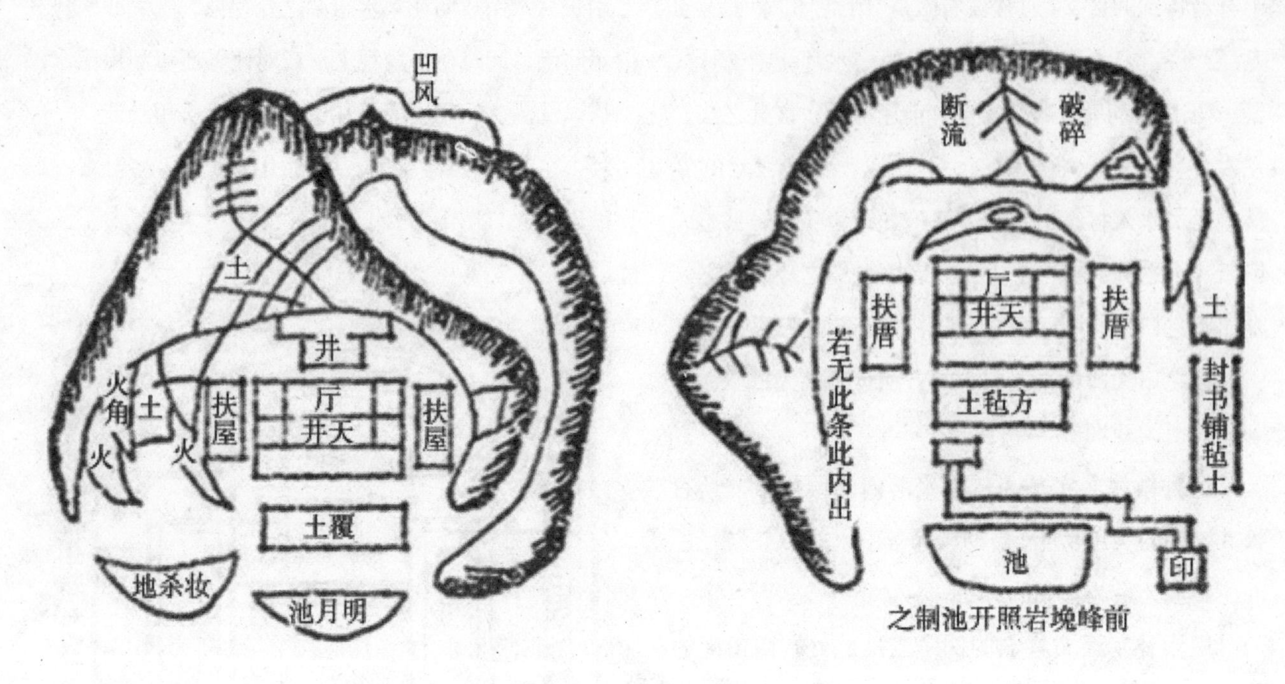

图 1–23 取塘以纯示意图

挖塘积水虽然有着极为积极的意义，但在乡间有江河近绕，堂居逆水朝入静聚者，或在地基毡唇之上时，则不能挖塘。同时，对池塘的形状和离宅舍的距离亦有规定：不能上小下大如漏斗状，不能小塘连串如锁链状，不能在宅前开方塘（谓方形池塘为“血盆照镜，凶”），等等。距离则要在三五米之外，否则招灾。这些规定既有心理上的因素，亦符合功能需要，池塘太近易产生不安全感，也易使地基受潮，对居住不利。

c. 开湖

与挖塘相似，常常在来水躁急时为之。新安《金紫护士家谱》记载：“盂闸闸下之水盘旋至包村港，实巽水所汇处，为汇潮之咽喉，水口之关锁，而地势仰高若泻，直走姚江，宁惟一方旱涝是虞；实四境风气攸关则莫如闸包村是急也，余乃次第经营既为修筑沙湖，畜一邑之水源，只为更新横坝……”则是借助风水学观念达到防洪抗旱之目的。又如宏村南湖，更是典型的实例。

d. 筑堤坝、造桥

清代林枚在《阳宅会心集》卷上“筑埂造桥说”中称：“埂以卫局，桥利往来，处置得宜，亦足以固一方之元气。”浙江桐庐浮桥铺里徐家村，修造大坝拦住了从聚落方向流出之水后，村庄旺盛起来。实际上是修坝之后，避免了水土流失，故而地肥人富。江苏《同里镇志》记载：“《续先哲》记明神庙，时顾公振鲁精形家言谓。吴淞淞水由庞山湖东下抱镇，南北屈曲分流汇于东溪以入同里湖。此洲当湖之口，砥柱中流，一方之文运系焉。虑为风涛冲激渐至沦没，乃倡议捐金累石筑基，环以外堤，植以榆柳，创建圣祠以为之镇压。”

在古人观念中，水与财关联，“油水”就是钱财，蓄水无异于聚财。水口筑坝拦水就是不让肥水外流，为村民积蓄财富。“浅者观其形，深者观其神”，其实，筑坝拦水是生态水土保持的一种科学方法。洪水泛滥，冲刷田地，泥沙淤积溪流，这是一种由暴雨引起的严重混乱现象，在水口位置筑坝挖塘，使得水流有了一个人工的阻拦，洪水的肆扰冲力就此减弱下来，流速减缓，泥沙沉淀；雨天蓄水，旱搞灌溉，水干挖泥，肥田沃土。一举多得，何乐不为，怪不得古人一直把水当做财。

至于造桥，环境风水学认为在聚落之吉方的桥宜高大牢固，而在聚落之凶方则宜木桥，低小，以本乡人不会望见为妙。如此，一村之中造桥必有讲究，如安徽省安庆地区的江河村，位于一岸边的平地上，形状似河边一木排，遂得名汪家排行，于是按环境风水学说法，木排之上只能搭木跳板而不能用石板，因为石板压木排即沉没，故新中国成立前该村只修木桥面不能用石板桥，近来虽建一石桥，却也修得离村较远。

上述引水聚财的理念，使得甚至在聚落的宗祠等地开挖池塘，以达到聚财、兴运。《莆田浮山东阳陈氏族谱》对东阳村基的记述是：“自公卜居后，凡风水之不足者补之，树木之凋残者培之”，并在宗祠中心“开聚星池以蓄内地之水”，相传嘉靖年间，曾开通“聚星池”外沟，因有伤地脉，康熙乙卯岁，族众始议塞之。所以“聚星池”没有沟渠与外界相通，从而保住了东阳村的地脉和真气。与此相反，有些村落则通过开沟圳来通畅村落的气运。如皖南《忡麓齐氏族谱》中言：“吾里山林水绕，……而要害尤在村中之一川；相传古坑族祖渊公精堪舆之学，教吾里开此圳，而科第始盛，……自圳塞而村运衰焉。……故培村基当以修圳为先务，……务使沟通，水无雍滞，此我里之福也。”有的村落则在村落的不同方位引水、开塘，或主科甲，或主聚财，或避邪等。

2）**植树补基、增补龙背砂山**

在平原和没有靠山的地区，通常在特定的地带如聚落之下砂水口处、聚落背后及龙山等地段，广种树木或修造建筑、或堆土增高山的高度或改变山的形状等方法弥补村基之不足。清代林枚在《阳宅会心集》卷上“种树说”中指出：周围形局太窄的情况下，不可多种树，否则会助其阴，“惟于背后左右之处有疏旷者，则密植以障其空”。树木的种植可起到挡风聚气的功效，还能维护小环境的生态，使聚落小环境在形态上完整，在景观上显得内容丰富和有生机。《莆田浮山东阳陈氏族谱》卷二在提到东阳村基时载：“自公卜居后，凡风水之不足者补之，树木之凋残者培之”，最后变成了所谓的“真文明胜地”。

聚落外围的山势如果出现低落的风口，冬季寒冷的北风就会长驱直入，影响聚落的局部气候，所以要增补。那么，选择最简单而最有效的办法就是植树，利用树林阻挡北风，美化环境。很多村落留下了几百年的防风林，就是增补形势营造的功绩。尤其是闽西一带的客家人，他们在建村之前在村落北部后山广植“防风林”就是较为典型的例子。如福建龙岩《银澍王氏族谱》所载的，银澍村就在村后种有各种树木，形成“峦林蔽日”“翠竹千宵”“茂林修竹”等景观（图 1-24）。

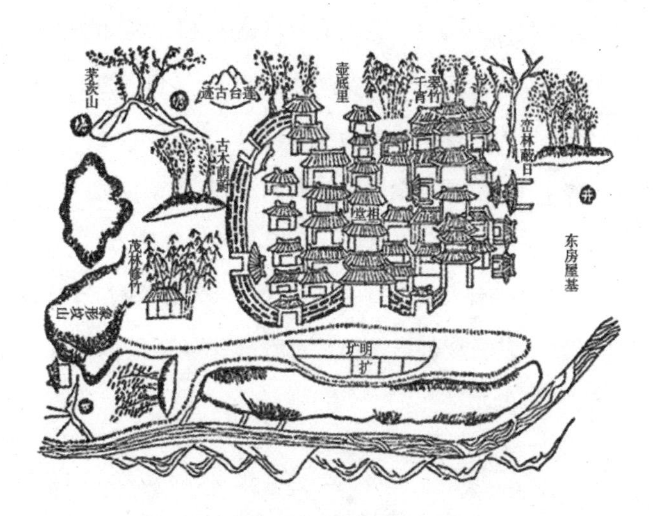

图 1–24 村后种树补基示意图

又如广东四合县在其主要山脉金冈山上修亭并遍植松树；广东高要县将其来脉处的沙冈整治为三峰状；福建仙游县的天马山之山背部分，即根据形家的说法象征贵人乘马而增填；福建龙岩竹贯村村口的大片古树名木和庙宇、风雨桥所构建的水口园林，福建建瓯等地也喜欢在水口处广种树木，形成大片的水口林等，这些都与徽州的水口园林有着异曲同工之妙。

a. 村口

（a）村口的情感意象

亭塔楼阁属于突出且高于地面的阳性独特景观，而低于地面、由各种“口”组成的独特景观就是阴性的独特景观。阳性的独特景观让人肃然起敬，阴性的独特景观使人觉得幽秘。古人深谙此道：“精象玄著，列宫阙于清景；幽质潜凝，开洞府于名山。”

病从口入，而优雅的语言也由口中发出。一进一出，全赖于口唇。源于对人自身口唇的认识，古人把口唇映象到聚居环境，他们像爱护自己的嘴唇一样爱护聚落环境的出入口，在环境风水学中敬重地称之为“气口”。

出入口是空间环境转换的临界点，是意念中的基准界限。由此点的地物统一化组织，形成了时空场态的能量气场。通过出入口，人的知觉感受到了这个时空场态的能量，促使人的身心场态发生转换，从而引起人的行为转变。这就是人与建成环境关系的直观描述。所以，环境风水学特别重视对“气口”的论述，人们也极为重视集中财力塑造村口、水口。

村口是生活在聚落中的人们、物资进入的关口（图1-25）。古时人们想尽办法利用各种物象作为标志，营造村口特有人文气息的能量气场，为聚落的风貌谱写序曲，其重要性展现在其对所产生的庄严、神圣的心理感受的塑造。

村口还是个迎来送往的地点。主人在村口等候迎接，表示对客人的敬重，客人跨进村口，宾主相互问候、谈笑，新一轮的友情从此开始。若是恋人分手或是夫妻分别，他们送到村口，也许会望一望头顶上苍翠大树，根深叶茂，永不枯黄，看一看树底下的常春藤，依恋攀缘，永不分离。村口的草木含情脉脉地为静默中的情人表白心思。

村口也是一个起搏器。游子恋家的心情是复杂的，不管在外事业有成，还是生活漂泊，一走到村口，村口像村里熟悉的老人，说着一种无声的空间话语：请把烦闷和浮躁抛到脑后，清理混杂的心绪，整理好衣冠，家里贤妻良子正等候你。村口能激起游子面见亲人的饱满情绪。

村口又是一个“报子”。村民办婚事，迎亲花轿走到村口放鞭炮，礼炮声在告诉家人做好迎候新娘的准备。洞房门与村口遥相呼应，使得忙乱的人事流传着秩序。

（b）村口的边界设施

梁思成先生在《晋汾古建筑预查纪略》中描述这一种情景：“山西的村落无论大小，很少没有一个门楼的。村落的四周，并不一定都有围墙，但是在大道入村处，必须建一座这样纪念性建筑物，提醒旅客，告诉他又到一处村镇了。”村口是传统聚落人文生境的领域界定部位，界定的标志物最常见是门楼和牌坊，图1-26为某村寨寨门。

图1-25 惠安灵山前崎坑村口（资料提供：林锦枝）

图1-26 某村寨寨门

牌坊也叫牌坊门，又称牌楼（图 1-27）。关于它的来由，梁思成先生称“连阙之发展，就成为后世的牌楼”，认为牌楼是由阙演变过来的。吴裕成先生考据，牌坊是由汉代“周武王表商容之闾”，刻石立于闾门的综合结果；刘敦桢先生则从字面“坊”与唐朝都城里坊制挂钩，认为坊门是牌坊的直接来源，坊门悬牌彰表贤能自然成了牌坊；楼庆西先生则回到最原始的两根直立的木框柱、架上一条横木的衡门，阐明了牌坊与衡门的对应进化关系。这些说法都各有其道理，但不管它是从哪里演变过来，阙门、闾门、坊门、衡门，总是离不开领域边界的标志意义。

图 1–27 徽州村口牌坊群

人间需要标记领域，神仙也不例外。传说，当初泰山上碧霞元君嫌姜子牙封给她的地盘小，争吵不休，姜子牙想出一个好办法，让她从峰顶上扔鞋，以鞋落之处划定领地。绣花鞋轻飘飘，扔不远，所落之处就是现在泰山的起点石坊，坊内归碧霞元君管辖，取名岱宗坊。

牌坊处于领域出入口常常悬牌地名，标明一方众人之领地占有权。它凝聚领域认同，它限定领地边界，为居住此地者引导心理暗示，为来访者标识所访的地址，为行政区划管理者提供聚落位置的地图标定。村落如此，城镇也不例外，北京城牌坊最多例如前门牌坊，长安街牌坊，国子监牌坊，东单牌楼等，或雄踞于巷口、或横跨于街衢，分划着地域，标记着领域，组织着空间景观。历史延续下来，虽然牌楼不多见了，但地名里还有它们的袅袅余音。

牌坊还有御犯的作用，不法分子进村之前，牌坊犹如一道罩门——堂皇华丽的外形，产生一种威严凌厉的气势，也许能够镇住他们越界犯乱的念头。现代科技发展，有的聚落又在它上面安装了“电子眼”设备，更让企图越界的盗贼望而却步。

牌坊高高，有柱有额，有门有洞，正好可以把表彰功德的刻石匾额镶进横枋，小小的功名官衔使整个聚落誉满生辉，显耀祖宗，光照门第——村民引以为自豪，村外投以羡慕。经久不衰的功德“气场”，使一人的荣誉，变成人人的荣耀，代代的动力。功德牌坊，拴住村民的心，成为展示地域光彩的标志性建筑。

楼庆西先生在《中国小品建筑十讲》中对牌楼有这样的评价：“因为牌楼既有中国古代建筑的代表性形象——柱子、梁枋、斗栱、屋顶、五彩缤纷的彩画和鲜丽的琉璃瓦顶，而它又不是一栋建筑，只是一座没有深度的罩面，适宜于广泛应用，于是牌楼才能成为一种符号，一种代表传统文化的象征符号，担负起了历史的新使命。”牌坊之所以能具有随地应变的适应性，在于它个性强烈的特色，当之无愧地成为中国人领域聚居标志的乡魂。在世界各地只要有立牌坊的地方，可以肯定地说这里就是有大量中国人的聚居地。

b. 水口

水口常与村口连接在一起。比起村口的生活实际关联，水口包含着更多的理念意蕴。“水口”在中国传统聚落的空间结构中有着极其重要的作用。水口的本义是指一村之水流入或流出的地方。在中华建筑文化中，水被看做是财源的象征，《水龙经》云：“水环流则气脉凝聚”，并称：“水左右环抱有情，堆金积玉”所以环境风水学中对水之入口处的形势要求不严格，有滚滚财源来即可；但对水之出口处的形势就有很严格的要求，必须水口关锁，为的是不让财源流失。所以，环境风水学的“水口”概念也逐渐成了正如明代缪希雍在《葬经翼》“水口”中所称“一方众水所总出处”的代名词。

中国传统聚落的环境形胜尤为重视水口的形势。清代汪志伊在所著《地理简明》中指出：“凡一乡一村，必有一水源，水去处若有高峰大山，交牙关锁，重叠周密，不见水去，……其中必有大贵之地。”并称：“水之出口，欲高而大，拱而塞。此皆言形势之妙也。”江西《芳溪熊氏青云塔志》载：“水口之间宜有高峰耸峙，所以贮财源而兴文运也，……芳溪四面皆山，东有桐岗相台，西有狮岭风坡，北有牛洞太山，南有炉峰笔架，其缜密之势列如屏墙，惟东南隅山势平远。”这说明江西芳溪水口形势就合此特点。

在南方山水发达的聚落，水口之处是一村出入的交通要道，故特别重视水口地带景观的构建。安徽考川《仁里明经胡氏支谱》说：“……水口两山对峙，涧水匝村境……筑堤数十步，栽植卉木，屈曲束水如之字以去，堤起处出入孔道两旁为石板桥度人行，一亭居中翼然……有阁高倍之……曰：文昌阁。”这种注重水口地带景观构建的传统，导致大量“水口园林”的出现，其中尤以徽州水口园林最为出色。图 1-28 为安徽绩溪县冯村天门地户示意图，图 1-29

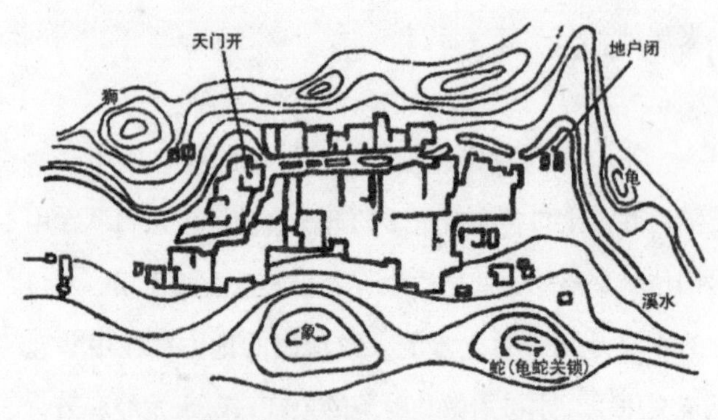

图 1–28 安徽绩溪县冯村天门地户示意图

是歙县唐模村水口。这种园林与其他的园林不相同的是，它是以变化丰富的水口地带的自然山水为基础，因地制宜，巧于因借，适当构景，使山水、村舍、田野有机地融为一体，这正如明代计成所著《园冶》所追崇的“自成天然之趣，不烦人事之工”。

图 1–29 歙县唐模村水口

在安徽，当初每一村落在一里开外的溪边路旁都有一片丛林，此即“水口”。它如同影壁一样，将村内外两大自然空间分割开来，村落水口处总有某种建筑标志，构成人文景观。如唐模村的路亭牌坊，休宁休村的牌坊，歙县棠樾的七牌坊群。黟县碧山的塔，宏村的桥，太平县崔村的六角楼等。

晋代陶渊明的《桃花源记》所叙述的故事称：晋朝太元年间，武陵郡有个渔民划着一条小舟沿溪而行，忘记走了多远，忽然逢到一片桃林。那桃林夹岸而生，桃林的尽头在溪水发源之处，这儿有一座小山，山上有个不大的山口，渔民便舍船登岸，由山口钻入。开始口内十分狭窄，刚能挤过一个人。又走了几十步，突然明亮开阔了。眼前出现了平旷的土地，整齐的房舍，肥沃的良田，清澈的池塘。田间小路纵横，鸡鸣犬吠，人们身闲心安，自得其乐。渔人在此受到感情朴实的款待，住了几天才回家。等再想到桃花源中去游玩，又迷失了方向，再也找不到通路。这个故事虽然有些离奇，但却是阐明水口的最好解释。

水口是相地的重要内容。所谓水口，就是在某一地区水流进或水流出的地方，最典型的莫过于徽州《冯氏族谱》中所记述徽州冯村的“天门”“地户”之设：“设村自元代开族以来隅隐庐豹隐，尚未能大而光也。后世本堪舆之说，因地制宜，辟其墙围于安仁桥之上，象应天门，筑其台榭于理仁桥之下，象应地户。非徒以便犁园，实为六厅（族分六支，支各有厅）关键之防也。所以天门开，地户闭，上通好国之德，下是泄漏之机。其物阜而丁繁者，一时称极盛焉。”这“天门”“地户”便界定了整个村落的外部区域，再衬以四周的龟、蛇、狮、象几座山，极为强烈地烘托出村落的安全感。同时借助中华建筑文化，表达了一种神圣的吉凶观。可以说这种通过中华建筑文化理念，表达出的水口空间系列普遍存在东南一带乡村聚落。水口，在环境风水学中凡水来之处谓之天门，若来不见源流谓之天门开。水去处谓之地户，不见水去谓之地户闭。源宜朝抱有情，不宜直射关闭。去口宜关闭紧密，最怕直去无收。

水流去处的两岸之山，称为水口砂。中华建筑文化称，水口若无砂，则水势直奔而出。砂要周密交结，狭塞高拱、犬牙相错、群鹅相攒、高峰特立、异石挺拔。其形如印笏、禽兽、龟蛇、旗鼓。其势如猛将当关、卫士护驾、车马盈塞、剑戟森立。凡重叠不计其数、迂回至数十里，有罗星、华表、捍门、北表、关砂排列的，属于水口砂的贵格。

水口砂的贵格，这是以山水喻人情。山水情意顾内、横截逆转，犹如人步步回头，恋恋不舍。山水层层排列、密密集集，犹如人团团朝拱、簇簇拥拥。从生活需要看，四周的水越多，资源越丰富。所以中华建筑文化的理念称：水主财，门开则财来，户闭则财用不竭。

（a）水口的范围

水口的范围有大有小。从水入至水出，水所流经的地区即是水口的范围。《入地眼图说》卷七《水口》云：“自一里至六七十里或二三十余里，而山和水有情，朝拱在内，必结大地；若收十余里者，亦为大地；收五六里、七八里者，为中地；若收一二里地者，不过一山一水人财地耳。”这里指出水口范围与富贵成正比例。水口包容的地面越大，所能承受的容积越大，造福的涵盖面越大。水口的概念是相对的，大水口内有小水口，许多小水口的面积构成大水口面积。每村有村里的水口，每县有县里的水口，每省有省里的水口。有水就有水口，有水口就圈定出一处特定的地围，依地围而讨论人与环境的关系，这是一种辩证的方法。

（b）水口的位置

我国地势西高东低，通常情况下，入水之口多在西北，出水之口多在东南。风水学以西为尊，西来之水为吉，出水之口在东南亦为吉。罗盘上巽位表示东南，属吉方。我国农村聚落的出水之口多在东南，并且有特定的标志。一般有桥梁、大树、祠庙立在水口，这些标志是不能损坏的，它关系整个聚落的吉凶。小范围的聚落，由于平原泽国的地形不一定都是自西向东倾斜，所以水口的位置也不一定绝对都在上述三个方位，如福建南安金淘镇开国上将叶飞将军故里占石村的水口就在东北面。但可以肯定的是，水口一定处于一个村落的最低处。

（c）水口的营建

何晓昕先生在《风水探源》一书中从生态建筑经营的角度提出研究水口的重要性，对水口理论和营建作了充分肯定，认为“它类似现代建筑中的给排水，但作用与象征意义又远非给水排水所能比及。水口很值得现代建筑学、建筑美学、建筑心理学、建筑生态环境景观学乃至建筑卫生学来共同探讨和发掘”。

水口营建是传统聚落普遍最为重视的建设内容。由于我国是一个多山多水的农业国，在生产力不发达的情况下，人们为了生产、生活的方便，必须考虑到人与山水的关系。因此，营建水口可以调谐自然。

这样营建的水口，可使得人们不能任意建立村落，村落要发展下去，必然要选择最佳的环境。因此，水口营建的理论和实践对我国传统聚落便是发挥过积极作用。几千年来，我们的先民以小生产的生产方式生活在“小国寡民”的水口范围内，一村一姓，男耕女织，日出而作，日落而息，爱护一山一水，熟悉一草一木，尊老爱幼，传宗接代，不与人争，少与人往，心理稳定，民风淳朴，怡然自乐，构成了封建社会的细胞，创造过封建社会的繁荣。但是，这种水口营建无疑是把人们圈围起来，建立起相互隔绝的高墙。它妨碍了人们的视线，束缚了人们的双脚，影响了文化交流和经济发展。它使人们的知识停滞不前，科技得不到传播，思想顽固、僵化、保守。桃花源中的人只知道秦朝，向渔人打听外面秦朝的第几代皇帝，根本不知道有个汉朝，更不知道魏朝和晋朝，这是多么的闭塞！按照系统论观点，一个村就是一个关闭的黑箱，或者说是半封闭的灰箱，这样的社会细胞是不利于社会前进的。因此，在研究“水口”时，既要看到它对封建社会所起的作用，看到它在建立聚落所主张的合理观点，又要看到它所造成的保守性和局限性，使水口的理论和实践在社会生活和社会进步中推陈出新，发挥作用。

最常见最普遍的做法是以桥为主作“关锁”，辅以树、亭、堤、塘等。水口是“一方众水所总出处”，在农业社会，水系是村落生存的命脉，保护水口就是保护族人的生命关口。水口的区域界限“关锁”营造，常用立塔、建亭、架桥、筑坝以及广植水口园林。除了立塔具有景观标志人文意义外，其他的营造手法都与改善村落人居生境有关。

a）桥。桥梁不仅是交通设施，也是村落居民进出的咽喉、反映聚落面貌的窗口。桥梁内是一个小世界，桥梁外又是一个大世界。桥梁如果被大水冲坏了，预兆着不幸的事将要发生。因此，农村中修宗谱都要记桥梁，把桥梁作为地理的重要标志。徽州休宁古林《黄氏重修族谱》记载地形说：“东流出水口桥，建亭其上以扼要冲，而下注方塘以入大溪为村中一大水口，桥之东有长堤绵亘里许，上有古松树十株。”民间常常为桥梁设置引起纠纷，福建蓬岛《郭氏宗谱》记载一件诉讼案：“安民桥，我蓬岛之关键也，左收新桥龙州诸水而过于面，右收后寮新宫诸水而入于怀，盖以东北之水涧而冲，东南之大涧最有关系于我郭之风者也。……邻乡听地师之讹言，以为此桥利于郭不利于邻，遂以逼近伊乡为嫌，力阻挡，致讼公庭。”

桥无论在组织村落的外部入口序列的路线还是在景观上，都起着良好的作用。当需要对方向作一个选择的时候，“桥”就是一个有特殊意义的路径。因为它将两个范域连在一起，并还拥有两个方向，因此常处于动态平衡的强烈感觉中，而且桥梁使得人们能够利用河流的空间。

“一桥飞架南北，天堑变通途。”桥的发明，使人类跨越了一个巨大过渡的发展阶段。人们不再摸着石头趟水过河，遇到激流水深难以判断；人们不再被深谷、大河、洪水阻隔联系而望洋兴叹；人们不再为摇船摆渡而担惊受怕。有了桥人们可以踏在坚实桥面上，望着河水悠悠过河，图 1-30 为江南水乡拱桥。一桥飞架，把桥两端的一大片环境带向水面，天堑变通途。河溪江流两岸由此结成了一个整体，桥方便了往来两岸，两岸的形成也就成为人们立基建业的首选地方。于是，人流和水流在此立体交叉。“小桥、流水、人家”也就成了诗人的写景，画家的诗意。

图 1-30 江南水乡拱桥

桥，作为聚居环境中重要的公共交通设施，给人以便利、给人以景观、给人以启迪、给人以战胜困难的创造力。因此，江南水乡人对小桥产生了神圣感，余秋雨先生在《江南小镇》中写道："据老者说，过去镇上居民婚娶，花轿乐队要热热闹闹地把这三座水桥都走一遍，算是大吉大利。老人 66 岁生日那天也须在午餐后走一趟三桥，算是走通了人生的一个关口。"

桥，古人常用它作为关锁水口的构筑，截留财气。对此，多数人解释说是利用村民致富的心理，动员集体造桥，解决跨溪过河交通问题。其实从流体动力学气场分析，造桥不但是解决两岸交通问题，而且是保护河床稳定的一种措施。"水中造桥先固基，墩头基址连一体"。桥墩缩小溪流过水面积，基址和桥墩改变了水流的速度，河岸不易坍塌。桥梁基址高出河床底面，阻挡流沙，稳定河床。没有行船的河流，可以结合造桥，满铺滚水滩，河床、河岸的水土保持效果更好。造桥，作为设定于河流中的独特景观，还具有保持水土、保住财气的作用。难怪古人乐于利用桥梁关锁水口，既解决生活实际问题，又营造人文景观。

从调谐自然、方便水网地区人们的生活生产和交往的桥，到山水园林中的桥，中国山水园林常把它作为景观构筑。它是水陆空三个系统的交叉点，近水而非水，似陆而非陆，架空而非空。以其动态优美，仪容万千的艺术形象，点化和渲染了绮山秀水，使园林景观达到如诗如画的意境，图 1-31 是浙江桐乡乌镇的双桥。

图 1-31 浙江桐乡乌镇的双桥

桥，蕴含的生活意义给人留下强烈印象，无形中成为聚落某个特定区域地理空间的标识。白居易诗曰："晴虹桥影出，秋雁橹声来。"这首诗生动地道出了桥作为秩序化独特景观的妙处。在聚落的营建中，利用它呈现出的交通功能、商业功能和游览功能，整合聚落功能和聚落形态相对比较混乱或破碎的地段，刺激桥两侧聚落的复兴。

还有一类旱桥在现代城市街道景观中日益崭露头角，这就是人行天桥。城市天桥在人车分流的有序化交通组织中发挥着重要的作用，特别是商业大厦两侧通过天桥连接，引导购物人流，共同发挥商业中心的整体效能。

b）水。水口忌直出，溪流讲究屈曲环抱。这便要求筑坝挖塘。池塘水坝，扩大了溪流面积，实质是在直流层理的水流中增加一个缓冲地带，使直冲的飞水在此环流，气脉凝聚，顾盼生情，水汽蒸发，调节降温；同时池塘水坝也为聚落提供水体景观，白鹅浮绿水，红鱼荡清波。岸边观赏，其乐融融。

另一个水口独特景观是溪流塘坝，在水中把无序的水流驯服成造福人类的宝库。在水面把单调直出的水流转化为风情万种的池园景色。先人们这种营造人文景观的才智颇值得现代人学习和颂扬。

乡人对聚落水口的苦心经营也促使工匠们对房屋各种排水口都倾尽满腔热情，想方设法对排水口进行各种装饰处理，或石雕，或瓷雕，或外饰滴水，图 1-32 是外饰排水口，极具匠心地创造了耐人寻味的独特景观。这就是水口关锁的生态环境意义。

图 1-32 外饰排水口

c）山。水口一般处于聚落领域的边界上。顺水而行是古代最方便的交通准则——水口就有可能成为聚落一处交通要塞，既是族人出入通道，也是来犯之敌的必经之地。从有利于聚落领域防卫分析，水口处最好有高峰大山，交牙关锁，重叠周密，拱卫塞阻，此皆形势之妙“一夫当关，万夫莫开”，不容易被侵犯的聚落当是大贵之地。

图 1–33 浙江溪口武岭关锁

d）建筑。没有高峰大山关锁的水口，人们在心理上就需要有一个突出明显的边界标记。因此，水口建筑便应运而生。

水口建筑使山水自然环境充满人文气息，舟船航行标志，行人驻足观赏，歇脚休息，亲切怡然。若有战事争端，这些建筑物既可作为监视敌情的岗哨，又是集合族人的作战指挥所。

水口建筑是聚落边界上夺目显著的人工物，图 1-33 是浙江溪口武岭关锁，在其周围形成一个强大的精神气场，使长久进村作案的偷盗毛贼望而生畏，这些建筑犹如守关挡道的兵将，用无形的空间语言在吆喝:“小心你的不轨行为，这里随时会有人盯住你。”

古人把水口建筑的领域性隐形功能说成是避邪镇煞，龙首当镇，以图安详。虽有神秘玄虚之嫌，但先人们还不懂得无形空间语言、领域标记、独特景观的时候，这种通俗感性的警言，的确能够凝聚民心，动员族人慷慨解囊，并自觉地保护这些文物建筑。看似迷信的言辞物象，其背后却隐藏着合理因素，人类的环境心理如同一只看不见、摸不着的巨手，时时在牵动人们的环境行为。正如哲人所言说：“理性永远存在，但不永远存在于理性形式之中”。

有较高人文层次的地区则以文昌阁、魁星楼、文风塔、祠堂等高大建筑物为主，辅之以庙、寺、堤、桥、树等。

徽州《仁里明经胡氏之谱》序“文昌阁记”称，徽州考川仁里：“……水口两山对峙，涧水匝树境，……筑堤救十步，栽植卉木，屈曲束水如之字以去，堤起处出入孔道两旁为石板桥度入行，一亭居中翼然，……有阁高倍之……榜其楣曰：文昌阁。”徽州桂溪水口处有魁星楼、多宝塔等。徽州西递水口有文昌阁、魁星楼、风水塔、观音庙等，图 1-34 为皖南黄田村水口。

其实，在水口建造这种建高大的建筑物，虽然是出自一种象征意味的目的，但也弥补了自然环境，使景观趋于平衡与和谐，以满足一种“格式塔”心理的需要。

江西《芳溪熊氏青云塔志》云：“水口之间宜有高峰耸峙，所以贮财源而兴文运者也……芳溪四面皆山，东有桐冈相台，西有狮岭风坡，北有牛洞太山，南有炉峰笔架，其缜密之势列如屏墙，惟东南隅山势平远，……自雍正乙卯岁依形家之理，于洪源、长塍二水交汇之际特起文阁以镇之，又得万年桥笼其秀，万述桥砥其流，于是财源之茂、人文之举、连绵科甲。”

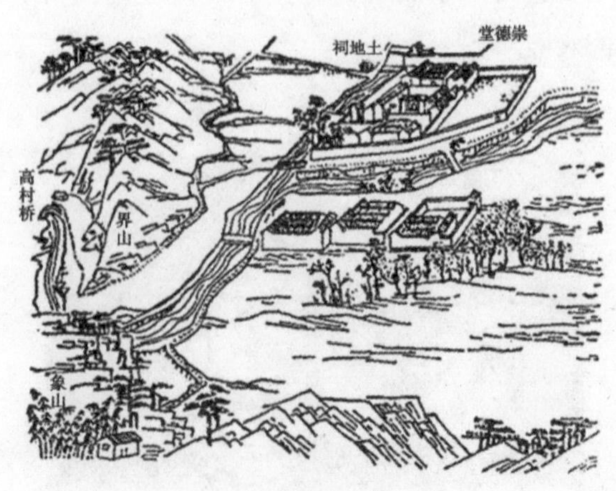

图 1–34 皖南黄田村水口

平原地区的水口则常在去水中央立州（多称之曰罗星洲）或土墩，并在其上建阁或庙。此做法恰合中华建筑文化理论中的“平洋之结无高山大岭作捍门华表镇居水口，亦须去水之玄，……若水中有玉印金箱、一字三台文笔进神之类者，尤为贵重”。

江苏同里镇的罗星洲及其上的关圣祠，义昌阁为“一方之文运系焉”。罗星洲至今依存，可惜祠阁皆毁。

浙江乌青镇的分水墩为两镇的大关键并且也在墩上建阁，《乌青镇志》曰：“今又于水墩之左建一杰阁则风水愈固，财源愈美。”

浙江南浔镇同样在水口处立墩，亦称“分水墩”。据《南浔镇志》卷八“寺庙”文昌阁载：“镇之东半里有分水墩，踞苕水之委，若砥柱”“浔镇与江南震泽接壤，其东兀立于水之中者为分水墩，上有文昌阁焉”。

浙江吴兴双林镇在《双林镇志》卷九“寺庙”奎文阁中称：“形家亦嫌去逝之水去路杂议，关锁未紧，乾隆辛卯汤在文，俞厚村等始延杰塘、沈朗亭定其于此，募资筑基，建阁西向（即文昌阁），四面轩窗，正对万元桥中洞，癸巳落成，上奉文昌武曲神像，水镜寺寺僧主之。”

（d）水口的作用

关于水口的作用，何晓昕在《风水探源》一书中作了十分精辟的分析。

a）在聚落空间组织上的作用

为一村开辟了丰富的入口序列空间，其特点是：欲扬先抑，幽致自然与建筑糅合协调，导向性强。在幽静山乡或莽莽原野，当你沿一湾溪水却遇叠嶂屏山，正无从觅路之时，突然一抹尖塔、一幢楼、一座阁、一丛林木、一潭碧水又引你再行，充当你的空间向导，并将你在全然不觉中由自然引入到村落的怀抱，再回头时，只隐隐记起走过了一条风景走廊。

这入口序列上的诸多建筑如文塔、魁楼等体现出生活追求的目标，寓隐喻于路径及建筑之中。

为一村提供了公共活动场所，“父老兄弟出作入息，咸会于斯”，颇似西方村市的中心广场，其间大量的人文景观又为村落创造了一个具有团体聚合意义的传说基地，构成一村之全体成员的共同回忆。

为一村发展规模的预测提供了直观的具体依据，即根据水口与村落距离的远近，判断该地“地气”的大小，由此推测村落的规模，保持村落与自然“环境容量”的协调。

平衡了自然景观的构图，在低矮的水口处树立高大建筑，使得自然的构图趋于稳定，获得一种平和感，满足人潜意识之中的“格式塔”需要。

为一村之天然屏障，满足了一村之民的防卫心理。

b）在人文精神感化下的作用

对聚落的盛衰与危安起精神主宰作用。

水口是一村的保护神，它对于聚落而言是抵御外界侵犯的总影壁，使一村之民具有共同的安全感，其当关之势，硝烟难入，邪气无侵。这种封闭的“小一统天下”的聚居空间环境有利于保存祖先的人文教化与物事，中国文化两千年的一条线发展与此种聚居环境不无关系。但此种环境同时也养成了中国人的保守性格。而当人们身临其境时，只觉得水口是村落的眼睛，它凝视四周，一飞彩流盼，观天象、望远方，寄托着悠悠情思。那深邃的眼底，浸透着历史的悲欢，却又有近世的风尘。若没有这神奇的水口，风景只会流于单调、停滞而失去活力，若没有这水口，聚落会是无珠之龙。难怪这水口引起众人的惊叹与遐思！

（c）建筑与树木

入得村来，放眼四望，郁郁葱葱，建筑小品隐约其间，俨然自然风景之区，而建筑小品又常常带有奇妙的传说，具有极为浓烈的象征意义，隐含了人们对善的美好意愿。这一切也多直接来自环境风水理念的影响。

环境风水学对绿化的处理持有极为积极的态度。清代林枚在《阳宅会心集》卷上“种树说”中称：“村乡之有树木，犹人之有衣服，稀薄则怯寒，过厚则苦热，此中道理，阴阳务要冲和。”

“如四应山环局窄，阳气不舒，不可有树以助其阴，即或堂局宽平而局外有低山护卫者，亦不可种树，惟于背后左右之处有疏旷者则密植以障其空，若上手不是障空，不必种树以闭天门。”

“乡中有多年之乔木，与乡运有关，不可擅伐，……或有高密之树，当位之不吉而应伐者，……于随年岁官交承之际，渐减去之，不可一旦伐清。盖树之位吉者，伐则除吉，位凶者，动亦招凶。”

这些论述说明在环境风水学理念的影响下，聚落的外部呈现出一种既封闭（四周为山屏）又开敞（树的种植疏密有致）的园林化空间。同时环境风水学最反对伐树。环境风水学赋予了树木浓郁的圣性，以树象征人命运的吉凶，传承了上古自然崇拜的遗风，其在客观上保护了自然环境，这种中华建筑文化理念往往通过宗祠的族规来实施，说明宗法制度与环境风水理念的并行不悖。

3）建塔“兴文运”或“镇煞”

在古代，越是经济文化发达的地区，人们越重视周围环境的形局。通常要求水口之山要笔直尖耸，以象征文运昌盛。对不理想的水口之山，则加以人工补救，多数会以修建“文昌塔”“文峰塔”“魁星楼”等。著名环境风水学家清代高见南所著的《相宅经纂》卷二“文笔高塔方位”中有着较为明确的规定：“凡都省府州县乡村，文人不利，不发科甲者，可于甲、巽、丙、丁四字方位上，择其吉地，立一文笔尖峰，只要高过别山，即发科甲。或于山上立文笔，或于平地建高塔，皆为文笔峰。”江西《芳溪熊氏青云塔志》记载：“水口之间宜有高峰耸峙，所以贮财源而兴文运者也，……芳溪四面皆山，……惟东南隅山势平远……。自雍正乙卯岁依形家之理于洪源、长塍二水交汇之际特起文阁以镇之，又得万年桥笼其秀，万述桥砥其流，二是财源之茂、人文之举，连绵科甲。”浙江吴兴《双林镇志》对其文昌阁的兴建也有类似记载：“形家亦嫌去逝之水去路杂议，关锁未紧，乾隆辛卯，杨在文、俞厚村等始延杰塘、沈朗亭定其于此，募资筑基，建阁西向，四面轩窗，正对万元桥中洞，癸巳落成，上奉文昌武曲神像，水镜寺寺僧主之。”有些塔（或类以塔）的修建则是为镇洪水或镇煞用的，如江苏《同里镇志》中说：“吴淞淞水由庞山湖东下抱镇，……此洲当湖之口，砥柱中流，一方之文运系焉。虑为风涛冲激渐至沦没，乃倡议捐金累石筑基，环以外堤，植以榆树，创建圣祠以为之镇压。”

a. 特殊环境的调谐措施

对于特殊的环境，即应采取因地制宜的办法加以调谐。

（a）倘若聚落外围山势较远，风口不明显，但北面低矮的山势让人看上去很不舒服，人们也会建塔立阁，增补形胜，形成领域标志建筑。譬如，浙江郭洞村先祖认为该村的东、西、南三面环山，且山势较高，唯独北面山势略低，有悖于风水学化理想的北高南低的形胜格局，为此便在村落北部鳌形山体上建造了鳌峰塔，用意象性的高塔，来平衡村民不适的心理，达到聚气安民。

（b）聚落外围山势出现东弱西强等有违于社会伦理东大西小的习俗时，就需要纠正修补。据称，陕西韩城县东北方向的山峰“不足耸拔”，比起其他方向的山峰较为逊色，失去东大西小的伦理均衡。碰巧有位县官杨氏，上任后马上与绅士商议，动员社会力量修建一座文星塔，消除了山体缺陷造成伦理意识与心理意象上的矛盾，也为县城增添了一处风景名胜。

（c）聚落安全防御体系，若外围山体有缺口就要增补。中国古代老是战乱不断，社会甚不安定，老百姓只好选择逃进山岙，掩避起来，过着稳定的生活。这种心态直接反映在封闭式的聚落倘若某个角落比较开敞，人们马上觉得不自在，遂用领域标记建筑将其“关锁”镇定，防御骚扰，“守住财气”。此有《芳溪熊氏青云塔志》为证：“芳溪四面皆山，东有桐冈相台，西有狮岭风坡，北有牛洞太山，南有炉峰笔架，其缜密之势，列如屏墙，惟东南隅山势平远”，于是族人“依形家之理，于洪源、长塍二水交汇之际，特起文阁以镇之”。

（d）聚落房屋朝向东、南方，如果这两个方向的山势轮廓线平淡无奇，缺乏生气，按照古代自然美学，这样的形势很有可能会影响先民们求取功名之心，无论如何要增补。增补的措施当然就是山上堆文笔、建高塔，既为聚落营造一处文化气场，添加了人们乐见的人文景观，又能改善山势轮廓线的美感，真是一举多得。

以上所述引水聚财、植树补基和建塔“兴文运”的三种补基措施，无论是在景观构成还是在客观效果上，都是有着重要的作用。引水补基和植树补基的结果，无疑增加了村落的生机；建塔兴文运和镇煞的结果，丰富了村落景观的空间天际轮廓线。从生态学和美学的角度来说，补基的措施都颇有可取之处。

增补形胜其实就是用人工办法为自然环境构成一个更加符合人们审美意识的“完形”。当聚落外围有山口，环境有一个缺口，人们就会认为这是不完全的“形”。不好的“形”，人们的情绪会因此而波动；一旦补上缺口，环境趋于完形，人们也可增加信心。但偌大的一个山口，不用土不用石、不用森林不用树木，而只用塔阁显示，这就显示塔阁独特造型意境所形成的气场扩散、填充了山口蕴含的“压强”或“张力”，会向某种完形“运动”，观感上缺口就被闭合了。这也成为现代艺术家特别喜欢的又断又连的造型手法，滕守尧先生在阿恩海姆《视觉思维》的译者前言中指出：“艺术是朝着增加形变过程的含蓄性、模糊性的方向发展。换言之，要尽量使那些为人们熟悉的变化阶段全被舍弃、隐蔽或越过，只让少数几个‘踏脚石’呈露出来，让观看者自己去组合成一个完形。”这也充分展现了古人用塔阁增补形胜的聪明智慧。

b. 形胜增补之文化

在聚落的形胜增补中常以风水学中的“龙首当镇”和“兴文运”的观念，使得几乎每个聚落都会在四周的山峰或顶、或腰部建造台榭和塔阁楼宇来增补之不足；强调水口作为聚落的门户和灵魂的作用。

（a）高位台榭

自古以来，人类始终潜存着崇高的情绪。因为居高能够俯瞰众生，心胸畅达；居高又意味着地位高人一等，气势压人，统驭四方；居高也是一种摆脱引力下坠的束缚，炫耀实力的表现。所以，在人神共治的时代，帝王们总是想方设法将自己置于“通天”的高处，以示“天子”的超人伟力，其目的无外乎在人间社会确立一处奇异的位置，从而进一步树立统治阶级“高杠杆作用点”的绝对权威。高位台榭就是帝王将相实现物质和精神相统一的制高空间。

《尔雅》云：“四方而高曰台。”老子在《道德经》也说：“九层之台，起于垒土。”史料已证实，古代的高台起源于土阶，土阶就是用素土逐层夯实堆筑的台基，台基上面建造房屋，统称台榭。通过对夏、商、周三代遗址考古判断，早期的土阶台基是为了房屋避水防潮的功能需要，后来发现房屋台基筑得越高，越利于安全防御，住在其上越发高爽舒展。高台从最初的防御功能延伸到心理上的需求，因此，帝王宫殿就纷纷用高台托起，形成高台宫榭建筑群。高台宫榭发源于夏商之间，成长于西周。《诗经·大雅》用了“作庙翼……筑之登登”等五句诗句作了生动的描写。大意是说，周朝始祖，建起了巍峨的宗庙，得力于众人抬筐运土，振臂夯土声响雷鸣，互相呼应。受到“高台榭、美宫室，以鸣得意”的精神影响，使得春秋战国时代的列国诸侯“竞相高以奢丽”，纷纷采取倚台逐层建造宫室、宗庙。台榭巍然屹立，民众望而敬畏，以此显示政治威仪和军事实力。

诚然，高位台榭突出地面，用途广泛。有研究观天象辨四时的天文台、观鸟兽看风景的囿台和防卫监察的瞭望台等。种类繁多，举不胜举，但更多的台榭是帝王们用来游憩玩乐的舞榭歌台。楚有章华台，吴有姑苏台，齐威王有瑶台，梁惠王有苑台，燕昭王有黄金台。秦始皇建造的台榭最为壮观，“遂极从古未有之大观”，一座四十丈高的鸿台，标志着高台宫榭的顶端。

秦朝之后，高台宫榭渐趋式微。到了汉末，宦官弄权，朝政日非，盗贼蜂起，诸侯干戈，群雄争霸，逐鹿中原。乱世枭雄曹操，修筑铜雀高台，对酒当歌，扬威斗豪。《邺中记》载：“……西台高六十七丈，上作铜凤。窗皆铜笼，疏云日幌，日出之初，乃流光照耀。”《三国演义》第四十八回描写曹操率兵进攻江南前夕，对着群臣夸下海口：“吾今年五十四岁矣，如得江南，窃有所喜。昔日乔公与吾至契，吾知其二女皆有国色。后不料为孙策、周瑜所娶。吾今新构铜雀台于漳水之上，如得江南，当娶二乔置之台上，以娱暮年，吾愿足矣！”当江北曹操在铜雀台上扬扬得意之时，江南孔明正为周瑜修筑七星坛祭风台，准备火攻曹营：“都督若要东南风时，可于南屏山建一台，名曰七星坛：高九尺，作三层，用一百二十人，手执旗幡围绕。亮于台上作法，借三日三夜东南大风，助都督用兵。”结果“七星坛上卧龙登，一夜东风江水腾”。谈笑间，曹营“樯橹灰飞烟灭”。对此，唐代诗人杜牧作了总结：“东风不与周郎便，铜雀春深锁二乔”。

盛极必衰。自从曹操痴想在铜雀台欢娱失败之后，再也见不到帝王们建造歌台舞榭的记载。其中原因恐怕不只是政治、军事因素，很有可能是社会、经济因素的制约。夯筑巨大高台，需要大量的土方工程，工期长，劳工多，消耗大，随着奴隶制集中劳动的消失，夯筑高台自然逐渐减少；再者，夯筑高台的建筑外观虽然庞大气派，但内部可使用的空间不多，浪费较大，人们当然怀疑这种构筑方式的实用价值。因此，盛极一时的夯土高台在经济规律的制约下，偃旗息鼓，俯首帖地了。

不过，满足帝王们奢侈之心的高台宫榭虽已回落，但服务大众生活的高位平台并没有消失，反而大量增加，如观演功能的舞台、讲台，军事设施的炮台、敌台、烽火台，宗教仪式的祭台、通圣台，庆典活动临时搭设的观礼台、主席台。另外，还有一类为封建王朝祭祀仪典设置的高台已改变了名称，不叫台而叫坛，如天坛、地坛、日坛、月坛。

祭坛是人类模拟高台通天精神需求营造出来的神圣建筑。北京天坛的“圜丘”就是明清两朝皇帝冬至“祭天”和孟夏“常雩”大祀典礼所设置的最高级别的祭坛。圜丘祭坛为三层基座的圆形石台，下层直径二十一丈、高五尺，中层直径十五丈、高五尺二寸，上层直径九丈、高五尺七寸。整个祭坛外观看上去，宛若一座削平顶部的山丘，层层加高，层层递进，环环相套，四周平阔，中心突现，简洁巧妙地构筑一个“天子”与“天神”对话的立脚点。作家秦牧在散文《天坛幻想录》中有一段精彩的描写：“想着在绵长的数百年间，历代的皇帝们‘全身披挂’，衮服冕旒，带着庄严的神色，在礼乐中，像煞有介事地祭天的情景；周围臣子跪伏，苍穹白云飘飘，倒是很富有戏剧性的事。我想，月色如银之夜，来到这个圆形的异常洁白的石坛上赏月；或者，繁星闪烁的漆黑的冬夜，来到这里盘桓看星，一定十分饶有趣味。”

(b) 塔阁楼宇

将“通天”祭祀的丘台平民化，把它作为观星赏月的观赏点，这是人类社会发展的巨大进步。人类认识自然规律的提高，带动了先进技术的发明，各种高强牢固的建筑材料相继出现，帮助人们进一步摆脱地球重力的束缚。于是，人性潜存的超拔欲望重新迸发出来，各式各样“出人头地”的制高空间耸立在聚落的重要部位。在山巅、在水边、在十字街口、在聚落中心，以它们自身的高度优势，成为人文景观中最具特色的亮点。这些古代人工制高点就是“塔阁楼宇”。

塔阁楼宇凸出地面，形成“人看人”的独特景观。

历史上，塔由印度“浮屠”汉化而来，塔作为佛教重要建筑，用于安置僧人圆寂焚化的舍利子。佛教传入中国后，塔旋即入乡随俗，国人逐步按照汉文化理念加以改进，位于寺院中心供僧众绕塔念经的舍利子有悖于以人为中心的人本主义，佛也慢慢地让位于人，舍利塔被移至了寺旁，使塔的形象发生了实质的变化。僧人的舍利子安葬于普通尺度的墓塔，大尺度高塔变成人的灵魂聚集点，于是，诸塔楼阁，因山就势，高耸云端，气势非凡，就此由佛的灵境转化为人间景观标记，为荒秃的山岭点播人气，为平淡的聚落点染景致，为愚钝的凡夫点化心思，为文人的笔墨点洒风采。隐去宗教骨殖功能的高塔，随即显示景观美育教化的功能。

在环境风水学理念的影响下，聚落四周山峰建造的塔、阁等建筑，便成为聚落的一种具有神圣意义的奇特文化景观，为聚落带来一种希望。这些塔、阁等在中华建筑文化的理念中起着“龙首当镇”和“兴文运”的作用。龙首当镇的如浙江普陀山的“镇莽塔”和天童山的“镇莽塔”；又有“横山宝塔镇于张祠面山之巅，山行如天马驯槽，堪舆家嫌其首不内顾……因建塔镇之山”的浙江龙游横山宝塔及皖南横溪的玉屏峰塔等。

“兴文运”，清代高见南《相宅经纂》：“凡都省府州县乡村，文人不利，不发科甲者，可于甲、巽、丙、丁四字方位上，择其吉地，立一文笔尖峰，只要高过别山，即发科甲。或于山上立文笔，或于平地建高塔，皆为文笔峰。诸如徽州黟北湾里之文峰山等，图 1-35 徽州方氏宗祠地势图所示，至于文峰塔更是不计其数。

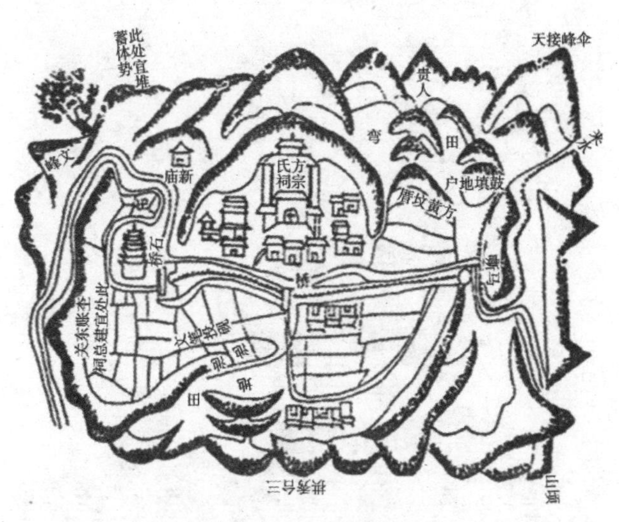

图 1-35 徽州方氏宗祠地势图

这种堆文峰建文峰塔高于别乡的做法满足了突出自我的视觉心理。今天的人们仍然具有这种心态，在一些城市规划中对建筑高度的限制，即往往要求新建建筑不能超过某一重要建筑等做法，不仅有着空间组织设计的要求也有心理的需求。

我国许多州县都建有神圣的宗教建筑——佛塔，这既世俗又有意味的建筑物，是我国封建社会长期的科举制产物。为什么用佛塔来象征文风昌盛，在江西《芳溪熊氏青云塔志》中称：“形家之言以为畅山气，挹川流，因起文心之富有者，莫过于释氏之浮屠，于是分曹任职，鸠工庀材，卜基于溪云山，……当是时也，占储大易，位乎天位以正中也，考储经……级则准乎七，以象天人。天以七为为枢纽，人以七政崇洪范，塔以七级观数成窣堵波。”

还有将庙置于特定的地段，或钟灵气，或挡煞气。福建《武平城北李氏族谱》记：“家庙位居武平城北之中央，由县龙左脉正干而来，灵气所钟，至家庙尽结焉。”福建连城新泉村一小巷之端头设土地庙以挡煞气。

建于山峰高地的亭台塔阁同时扮演着看与被看两种景观角色，而立于聚落房舍屋宇中间的塔阁即起着组织和统领聚落空间的作用。

图 1-36 泉州古城内开元寺的东西双塔

福建泉州湾的石塔群作为航标及景观功劳显著，而建在泉州古城内开元寺的东西双塔（图 1-36）的意图却耐人寻味，历史上传说纷纭，莫衷一是。按照分析，置立东、西塔算是必然之举。泉州老市区古称鲤城，山、海、江交汇，城区历代繁华，人口大量聚集，房屋鳞次栉比。居民区一律的平房“皇宫起”古大厝，红墙白石煞是好看，但古城空间一大片低矮房舍，造成城区天际线平淡没有生气；加上纵横交错的巷道、阡陌，很像是一张大网，平实地罩住了鲤鱼形态的城区。“鲤鱼”覆网，市民惶恐——简朴直观的联想却触动了民众的神经。解决办法是找一个高杠杆作用点，撑起大网，让“鲤鱼”活脱蹦跳，跃过龙门。出于普度众生善缘，开元寺禅师悉心化募，遂成东塔。于是，在单调的古城空间，增加了一个聚落空间的制高点使得人的视觉发散空间返回到了尖塔，它统治其他所有的街巷、阡陌和房舍。五层尖塔突出街区，好像撑起大网，民众惶恐心理安定了下来。正如《斯旺的家》书中所称：“一个尖顶就出人意料地概括了所有的房屋。”但过于强盛的发迹也招惹妒忌和非难——鹤立鸡群的东塔使聚落空间失去了均衡，喜欢平衡均等的古人，在东塔落成的 52 年后，又泛海运木建造西塔，恢复了聚落空间的平衡。本来是一个低层次有序的聚落空间，通过设立两个突出于聚落空间的高塔，使得聚落进入了更高层次的秩序。从此，泉州这艘大船多了两根稳健的桅杆号角，鼓帆破浪驶上“海上丝绸”的航程。两个高塔潜移默化了“开拓进取，追求卓越”的精神，人人打拼，代代进步，奠定了宋代“东方第一大港”的美誉。朝代轮换，材料更替，木塔火毁，烧塌又建石塔，双塔始终站立在古城区中间，遥相呼应，悠悠顾盼，镇国（注：东塔名镇国塔）仁寿（注：西塔名仁寿塔），众人所望，阅尽人间春色的东西塔成为泉州这个历史文化名城的标志，也成为泉州人开拓海洋世界的骄傲，成为海内外游子的乡魂。“海洋文化由双塔桅杆撑起，进取和超越那深红色的坡屋顶起伏的浪涛扬帆出航。”优美的聚落空间激发了文人的想象力。

名楼、名人、名句三种不同系统的独特性共同组成一条中国文化的风景线：鹳雀楼与王之涣的诗句“欲穷千里目，更上一层楼”连在一起；滕王阁与王勃的赋词“落霞与孤鹜齐飞，秋水共长天一色”组合一体；岳阳楼与范仲淹的哲言“先天下之忧而忧，后天下之乐而乐”，不知召唤过多少人千里迢迢，痴心目睹岳阳楼的容貌和洞庭湖的风姿。还有黄鹤楼、醉翁亭、雷峰塔等，文由建筑生，建筑因文显。“天下郡国，非不山水环异者不为胜，山水非有楼观登临者不为显，楼观非有文字称记者不为久，文字非出于雄才巨卿者不为著。”滕子京在《求记书》中深情地表明了名楼名阁因为“名贤辈各有记述而取重于千古”。正如古人云：“江山虽好，亦赖文章相助。”名山胜迹有幸，经过文人骚客的文化包装，使这些亭塔楼阁，风采飞扬，灵光四射，升华为道德伦理的楷模，供游人景仰、凭吊，拓宽了心胸，开放了眼界。

完形心理学对增补形胜也有解释。平滑的山体轮廓线虽然简洁完形，但过于单调，无法激起人的热情。假如在这条平滑线上冒出一个塔尖，简洁完形随之被打破了，整个山体形势就大不一样——它宛若破土春笋，蓬勃向上；它好比荒原上一根标杆，频频招手；它更像是寂静中的炸雷，惊醒沉闷中的人。对此类现象，滕守尧先生也认为："非简洁规则的形会造成一种紧张，或完形压强，虽然不太愉快，但会引起进取、追求的内在紧张力。"为此，我们应该善于运用增补形胜的手法，调谐自然，为人们营造美好的聚居环境。

（4）利用山川形胜实现营造和谐的自然环境

美国麦克哈格教授在《设计结合自然》中指出："许多人从盎然中寻找启示和规律，平安和安静，得到陶冶和激励。更多的人把自然和室外活动看做是恢复和增强身心健康的道路。""这些自然要素现在与人类一起，成为宇宙中的同居者，参加到无穷无尽的探求进化的过程中去，生动地表达了时光流逝的经过，它们是人类生存的必要的伙伴，现在又和我们共同创造世界的未来。""我们不应把人类从世界中分离开来看，而要把人和世界结合起来观察和判断问题。愿人们以此为真理。让我们放弃那种简单化的割裂地看问题的态度和方法，而给予应有的统一。愿人们放弃已经形成的自我毁灭的习惯，而将人和自然潜在的和谐表现出来。"

麦克哈格用现代科学理论为中国传统环境风水学的顺应自然和调谐自然的形胜理念作了充分的论证，也是在为现代城乡规划概括出山川形胜的中心思想。

先民们从观察日常自然现象中，通过长期的经验积累，发现所蕴含的本质，出于对群山产生了人类生存需要的诸多物质而对于地表山岳形成好感。《韩诗外传》称："夫山，万人之所瞻仰。材用生焉，宝藏植焉，飞禽萃焉，走兽伏焉。育群物而不倦，有似夫仁人志士，是以仁者乐山也"。"高山仰止"之所以被景仰，不是由于山形的高大挺拔，而是因为它能出云布雨，泽及天下万物，道德高厚，有似道德崇高的仁人志士，由此引发这些仁人志士"见贤思齐"，渐渐喜欢了山川的善德，并油然而生感恩崇敬之情。

这只是大自然好的一面。但大自然并不是温驯的羔羊，它一会儿烈日当空、高温暴晒，一会儿雷鸣闪电、狂风暴雨，如此极端的天气对人类的侵害，这些先哲仁人也看到了。因此，为了减少自然灾害，还构想出"后羿射日""女娲补天""精卫填海"等，但结果当然无济于事，热浪洪水照样袭来，并且在大量炼石衔石、挖土搬木填堵洪水过程中，自然被破坏了，洪水灾害的威力更大——"鲧障鸿水殛死者"。在惨痛的灾害面前，人们放弃了对自然的改造办法，采用顺应自然的疏导调谐方式——"禹能修鲧之功"。大禹不但治理了洪水，而且"望山川之形，定高下之势"，顺着水路，凿龙门，辟伊阙，导廛涧，通沟渠，水害变水利，"九川既疏，九泽既洒，诸夏艾安，功施于三代"，为先秦圣哲们埋下了尊重自然的思想种子。另一方面，随着社会发展对自然规律认识的深化，人们对大自然情感已从恐惧、崇敬转变为欣赏、热爱，并将其作为一个审美的客体来看待。这一转变最终奠定了中国环境风水学和自然美学的思想基础。

在善待自然、探索自然美的成功实践中，人们发现自然环境的生态平衡一旦被打破，很难得到恢复，倘若要减少自然灾害就必须与自然和谐相处。因此，在聚落选址之初，就应综观聚落的外部山形水势，尊重现状，谨慎"动土"，充分利用它们的形胜优势，力求排除不利的影响，使聚落能获得一个良好的生态环境。再顺应自然，对自然之缺陷，通过用人工调谐的方法加以补救，最终达到自然美与人工美的有机结合。这完完全全是把大自然当做一位知心朋友来看待，既不指责也不抹杀，而是体贴爱抚，细心调谐，让大自然为人类绽放出更美丽的花朵。

环境风水学展现出我国古代哲人们利用山川形胜的睿智令华夏子孙感到无比的自豪。

1.4.4 传统聚落的相地构形

(1) 相地构形的重要意义

环境是相对于中心事物而言的。环境和中心事物作为两个不同型的系统相互作用着，并由此构成统一体。

人类的生活、生产系统，自觉或不自觉地受制并反作用于周围的环境系统，人类社会系统首先直接或间接地由环境中输入劳动对象，并在技术和自然力的协同中，通过人与人、人与社会的共同努力的作用下对其加工重组，最后又以种种物质形态输出到环境系统中，作为环境的新生要素。人与人、人与社会和人与环境之间的这种复杂关系，正是中华建筑文化的研究对象；而如何对环境系统进行选择，则是中华建筑文化阳宅理论的核心内容。

(2) 相地构形的主要内容

对于如何利用自然环境开创一处良好的聚居环境，环境风水学在反复实践中，进行了很多有益的探讨。首先是相地构形，即对拟选基址的外围环境作了缜密的形胜勘察，包括四周山冈、流水、林木等自然环境景观以及远近的人文景观，几乎在人眼可视范围内的地形、地物都属于考察的对象（图 1-37）是四周形胜的勘察，继而将某一最有特色的物象当做独特的环境景观的关键因素，围绕它又将其他的物象包括构想中的聚落一并组织起来，构成某种有规则性的图像模式。这种考察构形也就是风水学中的“喝形”，只不过“喝形”纯粹是将自然景观图像简洁化，而相地构形是在“喝形”基础上，把拟建的聚落选址和宅园也加进去，共同来构形。比如，“喝形”的“双龙戏珠”是两条山脉中间一个峦，而同样是“双龙戏珠”的构形却是中间的山峦换为聚落的意象。被称作“九龙抢宝”的青岩古镇正好处于多条山脉放射汇聚中心地点上，先哲们由此给它这样一个朝气蓬勃的构形。再如，“喝形”的“聚宝盆”是一块四周山峦环绕的盆地，一旦考察后想选用此地作基址，构形说就会换上另一个更优美的形容词——“众星捧月”。

图 1-37 四周形胜的勘察

(3) 相地构形的积极作用

在相地与构形相结合中，先哲有着很多独特的高明之处。环境风水学认为，一个聚落环境的好坏并不单单由内部环境来决定，而是内外环境的互相配合共同对人与人、人与社会的生活行为产生作用，特别是一些直接看见的外部物象对聚落环境更有着决定性的影响。所以，环境风水学名著《阳宅十书》中明确地指出“若大形不善，总内形得法，终不全吉”的科学见解。在这种理念的指导下，自然而然地将相地与构形结合起来。通过聚落外围的环境景观构形，不但能让人们清晰地看到尚未开发的基址混乱物象后面所固有的秩序和内在的价值，而且先给蛮荒的土地注入人文气息，并烙上一个领域性印记，增强人们对自然的热爱和生活于此地的信心。同时以此构形作为聚落规划的主调，可以有效地统摄住整个区域的空间格局，既帮助人们富有情趣地体验环境的生活意义，又协助人们在建成环境中定向和定位，让人们觉得此处环境有平稳的安定感和可排除不确定性的控制感。尤其是对聚落外围自然环境的巧妙利用，可使整个聚居环境更加充满特色和生机。先哲们就是如此巧妙地向人们灌输生态环境的保护意识。

江苏常熟古城的景观特色是由虞山、辛峰亭和方塔组成的，这三个景物恰到好处的空间布局正是由古城“牛头”构形所决定的。祖正在《山中杂记（二）》记述道：“这个虞山以象形的缘故，同时又称牛山。山形宛如蹲伏着的一只老水牛。城内的一部分适当一个牛头，圆圆的一弯城墙好比套在牛头上的一个颈环。在老水牛头上的乾元富前那座高耸的辛峰亭与山下小东门内那个高迫云霄的方塔，据说都是按照了风水理念建造的，说是老水牛头上的两只角。”如果毁坏了虞山的景观或是打掉辛峰亭和方塔两个角，常熟这头“老水牛”就不那么生动啦！

尽管相地构形有点神秘，但其基本价值取向却是当代景观建筑学所追崇的。其最大的共同点体现在，它们都大力倡导研究大地表面的景观，并把大地景观融汇于聚落环境和建筑空间的组织中，使之成为整个聚居环境的有机构成部分。更为令人赞叹的是中华建筑文化所强调的相地构形比当代的景观建筑学所考察的范围更加广泛、更为多样、更为形象和更具人情味，同时还更能体现可持续发展的理念。

为了更好地展示各自自然环境景观的特色和魅力，先哲们往往喜欢用构形的简洁形象对城镇进行命名。诸如，称泉州古城为鲤城、苏州古城为龟城、开封古城为卧牛城、杭州古城为凤凰城、深圳为鹏城、广州为五羊城。

福建惠安的县城就叫螺城，其核心区 3 平方公里内四周环绕缓坡高地或山岭，中间正好有一座锥形小山包就叫螺山，房屋沿山坡次第盘上，整个聚落宛如泥盘中的田螺，因此才有螺城之称。由于县城可利用的土地不多，环境容量有限，人口少还可以，人口一多就不行，所以，古人早就说“螺城居大不易”，以此告诫后人，要想有所发展就必须向外拓展。十几年前，政府准备将县城边缘的一座小山降坡下来，以此拓通连接过境公路，但降坡需要动迁的居民不太理解。为了说服群众，只好以“螺城”的构形入手，用群众喜闻乐见的通俗语言来动员群众：田螺有螺须（触角）才会活，拓通的道路正像田螺的螺须，活络内外交通，县城才有的发展空间。这么一说，动迁也认同了拓通“螺须”的重要性。

后来县城的其他改造项目也都细心地发掘“螺”文化，房屋造型有螺形，县城中心的中新花园形状为螺形，花园内的环境小品有螺形石雕音箱，螺山、螺园、螺房、螺雕。螺须也确实为螺城增色不少。

尽管现代城镇规划理论没有相地构形这个术语，但前期规划选址定点实际上就是相地构形的过程。例如确定一个新区开发，首先要提出可行性研究，重点考察一下该区域的外部区位条件是否适合，有哪些优势可以利用，这就是相当于相地过程。一旦项目确定下来，就要勘测地形水土现状，找出基址内外环境的特点，确定各个地块的功能和控制指标，这个控制性规划就相当于构形。基础设施建后，可在关键地块引入人气指数较高的重点项目，这样整个区域就被带动起来。这就是中华建筑文化的相地构形理论在现代城乡规划中的传承和弘扬。

1.4.5 聚落布局的人性特征

（1）大地景观的仿生化

深入人心的中华建筑文化，使得先民们充分认识到大地是一个有机的生命体。因此在传统聚落营造中，努力仿照有机生命体来营建环境景观，并创造了很多独特的构想。譬如以动物命名的地点就有鹭岛、鹰嘴岩、螃蟹眼等，以动物“喝形”组织起来的景观形象就更多，最耐人寻味的自然就是那些通过相地构形，按照动物机体结构进行布局的聚落形态，如常熟的“牛城”、宏村的“牛村”。这些仿生景观除了说明人与动物有着亲密感情外，还隐约透露出先哲们有着深刻的大地有机整体观。

古代哲人认为，大地是有生命的。《管子·水地》中称：“地者，万物之本原，诸生之根菀也。”认为花草树木是地里长出来的，禾苗稻谷是土里生出来的，清泉井水是土地里流出来的，还有风来雨去，云来雾去也都与大地密切相关。面对自然界生生不息现象，先哲们看在眼里、想在心里，努力探究解释这些自然现象。于是，他们就把大地生长变化的事物与人体自身作类比，如“水者，地之血气，如筋脉之通流也”。《黄帝宅经》称：“以土地为皮肉，以草木为毛发。”如“雨泽为汗流”等。这样一比，似乎进入了诗人艾青的世界：“自然与生命有了契合，旷野与山岳能日夜喧谈，岩石能沉思，江河能絮语。”这不仅是诗人的想象，思想家也论证了“自然与生命契合”的真实性，《易传象传》称：“天地尚蕴，万物化醇；男女媾精，万物化生。”庄子曰：“人之生，气之聚也”，“通天下一气耳”，两句连在一起理解，庄子道出了“天地与人是一气之体”的含义。这种把世界看做一个有机整体的观念始终贯穿于中国传统的中华建筑文化中，到了明代，王阳明就更加明确地指出：“天地万物与人原是一体。”堪舆家将这种理念应用于“看山”实践，他们将山岭视作有气脉传递的“龙脉”，以山峦景观的层次变化和用领域标记连续性来加以判断，并以大地有无“生气”作为标准来评价一个地方的环境好坏。清代叶泰在《山法全书》中称：“生气之所在，其形色土石亦有可见者，其形则生动而不蠢死，其色则光彩而不暗晦，而土则湿润而不发散，其石则细腻而不燥焰。”这其中指出：如果大地充满着生气，生气预示着生机，生机也就意味着未来的昌盛发达。

思想家的推波助澜，堪舆家的努力实践，大地有机整体观获得了普遍的认同，不仅把大地当做生命体来对待，而且将它作为会生产哺育的母亲来崇拜。“大地母亲”就这样深深地烙在人们的心坎上，形成世代相传的地理意识，引导人们对大自然的审美观念。

中国人有以大地为母的崇拜，外国人也有。一位智利女诗人写道：“以前我没有见过大地真正的形象。原来，她就像一个怀抱孩子的女人一样。我渐渐地懂得了事物的母性，那俯视着我的山峦也是一位母亲。每到傍晚，薄雾就缭绕在她的肩头，戏耍在她的膝前。”

既然世人都认大地为母，说明大地有机整体并不是因不同的文化背景而形成的，其中也包含有深刻的科学性。

“世界上事物都是普遍联系、互相依存、互相促进的。”这条颠扑不破的真理证明，自然界的事物都不能孤立存在，整体与整体，整体与局部，局部与局部都必然是互相联系的，互相作用的。现代系统科学论打开这种普遍联系之间的关系。

从系统论的观点看，所有的具体事物不是一个系统就是某一个系统的组成部分，大到一个星系、一颗恒星、太阳、地球，中至一棵树、一个人，小到一个细胞、一个原子都分别属于某一个系统。系统论创始人贝塔朗菲的定义称：它们都是“处于一定的相互关系中并与环境发生关系的各组成部分的总体”。这就是说，系统就是联系紧密的单元，也是普遍联系网上的一个网结。所以，在考察一个物质系统时，只需考察它的要素、结构、层次、功能以及它的环境，而不必考察与它联系较弱的系统对它的影响。

系统论为人们考察大地有机整体打开了一扇大门，而且对自然界整体的存在方式及运动规律也有了更深刻的认识。既然大地是一个系统，人也是一个系统，这两个系统又有紧密联系的关系，共同处于一个更大的自然界系统之中，时时相见、日日相依、心心相印，直至同心同德——人身上有的形态，大地上也有。人所需要的景观结构模式正是大地表面运动所隐含的秩序，所以将大地当做母亲，不只是能得到营养物质，还可以吸取无穷的智慧。因此，如果能将人体的秩序结合形式投射到环境景观的选择和营造中去，势必增加环境景观的无限魅力。

（2）参照人体尺度的环境营造

窦武在《北窗杂记》中提到："上'设计初步'课，从人体的基本尺寸学起……从人体入门，能给初学建筑的人一个印象便是，建筑是为人服务的，是人的活动场所，要关怀人，体贴人，给人们创造舒适、方便、安全的环境。"建造房屋不单要以人为尺度，并且可以参照人体模样来建造。《黄帝宅经》中说："宅以形势为身体……以舍屋为衣服，以门户为冠带。"从中国古代文化史中可以看到，中国古人在认识天地万物时，是极其自觉地以人为尺度的。先以"天"字表象为例。古人造"天"字，本身也是以"人"为本而构形的，在甲骨文与金文中，"天"字都是人的形象，头部特大，以表示人的颅顶。可见古人是从"人"的角度来认识、理解、说明、规定"天"的，在先哲心目中，"人"才是真正的"大"，而"天大、地大"都是人的放大。

就连天也以人来规定，那么，世界上还有什么事物不能以人来度量。人们平时也许会有这样的经验，一旦遇到需要对某一物体的大小进行量度时，不管是文盲还是有文化的人，他们会几乎同时想到，自己随身携带最方便的"量度工具"就是手掌和脚腿，这种"以身为度"的确是古人制定尺寸的基准。《说文解字》一书中说"尺"的来源于周制："寸、尺、咫、寻、常，诸度，皆以人体为法。"而常用尺、寻则由手指和手臂两个最容易做到的动作来规定，《孔子家语》称："布指知尺，舒肱知寻"。所谓"布指"是张开手掌，大拇指端与中指或无名指或小指任一指端的距离就是古代最早的一尺，选择三指中哪一指，就看各人的习惯以及整数好算来决定，很多人采用大拇指与无名指来度量，因为这个距离接近整数 20 厘米；另一"舒肱"是两手平伸，两个中指端的距离就是古制的一寻，寻至今还很不寻常，有人在没有量度工具时，以它来初估建筑物等的长度。此外，还有"寸""仞"都是"以人体为法"的。

与"以身为度"类似的现象就是"以身为名"。所谓"以身为名"就是以身体部位的名称来命名空间标识物、标记物和景观等地形、地物，比如五指山、手掌溪即是以人体部位形象直接命名的山脉与溪流；房屋门口的"口"说到底就是人体嘴巴意象的映射；房屋的勒脚、腰线、窗眉也都是参照人体部位的特征来命名的。反观之，人体中很多器官部位如乳房、子宫和阴户，又都是以建筑空间形态来命名的。

家具多数是按照人体的形态来设计的。明清的太师椅都设有后背和扶手，相当于人体身胸两臂的一个构形，坚实的后背增加了人的安全感，两边的扶手让人觉得有左右两侧的防护，所以坐在太师椅上，人总能得到既踏实又舒服的良好感受。于是古代的匠人们遂将太师椅三面围合的构形，放大到自然环境中，环境风水学所推崇环境理念使得堪舆家到处寻找三面环山、一面临水围合的场地作为理想的聚落基址。这种理想基址的外围山形水势完全是与人体双臂环抱、放眼前方的姿态相吻合的。

人体上还有一种中医学称为"穴位"的隐形敏感点，被环境风水学移植到聚落选址作为评价系统。他们类比人体穴位的秩序功能，把大地表面地形中既有景观价值又能起关键作用的地点称作穴位，并称，穴位上蕴藏着大地母亲的"胎息"。对于聚落基址若是选在穴位上，不但聚落的防御安全有保障，并且聚落能够充分得到大地的生气，兴旺发达。这样的穴位除了三面环山、一面临水围合外，平原、水乡也都有具体标准，有的选在交通结合点上，有的选在不同水流的交叉口上。总之，就是选在事物联系最紧密的网结点上。同样地，对于人工景物的布点也有一个穴位的问题，穴位选准了，人工景物就会成为聚居环境中一处最具影响力的景观，可以更好地发挥出聚落景观的组织作用，增强了美育教化职能，同时还可成为聚落的领域标记，为聚落的安宁负起神圣的使命。聚落不乏这种穴位，如大理城中心鼓楼（图

1-38），如同聚落高地的瞭望台、更楼，这种处于聚落穴位上的领域标记物，它白天教化了村民，夜晚的钟鼓声和灯火又是一种警告信号，使盗贼胆战心惊，维护一方秩序和安宁。这种穴位的监视防御功能就能起到如同周作人先生在《十字街头的塔》一文提到的："中元前后塔上满点着老太婆们好意捐助去照地狱的灯笼，夜里望去更是好看。"十字街头塔上的灯笼，既照亮了人间，也照明了地狱——不容妖魔鬼怪的盗贼趁夜作乱。

（3）景观布局人体节点化

塔楼点灯避邪只是小范围内的一种预防措施，更大范围的应用可从唐朝文成公主进藏，视察青藏高原地形地貌和民风民俗后，协助夫君吐蕃王松赞干布治理吐蕃国所制的镇魔图（图 1-39）得到认证。在这张镇魔图上，文成公主将青藏高原看做是罗刹女仰天偃卧的身姿，所有的藏传佛教的寺庙均选建在罗刹女身体节点穴位之上，其中大昭寺处于心脏地带。俞孔坚、李迪华先生在《城市景观之路——与市长们交流》一书中说明："城市扩展过程中，维护区域山水格局和大地肌体的连续性和完整性，是维护城市生态安全的一大关键。"此书引用了文成公主所献的镇魔图，并在图示标注上说："在藏民族的信仰中，整个青藏高原是大地女神的躯体，所有寺庙都是有其特定的穴位的，因而有了神圣的意义。"

图 1-38 大理城中心鼓楼

图 1-39 镇魔图

唐代是我国环境风水学理念最为发达的时期。从图 1-39 这张镇魔图所传递的创意和作用可以看到，唐朝时已有完整的大地有机整体观，并将大地景观的营造联系到社会意识形态的管理中。西藏地广人稀、山高路窄，好不容易发生的人员社会活动和物资交流几乎都在寺庙及寺庙的周边，寺庙就是他们生活中的精神皈依点和物资流通点，相当于各种联系网络的结节点。这就是说，控制住寺庙这个节点就等于掌握住整个社会的灵魂，把握住社会运作的秩序，因此寺庙的选点值得管理者深思熟虑。单单一个寺庙还好办，要找个方便交往、景观优美的地点就十分不容易。但问题是在同一管辖区域内这么多的寺庙并不是孤立存在的，它们也会发生交流与联系，必须使它们也能组成一个系统、结成一个网络。所以，文成公主以人体系统的结构模式来映射寺庙的网络系统，并以大地女神罗刹女作为蓝本，将所有寺庙的地址纳入一个神女的生命穴位上。这样的意象映射的好处很多，一是用神女身体穴位来确定寺院的位置，让人联想到僧人信众甚至是所有在此地域上生活的人，都在神女管控之下，只好虔诚规矩地服从寺庙的儒化，这就是思想意识上的镇魔；二是以人体结构模式来规划布局区域内的寺庙，形象简洁，通俗易懂，好记好说；三是区域内的土地用一个神女的躯体来类比，可以在人们观念中增加对自然界有机整体性的认识，让他们更加热爱自己所生活的土地，减少对大自然的破坏，社会稳定也有了保证。吐蕃王有了这张镇魔图，就可以对其管辖区域内的寺庙分布有一个全盘的考虑，并以此为依据对疆域行政区划进行合理的划分，对道路等基础设施的建设进行全面系统性的规划。可谓王侯得益，臣民也有福气。

尽管镇魔图是特定地区特定时间的特定产物，但这也展示了中国人在认识人与自然关系的思维体系上却具有共性意义。虽然现代人们已不用镇魔图来指导一项公共设施的规划建设，但以人体的功能来类比聚落布局的形态还经常出现在人们的构思之中。例如，把政府机关喻为人的大脑，时时在指挥控制当地的运作。又比如说，把城镇的电力系统及线网喻为人的心脏和血管，时时对城镇机体供送能量。还有把城镇的道路系统喻为人的骨架，在所有的比喻中，把道路称为骨架的比喻最恰当。因为城镇如果没有道路骨架，这个城镇还能生存，还能动吗？正像人体骨架决定人的形态大小一样，城镇的道路骨架也决定城镇的形态；正如人体的骨架是由各个骨头通过关节点连接起来一样，城镇的道路骨架也需要由交叉口的节点来实现分段和转折，不论是关节点还是路口节点，它们的附近很有可能就是人体和城镇某项功能组织的穴位。在现代，类似罗刹女的镇魔图可以不要了，但人居环境穴位结构常在，而且越来越明显，越来越在起作用。这再次证明，中国传统建筑文化精髓的中华建筑文化，在现代的城乡规划建设中仍具有极其重要的指导意义，是应该努力弘扬并加以传承，发扬光大的。

1.4.6 传统聚落的生态布局

不只是人类，即使是动物，也懂得选择适当的环境居留，因为环境与其安危有密切的关系。一般的动物，总会选择最安全的地方作为其栖息之处，而且该地方一定能让它们吃得饱并能养育下一代，像人们常说的“狡兔三窟”“牛羊择水草而居”“鸟择高而居”等就包含着这样的意思。

人类从风餐露宿、穴居野外或巢居树上逐渐发展到聚落、村庄直到城市，正是人类创造生存环境的漫长历史变迁。中国传统民居聚落产生于以农为主、自给自足的封建经济历史条件下，世代繁衍生息于农业社会循规蹈矩的模式之中。先民们奉行着“天人合一”“人与自然共存”的传统宇宙观创造生存环境，是受儒、道教传统思想的影响，多以“礼”这一特定的伦理精神和文化意识为核心的传统社会观、审美观来指导建设村寨，从而构成了千百年传统民居聚落发展的文化脉络。尽管我国幅员辽阔、分布各地的多姿多彩的民居聚落都具有不同的地域条件和生活习俗，形成各具特色古朴典雅、秀丽恬静的民居聚落，同时又以同受中国历史条件的制约，受“伦理”和“天人合一”这两个特殊因素的影响而具有共性之处。

在传统的村镇聚落中，先民们不仅注重住宅本身的建造，还特别重视居住环境的质量。

在《黄帝宅经》总论的修宅次第法中，称“宅以形势为身体，以泉水为血脉，以土地为皮肉，以草木为毛皮，以舍室为衣服，以门户为冠带。若得如斯，是为俨雅，乃为上堂。”极为精辟地阐明了住宅与自然环境的亲密关系，以及居室对于人类来说有如穿衣的作用。

在总体布局上，民居建筑一般都能根据自然环境的特点，充分利用地形地势，并在不同的条件下，组织成各种不同的群体和聚落。

在中国优秀传统建筑文化风水学影响下的传统村镇聚落，其布局特点突出表现其追崇和谐的人文性和“天人合一”的自然观，形成极富创意的“天趣”。这些都为开展住区规划设计奠定了坚实的基础。

（1）成街成坊的街巷式建筑组群布局是城镇街坊的基本形式

传统聚落街巷式建筑组群布局的特点是房连房、屋靠屋。如北京的胡同、上海的里弄。福州的三坊七巷堪称传统民居街巷式布局的典型实例（图 1-40）。巷与坊均呈东西向，由于各宅轴线垂直于巷和坊，因而各宅的主要房间则呈南北向，各户入口大门都面向坊、巷而开。出入通过坊、巷可到东西大街。坊巷内各宅院随宅主财力不等而大小不一。一户有在一条轴线上安排几进院落的；也有占两三条轴线，建八九进院落的；有的在侧面或后面还建有花园。各户毗邻且紧紧相连，只有入口面向坊、巷。泉州的旧街区也划分为若干街坊，泉州的街巷两侧是由占有几条轴线的大型室邸和每户只占一条轴线的纵向布局呈狭长的"手巾寮"组成。泉州一带的大型宅邸有着中国传统合院民居的文化内涵，当地称为"皇宫起古大厝"。这种民居风格独特，面阔、进深都很大，两边有厢房，前面有庭院，通过垂花的"塌寿式"大门进入中庭（天井）。这种大宅朝南，占有好朝向，每户占有一条或几条轴线，面积也很大，是为当时的官吏所用。街巷对面即是朝西北开门的"手巾寮"，是只有一间小厅面阔的三进条形院落，因很像一条长形的手巾，故称其为"手巾寮"（图 1-41）。它多是夹在河流和街巷之间的南河北街式宅院。这种宅院，由于前后左右都受限制而无法发展，唯一出路就是向上发展，所以"手巾寮"带夹层与阁楼的甚多，其沿街巷的一间厅堂一般为店面或手工作坊，以便为当时"皇宫起古大厝"的宅院服务。一幢"皇宫起古大厝"有三条轴线，九个厅堂。相邻两宅之间以防火巷相隔。而对面的"手巾寮"以九条轴线与之相对，每条轴线之间砖砌山墙作防火墙。这种大小悬殊而混杂布置在一条街巷的布局形式与福州的三坊七巷面局形成了不同的空间环境。

（2）传统聚落民居的布局形态

1）传统聚落民居常沿河流或自然地形而灵活布置。聚落内道路曲折蜿蜒，建筑布局较为自由而不拘一格。一般村内都有一条热闹的集市街或商业街，并以此形成村落的中心。再从这个中心延伸出几条小街巷，沿街巷两侧布置住宅。此外，在村入口处往往建有小型庙宇，成为居民举行宗教活动和休息的场所（图 1-42）。总体布局有时沿河滨溪建宅（图 1-43）；有时傍桥靠路筑屋（图 1-44）。

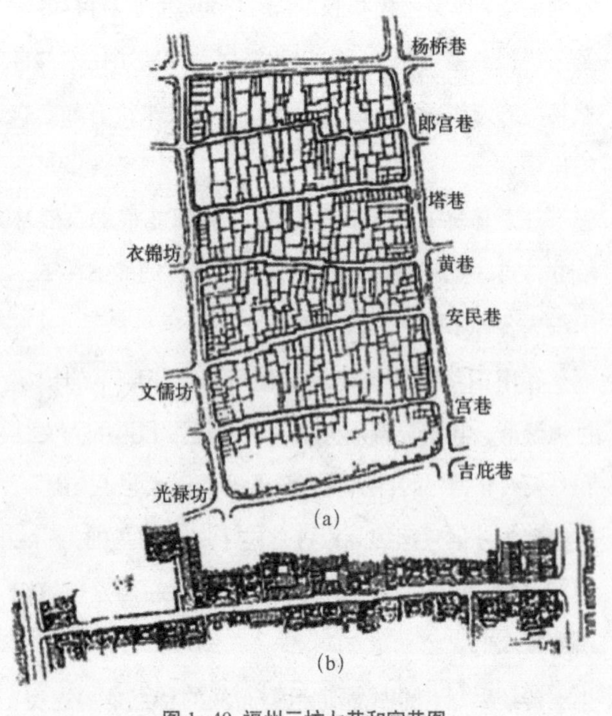

图 1-40 福州三坊七巷和宫巷图

（a）三坊七巷图 （b）福州宫巷总平面

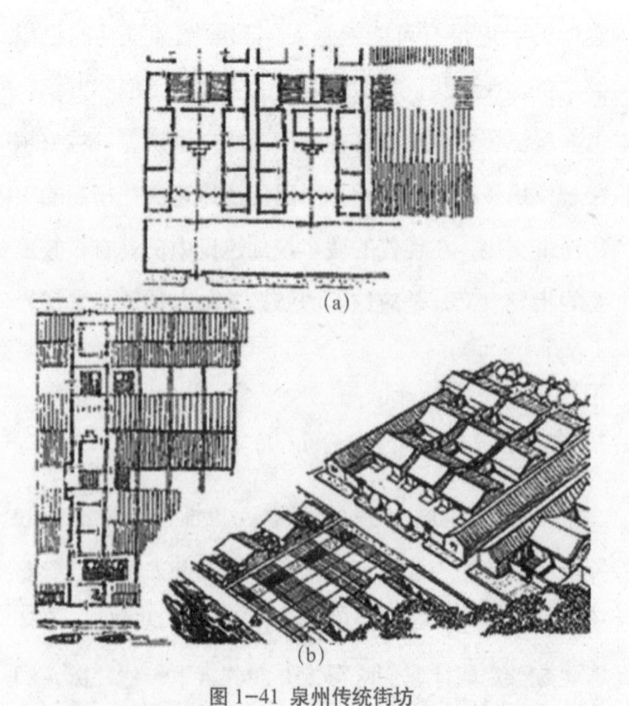

图 1-41 泉州传统街坊

（a）泉州某巷大小悬殊的民居 （b）泉州某巷鸟瞰图

图 1–42 新泉桥头居民总体布置及村口透视

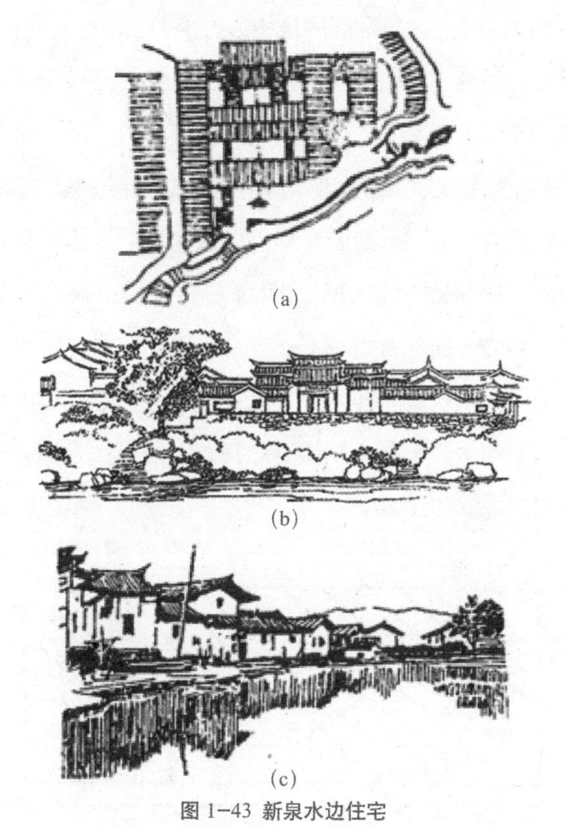

(a)

(b)

(c)

图 1–43 新泉水边住宅

(a) 新泉水边住宅平面图 (b) 新泉水边住宅沿河立面图
(c) 古田池边民居外观

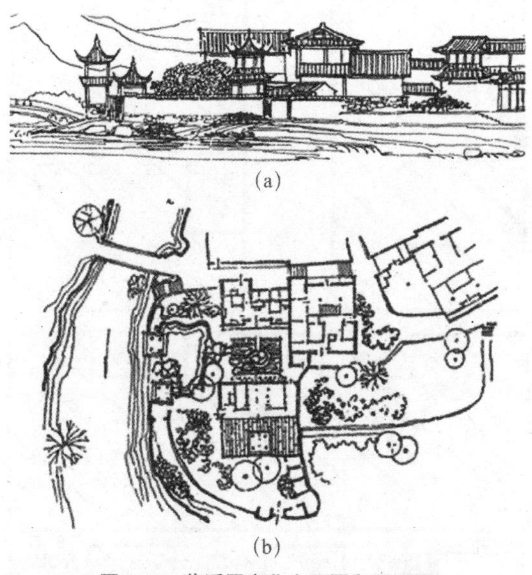

(a)

(b)

图 1–44 莒溪罗宅北立面图和平面图

(a) 莒溪罗宅北立面图 (b) 莒溪罗宅平面图

2）在斜坡、台地和那些狭小不规则的地段，在河边、在山谷、在悬崖等特殊的自然环境中，巧妙地利用地形所提供的特定条件，可以创造出各具特色的民居建筑组群和聚落，它们与自然环境融为一体，构成耐人寻味的和谐景观。

3）利用山坡地形，建筑一组组的民居，各组之间有山路相联系，这种山村建筑平面自然、灵活，顺地形地势而建。自山下往上看，在绿树环抱之中露出青瓦土墙，一栋栋素朴的民居十分突出，加之参差错落层次分明，颇具山村建筑特色（图 1-45）。

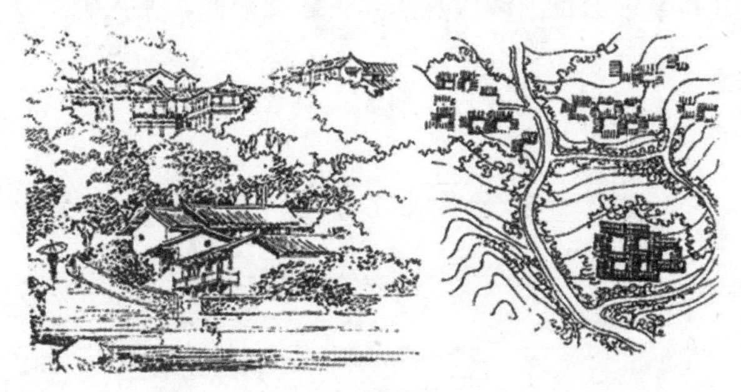

图 1–45 下洋山坡上民居分布图及外观

4）台地地形的利用。在地形陡峻和特殊地段，常常以两幢或几幢民居成组布置，形成对比鲜明而又协调统一的组群，进而形成民居聚落。福建永定的和平楼（图 1-46）是利用不同高度山坡上所形成的台地，建筑了上、下两幢方形土楼。它们一前一后，一低一高，巧妙地利用山坡台地的特点。前面一幢土楼是坐落在不同标高的两层台地上，从侧面看上去，前面低而后面高。相差一层，加上后面的一幢土楼正门入口随山势略微偏西面，打破了重复一条轴线的呆板布局，从而形成了一组高低错落，变化有序的民居组群。

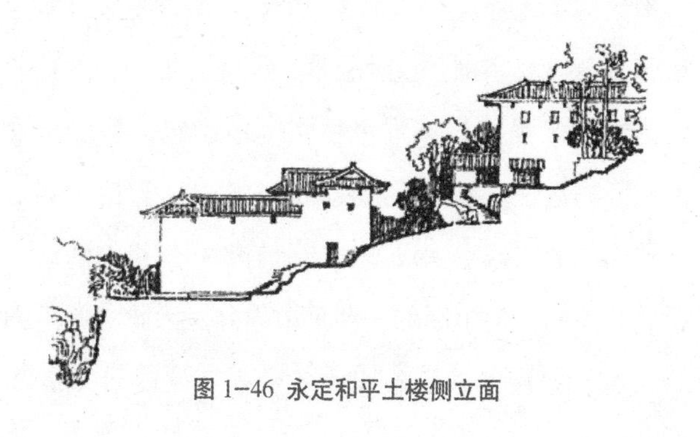

图 1–46 永定和平土楼侧立面

5）街巷坡地的利用。坐落在坡地上城镇，它的街巷本身带有坡度。在这些不平坦的街巷两侧建造民居，两侧的院落坐落在不同的标高上，通过台阶进行各个院落的布置，组成了富于高低层次变化的建筑布局。福建长汀洪家巷罗宅（图 1-47）坐落在从低到高的狭长小巷内，巷中石板铺砌的台阶一级一级层叠而上。洪宅大门入口开在较低一层的宅院侧面，随高度不同而分成三个地坪不等高的院落，中庭有侧门通向小巷，后为花园。以平行阶梯形外墙相围，接连的是两个高低不同的厅堂山墙及两厢的背立面。以其本来面目出现该高则高，该低则低，使人感到淳朴自然，亲切宜人。

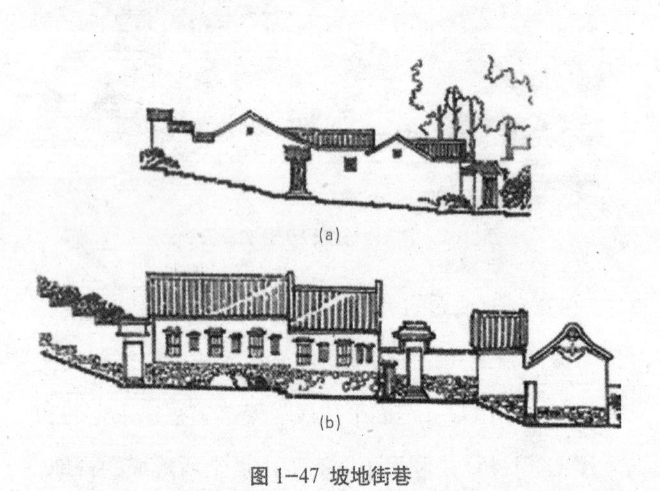

图 1-47 坡地街巷

（a）长汀洪家巷罗宅侧立面 （b）集美陈宅侧立面

（3）聚族而居的聚落布局

家族制度的兴盛，使得传统民居聚落的形式和民居建筑各富特色，独具风采。

家族制度的一个重要表现形式，就是聚族而居，很多聚落，大都是一个聚落一个姓。所谓“聚落多聚族而居，建立宗祠，岁时醮集，风犹近古”。这种的聚落形态，虽然在布局上往往因地制宜，呈现出许多不同的造型，但由于家族制度的影响，聚落中必须具备应有的宗族组织设施，特别是敬神祭祖的活动，已成为民间社会生活的一项重要内容。因此，聚落内的宗祠、宗庙的建造，成为各个家族聚落显示势力的一个重要标志和象征。这种宗祠、宗庙大多建筑在聚落的核心地带，而一般的民居，则环绕着宗祠、宗庙依次建造，从而形成了以家族祠堂为中心的聚落布局形态。福建泉港区的玉湖，这里是陈姓的聚居地，现有陈姓族人近 5000 人。全村共有总祠 1 座，分祠 8 座。总祠坐落在聚落的最中心，背西朝东，总祠的近周为陈姓大房子孙聚居。二房、三房的分祠坐落在总祠的右边（南面），坐南朝北，围绕着二房、三房分祠而修建的民居。也都是坐南朝北。总祠的左边（北面）是六、七、八房的聚居点，这三房的分祠则坐北朝南，民居亦坐北朝南。四房、五房的子孙则聚居在总祠的前面，背着总祠、大房，面朝东边。四房、五房的分祠也是背西朝东。这样，整个村落的布局，实际上便是一个以分祠拱卫总祠，以民居拱卫祠堂的布局形态（图 1-48）。

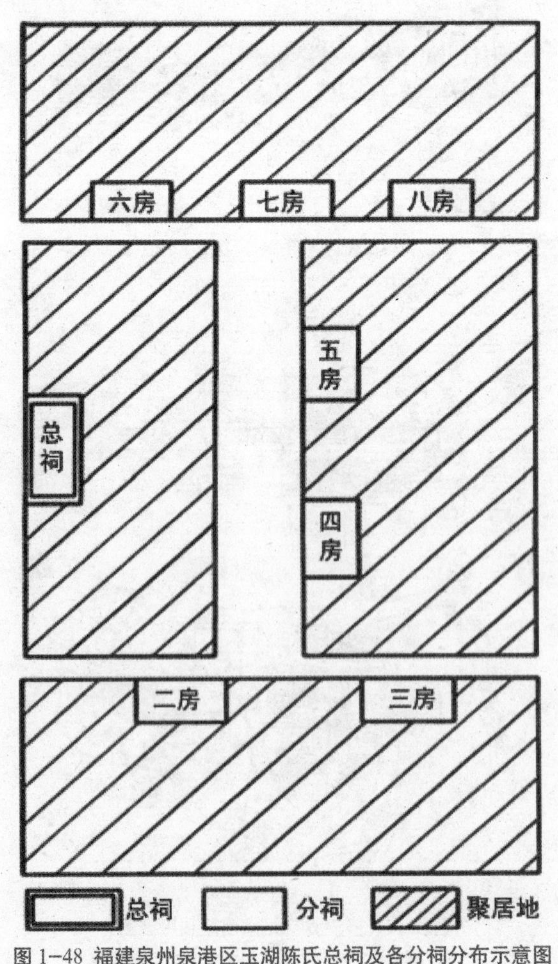

图 1-48 福建泉州泉港区玉湖陈氏总祠及各分祠分布示意图

福建连城的汤背村，这是张氏家族聚居的村落，全族共分六房，大小宗祠、房祠不下 30 座。由于汤背村背山面水，地形呈缓坡状态，因此，这个聚落的所有房屋均为背山（北）朝水（南）。家族的总祠建造在聚落的最中心，占地数百平方米，高大壮观，装饰华丽。大房、二房、三房的分祠和民居分别建造在总祠的左侧；四房、五房、六房的分祠和民居则建造在总祠的右侧，层次分明，布局有序（图 1-49）。

以家族宗祠为核心的聚落布局，充分体现了宗祠的权威性和民居的向心观念。为了保障家运族运久远，各个家庭都十分重视祠堂的风水气脉。祠堂选址，讲究山川地势，藏风得水，前案后水，背阴向阳，以图吉利兴旺。如连城邹氏家族的华堂祠，“观其融结之妙，实擅形胜之区，觇脉络之季蛇，则远绍水星之幛，审阴阳之凝聚，则直符河络之占局，环龙水汇五派以潆泗，栋宇接鳌峰，靠三台而挺秀，是诚天地之所钟，鬼神之所秘，留为福人开百代之冠裳者也。而且结构精严，规模宏整，瞻其栋宇，而栋宇则巍峨矣，览其垣墉，而垣墉则孔固矣，门厅堂室，焕然一新。”此外，以家族祠堂为核心的聚落布局，还特别重视家庙的建筑布局。家庙大多建造在聚落的前面，俗称“水口”处，显得十分醒目。家庙设置在村落的前面（水口），一方面当然是企图借助神的威力，抵御外来邪魔晦气对于本家族的侵扰，另一方面则是大大增强了家庭聚落的外部威严感。在村口、水口家庙的四周，往往都栽种着古老苍劲的高大乔木树，更显得庄严肃穆。家族聚落的布局，力求从自然景观、风水吉地、宗祠核心、家庙威严等各个方面来体现家族的存在，使家族的观念渗透到乡人、族人的日常生活中去。

广东东莞茶山镇的南社，保存着较好的古村落文化生态，它把民居、祠堂、书院、店铺、古榕、围墙、古井、里巷、门楼、古墓等融合为一体，组成很有珠江三角洲特色的农业聚落文化景观（图 1-50）。聚落以中间地势较低的长形水池为中心，两旁建筑依自然山势而建，呈合掌对居状，显示了农耕社会的内敛性和向心力。南社在谢氏入迁前，虽然已有十三姓杂居，但至清末谢氏则几乎取其他姓而代之，除零星几户他姓外，基本上全都是谢氏人口，成了谢氏聚落。历经明清近 600 年的繁衍，谢氏人口达 3000 多人。在这个过程中，宗族的经营和管理对谢氏的发展、壮

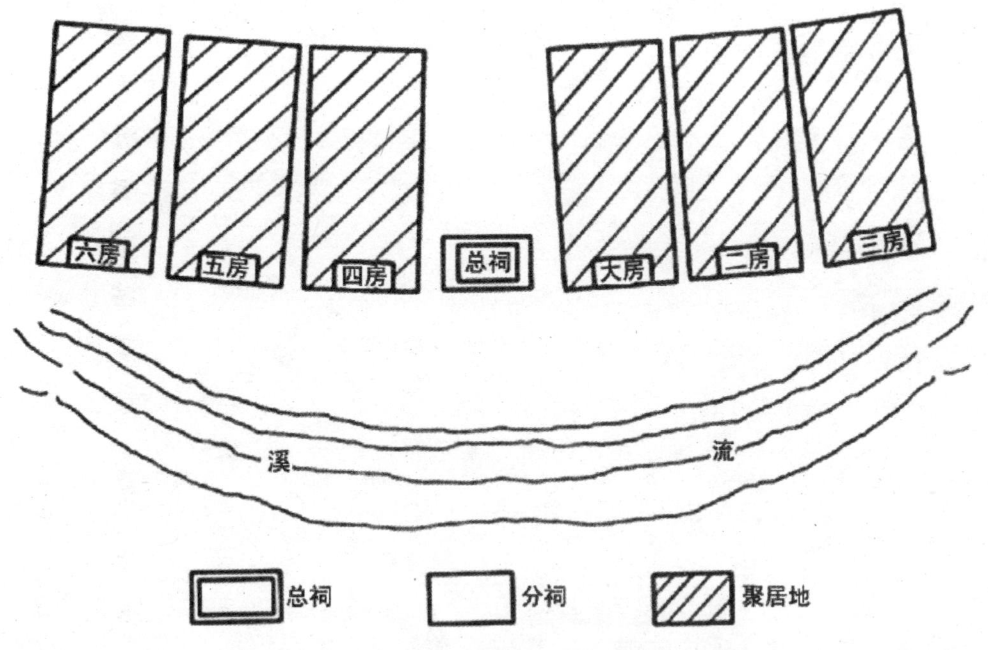

图 1-49 福建省连城县汤背张氏总祠及各分祠分布示意图

图 1-50 南社聚落以长形水池为中心合掌而居

大显得尤为重要。南社聚落现存的祠堂建筑反映了宗族制度在南社社会中举足轻重的地位。珠江三角洲一带把聚落称“围”，聚落显著的地方则称“围面”。南社祠堂大多位于长形水池两岸的围面，处于聚落的中心位置，鼎盛时期达 36 间，现存 25 间。其中建于明嘉靖三十四年（1555 年）的谢氏大宗祠为南社整个谢氏宗族所有，其余则为家祠或家庙，分属谢氏各个家族。与一般民居相比，祠堂建筑显得规模宏大、装饰华丽。各家祠给族人提供一个追思先人的静谧空间。祠堂是宗族或家族定期祭拜祖先，举办红白喜事，族长或家长召集族人议事的场所。宗族制度在南社明清时期的权威性可以从围墙的修建与守卫制度的制定和实施得到很好的印证。建筑作为一种文化要素携带了其背后更深层的文化内涵，通过建筑形态或建筑现象可以发现其蕴含的思想意识、哲学观念、思维行为方式、审美法则以及文化品位等。南社明清聚落之布局、道路走向、建筑形制、装饰装修等方面无不包含丰富的文化意蕴。南社明清古村落的布局和规划反映了农耕社会对土地的节制、有效使用和对自然生态的保护，使得自然生态与人类农业生产处于和谐状态。对于现在的住区规划设计仍然是颇为值得学习和借鉴的。

2 城镇住区的发展趋向

2.1 概念界定

2.1.1 城镇

随着社会经济的快速发展，中国城镇化进程有着不可阻挡的迅猛之势，在这过程中很多的专家学者开始更多的关注城镇建设的相关研究，因而城镇成为了使用频率较高的名词之一，然而对于城镇的概念界定还没有一个统一的规范标准，无论是理论工作者还是实际工作者，他们站在不同的角度对城镇概念的覆盖范围存在很多不同的看法和建议。

有的学者认为城镇的范畴可以包括规模较小的城市和建制镇，从人数规模来说，可囊括人口小于20万的小城市，或者一些县级市；有的学者还把几千人的农村集镇也称为城镇；还有的将一些特大城市周围人口多达20万人至30万人的卫星城称之为城镇。

如果将城镇按狭义和广义的概念进行区分，狭义上的城镇是指除设市以外的建制镇，包括县城。这一概念，较符合《中华人民共和国城市规划法》的法定含义。建制镇是农村一定区域内政治、经济、文化和生活服务的中心。1984年国务院转批的民政部《关于调整建制镇标准的报告》中关于设镇的规定调整如下：①凡县级地方国家机关所在地，均应设置镇的建制。②总人口在2万以下的乡，乡政府驻地非农业人口超过20%的，可以建镇；总人口在2万以上的乡、乡政府驻地非农业人口占全乡人口10%以上的亦可建镇。③少数民族地区，人口稀少的边远地区，山区和小型工矿区，小港口，风景旅游，边境口岸等地，非农业人口虽不足20%，如确有必要，也可设置镇的建制。广义上的城镇，除了狭义概念中所指的县城和建制镇外，还包括了集镇的概念。这一观点强调了城镇发展的动态性和乡村性，是我国目前城镇研究领域更为普遍的观点。根据1993年发布的《村庄和集镇规划建设管理条例》对集镇提出的明确界定：集镇是指乡、民族乡人民政府所在地和经县级人民政府确认由集市发展而成的作为农村一定区域经济、文化和生活服务中心的非建制镇。

城镇介于城乡之间，地位特殊，从农村发展而来，向城市迈进，有着城乡混合的多种表现。国家在解决农业、农民、农村问题的工作部署中，十分重视城镇的作用，视城镇为区域发展的支撑点。各级政府的建设行政主管部门虽然把“村”和“镇”并提，但也注意到城镇与狭义农村、与大中城市核心区的差别。城镇是指人口在20万以下设市的城市、县城和建制镇。在建设管理中，还包括广大的乡镇和农村。就实际情况而言，所有县（县级市）的城关镇、建制镇和集镇都包括周边的行政村和自然村。为此，本书所介绍的“城镇住区和住宅”包括县城关镇、建制镇、集镇和农村的住区和住宅。

到2001年底，在我们祖国960万km^2的广袤大地上，有着387个县级市，1689个县城，19126个建制镇，29118个乡集镇和3458852个村庄。城镇建设是一项量大面广的任务。搞好城镇建设关系到我国九亿多村镇人口全面建设小康社会的重大任务。

最基础、最接近人民生活的是城镇。因此，搞好城镇建设对于广泛提高全体人民的生活水平和文化素质有着极为紧密的关系。

2.1.2 城镇住区

居住是人类永恒的主题，是人类生产、生活最基本的需求。人们对居住的需求随着经济社会的发展是不断增长的，首先是满足较低级的需求，即生理需求，就是应该有能够遮风避雨、安全舒适的房子，在这种基本需求得到满足之后，人们必然会提出更高的需求，更深层次的说就是精神需求，它包括对环境美好品质的追求，对精彩丰富的居住生活的向往，对邻里交往的需要。基于此，住区是一个有一定数量的舒适住宅和相应的服务设施的地区，是按照一定的邻里关系形成并为人们提供居住、休憩和日常生活的社区。

2.1.3 城镇住区环境

广义的城镇住区环境是指一切与城镇相关的物质和非物质要素的总和，包括城镇居民居住和活动的有形空间及贯穿于其中的社会、文化、心理等无形空间。还可进一步细分为自然生态环境、社会人文环境、经济环境和城乡建设环境等四个子系统。

狭义的城镇住区环境是广义城镇住区环境的核心部分，是指在城镇居民日常生活活动所达的空间，与居住生活紧密相关，相互渗透，并为居民所感知的客观环境。它包括居住硬环境和居住软环境两个方面。前者是指为城镇居民所用，以居民行为活动为载体的各种物质设施的统一体，包括居住条件、公共设施、基础设施和景观生态环境四个部分。后者是城镇居民在利用和发挥硬环境系统功能中所形成的社区人文环境，如邻里关系、生活情趣、信息交流与沟通、社会秩序、安全和归属感等。

2.2 城镇住区的建设概况

衣食住行是人生的四大要素，住宅就必然成为一个人类关心的永恒主题。我国有70%以上的人口居住在城镇（包括农村）。解决好城镇住宅建设，对解决"三农"问题无疑具有重大的意义。城镇住宅的建设，不仅关系到广大城镇居民和农民居住条件的改善，而且对于节约土地、节约能源以及进行经济发展、缩小城乡差别、加快城镇化进程等都具有十分重要的意义。

经过多年的改革和发展，我国农村经济、社会发展水平日益提高，农村面貌发生了历史性的巨大变化。城镇的经济实力和聚集效应增强、人口规模扩大，住宅建设也随之蓬勃发展，基础设施和公共设施也日益完善。全国各地涌现了一大批各具特色、欣欣向荣的新型城镇，这些城镇也都成为各具特色的区域发展中心。城镇建设，在国家经济发展大局中的地位和作用不断提升，形势十分喜人。

进入20世纪90年代后，城镇住宅建设保持稳定的规模，质量明显提高。居民不仅看重室内外设施配套和住宅的室内外装修，更为可喜的是已经认识到居住环境优化、绿化、美化的重要性。

1990～2000年间，全国建制镇与集镇累计住宅建设投资4567亿元，累计竣工住宅16亿m^2。人均建设面积从19.5m^2增加到22.6m^2。到2000年底，当年新建住宅的76%是楼房，大多实现内外设施配套、功能合理、环境优美、并有适度装修。

现在人们已经开始追求小康生活的居住水平。

小康是由贫困向比较富裕过渡相当长的一个特殊历史阶段。因此，现阶段的城镇住宅应该是一种由生存型向舒适型过渡的实用住宅，它应能承上启下，既要适应当前城镇居民生活的需要，又要适应经济不断发展引起居住形态发生变化可持续发展的需要，这就要求必须进行深入的调查研究和分析，树立新的观念，用新的设计理念进行设计，以满足广大群众的需要。

改革开放二十多年来的城镇住区建设，在标准、数量、规模、建设体制等方面，都取得了很大的成绩，住宅建筑面积每年均数以亿计，形成一定规模和建设标准的住区也有相当的数量；但一分为二地看，我国大部分城镇住区还存在着居住条件落后、小区功能不完善、公共服务设施配套水平低、基础设施残缺不全、居住质量和环境质量差等方面的问题与不足。城镇在社会经济迅速发展的同时，既带来了住区建设高速发展的契机，也暴露出了居住环境上的重大隐患，出现了诸多问题，亟待研究解决。

2.2.1 城镇住区的现状

（1）住宅建设由追求“量”的增加转变为对“质”的提高

城镇住宅建设经过数量上的急剧扩张后，现已趋于平缓，居民对住房的要求由“量”的增加转变为对“质”的提高，开始注重住宅的平面布局、使用功能和建设质量；住宅的设计和建造水平有了显著提高；多层公寓式住宅节约用地，配套齐全、安全卫生、私密性较强的特点逐渐为城镇居民所认同并接纳，使一些农民在走出“土地”的同时，也走出了独门独院的居住方式。

（2）住区规模扩大，设施配套有所提高

随着我国城镇化进程的加快，乡镇和农村居民进一步向城镇聚集。现代化的镇区环境、配套的公共服务设施、较为丰富的文化生活、高质量的教学水平吸引着大批的农民，他们中有一定经商和务工能力的农民选择在城镇定居下来，因此住区的规模进一步扩大，住宅的建设量进一步增加，相应的设施配套水平也有所提高。

（3）住区由自建为主向统一开发的方向发展

过去分散的、以自建为主的传统建设方式已经开始被摒弃，住区建设向成片集中、统一开发、统一规划、统一建设、统一配套、统一管理的方向发展，将零星分散的建设投资，逐步纳入综合开发，配套建设的轨道上来。在许多城镇，综合开发和建设商品房已成为主流。这种开发建设住区的方式使许多城镇彻底改变了过去毫无规划的混乱状况，同时也改善了住宅的设计及施工质量，城镇居民的居住环境和生活方式发生了根本的改变。

（4）开始注重住区的规划水平与建设质量

加强了对住区的规划设计研究，在小区的规划布局、设施配套和小区特色等方面有了很大的提高。由国家科委和建设部共同组织策划的“2000年小康型城乡住宅科技产业工程”现已部分进入实施阶段，一批示范小区相继建成，并投入使用，如河北恒利庄园、宜兴市高塍镇小区、温州市永中镇小区等，这些小区在规划设计、住宅建设、施工安装和物业管理等方面做出了示范性和先导性的探索，强调新技术、新材料和新工艺的运用，对于推动住宅产业的发展，提高居住环境质量、功能质量、工程质量和服务质量，把我国城镇住区的规划和建设提高到一个新的水平，具有积极而重大的意义。

2.2.2 城镇住区存在的主要问题

（1）居住条件发展极不平衡，经济欠发达地区居住条件落后

自改革开放以来，全国的城镇兴起了大规模的住宅建设热潮，发展速度令世界刮目。但大部分城镇（包括村镇）的居住条件至今还比较落后，而且发达地区与贫困地区的发展极不平衡，差距越来越大。经

济比较富裕的城镇居民住房面积大，居住环境尚佳，设施配套相对较好。许多经济欠发达地区由于经济形态的落后和传统习惯的根深蒂固，加上建筑材料的一成不变，使得居民住宅区无论是规划布局、建筑设计、施工技术还是装修标准，几乎没有任何改变，更谈不上新技术和新材料的应用，居住环境十分恶劣。

（2）住区建设缺乏规划，功能不完善

就我国城镇住区的整体水平来看，大部分住宅布局是单调划一的“排排坐”。有些地区重视住宅单体却忽视了住宅区规划的科学价值；有些地区，特别是经济落后地区的规划意识普遍淡薄，传统的落后思想认为规划无用；有些地区即使有了建设规划，但规划起不到“龙头”的作用，自建行为和长官意志比较强。由于上述的盲目建设导致大部分城镇住区的生活功能和生产功能相混杂，住宅楼栋之间的关系混乱，缺乏必要的功能分区和层次结构，小区的可识别性差；道路系统不分等级，没有必要的生活服务设施，绿化和公共空间缺乏，更谈不上有完整的居住功能，与当前城镇社会经济的快速发展和居民生活水平的日益提高严重脱节。

（3）建筑空间布局单调，建筑缺乏特色

就我国城镇住区的整体水平来看，住宅多以行列式布置，建筑形式、高度都一模一样，小区内部围合空间过于闭塞；即便是新开发的小区，也存在住区的建筑形式和色彩等方面极为相似的“雷同版”，建筑缺乏地区特征，很难体现城镇发展的文脉或地方特色，也缺少亲切感和归属感。

（4）公共服务设施薄弱，基础设施配套不足

许多城镇新建的住区缺乏市政设施依托，除供电情况稍好外，给水、排水、通讯、有线电视等存在许多欠缺的方面，尤其是污水处理和垃圾处理设施几乎还是空白；一些设备良好的卫生间和厨房，由于没有排污系统，使卫生设备和厨房设施不能很好发挥作用。国家“小康住宅示范小区规划设计优化研究”进行的实态调查表明，采暖地区有90%以上的小区无集中供暖设施：60%以上的地区系雨污合流且无污水处理设备；25%以上的村镇住宅区道路铺装率较低。

（5）公共绿地严重缺乏，环境质量差

城镇住区的户外空间缺少统一的规划与建设，一般无公共绿地供居民使用，除必要的建筑和道路外，其他所谓的花园或花坛都是杂草丛生或是被居民们开垦为菜地，还有垃圾乱堆乱放的现象严重。一些虽然也进行了小区绿化，但绿化缺乏系统的规划设计，后期管理又不到位，导致花草树木、建筑雕塑、山水池泉等景观要素无法发挥景观生态效应和美感，限制了居民日常行为、活动和交往。

国家“小康住宅示范小区规划设计优化研究”进行的实态调查表明，大约有三分之二以上的居民对住宅本身十分重视，经济投入相当大，但却忽视户外环境的建设，绿化、环卫设施等环境的建设往往是无人问津，造成“室内现代化，室外脏乱差”，极不适应小康生活的需要，必须改善和提高。

（6）公寓式住宅照搬大城市的模式，使用不方便

有些地区在城镇住区多层公寓式住宅的建设中，不考虑城镇居民实际的生活特点，没有将居民对这类住宅的特殊要求如建筑层数、院落、贮藏空间等问题予以重视并解决，而是盲目照搬大城市的建设模式，套用城市住宅的设计图纸，过分追求“高”与“大”，片面讲究“洋”与“阔”，把城镇与城市相等同，脱离了城镇的实际情况，结果建了一批不适合城镇居民生活特点的住宅，由于生活习惯和使用要求上的差别，给他们的生活带来了很大不便。另一方面，一张图纸只经过简单修改，被重复使用，造成城镇住宅千镇同面、百城同貌，毫无地方特色可言，从而直接影响了整个住区的景观环境建设。

在我国城镇繁荣发展时期，应该认真对待城镇

住区建设中存在的问题。如何合理地利用我国的建设资源，科学地组织和引导全国城镇的住宅建设，大力提高其规划、设计、施工质量和科技含量，促进我国住宅建设的可持续发展是全社会的共同责任，这要求我们在总结近二十多年工作的基础上，采取科学、正确、果断的措施予以综合解决。

2.3 城镇住区规划研究的必要性和趋向

人居环境是现在备受关注的一个问题，也是一个急需解决的问题。吴良镛院士的《人居环境科学导论》中有这样一句话：我们的目标是建设可持续发展的宜人的居住环境。

发展城镇是我国城镇化的重要组成部分，《中共中央关于制定国民经济和社会发展第十个五年计划的建议》就已提出："要积极稳妥地推进城镇化。"而发展城镇是推进城镇化的重要途径。住区是城镇规划组织结构中的一个重要组成部分，是现代城镇建设的一个重要起点，在很大程度上反映了一个城镇的发展水平。我国有近13亿人口，其中有超过9.88亿的人口生活在城镇和村庄。他们的居住条件和居住环境的好坏直接影响着整个城镇的发展建设，直接关系到我国国民经济能否健康发展、社会能否保持稳定的重大问题。

2.3.1 城镇住区规划研究的必要性

城镇住区量多面广，要想建设优美的城镇景观，就要从城镇最基本的组成部分—住区环境的规划抓起。

（1）应注重研究城镇处于周边的广大农村之中，比起城市更贴近自然、保留着许多在城市中已散失的中华民族优良传统和民情风俗，在城镇住区的规划设计如何弘扬和发展，亟待深入研究。

（2）创造良好的城镇居住环境，满足城镇居民不断提高的居住需求随着经济的迅猛发展，城镇居民居住生活水平不断提高，人们对居住的需求已经从有房住、住得宽敞这些基本生理要求，向具有良好居住环境和社会环境过渡，并渴望有一个具有认同感、归属感、缓解压力的生活场所。

（3）规范和理论也不健全，我国目前有的《城市居住区规划设计规范》主要适用于城市，城市和城镇的实际情况是不符的，因此无法科学合理的指导城镇住区的规划建设。正是由于没有配套的相关法规与标准的指导，造成城镇住区的规划及建设很不完善或无章可循。

城镇在社会经济迅速发展的同时，既带来了住区建设高速发展的契机，也暴露出了居住环境上的重大隐患，出现了诸多问题亟待研究解决。本书以此为出发点，分析当前城镇住区建设的现状及存在的问题，从理论和实践例证方面，研究城镇住区建设的方法和措施，得出一些科学合理并切实可行的理论和方法体系，用以指导城镇住区发展建设，从而为居民创造舒适、实用并安全的居住环境，促进城镇人居环境规划和建设的可持续发展。

2.3.2 城镇住区的环境特征

城镇住区环境的特征，表现在其介于城市和乡村两种居住环境之间，它一方面具有乡村更接近生态自然环境的特点，另一方面也拥有城市性的相对完善的公共和基础设施。同时，因城镇形成与发展的差异，其住区环境内部也具有类型多样性和地方差异性等特征。

（1）类型多样性

虽然城镇人口规模小，经济结构比较单一，但因分布广、数量多，其类型比较复杂，使城镇住区环境存在多样性和多变性。不同要素（如地形、气候、交通、文化等）可形成相应的居住环境类型；而且，城镇功能定位的不稳定性导致居住环境容易发生转变。

（2）结构双重性

受城乡二元结构和管理制度差异的影响，城镇居民户籍存在双重性，这一特征也造成城镇居住环境在组织方式、投资体制、用地制度、规划手段、建设方式以及维护方式等方面的双重特征。基于此，城镇住区环境无论在物质环境居住形态上，还是在社会人文环境方面均体现为城镇型和乡村型共存的格局。

（3）社区单一性

城镇通常是一个完整的独立社区。镇区居民之间的邻里交往和关系状况保持良好，居民对本镇的心理归属感和社区荣誉感较强，社区文化传统和生活方式能得到很好地延续和保护。近年来，虽然城镇人口急增，流动频率加快，但因人口流向主要是从城镇农村腹地进入镇区，新入住居民与原镇区居民具有本质上相同的生活文化属性，因此城镇社区仍保持着较高的单一性与和谐性。

（4）地区差异性

这一方面由区域的自然条件差异造成，如平原与山区、南方与北方，城镇住区环境存在着显著的差别。另一方面也由各地的经济社会发展不均衡所致，如东部城镇发展较快，居民生活水平较高，城镇居住环境现代化成分较浓，城市性质显著；西部城镇发展较慢，传统的社会文化习俗保存较好，农村属性突出。

2.3.3 城镇住区的规划研究

（1）努力探索城镇住宅设计的特点

我国城镇住区经过几千年的发展变化，各地都有不少具有特色的传统居住模式和居住形态。但近年来城镇建设普遍存在"普通城市"的理论影响，在"城市化"的口号之下，城镇住宅建设向城市看齐，力求缩小与城市之间的"差距"，使城镇住区建设缺少或破坏了原有的建筑传统和文脉，千屋一面，万镇一统，居住群景观单调乏味。

城镇与城市住宅有很多的相似之处，也有许多完全不同的地方。对城镇与城市住宅的特征进行分析、比较和研究，有利于我们弄清楚他们之间的相似与不同之处，以界定城镇住宅及环境的特征，也是我们构建城镇住区生活场所的基础。

（2）深入研究城镇住区的规划布局

通过以上的比较我们看到，城镇与城市住区有很多相似之处，也有许多完全不同的地方，特别是在社会经济、历史文化、人口结构和价值观念等方面存在很大的差异。所以，城镇住区环境规划不同于城市的居住区环境规划，这不仅是人口和用地规模上的差别，而更主要的是住区的用户—使用对象的不同。城镇居民生活节奏慢，余暇时间多，较之城市居民而言，人与人之间关系密切，来往较多；另一方面，城镇因为缺少城市中众多的交往渠道（如酒吧、咖啡厅、舞厅、网吧、影剧院等），所以对住区户外交往的需求比城市居民要强烈；城镇居民依恋土地，较之人工构筑物更喜欢亲近天然构筑物，较之多层住宅更喜欢低层住宅；另外，城镇居民的经济收入和文化水平比城市居民要低，不少地方传统习俗对人的影响非常大，在城镇居家养老的情况比较多等。

对于这些种种不同，我们在进行环境设计时，都不能忽略。要充分了解城镇居民的生活状况与居住意愿，满足其生理的、心理的、社会的、情感的需求，从而有可能为他们建构富于人情味的美好家园。否则，如果一味按照城市住区环境设计的方法去设计城镇住区，现实往往会与设计师的美好构想相差甚远，从而造成生活场所的失落。

3 城镇住区的规划理念

住区规划是城镇详细规划的主要组成部分，是实现城镇总体规划的重要步骤。城镇住区规划设计的指导思想，立足于满足城镇居民当代并可持续发展的物质和精神生活需求，融入地理气候条件、文化传统及风俗习惯等特征，体现地方特色，以精心规划设计为手段，努力营造融于自然、环境优美、颇具人性化和各具独特风貌的城镇住区。

3.1 城镇住区规划的任务与原则

3.1.1 城镇住区的规划任务

住区规划的任务就是为居民创造一个满足日常物质和文化生活需要的、舒适、经济、方便、卫生、安宁和优美的环境。在小区内，除了布置住宅建筑外，还需布置居民日常生活所需的各类公共服务设施、绿地、活动场地、道路、市政工程设施等。

住区规划必须根据镇区规划和近期建设的要求，对小区内各项建设作好综合的全面安排。还须考虑一定时期内城镇经济发展水平和居民的文化、经济生活水平，居民的生活需要和习惯，物质技术条件，以及气候、地形和现状等条件，同时应注意近远期结合，留有发展余地。一般新建小区的规划任务比较明确，而旧区的改建必须在对现状情况进行较为详细调查的基础上，根据改建的需要和可能，留有发展余地。

3.1.2 城镇住区的规划原则

城镇住区的规划设计，应遵循下列 8 项基本原则：

(1) 以城镇总体规划为指导，符合总体规划要求及有关规定；

(2) 统一规划，合理布局，因地制宜，综合开发，配套建设；

(3) 城镇住区的人口规模、规划组织结构、用地标准、建筑密度、道路网络、绿化系统以及基础设施和公共服务设施的配置，必须按城镇自身经济社会发展水平、生活方式及地方特点合理构建；

(4) 城镇住区规划、住宅建筑设计应综合考虑城镇与城市的差别以及建设标准、用地条件、日照间距、公共绿地、建筑密度、平面布局和空间组合等因素合理确定。并应满足防灾救灾、配建设施及小区物业管理等需求，从而创造一个方便、舒适、安全、卫生和优美的居住环境；

(5) 为方便老年人、残疾人的生活和社会活动提供环境条件；

(6) 城镇住区配建设施的项目与规模既要与该区居住人口相适应，又要以城镇级公建设施为依托的原则下与之有机衔接，其配建设施的面积总指标，可按设施配置要求统一安排，灵活使用；

（7）城镇住区的平面布局、空间组合和建筑形态应注意体现民族风情、传统习俗和地方风貌，还应充分利用规划用地内有保留价值的河湖水域、历史名胜、人文景观和地形等规划要素，并将其纳入住区规划；

（8）城镇住区的规划建设要顺应社会主义市场经济机制的需求，为方便小区建设的商品化经营、分期滚动式开发以及社会化管理创造条件。

3.2 城镇住区规划的指导思想

现代化是城镇发展的必然趋势。城镇和城市是不可分划的整体。这一论点直到60年代以后才逐渐被越来越多的世人所认识。在国外发达的国家中，城镇的住区建设，已逐渐完成城乡一体化，乡村现代化。在我国，城市的迅速发展使部分乡村在短期内发展成为卫星城镇，这对城镇的住区建设起到促进作用，也对城镇的住区规划提出新的要求。优雅的自然环境和人文景观，安静和舒适的生活条件以及发达的交通、电信及能源设施，使部分城镇完全改观。为了适应21世纪我国城镇居住水平，在住区的规划中应根据城镇的住区有着方便的就近从业、密切的邻里关系、优雅的田园风光和浓厚的乡土气息等特点。以新的构思，顺应自然、因地制宜。重视节约用地；强化环境保障措施；合理组织功能结构；精心安排道路交通；巧妙布置住宅群体空间；努力完善基础设施；切实加强物业管理。使城镇住区环境整洁优美，住区服务设施配套完善，符合现代家居生活行为的需要，从而达到舒适文明型的居住标准。

3.2.1 重视节约用地 尽可能不占用耕地良田

土地是国家最宝贵的财富。马克思曾经引用过一句名言："劳动是财富之父，土地是财富之母"。还指出："劳动力和土地是一切财富的源泉"。人口多，耕地少是我们国家的一个很大的矛盾，"十分珍惜每寸土地，合理利用每寸土地，是我们的国策"。如何把改善城镇居住条件同节约用地统一起来，是城镇住区规划中急需解决的重要课题。根据城镇住区的规划和建设的情况，应着重考虑以下几个问题。

（1）充分挖掘旧城镇宅基地的潜力

目前有两种"喜新厌旧"的倾向。一种是建新村，弃旧村。认为放弃旧区，另建新址，从头新建，一切从新。这样，在建设期间，则形成两边占地的问题，新区建了新房，占了一片土地，而旧区照旧，一时腾不出土地，两边都占地，实际上减少了耕地面积，影响了生产；另一种即是建新房，弃旧房。即在旧区的外围建新房，而把旧区中的旧房放弃不住，形成空心村，不仅造成土地大量浪费，也极其严重地影响着镇容镇貌。

我们的城镇住区建设，应尽可能在旧区的基础上改造扩建，把城镇内的闲散土地，如废弃的河沟、池塘、零星杂地加以平整，对原有建筑和设施的质量以及可利用的程度作出实事求是的评价，然后从总体布局上综合考虑，凡是布局上合理的，又可以继续利用的原有建筑和设施，就要充分利用，并作为现状统一组织到新的规划中去，在布局上不合理的，严重影响生产发展和居住环境的，以及质量很差，不能居住的和不宜继续利用的原有建筑和设施，则逐步按规划进行调整，对新平整出来的城镇用地，应在规划指导下统一布置，使这些闲置的土地得到充分的利用。对一些过于分散的村落，也应该根据乡镇域规划布局进行调整，做到迁村并点，相对紧凑集中，既可节约土地，又使布局合理，方便生产和生活。

（2）利用地形，因地制宜，尽可能不占或少占耕地良田

应充分利用山地、劣地、坡地。各种坡地的适用情况如下：

①坡度为1%～3%，称平坡地。规划布局不受限制，各类建筑和道路可以自由布置。

②坡度为 3% ~ 10%，称缓坡地。对规划布局影响不大，对大型建筑和通车道路布置略有限制，但容易处理，自然排水方便。

③坡度为 10% ~ 25%，称中坡地。规划布局和建筑、道路布置均受到一定限制，土方工程量也比较大。但只要精心设计，巧作安排，不难克服。在城镇建设中应该充分利用这种土地。

④坡度为 25% ~ 50%，称陡坡地。规划设计难度大，建设工程造价高，一般不宜作为城镇建设用地。但是，对一个规模不太大的城镇或村落，利用陡坡地也是可以的。

（3）合理确定宅基地面积

对于城镇范围内周边村庄聚落的低层住宅，其宅基地面积的大小是决定城镇用地大小的重要因素，也是广大群众十分关心的问题之一。为了节约用地，为了在城镇建设中减少管线和道路的长度，提高建设项目的经济性，应当合理地确定每户的宅基地用地面积。宅基地面积大小应严格执行各地政府的规定。以能满足广大群众家居生活的要求，城镇低层住宅应以家居生活对一层所需布置的功能空间最小面积来确定。一般城镇低层住宅的一层应布置的功能空间包括：厅堂、餐厅、厨房、卫生间、楼梯间和一间老年人卧室为宜，因此，按照各类户型的不同需要，低层住宅每户的宅基地面积一般应在 80 ~ 100m^2 较为适宜。当小于 80 m^2 时就较难保证一层功能齐全。而当城镇所在用地极为紧张时，也可把一层的功能空间合理地进行分层布置，也还是有缩小宅基地的可能，但宅基地的面积也不应少于 70m^2。

（4）努力实行“一户一宅”

目前城镇居民一户多宅的现象比较普遍，在经济较发达地区更为严重，人少房多，没人住。造成土地严重浪费，为此，必须下大力气，制定有效的政策，坚决实行“一户一宅”的制度。

（5）合理确定道路网和道路宽度

根据一些实例分析，不少城镇在规划中，道路用地占城镇总用地的 20% 左右，有的甚至达到 30% 以上。因此，合理的布置道路网和确定道路宽度，对节约用地有很重要的意义。从一般的城镇情况来看，平时人流和车辆通行不多，即使是考虑到今后车辆的发展，也由于城镇住区一般规模较小，居住户数和人口也较少。因此道路宽度不宜过宽，搞得过宽必然会多占土地，提高建设投资，又显得十分空旷，实在没有必要。根据一般经验，只要经过合理规划，道路占地面积一般可控制在城镇建设总用地的 5% ~ 8%。

（6）合理确定房屋间距

房屋间距的大小是决定城镇用地大小的重要因素之一。城镇住宅前后的间距在基本满足采光、通风、防灾、避免视线干扰及组织宅院等要求的情况下，应尽量缩小其间距。

城镇低层住宅山墙的间距一般可控制在 4m 左右，最好是 6m。

（7）适当加长每栋住宅的长度

城镇的独立式低层住宅，每户一栋，过多的通道和间距，浪费了土地。所以在地形条件允许的情况下，应尽量采取拼联式的做法。但城镇低层住宅应以两户拼联为主。当采用多户拼联时，住宅的单体设计应处理好各功能空间的采光、通风及相互关系的组织。

（8）合理加大住宅进深，减少面宽

住宅建筑的用地占城镇总用地的 70% 以上，比例很大，因此，应从住宅建筑设计本身来寻找节约土地的措施。根据测算，住宅进深 11m 以内时，每增加 1m，每公顷可增加建筑面积 1000 m^2 左右。实践也证明减少面宽，加大进深是节约用地的有效途径。住宅平面应力求简单整齐，避免太多的凹凸进退，可大大减少住宅的建筑用地。

（9）提倡建设多层的公寓式住宅和二、三层的低层住宅

根据各地的调查研究，和对设计方案的分析比较，建造二层住宅的每户平均占用宅基地面积比建造一层的要少 20% 左右，因此，我们应该提倡修建 二、三层的低层住宅或多层公寓式住宅。在满足使用功能的前提下，尽量降低层高对节约用地的效果是十分显著的。

（10）尽量减少取土烧砖，节约用地

应逐步改革城镇建筑材料，挖掘地方建材的潜力，尽量利用工业废料制造建筑材料。减少取土烧砖，尤其应杜绝毁坏良田，取土烧砖的现象。

3.2.2 强化环境保障措施 展现秀丽田园风光

人类经历风雨，在生存斗争和生存适应中不断进化。从栖身树林到蜗居洞穴继而搭木成屋。住宅从一开始就不只具有居住及避险的功能，大多数住宅都集避难、集物、储藏、寄情、生产、流通、交换等功能于一体。到如今，逐步使住宅的居住生活走向“纯化”。在这过程中，人类也逐步认识到，住宅如果完全没有封闭，就不能给人类以安全感并满足遮蔽隐私及上述诸多功能的需要；然而住宅如果完全没有开放，就不适合常人居住而只能作为令人窒息的牢笼。

第二次世界大战以后，希腊学者、城市规划学家萨迪亚斯等人，首先创立了“人类聚居科学”的理论，它是一个以人类的生活、生活环境为基点，研究从单体建筑到群体聚落的人工与自然环境保护、建设和发展的学科体系。战后的日本在研究建筑学、家政学的基础上发展，形成了一个专门研究居住形式、生活方式的家居学。所谓住宅是指一栋建筑，包括它的宅基地、街道、环境等居所叫住居。家庭成员的构成、经济状态、生活态度、年龄结构、生活方式、风俗习惯、社会结构都是影响住居形式的因素。可以说住居包括经济学及环境生态学。在不断发展不断进化的过程中，人类对待生态环境的认识，经历过从“听天由命”“上帝主宰万物”到“人定胜天”，再到“天人合一”及人与“天”（大自然）的和谐统一这样一段曲曲折折的过程。如今，人们普遍认识到生态环境是人类赖以生存发展的基础。好的环境，避风向阳、流水潺潺、草木欣欣、莺歌燕舞、鸟语花香、绿树成荫，就能为人们提供空气清新、优雅舒适的居住条件。从而净化人们的心灵，陶冶高尚的情操。使得邻里关系和谐、家庭和睦幸福、人们安居乐业。因此，要提高住宅的功能质量，不仅要注重住宅建筑。同时，还必须特别重视居住环境的质量。

在我国的传统民居聚落中，都应尽可能地顺应自然，或者虽然改造自然却加以补偿，聚落的发生和发展，充分利用自然生态资源、非常注意节约资源、巧妙地综合利用这类资源，形成重视局部生态平衡的天人合一生态观。它主要表现在：

节约土地。盖房不占好地或少占好地；农田精耕细作，保护地力；以耕保田养土。

充分利用自然资源。建房“负阴抱阳”，以取得充沛的日照；房屋前低后高，以防遮挡阳光。

保护和节约资源。如广泛利用人畜粪肥、腐草、污泥乃至炕土等，以保护地力；封山育林或以“风水林”等形式保护森林资源。

重视理水、节约水资源。一般都靠近河溪建设；饮用水倍加保护；为灌溉田亩的水道、水渠、水闸等设施都相当完备。

利用自然温差御寒防暑。新疆喀什地区高台民居和台湾兰屿岛雅美人民居，都有凉棚、院房和穴居室三个空间，以根据时令季节利用自然温差调节使用；南方居民即广泛利用天井宅巷阴凉通风。

充分利用乡土建筑材料，发挥构件材料的天然性能。

先民们天人合一的生态平衡乃至表现为风俗的具体措施，至今仍有其积极意义，尤其是充分利用自

然资源、节约和综合利用等思想和实践，仍然可以在今天有分析的选择和汲取。

“城镇是山水的儿子”。中国的传统民居亲山亲水，充沛的阳光、深邃的阴影、明亮的天空、浓密的树林，建筑生长于其中。福建东南沿海一带，由那“如翚斯飞”的弧曲形屋脊民居组成的聚落，镶嵌在连绵起伏的山峦及碧波万顷的大海之间，浑然一体，从而创造出耐人寻味，颇具乡土气息的景观。

所有动物及其进化产生的人类，都是依赖于植物而生存，人类和绿色植物是相互寄生在一起的，生态适应和协同进化，是人类生态与绿地功能的本质联系。生态绿地系统，绝对不是可有可无的景观，美化装饰物，或者是仅供满足休闲活动需要的游憩地，而是人居环境中具有生态平衡功能，维持一定区域范围内的人类生存所必需的物质环境空间。苏东坡诗曰“宁可食无肉，不可居无竹”。因此，在城镇住区和住宅的设计中应充分利用基地的地形地貌，保护生态环境。强化生态绿地系统的规划建设，努力实现大地园林化、道路林荫化、住区花园化。

（1）环境净化

生态环境是人类赖以生存发展的基础，城镇住区的规划、设计、建设和管理对其附近环境的依赖性较城市更为直接和明显。恶劣的环境对住区的人与设施、设备的伤害非常严重，同时人类不合理的资源利用方式对环境也存在着不同程度的破坏。一旦形成恶性循环，其后果可能是灾害性的。因此，首先应对住区周围的环境进行调查，包括大气、水体、地下水、土壤、噪声、振动、电磁波、辐射、光、热、灰尘、垃圾处理等方面均应符合国家有关环境保护的规定。在住区内公共活动地段和主要道路两边应设置符合环境保护要求的公共厕所。对垃圾应进行定点收集、封闭运输和统一消纳。

（2）环境绿化

城镇绿化是大地园林化的重要内容。也是城镇建设规划的重要组成部分。绿化对住区小气候的改良、对住区卫生的改善，都具有极其重要的作用。

1）遮阴覆盖、调节气候。良好的绿化环境能降低太阳的辐射和辐射温度、调节气温和空气湿度及降低风速，对住区小气候的改善和调节均有明显的效果。

2）净化空气、保护环境。由于植物在进行光合作用时是吸收二氧化碳，放出氧气，同时对空气中的有害气体，如二氧化硫、铅、一氧化碳也有一定的吸收作用，所以树木是一个天然的空气净化工厂。树林由于叶子表面不平、多茸毛，有的还分泌黏性油脂和浆液，能吸附空气中大量的烟尘及飘尘。蒙尘的树木经雨水冲洗后，又能恢复其滞尘作用。许多树木在生长过程中能分泌出大量挥发性物质——植物杀菌素，抵抗一些有害细菌的侵袭，减少空气中微生物的含量，如松脂易氧化而放出臭氧，松树林内空气就显得新鲜。树木能通过根系吸收水和土壤中溶解的有害物质，以净化水质和土壤。许多树木对空气污染物质十分敏感，在低浓度、很微量污染情况下，一些植物就会发生受害症状反应，起了“报警”“绿色哨兵”的积极作用。除外，绿化还对噪声有吸收和反射作用，因此可以减弱噪声的强度。

3）结合生产，创造财富。城镇绿化和结合生产具有普遍和特殊意义的重要作用。可以根据不同的地点和条件，因地制宜地多种植有经济价值的树木。植树是一项很好的副业，是一项有益当前、造福后代的长远事业。

4）美化环境，为城镇添色。城镇的面貌，除建筑本身外，同时也决定于绿地的组织，树木花草一年四季色彩的季相变化，千姿百态的树形、高矮参差、层层叠叠、生机勃勃、欣欣向荣的美丽景观，装饰着各种建筑、道路、河流，增加环境中生动活泼的气氛，丰富了城镇的主体轮廓；也为人们有了茂盛的花草树木供观赏，而增加精神上的愉快，为人民的生活休息提供良好的自然环境。

5）防风固沙。树木的根系可以固沙，树枝叶可防止雨水对地面的冲刷，防止水土流失。

6）绿化还能起到良好的安全防护作用。如防风、防火、防洪和防震等。所以树木也是最好的“天然掩体”和“安全绿洲”。

因此，城镇绿化水平的高低是衡量一个城镇环境好坏的重要标志。

在现在社会里，人们的物质生活水平不断提高，而在心灵上与精神上却日渐缺少宁静与和谐，即便是生活在城镇中，由于民营企业的不断发展，产业结构的变化，节奏紧张的工作，使得人们难以感受到绿树、红花、青草与泥土的芬芳气息。用绿色感受生活已成为现代人对家居环境的迫切要求。植物的绿色是生命与和平的象征，具有生命的活力，会带给人们一种柔和的感觉和安全感。优美的绿化布置，可以显得更加怡情悦性、富有生气。绿色的植物能够调节温度、湿度。干燥季节，绿化较好的室内其湿度比一般室内湿度约高 20%。植物能遮挡直射阳光，吸收热辐射，从而发挥隔热作用。盛夏季节栽种爬墙虎、牵牛花等攀缘植物，可将墙壁上的热量吸走。花卉也还能使人产生赏心悦目的感觉。绿化是提高住区及其住宅室内生态环境质量的必要条件和自然基础。因此：

1）住区的绿地面积不应低于总用地的 30%，并应尽可能地增加绿地率。村庄公共绿地≥ $2m^2$/ 人，集镇公共绿地≥ $4m^2$/ 人。要充分利用墙面、屋顶、露台、阳台等，扩大绿化覆盖，同时提高绿化的质量。

2）绿地的分布应结合住宅及其组群布置，既丰富建筑景观，又活跃住区的生活气息。采取集中与分散相结合的方式，便于居民就近使用。

集中绿地要为密切邻里关系，增进身心健康，并根据各地的自然条件和民情风俗进行布置。要为老人安排休闲及交往的场所，要为儿童设置游戏活动场地，绿地需铺筑部分铺装地面和活动设施用地，为居民提供健身活动场地。绿地可多功能复合使用，但必须以绿为主。

3）住区的环境绿化应结合地形地貌，保护和利用城镇住区范围内有保留价值的河流小溪等水系、树木植被并加以改造整治；利用坡地，尽可能减少土方量，以创造高低变化、层次丰富、错落有致的自然景观。同时根据用地布局和城镇现状绿化的特点，结合生产经营统一安排，使其形成综合效益好，富有田园风光和各具地方特色的绿化系统。

4）应注重垂直绿化、立体绿化以及住宅的室内绿化，使其与住区的环境绿化，互为映衬，形成一个完整的绿化环境。

5）城镇住宅还应努力利用内庭，或在入口处设一方小庭院，栽花种草、布置园林小景，以展现田园风光，提高生活情趣。

（3）环境景观

对能体现地方历史与文化的名胜古迹，名树古木及碑陵等人文景观和生态系统景观等就应采取积极的保护措施，并充分发挥它的作用。

对建筑单体和群体的体型、色彩、群体组合、街巷走向与宽度、绿化的配置等进行综合设计，使其形成新的景点，使其与现状地形、自然风貌和传统建筑文化相协调。

利用各种具有特色的建筑小品、形成景点、创造美好的意境，增强住区和住宅组群的识别性。

建在山坡的城镇，应重视挡土墙的美化和绿化，或利用天然岩石砌起凹凸不平的墙面，或镶嵌花池，植以盆栽，或以攀缘爬藤，增加绿化覆盖，以避免单调生硬感，增强环境意识。

山地中的山泉，应努力加以创作，再现泉水叮咚响和路边小沟流水清澈涟漪的自然景观，给人以返朴归真的追思。

水是生命的源泉，人们对水有着极其深厚的感情，亲近水是人类的自然天性。因此，在住区规划中，就应该充分利用水系，创造耐人寻味的水环境艺术景观。

3.2.3 合理组织功能结构 适应现代生活需要

城镇住区应是所在城镇总体规划的居住用地范围。住区应做到功能结构清晰、整合有序，用地布局合理，设施配置得当。要处理好住区之间、住宅组群之间以及与邻近用地功能和道路交通的关系，相互协调、合理布局，避免彼此干扰，以确保方便居民生活和物业管理的要求。应根据住区的规模，结合地形地貌和民情风俗，组织住宅组群，布置相应的公共服务设施和绿地，以组织好公共中心，适应现代生活的需要，并具浓郁的地方特色。

要提高城镇住区的空间结构及其建筑文化内涵，主体建筑意象要具个性。

3.2.4 精心安排道路交通 方便居民出行

道路交通无论在城镇总体规划或住区规划中都是极其重要的组成部分。如果把住区喻为人的身躯，则道路就如同人的骨架或动脉，是道路沟通了所有静止的因素。道路保证了住区内外交通的联系，保证了人们进行正常的生产与生活，相互协作与联系。不仅如此，道路还与各项工程设施有着密切的关系，许多管道、线路都与道路相联系进行布设。道路对城镇住区的卫生、防火、光照、通风以及防止风暴的袭击也起很大的作用。道路对加强城镇住区的建筑艺术景观也起着极其重要的作用。一般可利用道路线型的曲直，沿路布置建筑物，使行人的视觉不断变幻，步移景异从而获得更多的静观和动观效果。道路与建筑景观的形成起着相辅相成的作用。因此，布置便捷、安全、景观丰富的道路系统，可为方便居民出行，创造舒适的环境、安全的交通、组织住区的景观提供了先决条件。

（1）应根据住区的用地布置与对外联系，结合自然条件和环境特点，恰当地选择住区的出入口，组织通达顺畅（但应避免穿行）和景观丰富的道路系统，满足消防、救护、抗灾等要求。并为住区的住宅组群布置以及管线的敷设提供方便，同时不能让过境公路穿越城镇的住区。

（2）城镇住区的道路走向应沿着夏季的主导风向布置，对通风极为有利（尤其是在南方气候炎热的盆地或山丘地带，作用更为显著）。但又应避免顺着冬季主风风向布置，以防寒风对住区的侵袭。

（3）城镇住区的道路布局应符合车流、人行的轨迹，努力做到便捷通畅、构架清楚、分级明确、宽度适宜，严格区分车行道、步行道和绿地小道。由于道路的建设投资大，因此在满足消防、救护、抗灾及方便出行的前提下，应努力减少车行道的长度。

（4）要组织好住区和住宅组群（院落）的人行、非机动车及机动车的流线，减少人车相互干扰，保证交通安全。

（5）解决好停车。随着农村经济的发展，加速了农村现代化的进程，方便的交通是农村现代化的重要因素，也是广大农民的迫切需要。在很多地方，家庭的农用车已经普及。随之而来的，小汽车进入城镇居民的家庭，也已为期不远了，也必将再不是梦了。为了适应这种变化，应结合住宅的设计和住区的规划，采用每户分别设置和适当集中就近布置相结合，解决家庭停车问题。最好能保证每户有一个车位的停车库或停车场地。在住区的规划中，还应为增加停车场地留有发展余地。在住区主要出入口附近，适当布置公共停车场地供来访客人停车。严格控制无关的车辆穿行住区，以保证住区的宁静。

（6）应设置必要的路障、标志和图示，限速行驶。并用不同的铺地、绿化、台阶明确指示车行、人行的道路，防止车辆长驱直入，切实做到人车分流。

（7）在有条件的住区可为残疾人和老年人车辆的通行设置残疾人的专用道路（设专用铺装和信号）。

3.2.5 灵活布置住宅群体空间 丰富住区整体景观

城镇住宅的立面造型为了使人造的围合空间能与大自然以及既存的历史文化场景密切地配合，创造出自然、和谐与宁静的城镇住宅景观提供极为重要的条件。而城镇住区的整体景观又必须运用住宅与住宅，或与其附近的建筑物组成开放、封闭或轴线式的各种空间，来配合自然条件，以达到丰富住区整体景观的目的。

（1）应根据当地居民的不同要求，同时考虑住宅功能变化的趋向，确定住宅标准。

（2）为有利于提高土地利用率，丰富建筑空间环境，形成绿荫掩映的田园风光。城镇住宅应以多层公寓式住宅和低层楼房为主。

（3）住宅的单体设计（或选用通用设计）要结合住宅组群的空间组织。统一考虑，使之成为有机的整体。

（4）住宅的朝向、间距除了要满足日照、通风和防灾的要求外，还应避免视线干扰，确保住宅的私密性以及建筑视觉等保证室内外环境地质量的要求。同时又做到节地、节能。低层住宅山墙的间距一般应控制在 4 米左右，布置时应注意住宅的挑出物对间距的影响。

（5）每个住宅组群的居住户数不宜太多，应根据当地的地形地貌、经济发展状况和城镇的不同层次等具体条件合理确定。

（6）应发挥设计人员的积极性，创造性地组织住宅群体空间，提高住宅组群的功能与环境质量，增强住宅群体形态的识别性。

3.2.6 努力完善基础设施 提供舒适生活条件

改革开放以来，我国的城镇建设取得了辉煌的成就。但基础设施仍然十分薄弱。对于城镇住宅和住区的建设，只有完善的基础设施，才能为广大居民提供现代化、安全舒适的生活条件，也才能确保环境质量。

（1）给水。生活用水应符合卫生标准，给水设施应做到供水到户。

（2）排水。排水系统宜采用雨污分流制。污水需经处理并符合标准后方可排放。用于农业灌溉时应符合相关标准的规定。

（3）供电。应根据当地实际情况选择电源。供电负荷需有适度的增容可能。供电线路可根据具体情况采用架空或埋地敷设，道路、广场和公共绿地应设置照明设施。

（4）电讯。应保证每户安装电话的需要。设置有线电视网，电信线路宜埋地敷设。

（5）燃气与供热。应改变每户燃烧煤柴的炊事、采暖方式，以减少能源消耗以及垃圾、烟尘的污染。可根据当地的条件选择经济合理、集中或分散的供热和供燃气方法。

（6）管线综合。所有的给排水、燃气、供热的管线应配备齐全，地下敷设，并应与埋地电缆等一起结合道路规划进行管线综合设计、合理安排。争取一次建成，但也可根据具体情况分期建设。

（7）应完善住区的环卫设施。在城镇住区的公共活动地段和主要干道附近布置符合环保要求的公共厕所。建立垃圾收集、运输及消纳措施。

（8）应根据地区特点，在规划设计中设置必要的防灾措施。

3.2.7 切实加强物业管理 创建文明住区

物业管理是方便居民生活，创造环境优美、高度文明城镇住区的必需条件，也是创造温馨家居环境的重要组成环节。应努力塑造一个适应社会行为和物业管理的空间环境系列。空间组织要便于防范、交通布局要考虑安全，合理安排生活服务设施，完善配套工程，方便居民的日常生活。商业、集贸、幼托及文化活动中心等公共建筑应顺应居民的行为轨迹。城镇住区小孩上学和居民就医应有可行的措施。解决好垃圾的收集以及车辆的管理。强化住区环境绿化和清洁卫生的管理。同时还应设置设备维修、信报收发、便民商店和社区居委会等服务设施。

3.3 城镇住区规划的布局原则

住宅建筑是居民生活居住的三维空间，住宅建筑群规划布置合理与否将直接影响到居民的工作、生活、休息、游憩等方面。因此，住宅建筑群的规划布置应满足使用合理、技术经济、安全卫生和面貌美观的要求。

3.3.1 使用要求

住宅建筑群的规划布置要从居民的基本生活需要来考虑，为居民创造一个方便、舒适的居住环境。居民的使用要求是多方面的，例如，根据住户家庭不同的人口构成和气候特点，选择合适的住宅类型；合理地组织居民户外活动和休息场地、绿地、内外交通等。由于年龄、地区、民族、职业、生活习惯等不同，其生活活动的内容也有所差异，这些差异必然提出对规划布置的一些内容的客观要求，不应忽视。

3.3.2 卫生要求

卫生要求的目的是为居民创造一个卫生、安静的居住环境。它既包括住宅的室内卫生要求、良好的日照、朝向、通风、采光条件，防止噪音、空气、电磁及光热等污染；也包括室外和住宅建筑群周围的环境卫生。既要考虑居住心理、生理等方面的需要，也应赋予居民精神上的健康和美的感受。

（1）日照

日光对人的健康有很大的影响，因此，在布置住宅建筑时应适当利用日照，冬季应争取最多的阳光，夏季则应尽量避免阳光照射时间太长。住宅建筑的朝向和间距也就在很大程度上取决于日照的要求，尤其在纬度较高的地区（Φ=45° 以上），为了保证居室的日照时间，必须要有良好的朝向和一定的间距。为了确定前后两排建筑之间合理的间距，须进行日照计算。平地日照间距的计算，一般以农历冬至日正午太阳能照射到住宅底层窗台的高度为依据；寒冷地区可考虑太阳能照射到住宅的墙脚为宜。

平地日照间距计算如图 3-1 所示，

由图 3-1 可得出计算公式：

$$D=\frac{H_1-H_2}{tanh} \quad D'=\frac{H}{tanh}$$

h——冬至日正午该地区的太阳高度角；

H——前排房屋檐口至地坪高度；

H_1——前排房屋檐口至后排房屋窗台的高差；

H_2——后排房屋低层窗台至地坪高度；

D——太阳照到住宅底层窗台时的日照间距；

D'——太阳照到住宅的墙脚时的日照间距。

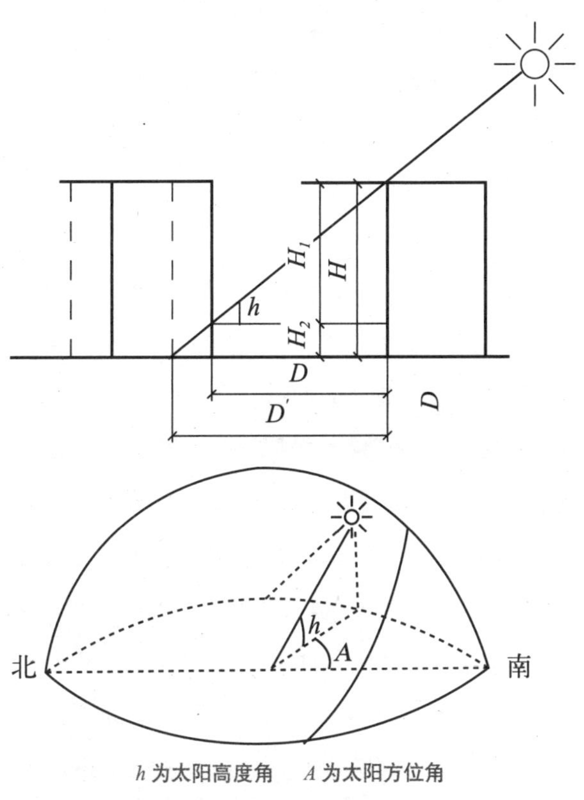

h 为太阳高度角　A 为太阳方位角

图 3-1 平地日照间距计算图

表 3-1 不同方位间距折减系数

方位	0º ~ 15º	15º ~ 30º	30º ~ 45º	45º ~ 60º	> 60º
折减系数	1.0L	0.9L	0.8L	0.9L	0.95L

表 3-2 我国不同纬度地区建筑日照间距表

地名	北纬	冬至日太阳高度角	日照间距	
			理论计算	实际采用
济南	36º41′	29º52′	1.74H	1.5 ~ 1.7H
徐州	34º19′	32º14′	1.59H	1.2 ~ 1.3H
南京	32º04′	34º29′	1.46H	1 ~ 1.5H
合肥	31º53′	34º40′	1.45H	
上海	31º12′	35º21′	1.41H	1.1 ~ 1.2H
杭州	30º20′	36º13′	1.37H	1H
福州	26º05′	40º28′	1.18H	1.2H
南昌	28º40′	37º43′	1.30H	1 ~ 1.2H, ≯ 1.5H
武汉	30º38′	35º55′	1.38H	1.1 ~ 1.2H
西安	34º18′	32º15′	1.48H	1 ~ 1.2H
北京	39º57′	26º36′	1.86H	1.6 ~ 1.7H
沈阳	41º46′	24º45′	3.02H	1.7H

当建筑朝向不是正南向时，日照间距应按表 3-1 中不同方位间距折减系数相应折减。

由于太阳高度角与各地所处的地理纬度有关，纬度越高，同一时日的高度角也就越小。所以在我国一般越往南的地方日照间距越小，相反，往北则越大。根据这种情况，应对日照间距进行适当的调整，表 3-2 对各地区日照间距系数作出了相应的规定。

居民对日照的要求不仅局限于居室内部，室外活动场地的日照也同样重要。住宅布置时不可能在每幢住宅之间留出许多日照标准以外不受遮挡的开阔地，但可在一组住宅里开辟一定面积的宽敞空间，让居民活动时获得更多的日照。如在行列式布置的住宅组团里，将其中的一幢住宅去掉 1、2 单元，就能为居民提供获得更多日照的活动场地。尤其是托儿所、幼儿园和社区老年人日间照料中心等建筑的前面应有更开阔的场地，获得更多的日照，这类建筑在冬至日的满窗日照不少于 3 小时。

（2）朝向

住宅建筑的朝向是指主要居室的朝向。在规划布置中应根据当地自然条件——主要是太阳的辐射强度和风向，来综合分析得出较佳的朝向，以满足居室获得较好的采光和通风。在高纬度寒冷地区，夏季西晒不是主要矛盾，而以冬季获得必要的日照为主要条件，所以，住宅居室布置应避免朝北。在中纬度炎热地带，既要争取冬季的日照，又要避免西晒。在Ⅱ，Ⅲ，Ⅳ气候区，住宅朝向应使夏季风向入射角大于 15°，在其他气候区，应避免夏季风向入射角为 0°。

（3）通风

良好的通风不仅能保持室内空气新鲜，也有利于降低室内温度、湿度，所以建筑布置应保证居室及院落有良好的通风条件。特别在我国南方或由于地区性气候特点而造成夏季气候炎热和潮湿的地区，通风要求尤为重要。建筑密度过大，住区内的空间面积过小，都会阻碍空气流通。在夏季炎热的地区，解决居室自然通风的办法通常是将居室尽量朝向主导风向，若不能垂直主导风向时，应保证风向入射角在 30° ～ 60° 之间。此外，还应注意建筑的排列、院落的组织，以及建筑的体型，使布置与设计合理，以加强通风效果，如将院落布置敞向主导风向或采用交错的建筑排列，使之通风流畅。但在某些寒冷地区，院落布置则应考虑风沙、暴风的袭击和减少积雪，而采用较封闭的庭院布置。

在城镇住区和住宅组团布置中，组织通风也是很重要的内容，针对不同地区考虑保温隔热和通风降温。我国地域辽阔，南北气候差异大，各地对通风的要求也不同。炎热地区希望夏季有良好的通风，以达到降温的目的，这时住宅应和夏季主导风向垂直，使住宅立面接受更多、更大的风力；寒冷地区希望冬季尽量少受寒风侵袭，住宅布置时就应尽量避开冬季的主导风向。因此，在住区和住宅组团布置时，应根据当地不同的季节的主导风向，通过住宅位置、形状的变化，满足通风降温和避风保温的实际要求（图 3-2）。

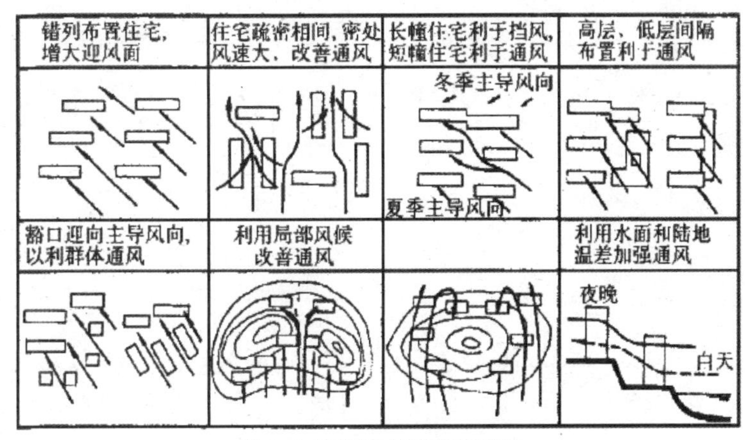

图 3–2 住宅组团的通风和防风

（4）防止污染

1）防止空气污染

①油烟扰民。油烟是指食物烹饪和生产加工过程中挥发的油脂、细小的油、有机质以及热氧化和热裂解的产物。饭店、酒楼在食品加工过程中会散发大量的油烟，长期以来，都是无组织排放，严重污染着周围居民的生活环境，并破坏城市的大气环境。

油烟会对人体造成 4 个方面的危害：

a. 油烟随空气侵入人体呼吸道，会引起诸如食欲减退、心烦、精神不振、嗜睡、疲乏无力等症状，在医学上被称为“油烟综合症”。

b. 油烟会伤害人的感觉器官。当眼睛遭受到油烟刺激后，会造成干涩发痒，视力模糊、结膜充血，而造成患慢性结膜炎。鼻子受到刺激后黏膜充血水肿。嗅觉减退，进而引起慢性鼻炎。咽喉受到刺激会出现咽干、喉痒而易形成慢性咽喉炎等。

c. 油烟中含有致癌物，长期吸入这种有害物质会诱发肺脏组织癌变。中国妇女患肺癌比例较高的主要原因往往是厨房中的环境污染所致。

d. 厨房燃料燃烧过程中造成氮氧化物的生成量骤增，产生大量有害物质，吸附以后会导致肺部病变，出现哮喘、气管炎、肺气肿等疾病，严重者可招致肺纤维化的恶果。

②机动车的尾气

汽车尾气已成为城市空气的主要污染源。主要交通干线和路口等车流越密集、汽车尾气的浓度越高，污染越严重。虽然现在全面推行使用无铅汽油，但是大量货运车辆都是使用柴油发动机，其排放出来的含铅尾气依然对整个城市造成污染。而且汽车尾气中的铅一般分布于地面上方 1m 左右的地带，正好是青少年的呼吸带，因而汽车尾气中的铅污染对青少年危害更严重。低层住宅受汽车尾气的污染也较严重，高层住宅由于空气流通性和扩散性好，污染略轻些。据国外有关统计资料表明，经常处于汽车尾气浓度较高环境的人群，其寿命明显低于普通大众。

机动车排放的尾气中有毒有害物质达 200 多种。比较严重的有：一氧化碳、氮氧化物、碳氢化物、光化学物（光气）、铅尘及 3，4 —苯并芘等充斥在人们的呼吸带附近。

a. 铅尘进入人体后会导致系统生理病变，使人的智力下降，阅读、计算及抽象思维困难，严重损害神经系统，反应迟钝、内分泌失调。进入人体内的铅尘基本上存在于骨骼中，据中国预防医学会对中国科技大学少年班学生进行实验显示，少年班学生的血铅浓度远比同龄人低许多。

b. 一氧化碳也就是俗称的煤气，人体吸入后，其与红细胞的亲和力是氧气的 300 ~ 400 倍，会造成人体器官缺氧死亡。

c. 光化学物（光气），不仅刺激人的喉、眼、鼻等黏膜，同时还具有强致癌作用。

d. 氮氧化物，其中的一氧化氮 -S 红细胞的亲和力比煤气还要强，很容易让人中毒死亡。二氧化氮是一种褐色有毒物，它一种特殊的刺激性臭味，会损害人的眼睛和肺部。

e、3，4 —苯并芘，则是国际公认的头号强致癌物质。

③臭气

由于城市生活垃圾中含有较多的有机物，如剩饭剩菜，蔬菜的根与叶，家禽、动物及鱼类的皮、毛、脂肪和蛋白质等。在收集、中转以及填埋的各个环节中，这些有机物质受到微生物的作用而腐烂。同时产生一定量的氨、硫化物、有机胺、甲烷等有毒又有异味的气体污染物，俗称为垃圾臭气。垃圾臭气中含有机挥发性气体就多达 100 多种，其中含有许多致癌致畸形物。垃圾臭气污染的危害体现在：

a. 难闻，令人喘不过气。

b. 吸入过多的臭气会导致咽炎、咳嗽等呼吸道疾病。

c. 吸入过多的臭气对消化系统、神经系统也会产生不良影响。

④其他臭气。在我们生活的城市中，还存在一些远比垃圾臭气更毒更臭的工业臭气，尤其是化工厂的臭气，对人体的危害往往比垃圾臭气还要厉害。

2）防止噪音污染

人们渴望宁静的生活，然而由于现代化生活的快节奏和多元化造成许许多多的噪声，使得人们往往遭受噪声污染的干扰，不仅影响到人们的健康也干扰了人们的正常生活。一般人说话的声音是 40 ~ 60dB，嗓门大的人说话声音可达到 60 ~ 80dB。研究表明，临街建筑物内的噪声可达到 65dB，在这里居住的人心血管受伤害的程度要比生活在噪声在 50dB 以下环境的人高出 70% 以上。如果噪音达到 80 ~ 100dB，即相当于一辆从身边驶过的卡车或电锯发出的声音，会对人的听力造成很大的伤害。而当噪声超过 100dB，就已达到人们难以忍受的程度，这种噪声相当于圆锯、空气压缩锤或者迪斯科舞厅、随身听、战斗机发出的噪声。而当人们处于爆破及有些打击乐器发出声响达到 120dB 以上时，人体的健康将会遭受极大的伤害。

①人体长期处在噪声的环境之中，便会依音量强度及持续时间长短不同，对身体逐渐造成伤害，诱发多种疾病。

a. 听力障碍

毫无防护地置身于 80dB 以上的噪音之中，就容易使听觉细胞受损，造成耳聋。若突然受到诸如大炮声、爆炸声、凿岩机声等超过 120dB 噪音的损害，便有可能立即导致耳聋。

b. 心血管病

长期生活在噪声 70 ~ 80dB 以上的环境中，易使人们动脉收缩、心跳加速、供血不足，出现血压不稳定、心律不齐、心悸等症状，甚至演变成冠心病、心绞痛、脑溢血及心肌梗死。研究指出，噪音强度每升高 5dB，罹患高血压的几率就可能提高约 20%。

c. 破坏人体正常运转

噪音会导致中枢神经功能失调、大脑皮质兴奋及抑制功能失去平衡，使得身体出现失眠、多梦、头痛、耳鸣、全身乏力等现象。

d. 精神障碍

噪音会使人肾上腺素分泌增加，以致容易惊慌、恐惧、易怒、焦躁，甚至演变成神经衰弱、忧郁或精神分裂症。

e. 消化道疾病

噪音会引起消化系统的功能障碍、内分泌失调，使人出现食欲不振、消化不良、肠胃衰弱、恶心、呕吐等症状，最后还可能导致消化道溃疡、肝硬化等疾病的产生。

f. 影响生育功能

噪音会对妇女的月经和生育功能产生影响，使妇女出现月经失调、痛经等现象，还会使孕妇产生妊娠恶阻、妊娠高血压及产下低体重儿等恶果，甚至造成流产、早产。

g. 影响幼儿健康

胎儿和幼儿的听觉神经敏感脆弱，极易受噪音的破坏，严重时甚至会影响智力发育。

h. 导致死亡

美国医学专家研究指出，突发的强烈噪音，可使听觉受到刺激，引发突发性心律不齐，使人猝死。

②长期在噪声 80dB 以上的环境中工作、学习和生活，将使人精神无法集中，听力下降，降低工作、学习效率。噪音还会使微血管收缩，减低血液中活性氧流通，造成精神紧张亢奋，情绪无法安定，影响工作、学习和日常的生活。

3）防止光污染

光污染已经成为一种新的环境污染，它时刻威胁和损害着我们健康的“新杀手”，光污染在国内尚无立法，目前也还没有专家开展专门研究，甚至对“光污染”一词也尚无权威解释。在国外对光污染已引起极大的重视，许多企业在产品生产时，开始考虑其对视觉的影响并采取相应的措施。

我们的祖先曾长期过着日出而作、日落而归的农耕生活，在室外生活的时间较长，他们所接受的是全光谱自然光的照射，人类在这样的环境中，形成了人体与环境相适应的许多生理功能。现代人的工作、生活环境大都在室内，办公室、车间和住宅内通常是使用荧光照明，这种灯缺少一些光谱辐射，镜面玻璃的反射系数比绿地、森林以及平面砖石装饰的建筑物大 10 倍以上，大大超过了人眼所能承受的范围。由于人体不适应，时间长了，就会对人体健康带来影响而导致某些疾病的产生。

①光污染的种类

国际上一般将光污染分为 3 类：白亮污染、人工白昼和彩光污染。

a. 白亮污染

阳光照射强烈时，建筑物的玻璃幕墙、釉面砖墙面、磨光的石板材和各种涂料等装饰的反射光线，明晃白亮、炫眼夺目。专家研究发现，长时间在白色光亮污染的环境下工作和生活的人，视网膜和虹膜都会受到程度不同的损害，视力急剧下降，白内障的发病率高达 45%，还会使人头昏心烦，甚至造成失眠、食欲下降、情绪低落、身体乏力等类似神经衰弱的症状。

b. 人工白昼

夜幕降临后，街道广场的广告灯、霓虹灯闪烁夺目，令人眼花缭乱。但是，这使得夜晚如同白天的所谓人工白昼。会使人夜晚难以入眠，扰乱人体正常的生物钟，造成白天精神不振、工作效率低下。人工白昼还会伤害鸟类和昆虫，强光会破坏昆虫在夜间的正常繁殖过程。

c. 彩光污染

舞厅、夜总会安装的黑光灯、旋转灯、荧光灯以及闪烁的彩色光源构成了彩光污染。据测定，黑光灯所产生的紫外线强度大大高于太阳光中的紫外线，其对人体损害的影响持续时间很长。如果长期受其照射，可诱发流鼻血、脱牙、白内障，甚至导致白血病和其他癌变。彩色光源不仅对眼睛不利，还会干扰大脑的中枢神经，使人头晕目眩，造成恶心呕吐、失眠等症状。彩光污染不但损害人的生理功能，同时还会影响身心健康。

②光污染的危害

光污染是人视力的杀手。严重的光污染，其后果就是导致各种眼疾，特别是近视眼。据统计，我国高中生近视率已达 60% 以上，居世界第二位。光污染对人体的危害主要是：

a. 光污染主要会损伤人体的视觉系统，长期暴露于强光下，使视力敏锐度降低、视力下降。其中以激光对眼睛的损伤最大，可累及眼结膜、虹膜和晶状体，甚至损伤深层组织的神经系统。

b. 光污染造成视觉疲劳，可使人情绪低落、心情烦闷、影响身心健康。

c. 玻璃幕墙强烈的反射光进入附近居民住宅，增加了室内的温度，尤其是在夏天会影响居民的正常生活。有些玻璃幕墙呈凹状的半圆形，反射光汇聚形成过高的温度，易引起火灾。

d. 烈日下驾车行驶的司机，由于遭受玻璃幕墙反射光的突然袭击，眼睛受到强烈的刺激，汽车易出现失控而诱发车祸。

4）防止电磁污染

据介绍，不少城市电磁辐射污染日趋严重。随处可见的手机、遍布市区的无线电发射基站，甚至微波炉，都可能产生电磁污染源。高压线不仅产生无线电辐射污染，而且放射 X 射线、伽马射线等。在一些城市的居民住宅区、移动天线的无线电辐射严重超标。电磁污染对人体的危害是多方面的，除了引发头晕头疼的病症外，还可能会生产怪胎影响下一代的质量。

电磁辐射看不见、摸不着，各种各样的电磁波无时无刻地在人们身边盘旋，穿越人们的肌体，损害人们的健康，人们都无处可藏。为了保护我们的健康，必须了解电磁辐射究竟是什么，才能利用电磁波推动社会前进时，保护自己不被伤害。

①电磁污染的概念

电磁辐射所形成的污染，就是电磁污染，又称为电子雾污染。它存在于我们的周围，被称为“健康的隐形杀手”。在全国人民代表大会上，有关代表呼吁尽早出台防止电磁污染的法规。

②电磁污染的来源

电磁污染的来源可分为两大类：

一类是直接利用电磁辐射而产生的污染。这不仅包括无线电通信和广播电视发射系统，雷达站、手机通讯基站，还有变电站、高压电线以及高压输变电工程。

另一类是某些工业、交通、科研、医疗设备在工作时会有电磁辐射产生并泄漏出来，对环境造成污染，如高频感应炉、微波理疗仪、高压送变电系统、电力机车等等。

这些电磁波充斥空间，无色无味无形，可以穿透包括人体在内的多种物质，人体如果长期暴露在超过安全的辐射剂量下，细胞就会被大面积杀伤或杀死。

③电磁污染的危害

高剂量的电辐射会影响和破坏人体原有的生物电流和生物磁场，使人体内原有的电磁场发生异常。值得注意的是，不同的人或同一个人在不同年龄段对电磁辐射的承受能力是不一样的，老人、儿童和孕妇是对电磁辐射敏感的人群。

电磁辐射对人体的潜在危险，国内外专家有着共识，主要有 7 个方面：

a. 电磁辐射是造成儿童白血病的原因之一

医学研究证明，长期处于高电磁辐射环境中，会使血液、淋巴液和细胞原生质发生改变。意大利每年有 400 多名儿童患白血病，主要原因是他们的生活环境距高压线太近，受到了严重的电磁污染。

b. 使癌症发病率增高

1976 年，原苏联为监听美驻苏使馆的通讯联络情况，向使馆发射电磁波，造成使馆工作人员长期处于电磁环境中，结果被检查的 313 人中，有 64 人淋巴细胞平均数高 44%，有 15 个妇女得了胰腺癌。

c. 影响人的生殖系统

主要表现为男子精子质量降低，孕妇易发生自然流产和胎儿畸形等。在对我国某省 16 名电脑操作员的追踪调查时发现，接触电磁辐射污染组的女性操作员月经紊乱明显高于对照组，其中 8 人 10 次怀孕中就有 4 人 6 次出现妊娠异常。有关研究报告也指出孕妇每周使用 20 小时以上计算机，流产率增加 80%，同时畸形儿出生率也有上升。

d. 导致儿童智力残缺

据最近调查显示，我国每年出生的 2000 万儿童中，有 35 万是缺陷儿，这其中有 25 万是智力残缺，有关专家认为电磁辐射污染是其主要影响因素之一。世界卫生组织认为，计算机、电视机、移动电脑的电磁辐射对胎儿有不良影响。

e. 影响人的心血管系统

主要表现心悸、失眠、部分女性经娠期紊乱、心动过缓、血搏血量减少、窦性心律不齐，白细胞减少、免疫功能下降等，如果装有心脏起搏器的病人处于高电磁的环境中，会影响以及起搏器的正常使用。

f. 对人们的视觉系统有不良影响

眼睛属于人体对电磁辐射的敏感器官，过高的电磁辐射污染会对视觉系统造成影响，表现为视力下降，引起白内障等。

g. 损害中枢神经系统

头部长期受电磁辐射影响后，轻则引起失眠多梦、头痛头昏、疲劳乏力、记忆力减退、易怒、抑郁等神经衰弱症，重者使大脑皮质细胞活动能力减弱，并造成脑损伤。

5）防止热污染

大气热污染现象也称“热岛”现象。它是指因城市气温比周边地区气温高，导致气候变化异常和能源消耗增大，从而给居民生活和健康带来影响的现象。在用等温线表示的气温分布图上，气温高的部分呈岛状，因而被称为“热岛”。

热污染是由于日益现代化的工农业生产和人类生活中排出的各种废热所导致的环境污染，它会导致大气和水体的污染。工厂的循环冷却系统排出的热水和工业废水都含有大量废热，废热排入湖泊河流后，造成水温骤升，导致水中溶解氧气锐减，引发鱼类等水生动植物死亡。大气中含热量增加，还会影响到全球气候变化和居民的日常生活，热污染还对人体健康构成危害，降低人体的正常免疫功能。

6）防止其他污染

除了上述的多种污染外，建筑工地打桩所等起的震动也是扰民的污染源，另外过于单调的景观、杂乱无章的景观以及与环境极不和谐的景观也会给人们造成一种与优美环境背道而驰的视觉污染。在国内已引起重视，并开始进行研究。

近 10 年来，在我国的城市建设中，由于盲目追求经济发展，忽视城市文化品位。盲目效仿欧美，只求气派豪华，缺乏中国特色，使得很多建筑与我国城市的整体形象不相协调，显得非常突兀。导致目前的城市建设所出现诸如像“满嘴镶金牙的小商人，看上去金光闪闪，实际上没有文化”的现象，成为“异国设计的实验场”“城市化的牺牲品”等。这种景观上的污染会从心理上给人们带来污染。为此，很多专家、学者也已纷纷呼吁必须弘扬中国传统文化，注重城市文化形象和城市整体形象的塑造，以便给予人们美的感受，从而陶冶人的高尚情操。

3.3.3 安全要求

住宅建筑的规划布置除了满足正常情况下居住生活要求结构安全外，还必须考虑一旦发生火灾、地震、洪水侵患时，抢运转移的方便与安全。因此，在规划布置中，必须按照有关规范，对建筑的防火、防震、安全疏散等作统一的安排，使之能有利防灾、救灾或减少其危害程度。

（1）防火。当发生火灾时为了保证居民的安全、防止火灾的蔓延，建筑物之间要保持一定的防火距离。防火距离的大小随建筑物的耐火等级以及建筑物外墙门窗、洞口等情况而异。《建筑设计防火规范》（GB 50016-2014）中有具体的规定。

（2）防震。地震区必须考虑防震问题。住宅建筑必须采取合理的房屋层数、间距和建筑密度。房屋的层数应符合《建筑抗震设计规范》（GB 5001-2010）要求，房屋体型力求简单。对于房屋防震间距，一般应为两侧建筑物主体部分平均高度的1.5倍至3.5倍。住房的布置要与道路、公共建筑、绿化用地、体育活动用地等相结合，合理组织必要的安全隔离地带。

3.3.4 经济要求

住宅建筑的规划与建设应同城镇经济发展水平、居民生活水平和生活习俗相适应，也就是说在确定住宅建筑的标准、院落的布置等均需要考虑当时、当地的建设投资及居民的生活习俗和经济状况，正确处理需要和可能的关系。降低建设费用和节约用地，是住宅建筑群规划布置的一项重要原则。要达到这一目的，必须对住宅建筑的相关标准、用地指标严格控制。此外，还要善于运用各种规划布局的手法和技巧，对各种地形、地貌进行合理改造，充分利用，以节约经济投入。

3.3.5 美观要求

一个优美的居住环境的形成，不是单体建筑设计所能奏效的，主要还取决于建筑群体的组合。现代规划理论，已完全改变了那种把住宅孤立地作为单个建筑来进行的设计，而应把居住环境作为一个有机整体来进行规划。居民的居住环境不仅要有较浓厚的居住生活气息，而且要反映出欣欣向荣、生机勃勃的时代精神面貌。因此，在规划布置中应将住宅建筑结合道路、绿化等各种物质要素，运用规划、建筑以及园林等的手法，组织完整的、丰富的建筑空间，为居民创造明朗、大方、优美、生动的生活环境，显示美丽的城镇面貌。

3.4 城镇住区的规模

当前，全国建制镇（不含县城城关镇）平均人口规模接近万人，在长江三角洲、珠江三角洲等城镇密集地区甚至出现了一批5万至20万人口的城镇。因此，作为城镇的住区比起城市住区规模也相应较小。住区的规模包括人口及用地两个方面。

3.4.1 住区的人口规模

住区一般由城镇主要道路或自然分界线围合而成，是一个相对独立的社会单位，住宅区的规划组织结构由住区 — 住宅组群 — 住宅庭院组成。其人口规模见表3-3。

3.4.2 住区的用地规模

住区用地规模是以规划用地指标为依据，规划用地指标包括住宅建筑用地、公共建筑用地、道路用地和公共绿地各项用地指标和总用地指标。住区用地规模应采取人均用地指标、建设用地构成比例加以控制。详见表3-4、表3-5。

表 3–3 住区人口规模

居住单位名称		居住规模	
		人口数	住户数
住区	Ⅰ级	8000 ~ 12000	2000 ~ 3000
	Ⅱ级	5000 ~ 7000	1250 ~ 1750
住宅群组	Ⅰ级	1500 ~ 2000	375 ~ 500
	Ⅱ级	1000 ~ 1400	250 ~ 350
住宅庭院	Ⅰ级	250 ~ 340	63 ~ 85
	Ⅱ级	180 ~ 240	45 ~ 60

表 3–4 城镇住区人均建设用地指标

层数	人均用地指标（m^2/ 人）					
	住区		住宅组群		住宅庭院	
	Ⅰ级	Ⅱ级	Ⅰ级	Ⅱ级	Ⅰ级	Ⅱ级
低层	48 ~ 55	40 ~ 47	35 ~ 38	31 ~ 34	29 ~ 31	26 ~ 28
低层、多层	36 ~ 40	30 ~ 35	28 ~ 30	25 ~ 27	23 ~ 25	22 ~ 24
多层	27 ~ 30	23 ~ 26	21 ~ 22	18 ~ 20	19 ~ 20	17 ~ 18

表 3–5 城镇住区用地构成控制指标

用地类别	各类用地构成比例（%）					
	住区		住宅组群		住宅庭院	
	Ⅰ级	Ⅱ级	Ⅰ级	Ⅱ级	Ⅰ级	Ⅱ级
住宅建筑用地	54 ~ 62	58 ~ 66	72 ~ 82	75 ~ 85	76 ~ 86	78 ~ 88
公共建筑用地	16 ~ 22	12 ~ 18	4 ~ 8	3 ~ 6	2 ~ 5	1.5 ~ 4
道路用地	10 ~ 16	10 ~ 13	2 ~ 6	2 ~ 5	1 ~ 3	1 ~ 2
公共绿地	8 ~ 13	7 ~ 12	3 ~ 4	2 ~ 3	2 ~ 3	1.5 ~ 3.5
总计用地	100	100	100	100	100	100

3.5 城镇住区的用地选择

3.5.1 弘扬优秀传统建筑文化的环境选择原则

我国传统民居聚落的布局，讲究“境态的藏风聚气，形态的礼乐秩序，势态和形态并重，动态和静态互译，心态的厌胜辟邪等”。十分重视人与自然的协调，强调人与自然融为一体的“天人合一”在处理居住环境和自然环境的关系时，注意巧妙地利用自然来形成“无趣”。对外相对封闭，对内部极富亲和力凝聚力，以适应人的居住、生活、生存、发展的物质和心理需求。形成了有着环境优美贴近自然、乡土文化丰富多彩、民情风俗淳朴真城、传统风貌鲜明独特的传统聚落。从而依然延续和保留中华民族人与人、人与社会、人与建筑、人与自然和谐融合特点的“和合文化”。为此，新型城镇化的住区规划应弘扬我国优秀传统建筑文化环境风水学“立足整体，适中合宜；观形察势，顺乘生气；因地制宜，调谐自然；依山傍水，负阴抱阳；地质检验，水质分析”的环境选择原则（详见本书 1.2）。立足于满足城镇居民当代并可持续发展的物质和精神生活的需求，融入地理气候条件、文化传统及风俗习惯等，体现地方特色和传统风貌，努力营造融于自然、环境优美，颇具人性化和地方独特风貌的城镇住区。

3.5.2 城镇住区用地的选择原则

城镇住区用地的选择关系到城镇的功能布局、居住环境质量、城镇建设经济及景观组织等各个方面，必须慎重对待。我国优秀传统建筑文化极为重视家居的室外环境，《阳宅十书》在“论宅外形”中就谈到宅与大地山河的重要关系：“人之居处，宜以大地山河为主，其来脉气势最大，关系人祸福最为切要。若大形不善，总内形得法，终不全吉。”即是说，人的居住所在首先要与大地山河相协调，即使住宅的内部很得法，但如果外部环境选择不当的话，终究不能称得上好的住宅。因此，城镇住区用地的选择应遵循以下原则：

（1）具有良好的自然条件

应选择适于各项建筑工程所需要的地形和地质条件的用地，避免不良条件（洪水、地震、滑坡、沼泽、风口等）的危害，以节约工程准备和建设的投资；在山地丘陵地区，选择向阳和通风的坡面，少占或不占基本农田；在可能的条件下，最好接近水面和环境优美的地区。

（2）紧凑布置，集中完整

居住用地宜集中而完整，以利紧凑布置，从而节约市政工程管线和公共服务设施配套的费用。

（3）尽量靠近城镇中心区

城镇住区规模一般不太大，部分城镇级公共设施可兼有居住区的公共服务设施的职责，因此居住用地宜靠近城镇中心区，节省开发的投资。

（4）尽可能接近就业区

居住用地的位置，应按照工业企业的性质和环境保护的要求，确定相应的距离和部位。一般情况，城镇工业区根据当地主导风向，应位于居住用地的下风向、河流的下游地段。在保证安全、卫生和良好生态环境的前提下，居住用地尽可能接近工厂等就业区。

（5）留有发展余地

居住用地的选择在规模和空间上要留有必要的余地。发展空间不仅要考虑居住用地本身，而且还要兼顾相邻的工业或其他用地发展的需要，不因其他用地的扩展而影响到自身的发展及布局的合理性。

3.6 城镇住区的构成要素

城镇住区的构成要素包括用地构成和建设构成内容两个方面。

3.6.1 用地构成

住区的用地根据不同的功能要求，一般可分为以下五类：

（1）住宅用地，指住宅建筑基底占有的用地及其四周合理间距内的用地。其用地包括通向住宅入口的小路、宅旁绿地和家务院。

（2）公共建筑用地，是指住区内各类公共服务设施建筑物基底占有的用地及其四周的用地，包括道路、场地和绿化用地等。

（3）道路用地，指住区内各级道路的用地，还应包括回车场和停车场用地。

（4）公共绿地，指住区内公共使用的绿地，包括住区级公共绿地、小游园、运动场、林荫道、小面积和带状的绿地、儿童游戏场地、青少年和成年人、老年人的活动和休息场地。

（5）其他用地，指上述用地以外的用地，例如小工厂和作坊用地。镇级公共设施用地、企业单位用地、防护用地等。

3.6.2 建设内容构成

根据住区内建设工程的类型可分为以下 2 类：

（1）建筑工程，主要为居住建筑，其次是公共建筑、生产性建筑、市政公用设施用房以及小品建筑等。

（2）室外工程，包括地上、地下两部分。地上部分主要有道路工程、绿化工程等；地下部分主要为各种工程管线及人防工程等。

3.7 城镇住区规划深度和要求

城镇住区的规划图纸深度和要求应包括：说明书、区位图、总平面规划图、结构分析图、道路交通系统图、绿化景观系统图、电力电信规划图、给水排水规划图、燃气供热规划图以及公共建筑和住宅单体设计图等。

3.8 城镇住区规划的技术经济指标

城镇住区的技术经济分析一般包括用地分析、技术经济指标和建设投资等方面，在具体规划工作中一般作为依据和控制的标准。它是从量的方面衡量和评价规划质量和综合效益的重要依据，使住区建设在技术上达到经济合理性的数据，使其规划内容，即符合客观要求、设施标准、建筑规模和速度，又与经济发展水平相适应，充分发挥投资效果，节约用地。

3.8.1 用地分析

（1）用地分析的作用和表现形式

用地分析是经济分析工作中的一个基本环节。它主要是对住区现状和规划设计方案的用地使用情况进行分析和比较，其作用主要有以下几点：

1）对土地使用现状情况进行分析，作为调整用地和制定规划的依据之一。

2）用数量表明规划设计方案的各项用地分配和所占总用地比例，检验各项用地的分配比例是否符合国家规定的指标。

3）作为住区规划设计方案评定和建设管理机构审定方案的依据。

用地分析的内容和指标数据通常用用地平衡表来表示，其内容见表 3-6。

表 3-6 住区用地平衡表

用途		面积(ha)	所占比例（%）	人均面积(m/人)
一、住区用地		▲	100	▲
1	住宅用地	▲	▲	▲
2	公共建筑用地	▲	▲	▲
3	道路用地	▲	▲	▲
4	公共绿地	▲	▲	▲
二、其他用地		△	—	—
住区规划总用地		△	—	—

注：“▲”为参与住区用地平衡的项目
“△”为不参与住区用地平衡的项目

（2）用地平衡表中各项用地界限的划定（图 3-3）

1）住区规划总用地范围的确定

①当住区规划总用地周界为城镇道路、住区（级）道路、住区路或自然分界线时，用地范围划至道路中心线或自然分界线。

②当规划总用地与其他用地相邻，用地范围划至双方用地的交界处。

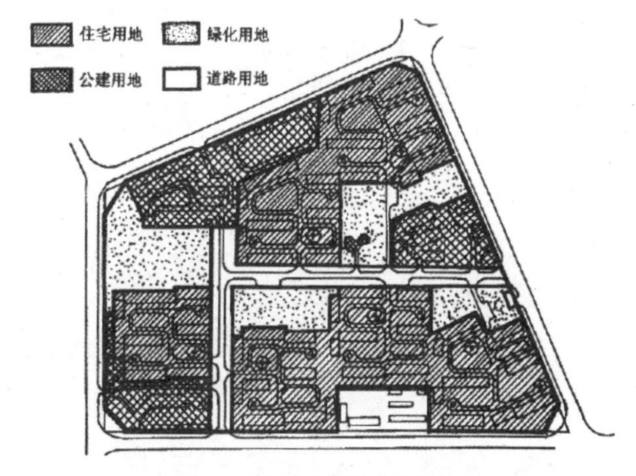

图 3-3 住区各项用地界限划定

2）住区用地范围的确定

①住区以道路为界线时。属城镇干道时，以道路红线为界；属住区干道时，以道路中心线为界；属公路时，以公路的道路红线为界。

②同其他用地相邻时，以用地边线为界。

③同天然障碍物或人工障碍物相毗邻时，以障碍物用地边缘为界。

④住区内的非居住用地或住区级以上的公共建筑用地应扣除。

3）住宅用地范围的确定

①以住区内部道路红线为界，宅前宅后小路属住宅用地。

②住宅与公共绿地相邻时，没有道路或其他明确界线时，如果在住宅的长边，通常以住宅高度的1/2计算；如果在住宅的两则，一般按3～6m计算。

③住宅与公共建筑相邻而无明显界限的，则以公共建筑实际所占用地的界线为界。

4）公共建筑用地范围的确定

①有明显界限的公共建筑，如幼托、学校均按实际用地界限计算。

②无明显界限的公共建筑，例如菜店，饮食店等，则按建筑物基底占用土地及建筑物四周所需利用的土地划定界线。

③当公共建筑设在住宅建筑底层或住宅公共建筑综合楼时，用地面积应按住宅和公共建筑各占该幢建筑总面积的比例分摊用地，并分别计入住宅用地和公共建筑用地；底层公共建筑突出于上部住宅或占有专用场院或因公共建筑需要后退红线的用地，均应计入公共建筑用地。

5）道路用地范围的确定

①住区道路作为住区用地界线时，以道路红线宽度的一半计算。

②住区路、组团路，按路面宽度计算。当住区路设有人行便道时，人行便道计入道路用地面积。

③非公共建筑配建的居民小汽车和单位通勤车停放场地，按实际占地面积计入道路用地。

④公共建筑用地界限外的人行道或车行道均按道路用地计算。属公共建筑用地界限内的路用地不计入道路用地，应计入公共建筑用地。

⑤宅间小路不计入道路用地面积。

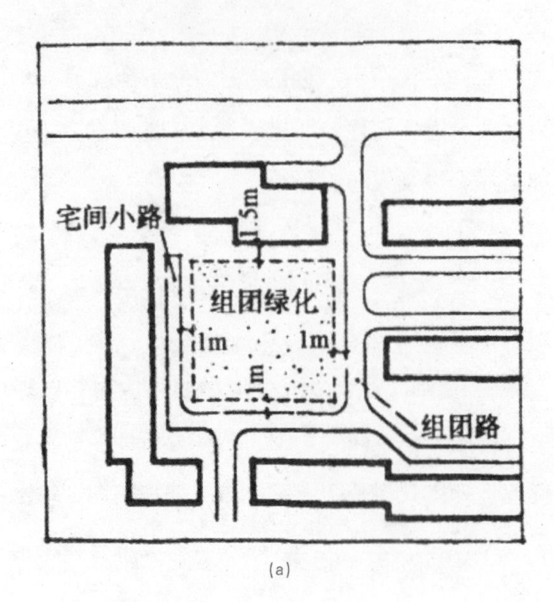

(a)

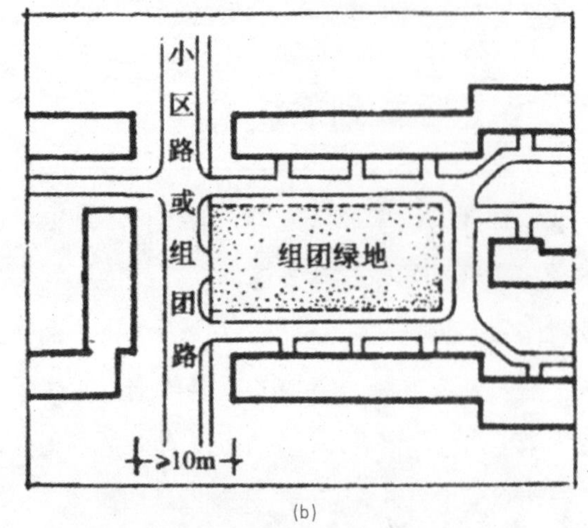

(b)

图 3−4 组团绿地面积的确定

6）公共绿地范围的确定

①公共绿地指规划中确定的住区公园、小区公园、组团绿地，以及儿童游戏场和其他的块状、带状公共绿地等。

②宅前宅后绿地，以及公共建筑的专用绿地不计入公共绿地。

③组团绿地面积的确定，是绿地边界距宅间路、组团路和小区路边 1m；距房屋墙脚 1.5m（图 3-4）。

7）其他用地

其他用地指规划范围内除住区用地以外的各种用地，应包括非直接为住区居民配建的道路用地、其他单位用地、保留的村落或不可建设用地等，如住区级以上的公共建筑，工厂（包括街道工业）或单位用地等。在具体进行用地计算时，可先计算公共建筑用地，道路用地，公共绿地和其他用地，然后从住区总用地中扣除，即得居住建筑用地。

3.8.2 技术经济指标内容和计算

（1）技术经济指标的内容（表 3-7）

表 3–7 住区主要技术经济指标项目

项目	居住户数	居住人数	总建筑面积			住宅平均层数	人口毛密度	人口净密度	建筑密度	住宅面积毛密度	住宅面积净密度	容积率	绿地率
			住宅建筑面积	公共建筑面积	其他建筑面积								
单位	户	人	m²	m²	m²	层	人 / ha	人 / ha	%	m²/ ha	m²/ ha	%	%

（2）各项技术经济指标的计算

1）**住宅平均层数**

平均层数是指各种住宅层数的平均值，公式表示为：

平均层数 = 各种层数的住宅建筑面积之和（住宅总建筑面积）/ 底层占地面积之和

【例 3-1】已知某住区住宅建筑分别为五层、六层、十层，其中五层住宅建筑面积为 20000 ㎡，六层住宅建筑面积为 90000 ㎡，十层住宅建筑面积为㎡，求该住区的平均层数。

【解】住宅总建筑面积 =20000+90000+30000 =140000 （m²）

底层占地面积 = （20000/5+90000/6+30000/10）=22000（m²）

所以，平均层数 = 住宅总建筑面积 / 底层占地面积 =140000/22000≈6.36（层）

2）**建筑密度**

建筑密度 = （各居住建筑底层建筑面积之和 / 居住建筑用地）×100%

建筑密度主要取决于房屋布置对气候、防火、防震、地形条件和院落使用等要求，直接与房屋间距、建筑层数、层高、房屋排列有关。在同样条件下，住宅层数愈多，居住建筑密度愈低。

3）**人口毛密度**

人口毛密度 = 居住总人口数 / 小区用地总面积（人 /hm²）

4）**人口净密度**

人口净密度 = 居住总人口数 / 住宅用地面积（人 /hm²）

人口净密度与人口毛密度不仅反映了住宅和小区各建筑物分布的密集程度，还反映了平均居住水平。在同样居住面积密度条件下，平均每人居住面积越高，则人口密度相对越低。

5）**住宅面积毛密度**

住宅面积毛密度是指每公顷住区用地上拥有的住宅建筑面积。

住宅面积毛密度 = 住宅建筑面积 / 居住区用地面积 （m²/hm²）

6）**住宅面积净密度（住宅容积率）**

住宅面积净密度是指每公顷住宅用地上拥有的住宅建筑面积。

住宅面积净密度 = 住宅建筑总面积 / 住宅用地（m²/hm²）

7）**住区建筑面积毛密度（容积率）**

住区建筑面积毛密度是每公顷住区用地上拥有的各类建筑的建筑面积。

容积率 = 总建筑面积 / 居住区用地总面积

8）**住宅建筑净密度**

住宅建筑净密度 = 住宅建筑基底总面积 / 住宅总用地 （%）

9）**绿地率**

绿地率 = 居住区用地范围内各类绿地总和 / 居住区用地总面积 （%）

绿地应包括公共绿地、宅旁绿地、公共服务设施所属绿地和道路绿地（即道路红线内绿地），不应包括屋顶、晒台的人工绿地。

3.8.3 建设投资

城镇住区建设的投资主要包括居住建筑、公共建筑和室外工程设施、绿化工程等造价。此外还包括土地使用准备费（如土地征用、房屋拆迁、青苗补偿等），以及其他费用（如工程建设中未能预见到的后备费用，一般预留总造价的 5%）。在住区建设投资中，住宅建筑的造价所占比重最大，约占 70% 左右，其次是公共建筑造价。因此降低居住建筑单方造价是降低住区总造价的一个重要方面。住区建筑投资内容见表 3-8。

表 3–8 住区造价概算表

编号	项目		数量	单价	造价	占总造价比重	备注
一	土地使用准备费	1. 土地使用准备费 2. 房屋拆迁费 3. 青苗补偿费 ……					
二	居住建筑	1. 住宅 2. 单身宿舍					
三	公共建筑	1. 儿童教育 2. 医疗 3. 经济 4. 文娱 5. 商业服务 ……					
四	室外市政工程设施	1. 土石方工程 2. 道路 3. 水、暖、电外线					
五		绿化					
六		其他					
七		居住区总造价					
八		平均每居民占造价					
九		平均每公顷居住用地造价					
十		平均每平方米居住建筑面积造价					

4 住宅用地的规划布局

4.1 住区的功能结构

建设良好的住区，就应该创造一个功能合理、结构明晰、特色鲜明的住区。城镇住区的功能结构是以住宅和群体组织为主，为了适应城镇居民人际交往密切、小区规模较小的特点。一般可按住区 — 住宅组团（团）— 住宅院落、住宅 — 住宅群（群）、住宅进行住宅院落的结构布局。

（1）福清龙田镇上一住区为独立式住宅的低层住区，根据道路系统的组织和用地条件，以小区中心广场为核心，形成两环的 13 个住宅组群，组群以公共绿地为中心，以道路的绿化相互隔离，加上各组团建筑色彩的变化，形成了形态、色彩各异的空间环境，提高了住宅组群的识别性（图 4-1）。

考虑到伊拉克的地理位置和气候特点以及其为信奉伊斯兰教的国家，在伊拉克南部油田工程师住宅小区规划布局时，把伊斯兰教堂置于住宅区的中心位置，并以其为中心组织东西向的公共建筑用地，把整个住宅区划分为 3 段。中间为公共建筑用地，南北为居住用地。形成了以伊斯兰教堂为中心，东西两个公共建筑区和南、北 4 个住区。并由 10 户组成的住宅组团作为住区的基本组合单元。每个住区分别由

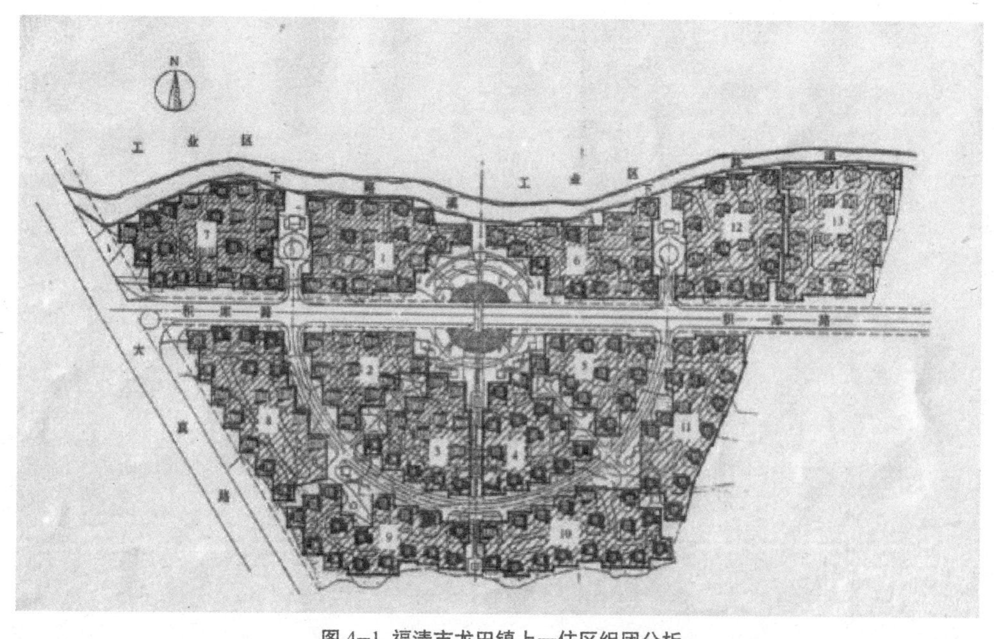

图 4–1 福清市龙田镇上一住区组团分析

7个或8个住宅组团围绕小区的公共绿地进行布置，在公共绿地上布置着小区商店、变电站及供老年人、儿童、居民活动的场所。分别在南、北各两个住区之间的绿化带中布置了小学和幼托，便于儿童就近上学（图4-2）。

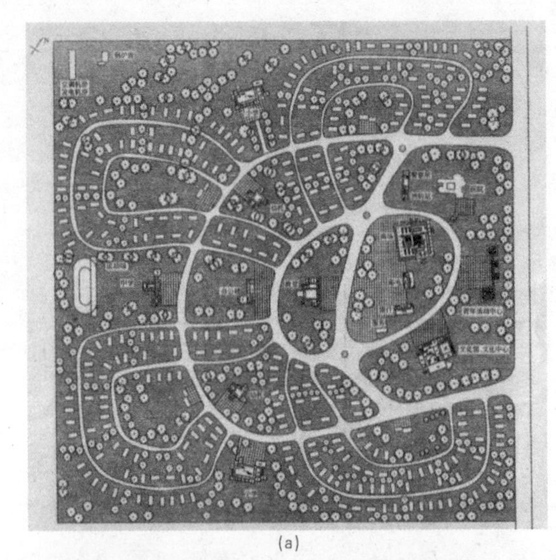

(a)

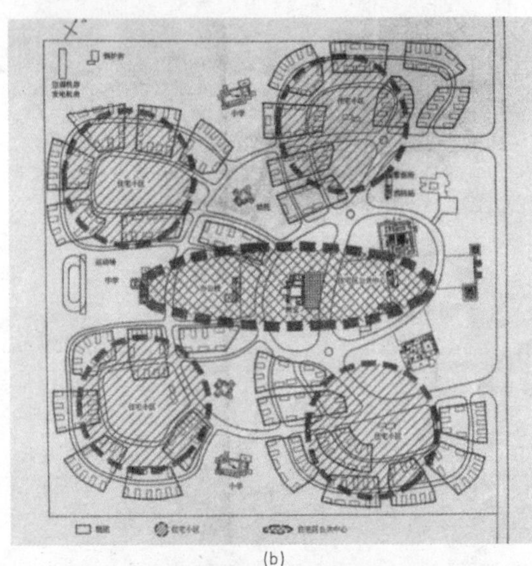

(b)

图4−2 伊拉克南部油田工程师住宅小区

(a) 小区总平面图 (b) 小区结构分析

（2）为了探索具有江南水乡特色，且适应21世纪生活的小康住宅区的规划设计手法，温州市永中镇在小康住宅示范小区的规划中，延续传统水乡空间肌理，将颇受群众欢迎的两排三层联立式住宅布置在两个组团的相邻处，中间规划人工河，河上布置石拱桥，河边设步行道，形成“一河两路（花园）两房”的格局，其格局、空间尺度、建筑形式均有传统神韵，联立式住宅背河面有车库，运用传统街巷的转折、视线的阻挡，创造丰富的路边小广场、河埠码头等过渡空间。紧邻组团绿地的住宅架空层，为居民提供了交往、喜庆聚会的场所，符合地方生活习惯。借用传统城镇符号、利用地方材料，如台门、亭子、石拱桥、石埠码头、驳岸以及丰富的地方石材、大榕树等。强化环境的地方特色。同时结合现代规划设计手法，形成结构清晰、布局合理、功能完善、设施配套和地方特色浓郁的小康住宅区（图4-3、图4-4）

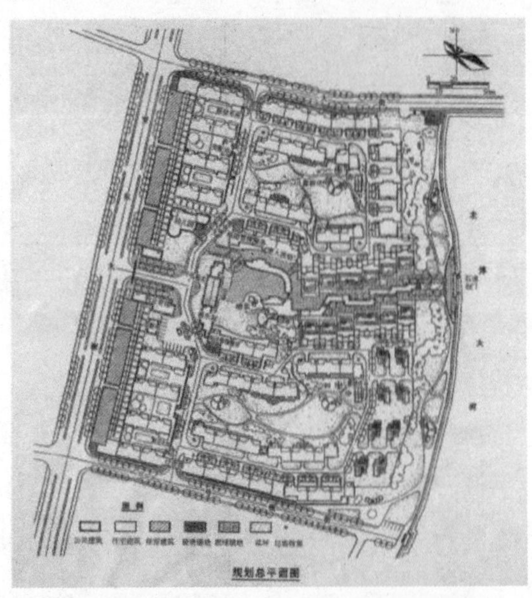

图4−3 温州永中镇小康住宅示范小区规划总平面图

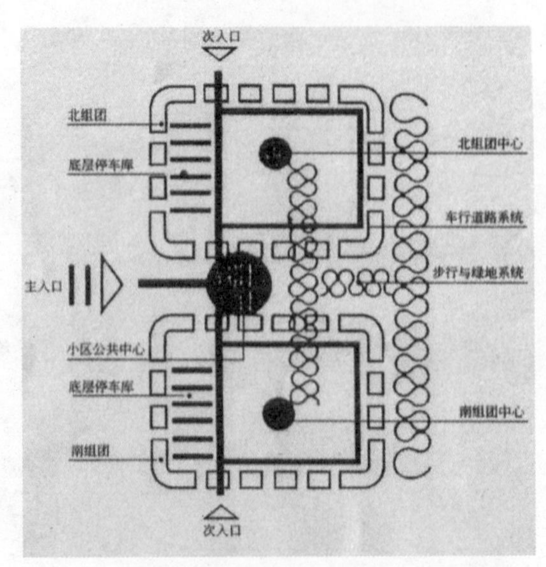

图4−4 温州永中镇小康住宅示范小区结构示意图

规划特点。延续传统城市文脉，尊重居民生活习俗，运用现代规划设计手法，创造具有浓郁地方特色的小康示范小区。延续本镇具有江南水乡特色的空间肌理，借用传统环境符号，利用地方材料，配置地方树种。一个中心，两个组团，人车分流两套系统，布局合理，结构清晰。功能完善，环境优美，节约土地，有利管理。

（3）宜兴市高塍镇居住小区规划从人的需求出发，依据小区道路的布局将小区划分为3个组团，再将3个组团分为12个“交往单元”。“交往单元”不仅使居住者享受阳光绿色的自然环境，而且还是家居生活的空间延伸，住宅布局力求打破行列式格局，增加空间的个性，采用院落式布局，增强了空间的私密性和可防卫性，使居住者有归属感和安全感，从而提高了居住者户外活动的机会，促进邻里间的接触和交往。

组团和“交往单元”具有较明确的领域界限，一般设1～2个出入口，在出入口处设信报箱、袋装垃圾存放处、停车场等设施；小区中低层住宅的住户按户均拥有一部小汽车考虑，住宅中各有自己的车库；多层公寓式住宅按20%户拥有小汽车的考虑，在“交往单元”出入口附近设置停车场，考虑到既要停放方便，又要尽量减少对居住环境的干扰（图4-5）。

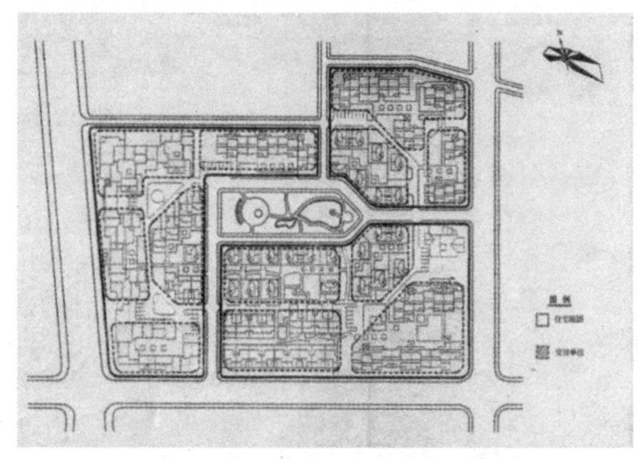

图4-5 宜兴市高塍镇居住小区结构分析

（4）张家港市南沙镇东山村居住小区共分6个组团，为公众服务的各项公建和商业处于小区中部及南北向的城区道路两侧，结合水面组织广场步行系统；布置公共设施，改变以往农村商业沿街“一层皮”的做法，形成由自然水面步行系统、绿化、广场共同构成富于情趣、气氛活跃、舒适方便的公共活动环境。

居住的6大组团，各有特色。第2、第4组团临近水面，采取较为灵活地组合方式，以流畅富有动感的曲线围合，组成住宅间的内部空间，与自由的驳岸相得益彰，互相呼应；第1、第5组团，临近南北向的城区道路，采用较规整的组合方式，以直线或折线围合出住宅间的空间；第3组团，围绕公共中心区域，采用点式自由布置，生动变化；第6组团依山就势布局，形成高低错落的山地建筑风貌，各组团间过渡自然，整体和谐（图4-6、图4-7）。

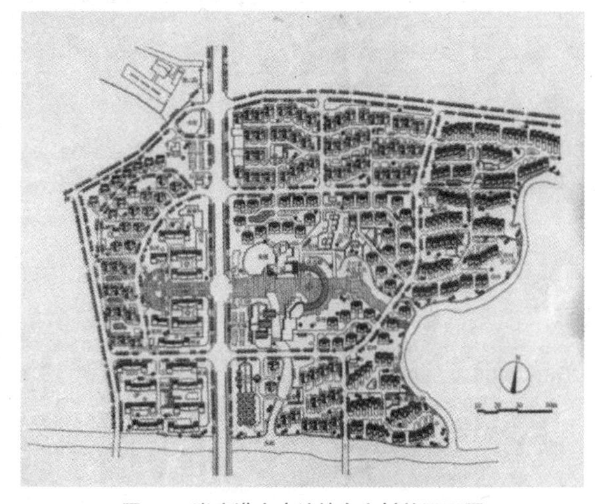

图4-6 张家港市南沙镇东山村总平面图

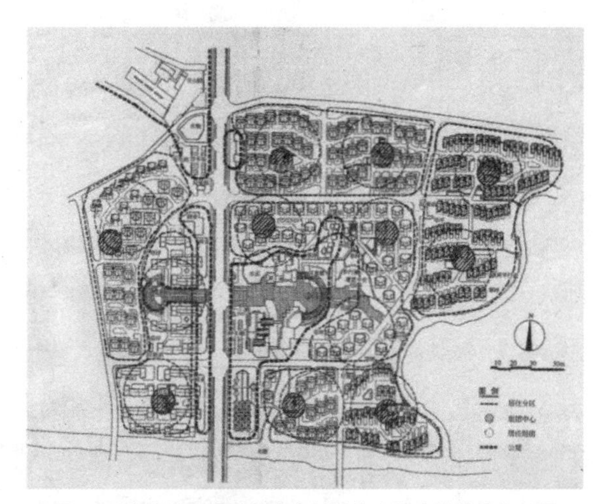

图4-7 张家港市南沙镇东山村居住小区功能结构分析图

4.2 平面规划布局的基本形式

在城镇住区中，住宅的平面布置受多方面因素的影响，如气候、地形、地质、现状条件以及选用的住宅类型都对布局方式产生一定影响，因而形成各种不同的布局方式。比如，一般地形平坦的地区，布局可以比较整齐；山地丘陵地区需要结合地形灵活布局。规划区的住宅用地，其划分的形状、周围道路的性质和走向，以及现状的房屋、道路、公共设施在规划中如何利用、改造，也影响着住宅的布局方式。因此，城镇住区住宅的布局必须因地制宜。住宅组群通常是构成住区的基本单位。一般情况下，住区是由若干个住宅组群配合公用服务设施构成的，再由几个住区配合公用服务设施构成住宅区；也就是说，住宅单体设计和住宅组群布局是相互协调和相互制约的关系。下面主要介绍住宅组群布局的几种形式。

4.2.1 行列式

行列是指住宅建筑按一定的朝向和合理的间距成行成排地布置，形式比较整齐，有较强的规律性。在我国大部分地区，这种布置方式能使每个住户都能获得良好的日照和通风条件。道路和各种管线的布置比较容易，是目前应用较为广泛的布置形式。但行列式布置形成的空间往往比较单调、呆板，归属感不强，容易受交通穿越的干扰。因此，在住宅群体组合中，注意避免“兵营式”的布置，多考虑住宅建筑组群空间的变化，通过在“原型”基础上的恰当变化，就能达到良好的形态特征和景观效果，如采用山墙错落、单元错接、短墙分隔以及成组改变朝向等手法，即可以使组群内建筑向夏季主导风向敞开，更好地组织通风，也可使建筑群体生动活泼，更好地结合地形、道路，避免交通干扰、丰富院落景观。同是采用行列式的住宅群体布局，但由于住区主干道结合地形的有机布置和公共绿地的合理安排，使得住宅组群布局多有变化。

（1）福建明溪余厝住区是典型的行列式族群布置方式，但由于其城镇干道和小区主干道均略带弧形，且近街住宅单元错接，使得由两排住宅组成人车分离的院落式庭院空间富于变化，加上中心绿地的布置，使得群体布局较为活泼（图 4-8）。

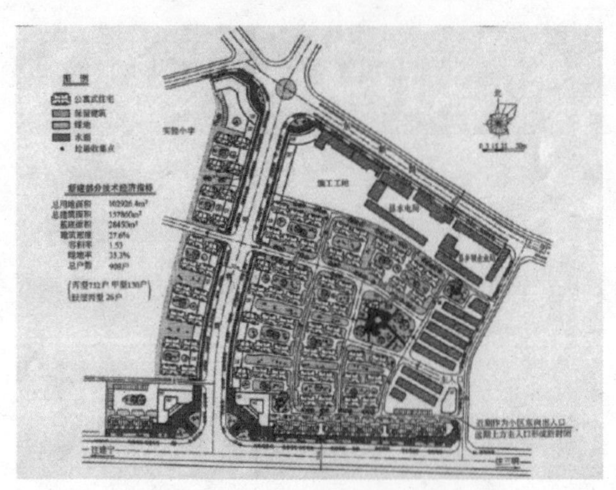

图 4-8 福建明溪余厝住区的行列式布置

（2）图 4-9 是永定坎市镇云景住区由于充分利用住区基地的原有森林绿地，通过道路组织，使得行列式的布置形式得到适当的调整。

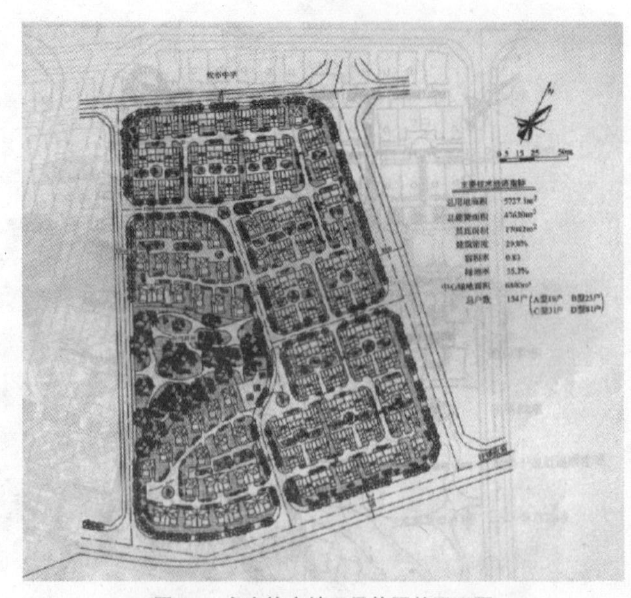

图 4-9 永定坎市镇云景住区总平面图

（3）厦门同安区潘塗住区保留已建沿街条形底商住宅的基础上，规划时通过组团绿地的布置，既加强了新、旧建筑的结合，又改善了行列式的呆板布局（图 4-10）。

图 4-10 厦门市同安区西柯镇潘塗住区总平面图

（4）仙游县鲤城北宝峰小区也是在保留已建沿街排排房时，通过绿地和道路组织使得行列式的住宅群体布局略显活泼（图 4-11）。

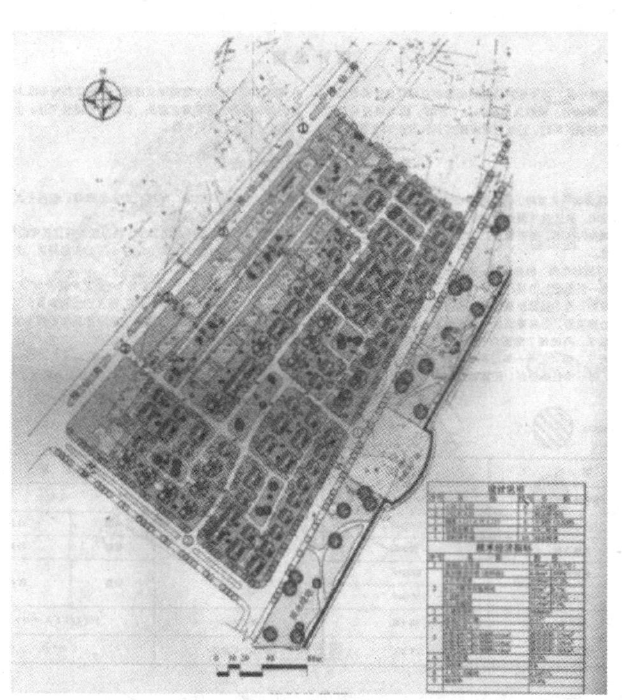

图 4-11 仙游县鲤城北宝峰小区规划总平面图

4.2.2 周边式

周边式布置是指住宅建筑或街坊或院落周边布置的形式，如图 4-12 所示。这种布置形式形成近乎封闭的空间，具有一定的活动场地，空间领域性强。便于布置公共绿化和休息园地，利于组织宁静、安全、方便的户外邻里交往的活动空间。在寒冷及多风沙地区，具有防风御寒的作用，可以阻挡风沙及减少院内积雪。这种布置形式，还可以节约用地和提高容积率。但是这种布置方式会出现一部分朝向较差的居室，在建筑单体设计中应注意克服和解决，努力做好转角单元的户型设计。

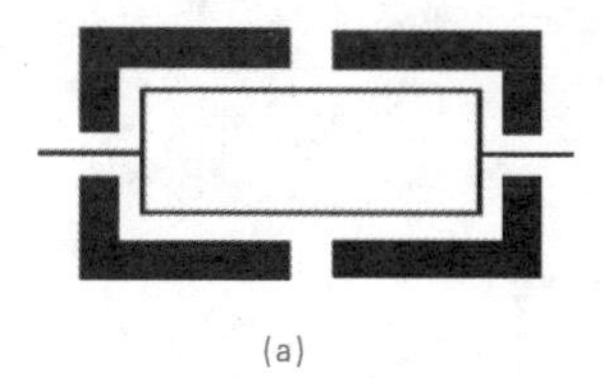

(a)

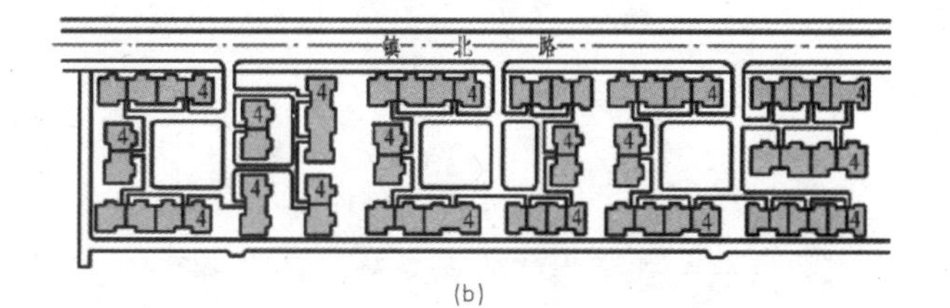

(b)

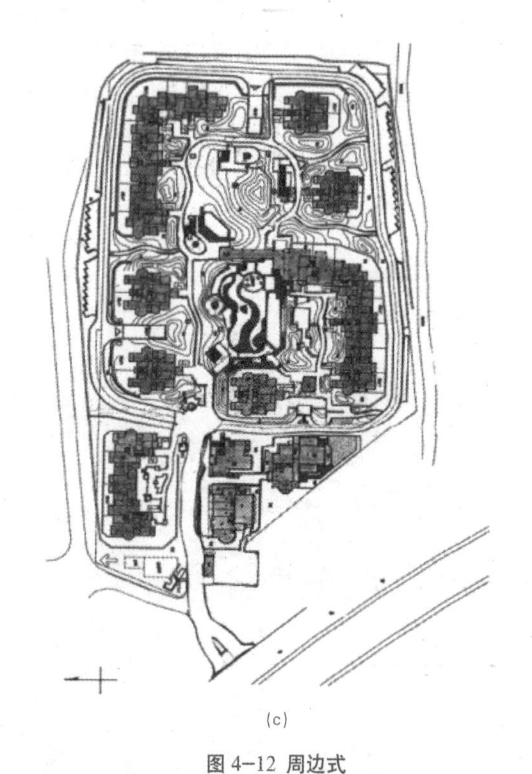

(c)

图 4-12 周边式

(a) 周边式布局的基本形式 (b) 某镇镇北路住宅群规划图；(c) 某小高层社区实例

4.2.3 点群式

点群式是指低层庭院式住宅形成相对独立群体的一种形式，如图 4-13 所示。一般可围绕某一公共建筑、活动场地和公共绿地来布置，可利于自然通风和获得更多的日照。

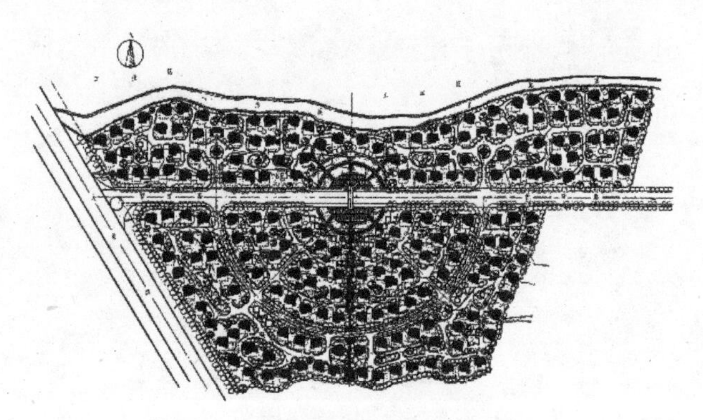

图 4−13 福清龙田上一住区点群式布局

4.2.4 院落式

低层住宅的群体可以把一幢四户联排住宅和两幢二户拼联的住宅组织成人车分流和宁静、安全、方便、便于管理的院落，如图 4-14 所示。并以此作为基本单元根据地形地貌灵活组织住宅组群和住区，是一种吸取传统院居民的布局手法形成的一种较有创意的布置形式，但应注意做好四户联排时，中间两户的建筑设计。

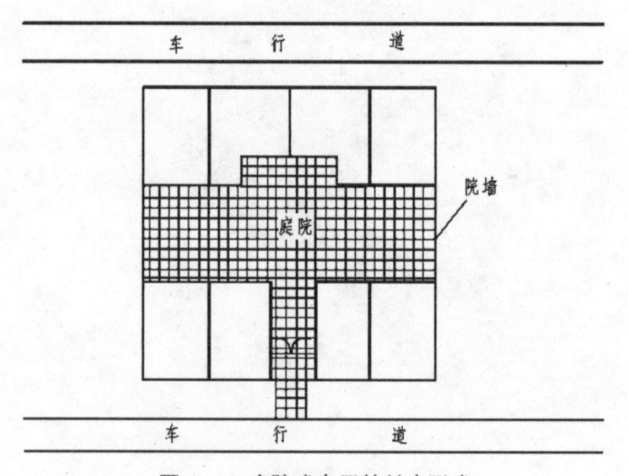

图 4−14 庭院式布局的基本形式

这种院落式的布局由两排住宅组成，可实行人车分离化的院落式住宅组群，所有机动车车行道均为院落外的两侧，两排住宅之间形成供居民交往的休闲庭院，其根据人行入口的布置可分为：

（1）南侧入口（图 4-15）

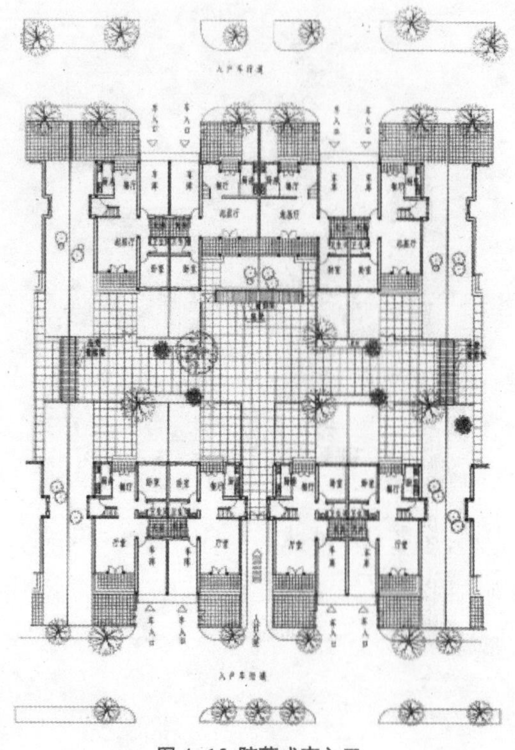

图 4−15 院落式南入口

（2）东西两侧入口（图 4-16）

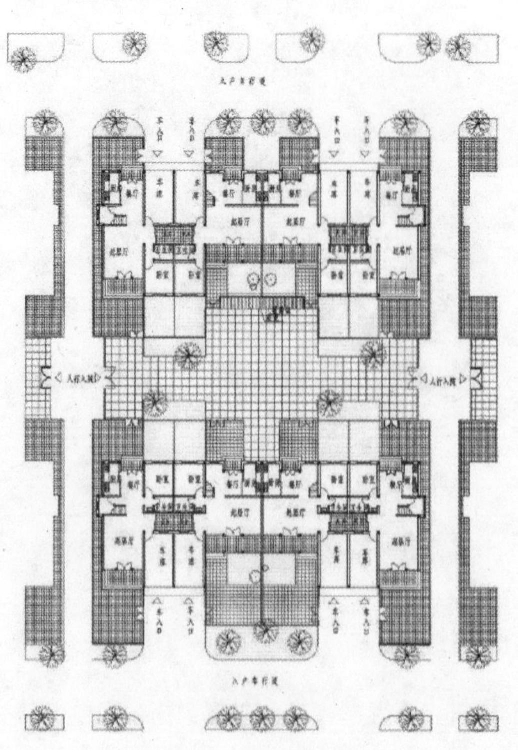

图 4−16 院落式侧入口

由这种院落式住宅组群形式作为基本单元，结合地形和住区道路构架以及公共绿地的巧妙布置，便可使得住区的住宅组群布局呈现出灵活多变，极富生气。

4.2.5 混合式

混合式一般是指上述四种布置形式的组合方式，如图 4-17 所示。最为常见的是以行列式为主，以少量住宅或公共建筑沿道路或院落周边布置，形成半围合的院落。

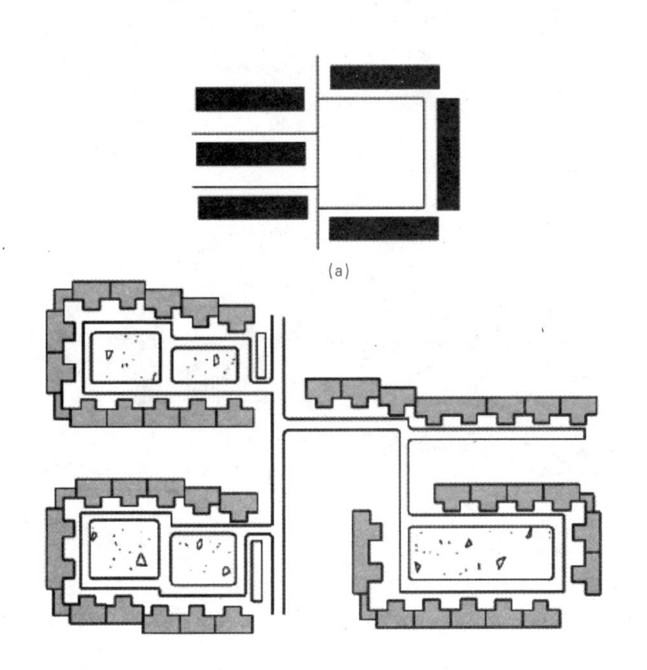

(a)

采用混合式的住宅布置形式。组团的南侧为水上公园，规划住宅的底层架空，使围合的院落空间向水面开敞和渗透

(b)

图 4-17 混合式布局

(a) 混合式布局的基本形式 (b) 某住区住宅群布局

4.3 住宅群体的组合方式

住宅群体的组合应在住区规划结构的基础上进行，它是住区规划设计的重要环节和主要内容。它是将小区内一定规模和数量的住宅（或结合公共建筑）进行合理而有序的组合，从而构成住区、住宅群的基本组合单元。住宅群体的组合形式多种多样，各种组合方式并不是孤对和绝对的，在实际中往往是相互结合使用。其基本组合方式有成组成团、成街成坊和院落式三种。

4.3.1 成组成团的组合方式

这种组合方式是由一定规模和数量的住宅（或结合公共建筑）成组成团地组合，构成住区的基本组合单元，有规律地反复使用。其规模受建筑层数、公共建筑配置方式、自然地形、现状条件及住区管理等因素的影响。住宅组群可由同一类型、同一层数或不同类型、不同层数的住宅组合而成。

成组成团的组合方式功能分区明确，组群用地有明确范围，组群之间可用绿地、道路、公共建筑或自然地形（如河流、地形高差）进行分隔。这种组合方式有利于分期建设，即使在一次建设量较小的情况下，也容易使住宅组团在短期内建成而达到面貌比较统一的效果，是当前城镇住区最为常用的组合方式。图 4-18 是四川广汉向阳小区住宅成组成团的组合方式。

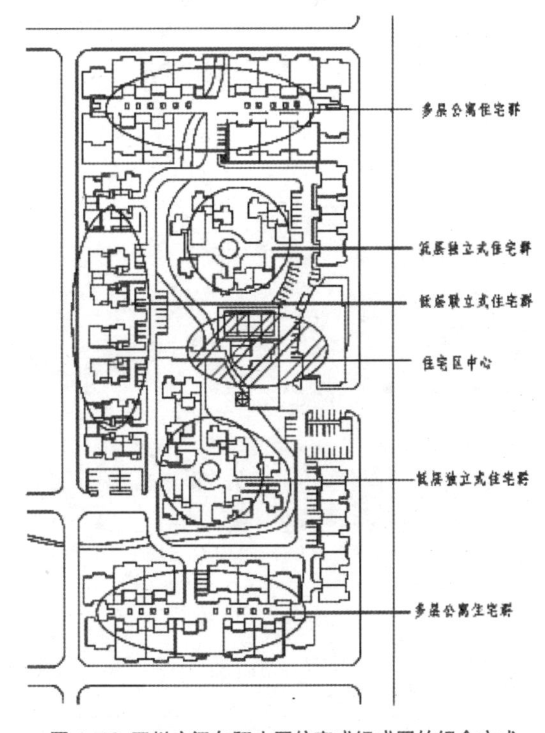

图 4-18 四川广汉向阳小区住宅成组成团的组合方式

4.3.2 成街成坊的组合方式

成街的组合方式是住宅沿街组成带形的空间，成坊的组合方式是住宅以街坊作为一个整体的布置方式。成街的组合方式一般用于城镇或住区主要道路的沿线和带形地段的规划。成坊的组合方式一般用于规模不太大的街坊或保留房屋较多的旧居住地段的改建。成街组合是成坊组合中的一部分，两者相辅相成，密切结合，特别在旧居住区改建时，不应只考虑沿街的建筑布置，而不考虑整个街坊的规划设计，图 4-19 是成街的组合方式。福建泰宁状元街是一条由底商住宅成街组成的颇具地方风貌，旅游、休闲和购物于一体的特色商业街。图 4-20 为福建泰宁状元街平面图，图 4-21 为福建泰宁状元街南侧立面设计草图。

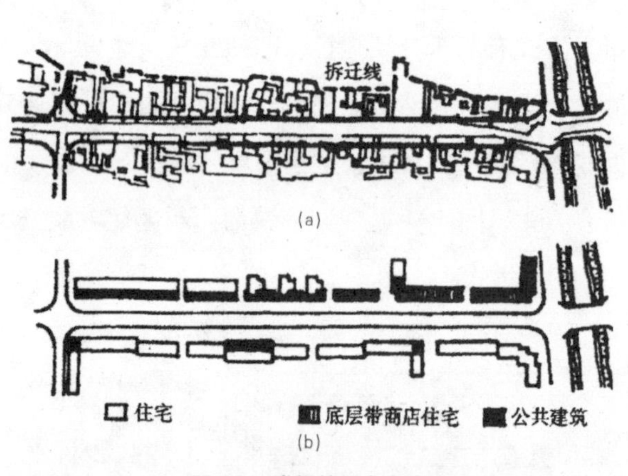

图 4-19 成街的组合方式

(a) 现状图　(b) 规划图

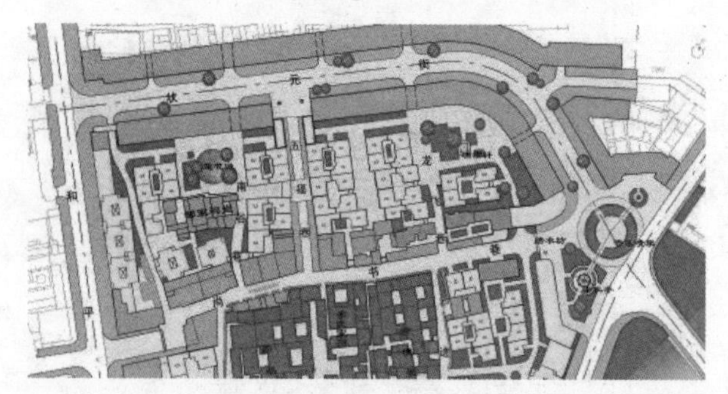

图 4-20 福建泰宁状元街平面图

图 4-21 福建泰宁状元街南侧立面设计草图

4.3.3 院落式的组合方式

这是一种以庭院为中心组成院落，以院落为基本单位组成不同规模的住宅组群的组合方式。

龙岩市新罗区适中镇中和小区借鉴福建土楼文化，兴建一条以突出民俗活动和商业服务的底商住宅民俗街，充分展现土楼的韵味（图 4-22 ～图 4-25）。

图 4-22 适中古镇中和住区民俗街　东北街段效果图

图 4-23　适中镇中和住区民俗街　东南街段效果图

图 4-24　适中古镇中和住区民俗街　东北街段效果图

图 4-25　适中古镇中和住区民俗街　西北街段效果图

传统民居的庭院，不论是有明确以围墙为界的庭院或者是无明确界限的庭院，都是优美自然环境和田园风光的延伸，是利用阳光进行户外活动和交往的场所，这是传统民居居住生活和进行部分农副业生产（如晾晒谷物、衣被，贮存农具、谷物，饲养禽畜，种植瓜果蔬菜等）之所需，也是家庭多代同居老人、小孩和家人进行户外活动以及邻里交往的居住生活之必需，同时还是贴近自然，融合于自然环境之所在。广大群众极为重视户外活动，因此传统民居的庭院有前院、后院、侧院和天井内庭，都充分展现了天人合一的居住形态，构成了极富情趣的庭院文化。这是当代人崇尚的田园风光和乡村文明之所在，也是城镇住区住宅群体布局中应该努力弘扬和发展的重要内容。

院落的布局类型，主要分为开敞型、半开敞型和封闭型 3 种，应根据当地气候特征、社会环境和基地地形等因素合理确定。院落式的组合方式科学地继承了我国传统民居院落式布局的优秀手法，适合于低层和多层住宅，特别是城镇及村镇的住区，由于受生产经营方式及居住习惯的制约，这种规划布局方式最为适合。黄厝跨世纪农民新村由四层及六层住宅组成的农宅区，在规划布局时把多层农宅前后错落布局形成院落，继承了闽南历史文脉，颇具新意（图 4-26）。

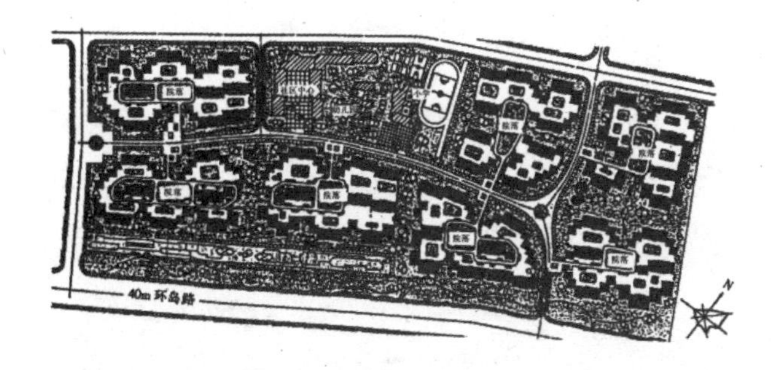

图 4-26 院落式的组合方式

南靖县书洋镇是列入世界文化遗产名录的福建土楼最为集中的地方之一。在保护好河坑的土楼群完整性的要求下，为了安置拆迁户，组织了安置区的规划设计，区内建筑采用庭院式组合方式，犹如方形的土楼建筑，依山就势、高低错落，形成了造型独特和极富变化的天际轮廓线，与周边环境相得益彰。在建筑布局上，南北朝向的多户拼联低层住宅作为安置户的居住用房，东西朝向作为土楼人家经营度假旅游的客房，功能上有所区分，减少相互干扰。庭院内部为公共活动场地，与中心绿地、道路绿化结合，形成绿地、广场、建筑相互套叠的景观格局，取得良好的景观效果。这种院落式的组合方式既提高了土地使用强度，又传承土楼文化（图 4-27）。

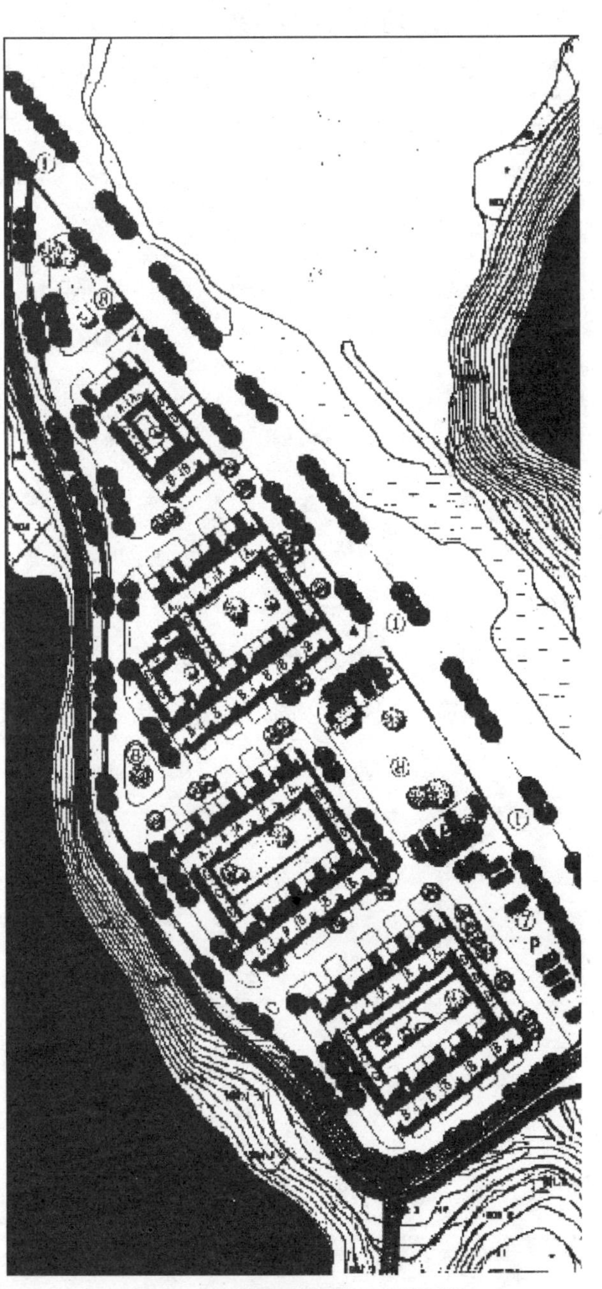
图 4-27 河坑安置住区总平面规划图

福建南平延平区峡阳镇西隅小区规划布局突出地方特色，院落组合从传统“土库”民居中探求文脉关系。峡阳古镇的“土库”，是闽北古建筑的奇葩，布局严密和谐，高高的马头墙，深深的里弄，外低内高，呈阶梯层进式，显得深远而不憋蔽。房屋四面环合，宽敞的天井采光通风，冬暖夏凉，其布局类似北京四合院。小区的院落，以 6 栋、8 栋或更多栋，围合成一个大庭院。每个院落只设 1 个主入口，建筑主入口均面向院落，车辆从外围道路进入住宅停车库。院落以绿地和硬地组成，并配置老人活动和儿童游戏的场所、庭院标志，周围以低矮镂空围墙围合，形成一个既封闭又通透的院落。各个院落依着道路自由而有序地安排，在中心绿地两旁，整个小区宛如一只展翅飞翔的蝴蝶。

在住宅设计中，由于巧妙地解决了 4 户拼联时，中间两户的采光通风问题，因而采取北面一幢 4 户拼联、南面两幢两户拼联，组成了基本院落的住宅组群形态，既弘扬了历史名镇传统民居的优秀历史文脉，又为住户创造了一个安全、舒适、宁静的院落共享空间。随着地形的变化，院落组织也随之加以调整，使得整个住宅组群形态丰富多彩，极为动人。

院落式布局是中国传统建筑组合方式的一大特色，相对于成组成团和成街成坊的组合方式，从功能上、美学上都有着巨大的魅力。因此，在城镇居住住区规划布局中，应努力深入进行探索，以创造适合城镇居民生活习惯和审美情趣的居住空间。

4.4 住区住宅群体的空间组织

居住建筑群体一般是由相互平行、垂直以及互成斜角的住宅单元、住宅组合体，或结合公共服务设施建筑，按一定的方式，因地制宜有机组合而成的。建筑群体为了满足不同层次、年龄的居民使用，满足功能、景观和心理、感觉等方面的要求，需要有意识地对建筑群体及具环境进行分割、围合，从而形成各种各样的空间形态。

4.4.1 住宅区户外空间的构成

户外空间构成的含义是通过各类实体的布置形成户外空间，并设计好空间的构成和空间使用的合理性，以适应居民居住生活的需要。

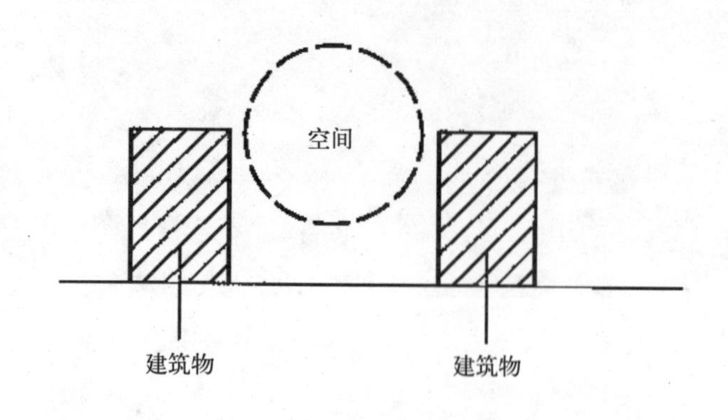

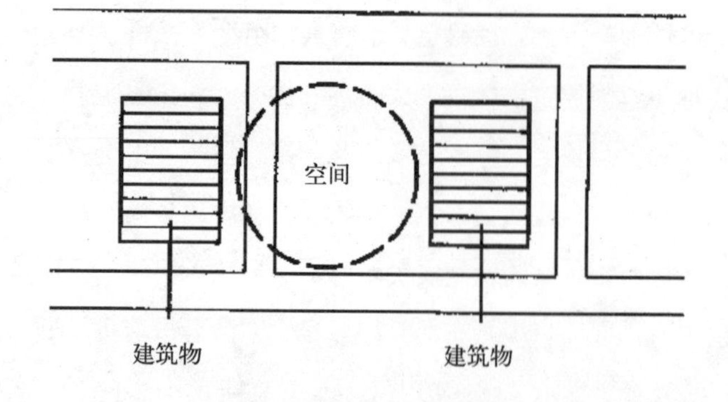

图 4-28 一幢建筑加另一幢建筑产生的新功能—户外空间

一幢住宅建筑（住宅或配套服务设施）加另外一幢建筑的结果，并不只等于两幢建筑，它们构成了另一种功能——“户外空间”（图 4-28）。实际上住宅一旦建成并使用，它不再仅仅是一个“物体”，人们使用的也不仅仅是“物体”本身——住宅的内部空间，他们还需要相应的外部空间及其环境；如果没有外部环境的共同作用，那么住宅这一“物体”就成为“闷罐子”，无法使用，居民无法生活自如，这类似于电脑的硬件和软件一样，缺一不可，否则就无法运行。这种空间或场所的“空”或“虚无的”，使人们在其中生活常不易感到它的存在价值及其作用的重大。然而，正是这个“虚无的”空间包容着人们，给居民的生活带来安定与欢悦。随着物质和文化水准的提高，城镇居民将从单纯追求住房本身的宽大，逐步转向追求户内外整体环境质量的提高。

空间和实体是住区环境的主要组成部分，它们相互依存，不可分割。目前城镇住区中虽然有众多的建筑实体，如住宅建筑、公共建筑、环境设施和市政公用设施等，但住区往往缺少恰当的空间，居民体会不到舒适的空间感受。实际上，许多城镇住区建设时缺乏空间组织，其空间的组织、结构、秩序等方面的不合理，造成了住区空间的“杂乱”。造成即使有良好的住宅、公共服务设施等人工建造的实体，但都缺乏处理好实体与空间的关系，那就不可能形成良好的生活居住环境。

住宅建筑群体的组合与设计是一项极其复杂的工作，它既是功能和精神的结合，又是心理和形式的综合；既要考虑日照、通风等卫生条件，研究居民的行为活动需要、居住心理，又要强调个性、地方特色和民族性、历史文脉，还要反映时代特征，并且要考虑经济和组织管理等方面的问题。

(1) 住宅建筑群体外部空间的构成要素

住宅建筑群体的户外空间环境是由自然的与人文的、有机的与无机的、有形的与无形的各种复杂元素构成的，诸多元素中虽然有主次之分，但并非单一元素在起作用，而是许多元素的复合作用。住宅建筑群体外部空间的构成要素可分为主要元素和辅助要素。

1) 主体构成要素是指决定空间的类型、功能、作用、形态、大小、尺度、围合程度等方面的住宅建筑、公共建筑、高大乔木和其他尺度较大的构筑物（如墙体、杆、通廊、较大的自然地形）等实体及其界面（图4-29）。

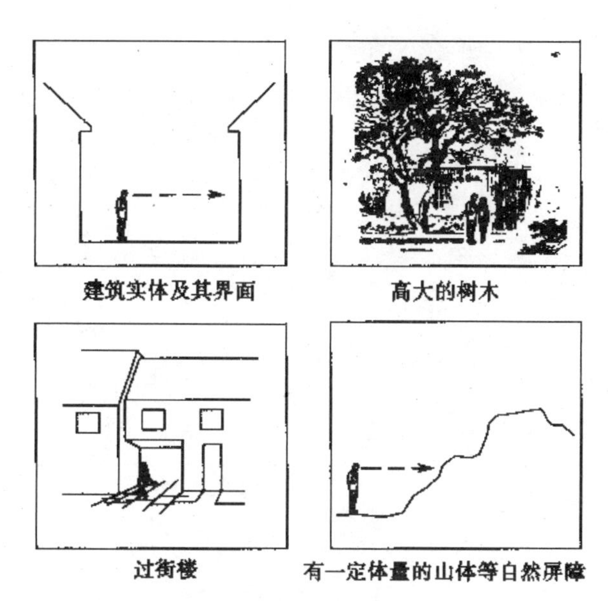

图 4-29 住宅建筑群体外部空间的主要构成要素

2) 辅助构成要素是指用来强化或弱化空间特性的元素，处于陪衬、烘托的地位，如建筑小品、矮墙、院门、台阶、灌木、铺地、稍有起伏的地形和色彩、质感等（图 4-30）。

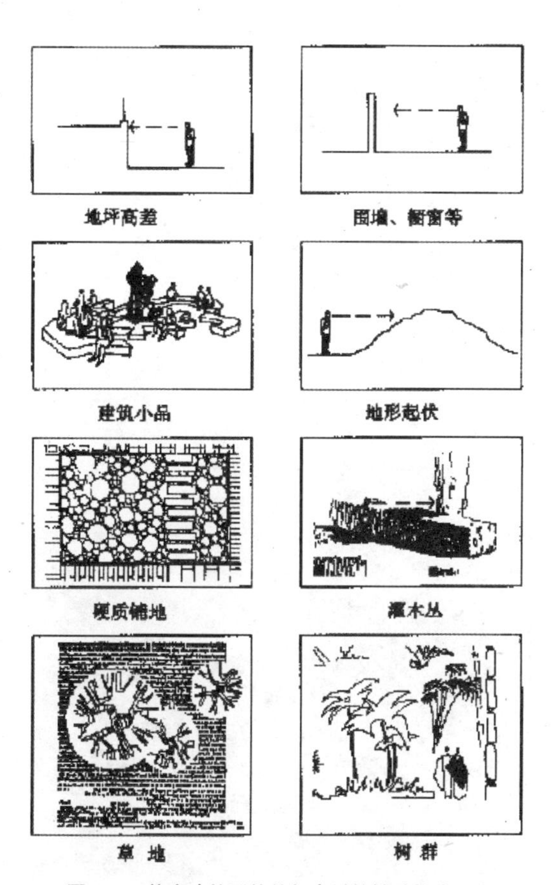

图 4-30 住宅建筑群体外部空间的辅助构成要素

（2）住宅建筑群体外部空间构成的手法

住宅建筑群体外部空间的构成要素多种多样，但空间的构成归纳起来有以下两种方式：

1）由住宅或住宅结合公共建筑等实体围合，形成空间（图 4-31）。围合构成的空间使人产生内向、内聚的心理感受。我国传统的四合院住宅以及土楼住宅，使居作者产生强烈的内聚、亲切、安全和友好的感受（图 4-32、图 4-33）。

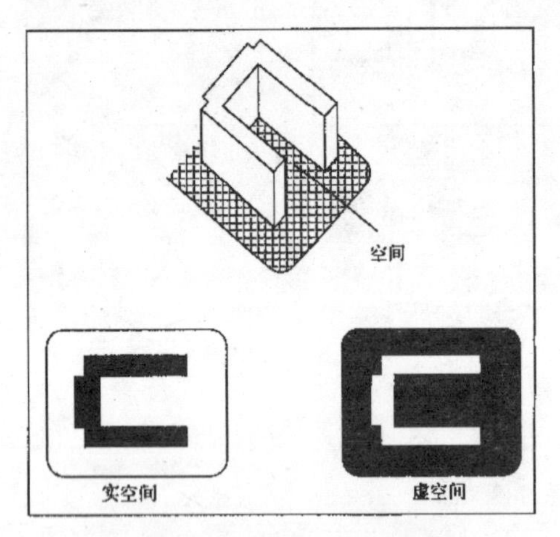

图 4-31 实体围合，形成空间

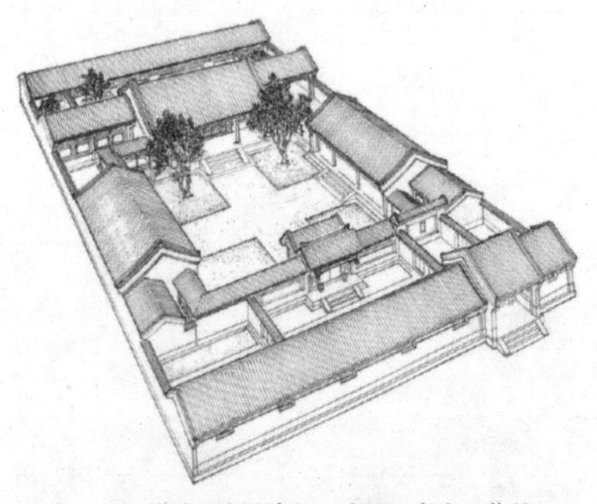

图 4-32 传统四合院空间：内聚、自守、收敛、有序、主次、尊卑

图 4-33 河坑土楼群形成空间：安全、封闭、亲切

2）由住宅或住宅结合公共建筑等实体点缀，形成空间（图 4-34）。点缀构成的空间使人产生开敞、扩散、外向、放射的心理感受。高层低密度住宅区是一种实体占领而形成的空间（图 4-35）。

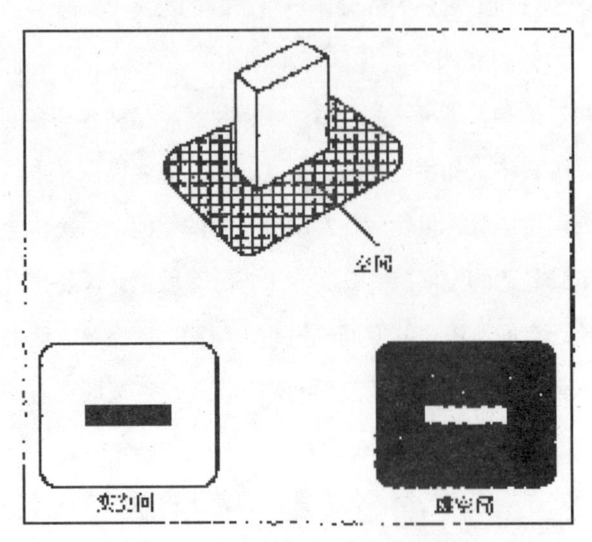

图 4-34 实体点缀，形成空间

图 4-35 高层低密度住宅区的实体占领而形成的空间体围合

住宅区是一个密集型的聚居环境。目前，城镇住宅区大多是以低层或低层、多层为主的住宅建筑群体，其空间主要是出实体围合而形成（图 4-36）。

图 4–36 以低层或低层、多层为主的住宅建筑群体围合空间

4.4.2 住宅建筑群体空间的尺度

空间尺度处理是否得当，是住宅建筑群体空间设计成败的关键要素之一；住宅建筑群体空间的尺度，一般包括人与住宅或公共建筑实体、空间的比例关系。尺度是否合适主要取决于实体高度与观赏距离的比值和识别效应；人、实体、空间的比例与封闭、开敞效应；实体、空间的比例与情感效应。

（1）实体高度与观赏距离的比值和识别效应

实体的高度与距离的比例不同，会产生不同的视觉感受。如实体的高度为 H，观看者与实体的距离为 D，在 D 与 H 比值不同的情况下，可得到不同的视觉效应（图 4-37）。

1）当 $D:H=1:1$ 时，即垂直视角为 45° 时，一般可以看清实体的细部；

2）当 $D:H=2:1$ 时，即垂直视角为 27° 时，一般可以看清实体的整体；

3）当 $D:H=3:1$ 时，即垂直视角为 18° 时，一般可以看清实体的整体和背景。

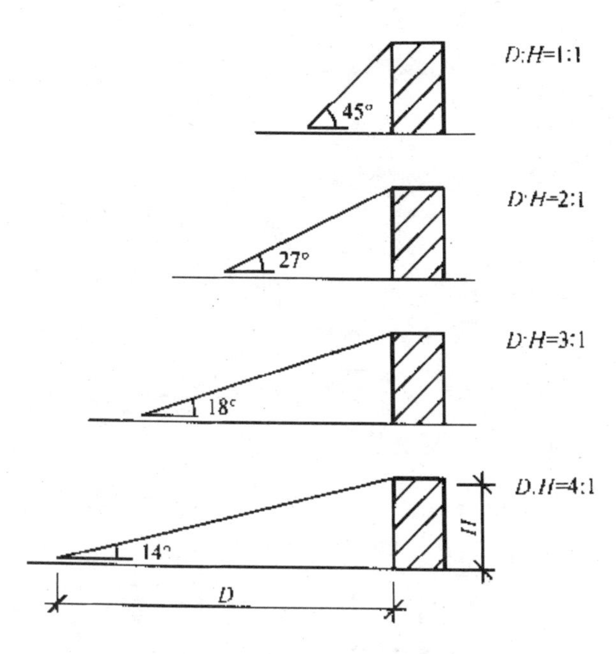

图 4–37 实体高度与观赏距离比值和识别效应

4）当 $D:H=4:1$ 时，即垂直视角为 14° 时，一般可以辨认实体的姿态和背景轮廓。

（2）人、实体、空间的比例与封闭、开敞效应

空间感的产生一般由空间的使用者与建筑实体的距离以及实体高度的比例关系所决定。在比例不同的情况下，可得到不同的空间效应（图 4-38）：

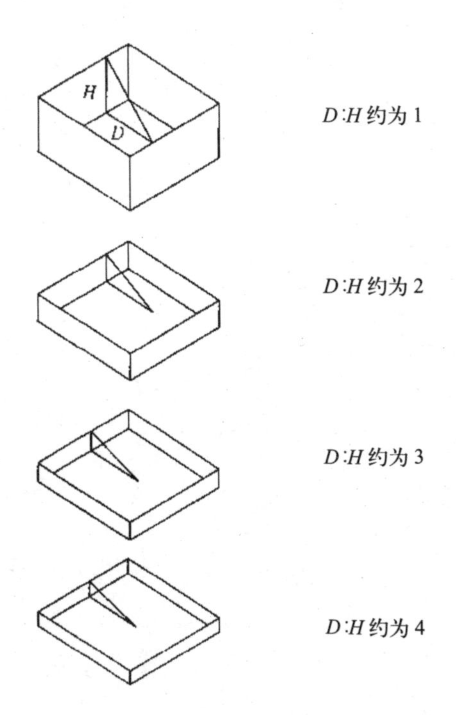

图 4–38 人、实体、空间的比例与封闭开敞效应

1）当人的视距与建筑物高度的比例约为 1 时，空间处于封闭状态，空间呈“衔”“廊”的特性，属“街型空间”。

2）当人的视距与建筑物高度的比值约为 2 时，空间处于封闭与开敞的临界状态，属“院落空间”。

3）当人的视距与建筑物高度的比值约为 3 时，空间处于开敞状态，属“庭式空间”。

4）当人的视距与建筑物高度的比值约为 4 时，空间的容积特性消失，处于无封闭状态。此时开敞度较高，通风、日照等自然条件优越，属“广场空间”。

（3）实体、空间的比例与情感效应

当人处于两个实体之间，由于两侧建筑物高度与空间宽度之间的尺度关系引起相应的情感反应。如两个实体的高度为 H，其间距为 D，当 $D{:}H$ 的比例不同会产生不同的心理效应（图 4-39）。

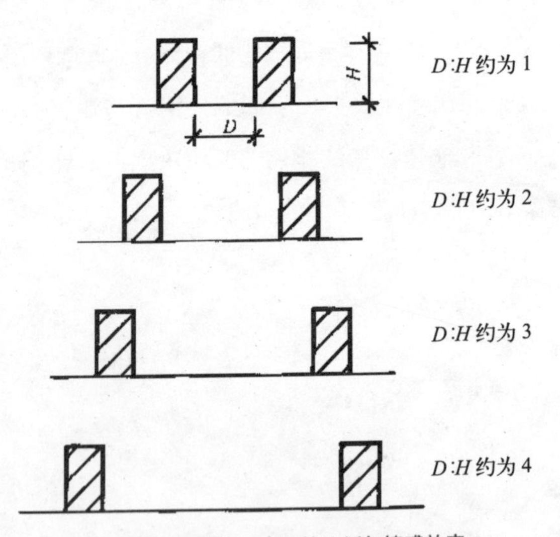

图 4–39 实体、空间的比例与情感效应

1）当 $D{:}H$ 的比值约为1时，使用者有一种安定、内聚感；

2）当 $D{:}H$ 的比值约为 2 时，使用者有一种向心、舒畅感；

3）当 $D{:}H$ 的比值约为 3 时，使用者有一种渗透、奔放感；

4）当 $D{:}H$ 的比值约为 4 时，使用者有一种空旷、自由感。

创造良好的尺度感的手段很多，包括建筑与建筑、建筑与空间的尺度处理，色彩的搭配，地面图案的设计，树木的培植和室外设施的布局，以及空间程序的处理等等。

住宅建筑群体的空间大小，一方面，由于受到用地标准的控制，空间的开敞性受到一定的限制；另一方面，住宅与住宅之间的距离由于受到日照间距的规定而得到控制。一般来说，城镇住区内的住宅建筑空间尺度主要是“院落”型和“廊”型，少量的为“庭式”型和“广场”型。

4.5 城镇住区住宅群体空间组合的基本构图手法

4.5.1 对比

所谓对比就是指同一性质物质的悬殊差别，例如大与小、简单与复杂、高与低、长与短、横与竖、虚与实、色彩的冷与暖、明与暗等的对比。对比的手法是建筑群体空间构图的一个重要的和常用的手段，通过对比可以达到突出主体建筑或使建筑群体空间富于变化，从而打破单调、沉闷和呆板的感觉。如图 4-40 是总平面规划中点状和条状住宅的对比布局，图 4-41 是住宅建筑群体空间立面图中高低对比。

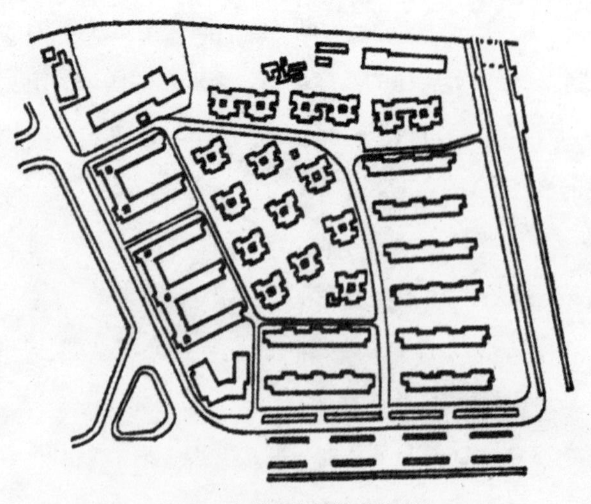

图 4–40 点状和条状住宅的对比

图 4–41 住宅立面高与低的对比

4.5.2 韵律与节奏

韵律与节奏是指同一形体的有规律的重复和交替使用所产生的空间效果，犹如韵律、节奏（图 4-42 和图 4-43）。韵律按其形式特点可分为四种不同的类型：

（1）连续的韵律，以一种或几种要素连续、重复的排列而形成，各要素之间保持着恒定的距离和关系，可以无止境地连绵延长；

（2）渐变韵律，连续的要素如果在某一方面按照一定的秩序逐渐变化，例如逐渐加长或缩短，变宽或变窄，变密或变稀等。

（3）起伏韵律，当渐变韵律按照一定规律时而增加，时而减小，犹如波浪起伏，具有不规则的节奏感。

（4）交错韵律，各组成部分按一定规律交织、穿插而形成。各要素互相制约，一隐一现，表现出一种有组织的变化。

以上四种形式的韵律虽然各有特点，但都体现出一种共性——具有极其明显的条理性、重复性和连续性。借助于这一点，在住宅群体空间组合中既可以加强整体的统一性，又可以求得丰富多彩的变化。

韵律与节奏是建筑群体空间构图常用的一个重要手法，这种构图手法常用于沿街或沿河等带状布置的建筑群的空间组合中，如图 4-42 所示某沿河住宅，平面构图由 38 层塔式和 8 ~ 16 层错层住宅构成 U 形，相互交错布置，住宅群富有层次、韵律和节奏感，成为点缀的滨河景观建筑。但应注意，运用这种构图手法时应避免过多使用简单的重复，如果处理不当会造成呆板、单调和枯燥的感觉，一般说来，简单重复的数量不宜太多。

4.5.3 比例与尺度

一切造型艺术，都存在着比例关系是否和谐的问题。在建筑构图范围内，比例的含义是指建筑物的整体或局部在其长宽高的尺寸、体量间的关系，以及建筑的整体与局部、局部与局部、整体与周围环境之间尺寸、体量的关系。而尺度的概念则与建筑物的性

(a)

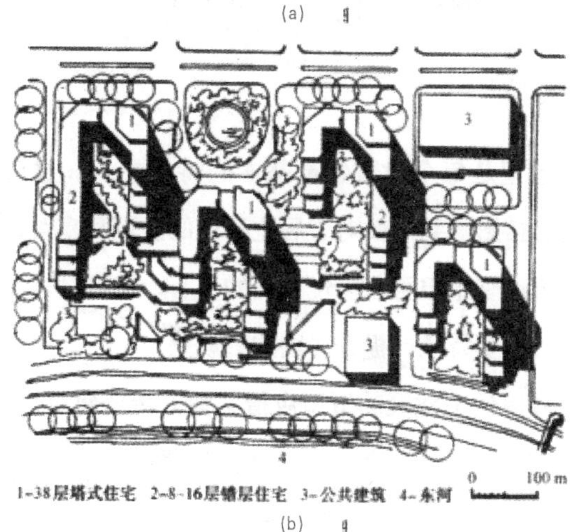

(b)

图 4–42 韵律与节奏示例

(a) 透视图 (b) 平面图

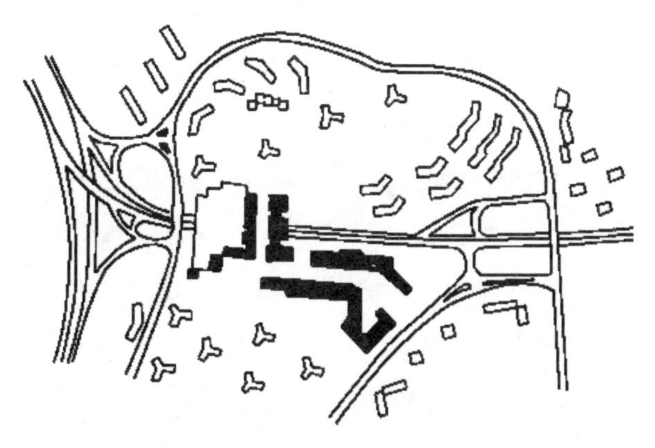

图 4–43 在住区地域的几何中心成片集中布局

意大利维托里奥·埃马努埃莱广场就是一个注重整体性的优秀实例，该广场是意大利南部圣塞韦里娜镇的中心广场，小镇非常古老，因一个12世纪的城堡和一个拜占庭式教堂而闻名，而维托里奥·埃马努埃莱广场就坐落于这两个主要纪念物之间。精致的地面设计明确地区分了广场与公园两个不同性质的主要空间，整个广场全部使用简洁的深色石块铺砌地面，使广场成为一个整体，而地面上的椭圆图案才是使这个不规则空间统一起来的真正要素，几个大理石的圆环镶嵌在深色的地面上，像水波一样延续到广场的边界，圆环的中心是一个椭圆形状的风车图案，指示出南北方向。连接城堡和教堂大门的白色线条是第二条轴线，风车的图案指示着最盛行的风向，轴线和圆的交接处重复使用几个魔法标志，南北轴线末端的石灰岩区域包含着天、星期、月和年四个时间元素。该轴线区域内还有金、银、汞、铜、铁、太阳、月亮、地球等象征性的标志。总之，广场的设计在众多的细部中体现出简洁、统一的整体性特征，见图4-48、图4-49。

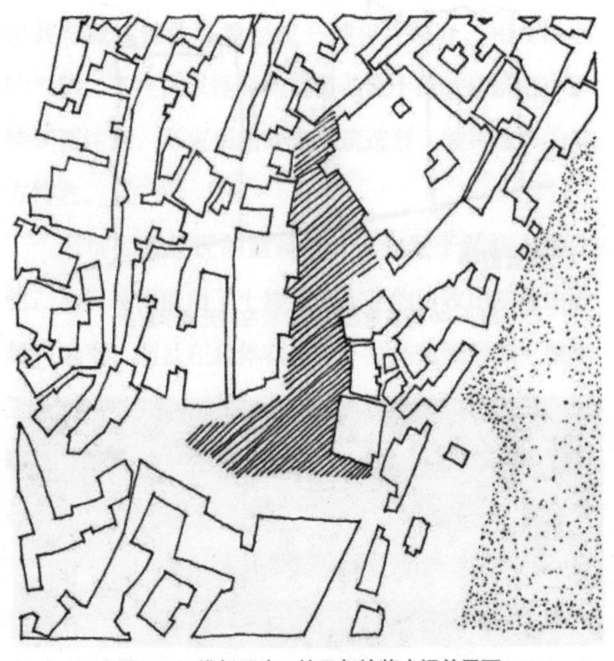

图4-48 维托里奥·埃马努埃莱广场总平面

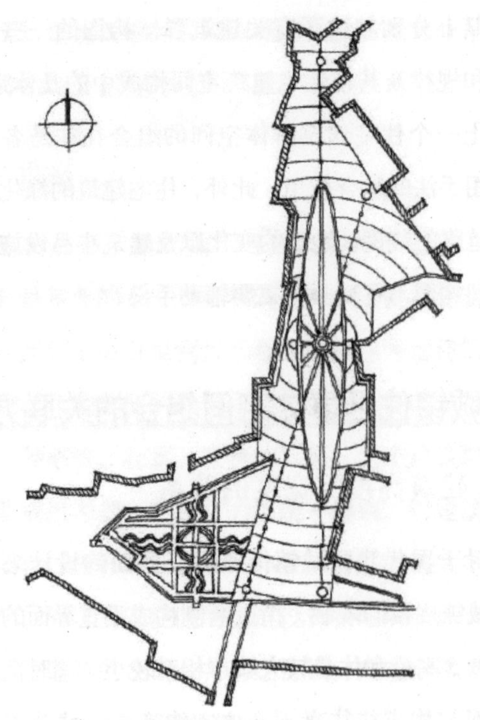

图4-49 维托里奥·埃马努埃莱广场平面图

4.6.2 结合自然环境的空间变化

传统村镇聚落的布局和建筑布局都与附近的自然环境发生紧密关联，可以说是附近的地理环境与聚落形态的共同作用，才构成了具有中国优秀传统文化的理想居住环境。平原、山地、水乡村镇因其自然环境的迥异，呈现出魅力各异的村镇聚落景观。

（1）平面曲折变化

建于平地的街，为弥补先天不足而取形多样。单一线形街，一般都以凹凸曲折、参差错落取得良好的景观效果。两条主街交叉，在节点建筑上形成高潮。丁字交叉的则注意街道对景的创造。多条街道交汇处几乎没有垂直相交成街、成坊的布局，这可能是由多变的地形和地方传统文化的浪漫色彩所致。

某些村镇，由于受特定地形的影响，其街道呈现弯曲或折线的形式。直线形式的街道空间从透视的情况看只有一个消失点，而曲折或折线形式的街道空间，其两个侧界面在画面中所占的地位则有很大差别：其中一个侧界面急剧消失，而另一个侧界面则得以充分展现。直线形式的街道空间其特点为一览无余，而弯曲或折线形式的街道空间则随视点的移动而逐一展现于人的眼帘，两相比较，前者较袒露，而后者则较含蓄，并且能使人产生一种期待的心理和欲望。

（2）结合地形的高低变化

湘西、四川、贵州、云南等地多山，村镇常沿地理等高线布置在山腰或山脚。在背山面水的条件下，村镇多以垂直于等高线的街道为骨架组织民居，形成高低错落、与自然山势协调的村镇景观。

某些村镇的街道空间不仅从平面上看曲折蜿蜒，而且从高度方面看又有起伏变化，特别是当地形变化陡峻时还必须设置台阶，而台阶的设置又会妨碍人们从街道进入店铺，为此，只能避开店铺而每隔一定距离集中地设置若干步台阶，并相应地提高台阶的坡度，于是街道空间的底界面就呈现平一段、坡一段的阶梯形式。这就为已经弯曲了的街道空间增加了一个向量的变化，所以从景观效果看极富特色。处于这样的街道空间，既可以摄取仰视的画面构图，又可以摄取俯视的画面构图，特别是在连续运动中来观赏街景，视点忽而升高，忽而降低，间或又走一段平地，这就必然使人们强烈地感受到一种节律的变化。

（3）水街的空间渗透

在江苏、浙江以及华中等地的水网密集区，水系既是居民对外交通的主要航线，也是居民生活的必需。于是，村镇布局往往根据水系特点形成周围临水、引水进镇、围绕河道布局等多种形式。使村镇内部街道与河流走向平行，形成前朝街、后枕河的居住区格局。

由于临河而建，很多水乡村镇沿河设有用船渡人的渡口。渡口码头构成双向联系，把两岸构成互相渗透的空间。开阔的河面构成空间过渡，形成既非此岸，也非彼岸的无限空间。同时，河畔必然建有供洗衣、浣纱、汲水之用的石阶，使得水街两侧获得虚实、凹凸的对比与变化。

另外，兼作商业街的水街往往还设有披廊以防止雨水袭扰行人。或者于临水的一侧设置通廊，这样既可以遮阳，又可以避雨，方便行人。一般通廊临水的一侧全部敞开，间或设有坐凳或“美人靠”，人们在这里既可购买日用品，又可歇脚或休息，并领略水景和对岸的景色，进一步丰富了空间层次。

总之，传统村镇乡土聚落是在中国农耕社会中发展完善的，它们以农业经济为大背景，无论是选址、布局和构成，还是单栋建筑的空间、结构和材料等，无不体现着因地制宜、因山就势、相地构屋、就地取材和因材施工的营建思想，体现出传统民居生态、形态、情态的有机统一。它们的保土、理水、植树、节能等处理手法充分体现了人与自然的和谐相处。既渗透着乡民大众的民俗风情 — 田园乡土之情、家庭血缘之情、邻里交往之情，又有不同的“礼”的文化层次。建立在生态基础上的聚落形态和情态，既具有朴实、坦诚、和谐、自然之美，又具有亲切、淡雅、趋同、内聚之情，神形兼备、情景交融。这种生态观体现着中国乡土建筑的思想文化，即人与建筑环境既相互矛盾又相互依存，人与自然既对立又统一和谐。这一思想文化是在小农经济的不发达生产力条件下产生的，但是其文化的内涵却反映着可持续发展最朴素的一面。

具有中国优秀传统建筑文化的村镇聚落，其设计思想和体系中住宅群体所体现的和建筑的空间组织极富人性化和自然性，是当代城镇住区规划设计应该努力汲取并加以弘扬的。

4.7 住区规划的空间景观组织实例

4.7.1 温州永中镇小康住宅示范小区的空间景观规划

（1）空间层次。规划把整个小区空间分为四个层次和四个不同使用性质的领域。第一层次为公共空

间 — 小区主出入口、小区中心广场，是为小区全体居民共同使用的领域；第二层次为半公共空间 — 组团空间，系组团居民活动的领域；第三层次为半私有空间 — 院落空间；第四层次为私有空间 — 住宅户内空间。

（2）空间序列。通过空间的组织，形成一个完整连续、层次清晰的空间序列，在小区整体空间组织上，形成两组空间序列：第一组序列为小区出入口—小区中心广场—水乡巷道 — 城市公共绿带，空间体验特征为收 — 放 — 转折、收 — 放 — 收 — 放；第二组序列为小区出入口—环形组团道路—住宅架空层 — 组团绿地，空间体验特征为收 — 放 — 转折、收 — 放 — 收 — 放。

（3）空间处理手法。运用传统城镇建筑空间组织手法，追求江南城镇空间肌理特征，组织不同层次空间。水乡巷道空间：两边低层房屋 + 两条道河 + 一条小河，成为小区中心广场与城市公共绿地的过渡空间。中心广场：临水建亭 + 大榕树 + 水面，成为具有地方传统环境特征的小区广场。道路及其他：道路转折形成的小广场、河埠码头等，形成丰富的过渡空间，体现传统巷道转折、河埠码头功能所形成的灰空间特征。

（4）景观规划。建筑层数分布从沿河 2、3 层过渡到 5、6 层，层次较丰富。两个组团之间有小区主入口和人工河道分隔，节奏分明，有较强的可识别性。建筑造型简洁明快，为避免台风侵扰，屋顶以平顶为主，局部运用坡顶符号。建筑色彩以淡雅为主，檐口点缀蓝灰等较深色彩。环境设计把开敞明快的自然草坪泉地与体现传统水乡城镇神韵的水乡想到结合，运用台门、亭子、石拱桥、青石板路、石埠码头等环境符号，还有地方材料、地方树种（榕树、樟树等）的运用，强化小区的可识别性和地方性，创造既有现代社区气息，又有强烈地方特色的小区风貌。图 4-50 是温州永中镇小康住区空间景观分析图。

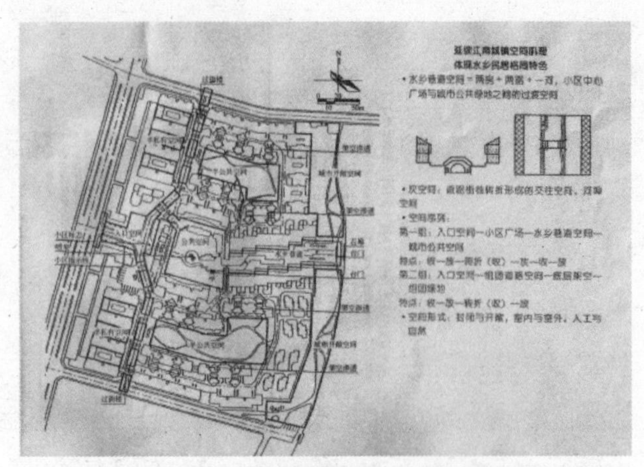

图 4-50 温州永中镇小康住区空间景观分析图

4.7.2 宜兴市高塍镇居住小区的空间景观规划

小区规划中的建筑布局和空间形态力求丰富有序，尽量避免水平方向的“排排房”和垂直方向的“推平头”。整个小区的建筑布局呈北高南低，空间形态错落有致。基地北面与高塍大河之间地带现有许多陈旧的民宅，规划为远期改造。因此，小区北侧以五层公寓式住宅为主，作为保证小区内创造优美环境的视线屏障，同时也有利于整个小区内建筑间合理的日照要求；由于小区西面临主要干道，东、南面为次要干道，为了达到合理的空间比例形态，临干道面以多层住宅为主，间杂以低层住宅。而多层住宅又有点式、条式、院落式不同类型，构成形态丰富、疏密相同的景观特色；小区中央是公共绿地，周围环以低层独立式或联排式住宅，不使建筑遮挡绿地，外围的多层住宅则加强了小区总体的围合性和向心性；规划中同时考虑了进出小区道路两侧建筑的形态和布局的合理配置，并在空间的重要节点和对景位置，点缀以小品或标志，作为丰富空间形态的必要的辅助手段。

图 4-51 是居住小区建筑类型布局规划，图 4-52 是居住小区鸟瞰。

4.7.3 张家港市南沙镇东山村居住小区空间景观规划

整个小区分为中部、西北部低层控制区（以二、

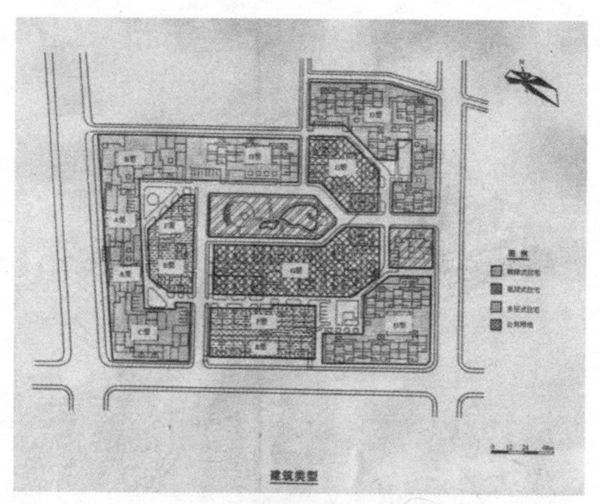

图 4-51 居住小区建筑类型布局规划

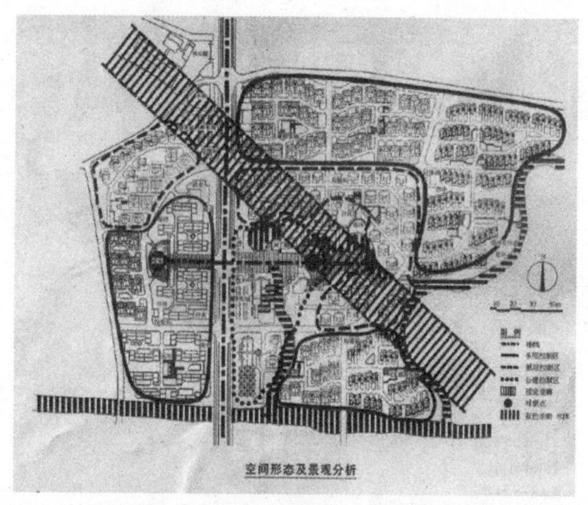

图 4-53 为张家港市南沙镇东山村居住小区空间形态及景观分析

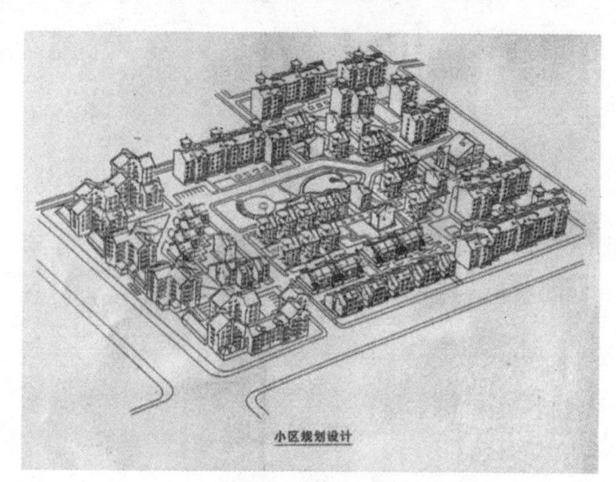

图 4-52 居住小区鸟瞰

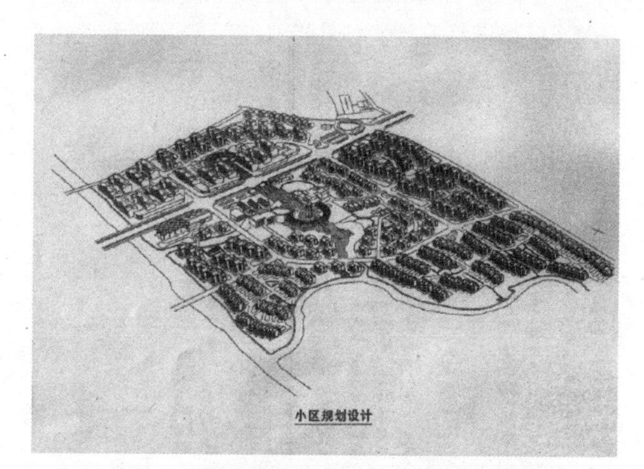

图 4-54 为张家港市南沙镇东山村居住小区鸟瞰

三层联立式为主）；东北、西南部为多层控制区（以四层为主的公寓），形成一条由东南向西北较为开阔的视觉走廊，并顺应地势延伸到西北面的山景和烈士陵园；相反，从山上俯视，居住区的风貌也一览无余，组成整个香山风景区的一部分。

基地原有泄洪水塘，进行规划整治后，使之贯通相连，汇集到东西方向的河道中，自然流畅的水岸给居住小区的景观注入活跃的因素，使整体小区依山傍水，自然景观十分优越。对水体的利用和适当改造，形成一条与视觉走廊相对应的蓝色走廊，成为一大景观特色。

住宅组团形态也由于地形不同分别处理，滨水住宅沿河道、水池采用放散状空间组织，将视线引向水面。临街住宅采用平直或曲折形组织空间，围合内向空间，避免外界干扰（图 5-53、图 5-54）。

4.7.4 广汉市向阳镇小康住区空间景观规划

居住区的空间环境通过居住行为的组织而形成序列：社区空间 — 小区公共空间 — 邻里空间 — 居家空间（图 4-55）。

（1）社区空间进入小区空间 以门饰类标志进入小区范围，较宽的公共绿地、公共停车场、迎面的拓宽水面，构成宁静高雅的高档居住区的空间感受，人们可驾车沿道路或步行穿过公共绿地、水面至居住空间。

（2）居住者的邻里空间有 3 种类型

1）公寓型邻里环境。南北二区由上、下层住户和左、右邻近住户在户外形成有限交叉——入户路线平等但各自独立。一层住户在公寓入口处直接进入户门，上层住房通过室外梯直接到户门，公共楼梯只有

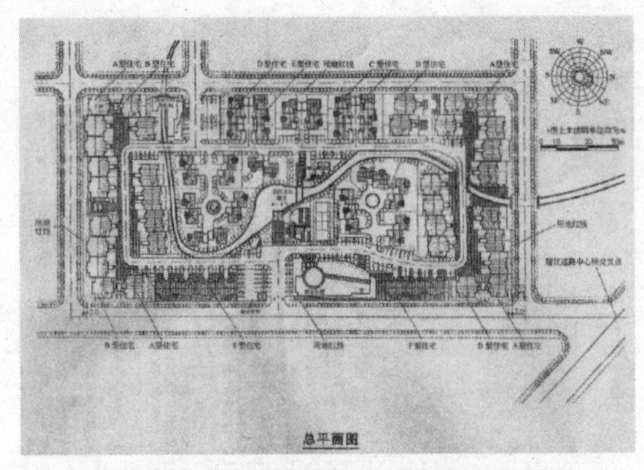

图 4-55 广汉市向阳镇小康住区规划总平面图

两户共用，公寓主入口处仅四户共享。在公共活动空间内，更强调私有性、独立性，较适应居民现有的心理状态。

2）院落式邻里环境。西区由四至六户住宅构成一个小院落，彼此或为乡亲、或为亲友、或为同事。院落为公共空间，可以栅栏门与主干道外的小区其他空间分隔，形成邻里感更强的半公有空间。

3）独立式联体住宅邻里环境。地处环境良好的中心地段，各家都有独立的院落、车库和住宅。强调了每户起居和社交活动的私密性，适应了物业所有者的独立意识和被尊重的心理状态。但在规划中用了一条尽端式入户道路将 10 户左右的独立住户连接起来，从而形成户与户之间的邻里关系，强调与公共行为有限划分的整体环境。

（3）居家空间在 4 种类型的住宅设计中都考虑到私有空间与公共空间、室内空间与室外空间的相互渗透。公寓底层住户、院落式及独立式住户通过前院与邻里相交流；通过后院与绿地及公共空间相融合。公寓上层住户通过室外楼梯与公共空间交叉，通过屋顶平台形成由上而下，由私密空间向公共绿化环境的融合。

4.7.5 伊拉克南部油田工程师住宅区空间景观规划

（1）图 4-56 为伊拉克南部油田工程师住宅区景观分析

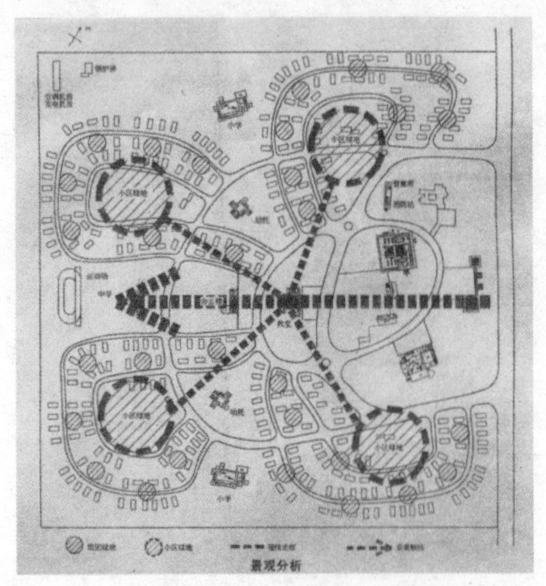

图 4-56 伊拉克南部油田工程师住宅区景观分析

（2）图 4-57 为伊拉克南部油田工程师住宅区设计模型

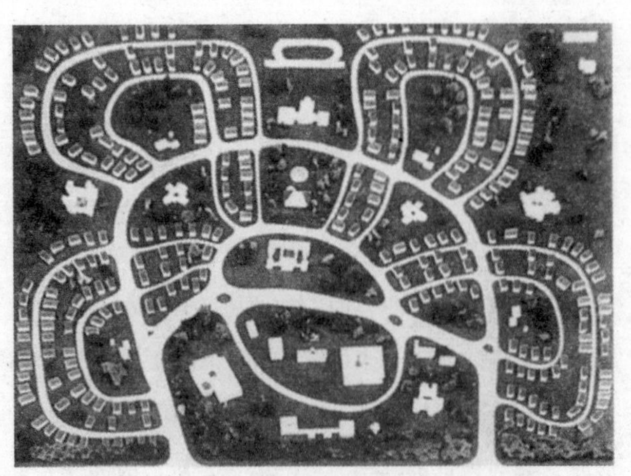
图 4-57 伊拉克南部油田工程师住宅区设计模型

5 公共设施的规划布局

公共服务设施是住区中一个重要组成部分，与居民的生活密切相关。它是为了满足居民的物质和精神生活的需要，与居住建筑配套建设的。公共服务设施配套建筑项目的设置和布置方式直接影响居民的生活方便程度，同时公共建筑的建设量和占地面积仅次于居住建筑，而其形体色彩富于变化，有利于组织建筑空间，丰富群体面貌，在规划布置中应予以足够的重视。

5.1 住区公共服务设施的分类和内容

住区的公共服务设施主要是为本住区的居民日常生活需要而设置的，主要包括儿童教育、医疗卫生、商业饮食、公共服务、文娱体育、行政经济和公用设施等。城镇住区公共服务设施的配建应本着方便生活、合理配套的原则，确定其规模和内容；重点配置社区服务管理设施、文化体育设施和老人活动设施。如果镇区规模较小，住区级公共建筑可以和镇级公共建筑相结合。

按其使用性质可分为商业服务设施、文教卫体设施、市政服务设施、管理服务设施四类。

（1）商业服务设施

主要有为居民生活服务所必需的各类商店和综合便民商店。这是市场性较强的项目，需要有一定的人口规模去支撑，前者主要通过更大范围或全镇范围来统一解决。

（2）文教卫体设施

主要有托幼机构、小学校、卫生站（室）、文化站（包括老人和小孩）等项目。规模较小的住宅区，托幼机构、小学校等设施可由城镇统一安排，合理配置。

（3）市政服务设施

主要有机动车、非机动车停车场、停车库，公共厕所，垃圾投放点、转运站等项目。

（4）管理服务设施

主要有按其投资及经营方式可划分为社会公益型公共建筑和社会民助型公共建筑两类。从居民的使用频率来衡量，可分为日常式和周期式两种。

1）社会公益型公共建筑

主要由政府部门统管的文化、教育、行政、管理、医疗卫生、体育场馆和为老年居民服务的社区日间照料中心等公共建筑。这类公共建筑主要为住区自身的人口服务，也同时服务于周围的居民。其公共建筑配置如表 5-1 所示。

2）社会民助型公共建筑

指可市场调节的第三产业中的服务业，即国有、集体、个体等多种经济成分，根据市场的需要而兴建的与本住区居民生活密切相关的服务业。如日用百

表 5-1 住区公共建筑配置表

公共建筑项目	规模较大的住区	规模较小的住区	用地规模（m^2）	服务人口	备注
居委会	●	●	50	管辖范围内人口	可与其他建筑联建
小学	○		6000 ~ 8000	同上	6 ~ 12 班
幼儿园、托儿所	●	●	600 ~ 900	2500 ~ 6000	2 ~ 4 班
灯光球场	●	○	600	所在小区人口	规模大者可兼为镇区服务
文化站（室）	●	○	200 ~ 400	同上	可与绿地结合建设
卫生所、计生站	●	○	50	同上	

货、集市贸易、食品店、粮店、综合修理店、小吃店、早点部、娱乐场所等服务性公建。民助型公建有以下特点：

①社会民助型公建与社会公益型公建的区别在于，前者主要根据市场需要决定其是否存在，其项目、数量、规模具有相对的不稳定性，定位也较自由，后者承担一定的社会责任，由于受政府部门管理，稳定性相对强些。

②社会民助型公共建筑中有些对环境有一定的干扰或影响，如农贸市场、娱乐场所等建筑，宜在住区内相对独立的地段设置。

5.2 住区公共服务设施的特点

（1）城镇住区公共服务设施配置与城市有着本质的差异

为了满足居民在精神生活和物质生活方面的多种需要，住区内必须配置相适应的公共服务设施。但由于城镇规模相对较小的特殊性，其住区的公共服务设施除了少数内容和项目外，在当前一般均以城镇为基础，在镇区范围内综合考虑、综合使用，并在城镇总体规划中进行合理布局（表 5-1）。这与城市住区公共服务设施配置有着本质的区别。其主要原因是：

1）城镇住区的规模一般较小，考虑到公共建筑本身的经营与管理的合理性和经济性，其住区内公共服务设施的项目、内容和数量非常有限，特别是组团规模以下的住区。

2）城镇的规模一般是几千人到几万人，城镇范围不大。居住用地一般也围绕城镇中心区分布，居民使用城镇一级的公共设施也十分方便，即公共服务设施使用上具有替代或交叉的特点。城镇公共服务设施由于它们的性质、所在位置，既可以为全镇服务，也可以为住区服务。住区配置的公共服务设施也同样如此，既为本住区服务，也为城镇其他住区服务。

3）在住区建设中，沿街地段一般均采用成街的布置方式，居民开设的各类服务设施既是为全镇甚至是更大范围服务的，也是直接为该住区服务的，难以从本质上加以区分。

（2）城镇住区公共服务设施配置与城市相比有着明显的特点

虽然当前城镇住区内的公共服务设施常常仅是小商店而已，但按照我国发展城镇战略方针的要求，城镇将成为乡村城镇化的必由之路。一般的城镇将发展到 2 ~ 5 万人，个别有条件的可以发展到 10 万人以上。到那时，城镇住区的规模及其公共服务设施的项目、内容和规模、功能要求必将发生重大变化，住区公建设施的配置结构将有可能类同于城市住区。但与城市相比，还是有其明显的特点，主要表现在如下几个方面：

1）由于规模和经济发展水平的影响，公共服务设施不可能有太大规模和分若干层次，因此，可以结合城镇公共建筑的特点，将行政管理、教育机构、文体科技、医疗保健、集贸设施和较大规模的商业金融设施与城镇级合并设置综合使用。住区内可根据规模和需要配置社区服务中心。

2）城市住区公共服务设施的布局和项目内容对住区的布局结构、居民使用的方便程度的影响较大；而城镇住区对此影响较弱，与城镇公共设施中心区的位置关系却显得十分重要。因此，城镇居住用地一般都围绕城镇中心区设置。

3）城镇公共建筑的使用与城市相比有一定的区别，特别是在服务范围、对象、服务半径、人口规模和使用频率方面的差异更为明显。例如，城市住区内的托幼和小学校等设施，一般是仅为该住区使用，并满足各自的时空服务距离的要求，其服务范围、服务半径等比较明确；而城镇的托幼和小学校等设施不仅为住区和城镇居民使用，而且要面向城镇行政区域内的其他村民。

4）不同地区的城镇在风俗习惯、经济发展水平、自然条件等方面差异巨大，有很多特殊性，不能盲目模仿，必须符合当地居民的生活特征。

5）城镇居民对公共服务设施配置种类的需求与大城市不同，在“村镇小区亟须公建”调查项内，以需求“文化娱乐”为最多，这说明城镇居民的业余文化娱乐生活非常缺乏。文化上很多城镇都有影剧院、舞厅、电子游戏厅等与城市相同的文化娱乐场所，但居民很少或根本不使用这样的设施。一方面是“严重缺乏”，另一方向是“巨大浪费”，这反映出城镇在设施配套中存在着盲目搬用城市公共设施的现象。因此，城镇住区的公共设施必须适合“城镇”，不能把它们等同于“城市”。

6）调查表明，城镇居民对“小区综合活动场地”的要求很高。调查结果显示出住区中要有相应的户外空间活动场所，以供他们游戏、锻炼身体、散步、交往需要。

5.3 住区公共服务设施配建项目指标体系

5.3.1 影响城镇住区公共服务设施配建规模大小的主要因素

实践与调查研究表明，影响城镇住区公共服务设施配建规模大小的主要因素包括：

（1）与所服务的人口规模相关。服务的人口规模越大，公共服务设施配置的规模也就越大。

（2）与距镇区或城市的距离相关。距城市、城镇越远，公共服务设施配置的规模相应也越大。

（3）与当地的产业结构及经济发展水平相关。第二、第三产业比重越大，经济发展水平越高，公共服务设施配置的规模就相应大一些。

（4）与当地的生活习惯、社会传统有关。

5.3.2 城镇住区公共服务设施配套指标

《2000 年小康型城乡住宅科技产业工程村镇示范小区规划设计导则》指出：村镇示范小区公共服务设施配套指标以每千人 1300 ~ 1500 m^2 计算。各级规模的小区最低指标应符合表 5-2 的规定。

表 5–2　公共服务设施项目规定

序号	项目名称	建筑面积控制指标	设置要求
1	幼托机构	（320 ~ 380）m^2 / 千人	儿童人数按各地标准，Ⅱ、Ⅲ级规模根据周围情况设置；Ⅰ级规模应设置
2	小学校	（340 ~ 370）m^2 / 千人	儿童人数按各地标准，具体根据情况设置
3	卫生站（室）	（15 ~ 45）m^2	可与其他公建合设
4	文化站	（200 ~ 600）m^2	内容包括：多功能厅、文化娱乐、图书室、老人活动用房等，其中老人活动用房占 1/3 以上
5	综合便民商店	（100 ~ 500）m^2	内容包括小食品、小副食、日用杂品及粮油等
6	社区服务	（50 ~ 300）m^2	可结合居委会安排
7	自行车、摩托车存车处	1.5 辆 / 户	一般每 300 户左右设一处

（续）

序号	项目名称	建筑面积控制指标	设置要求
8	汽车场库	0.5 辆 / 户	预留将来的发展用地
9	物业管理公司居委会	（25 ~ 75）m^2 / 处	宜每 150-700 户设一处，每处建筑面积不低于 $25m^2$
10	公厕	50 m^2 / 处	设一处公厕，宜靠近公共活动中心安排

注：在项目 3、4、5、6 和 9 的最低指标选取中，Ⅰ级、Ⅱ级和Ⅲ级规模小区应依次分别选择其高、中、次值。其中Ⅰ级（小区级）控制规模为 800 ~ 1000 户，3000 ~ 6000 人；Ⅱ级（组群级）控制规模为 400 ~ 700 户，1500 ~ 2500 人；Ⅲ级（院落级）控制规模为 150 ~ 300 户，600 ~ 1000 人。

5.3.3 住区公共服务设施分级

由于城镇住区的规模相对较小，所以要综合考虑设施的使用、经营、管理等方面因素以及设施的经济效益、环境效益和社会效益，城镇住区的公共服务设施一般不分级设置。

5.4 住区公共服务设施的现状及问题

目前城镇住区公共建筑存在的主要问题有：

（1）与住区相配套的公共建筑项目和指标体系尚未确立

在市场经济体制下，用于满足城镇居民生活需求的住区公共建筑配置的项目和指标体系尚未确立，更缺乏量化指标的具体指导和控制；而任由市场去调节，则会造成宏观上的失控。

（2）公共建筑项目配置不当

由于大多数城镇建设主管部门对住区必须建设哪些公共建筑项目不明确，因而造成必不可少的某些公建项目的缺失，给居民生活带来不便。而有的城镇住区则相反，不管自身人口规模和环境条件，公共服务设施配置的规模过大、数量和种类过多，其结果是利用率低，经济效益差，最后只得“改头换面”，另作他用。

（3）公共建筑的项目配置不符合城镇的特定要求

造成这一现象的最根本的原因是没有认识到城镇住区公共建筑的配置与城市住区公共建筑配置的不同点。城市住区由于有相当的人口规模，它的公共服务设施强调“配套”，设施有一定的规模和质量，利用率也高；城镇一个住区的规模十分有限，如按“配套”去实施，公共服务设施的规模就很“微小”，无法“经营”，因此它需要从更大的范围和内涵去考虑。

5.5 住区公共服务设施的规划布局

住区的公共建筑的配置，应因地制宜，结合不同城镇的具体情况，分别进行不同的配置。

5.5.1 基本原则

城镇住区的公共服务设施，应本着方便生活、合理配套的原则，做到有利于经营管理、方便使用和减少干扰，并应方便老人和残疾人使用。

5.5.2 住区公共服务设施的布局形式

城镇住区的公共服务设施在布局上可分为 3 类：

（1）由城镇通盘考虑的设施，如幼托机构、小学校、较大的商业服务设施等。

（2）基本由住户自己使用和管理的设施，如自行车、摩托车、小汽车的停放场所。这类设施主要道路交通系统的组织中统一布置。

（3）其余的综合便民商店、文化站、卫生站（室）、物业管理、社区服务等设施项目。这类设施的布局是本节讨论的内容。

5.5.3 住区公共建筑项目的合理定位

（1）新建住区公建项目的 4 种定位方式

1）在住区地域的几何中心成片集中布置

这种布置方式服务半径小，服务对象明确，设施内容和服务项目清楚，便于居民使用，利于住区内景观组织；对文化卫生、社区服务、物业管理等设施比较有利，但购物与出行路线不一致，再加上位于住区内部，不利于吸引过路顾客，一定程度上影响经营效果，对商业等设施的经营相当不利。在住区中心集中布置公共建筑的方式主要适用于远离城镇交通干线的住区，更有利于为本住区居民服务。这类布置形式在城镇较少（图 5-1、图 5-2、图 5-3）。

温州永中镇小康住区社区文化中心成片集中布置公共建筑，形成一条颇有水乡特色的水街（图 5-1）。

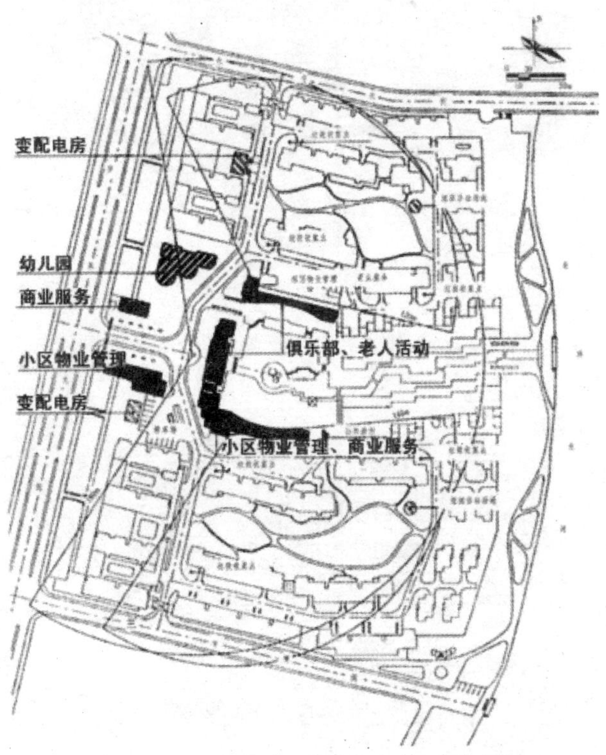

图 5–1 在住区几何中心成片集中布置公共建筑

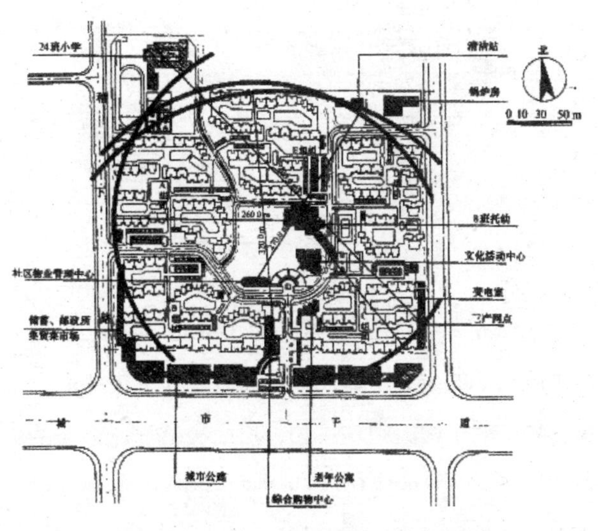

图 5–2 淄博金茵小区公共服务设施布局分析

淄博金茵小区将商业服务设施、老年公寓等设施结合设置在小区的主要入口处，使用方便；将物业管理、社区服务文化活动设施结合小区级绿地，布置在住区的中心，空间环境好（图 5-2）。

闽侯青口住宅示范小区把幼托和小区服务中心等公共建筑与以水池为主体的中心绿地组织在一起，布置在住区几何中心主干道的一侧，形成了住区主干道的景观中心（图 5-3）。

莆田市秀屿区海头村小康住区，把幼托和小区绿地组成住区干道一侧的主要步行系统的景观中心（图 5-4）。

图 5–3 闽侯青口住宅示范小区在中心绿地布置公共建筑

(a)

(b)

图 5-4 莆田市秀屿区海头村小康住区公共建筑布置图

(a) 规划总平面图 (b) 住区模型

泉州市泉港区锦祥安置小区，就是将幼托、小学分列于主干道的两侧、小区中心位置（图 5-5）。

图 5-5 把小学和幼托分列主干道两侧的泉州市泉港区锦祥安置小区

2）沿小区主要道路带状布置

这种布置方式兼为本住区及相邻居民和过往顾客服务，经营效益较好，有利于街道景观组织和城镇面貌的形成，有利于公共服务设施在较大的区域范围内服务，是当前城镇住区建设中最为常见的布置方式，但住区内部分居民购物行程长，对交通也有干扰。沿住区主要道路带状布置公建主要适合于城镇镇区主要街道两侧的住区（图 5-6、图 5-7）。

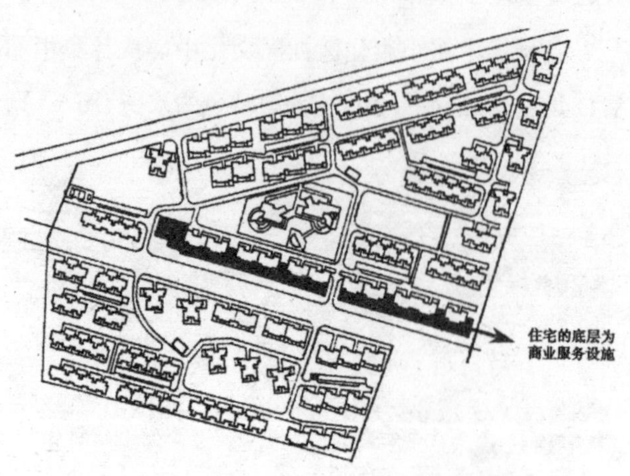

图 5-6 沿住区主要道路一侧布置公共建筑

图 5-7 沿住区主要道路两侧布置公共建筑

龙岩市新罗区适中镇中和小区把为适应当地大型民俗活动的公共中心民俗街布置在小区的中心，把颇具特色的土楼组织在一起，形成极富文化内涵的中心广场，为节日的民俗活动和平日的商业服务提供了极富人性化的活动场所（图 5-8）。

(a) (b)

图 5-8 龙岩市适中镇中和小区民俗街

(a) 鸟瞰图 (b) 规划总平面

福建明溪余厝住区在紧邻的过境公路和县城主干道上布置了既为本住区服务和繁荣县城经济的各项公共服务设施（图 5-9）。

福建明溪西门住区沿小区两侧（已建商业服务建筑）分别在进入小区主干道一侧和过境公路一侧布置了公共的服务设施（图 5-10）。

3）在住区道路四周分散布置

这种布置方式兼顾本住区和其他居民使用方便，具有选择性强的特点，但布点较为分散，难以形成规

图 5-9 沿县城主干道布置公共建筑的福建明溪余厝住区

图 5-10 沿过境公路边布置公共建筑的福建明溪西门住区

模，主要适用于住区四周为镇区道路的住区（图5-11）。

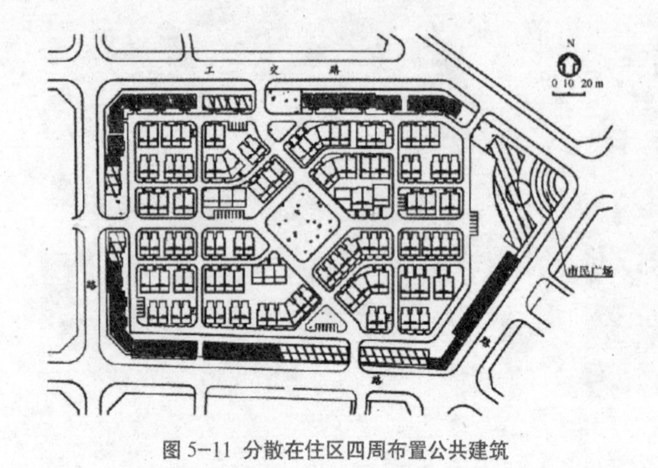

图 5-11 分散在住区四周布置公共建筑

4）在住区主要出入口处布置

公共服务设施结合居民出行特征和住区周围的道路，设在住区的主要出入口处，此方式便于本住区居民上下班顺路使用，也兼为小区外的附近居民使用，经营效益好，便于交通组织，但偏于住区的一角，对规模较大的住区来说，居民到公共建筑中心远近不一（图5-12、图5-13）。

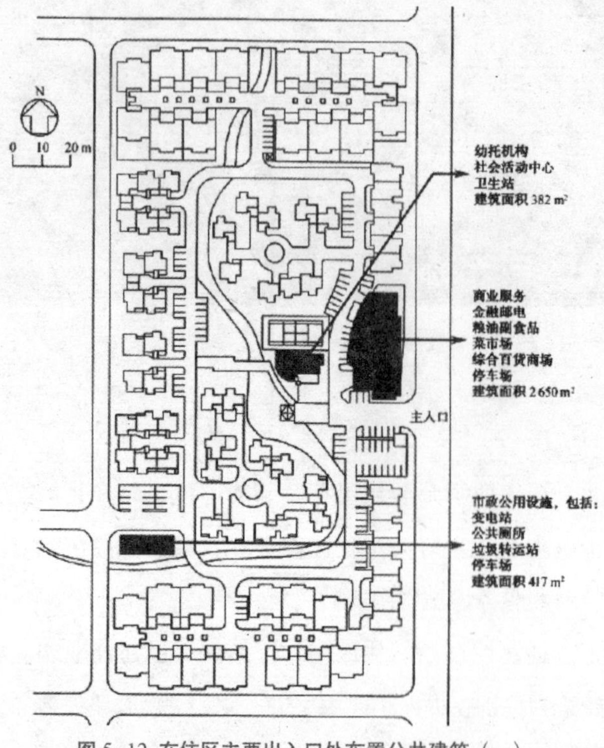

图 5-12 在住区主要出入口处布置公共建筑（一）

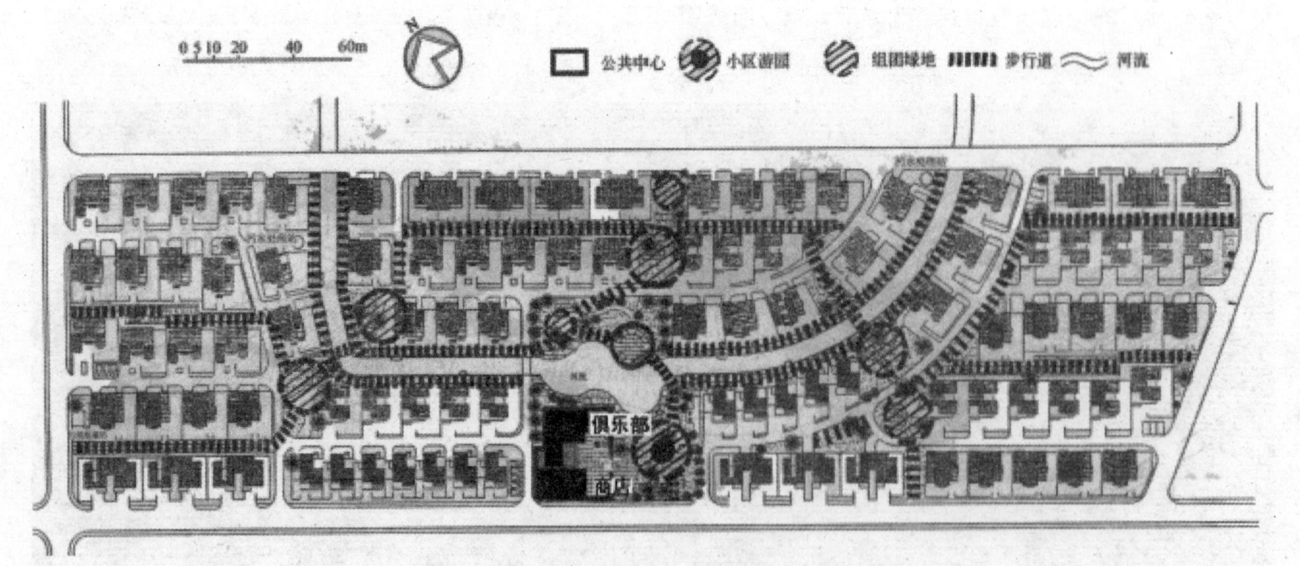

图 5-13 在住区主要出入口处布置公共建筑（二）

福建惠安北关商住区把公共服务设施与城镇大型服务设施集中布置在城镇主干道的商住区主要入口处（图 5-14）。

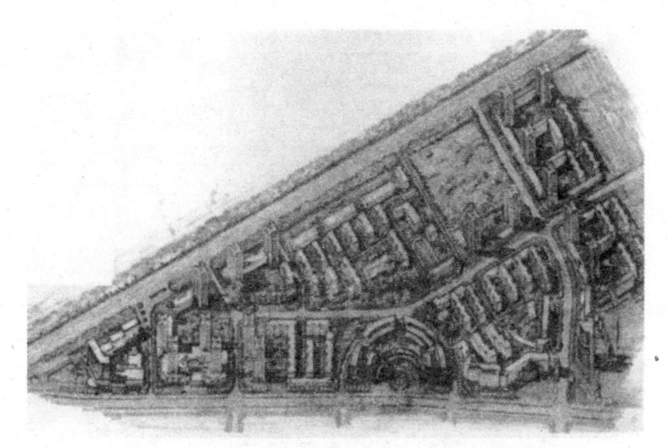

图 5-14 在住区主入口布置大型服务设施的福建惠安县螺城镇北关商住区

伊拉克南部油田工程师住宅区在规划布局时，把伊斯兰教教堂置于住宅区的中心位置，教堂的东面布置与城市关系较为紧密的商业、医疗、文化活动建筑，教堂西面布置直接为住宅区内部服务的市政办公和中学。在两个住区之间的公共绿地上分散布置小学和幼托，在每个组团的中心绿地上布置小商店、变电站及供老年人、儿童、居民活动的场所（图 5-15）。

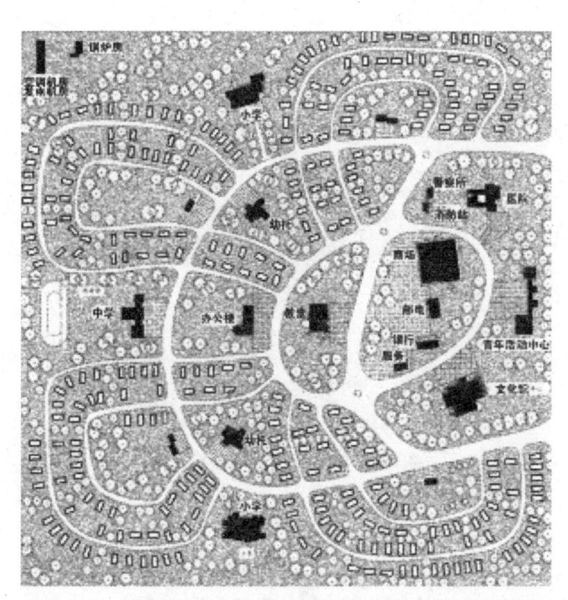

图 5-15 伊拉克南部油田工程师住宅区公共建筑分布图

厦门黄厝跨世纪农民新村把社区中心、小学、幼托集中布置在农宅区北面入口处，但却属于整个新村的中心，北面跨路是产业开发区，东、西、南三面为农宅区，既方便生产生活，又为居民的休闲交往创造一个适中的活动空间。

（2）旧区改建的公共建筑定位

住区若改建，可参照上述四种定位方式，对原有的公共建筑布局作适当调整，并进行部分的改建和扩建，布局手法要有适当的灵活性，以方便居民使用为原则。

5.5.4 公共建筑的几种布置形式

在住区公共建筑合理定位的基础上，应视住区的具体环境条件对公共建筑群作有序的安排。

（1）带状式步行街

如图 5-16 所示。这种布置形式经营效益好，有利于组织街景，购物时不受交通干扰。但较为集中，不便于就近零星购物，主要适合于商贸业发达、对周围地区有一定吸引力的住区。

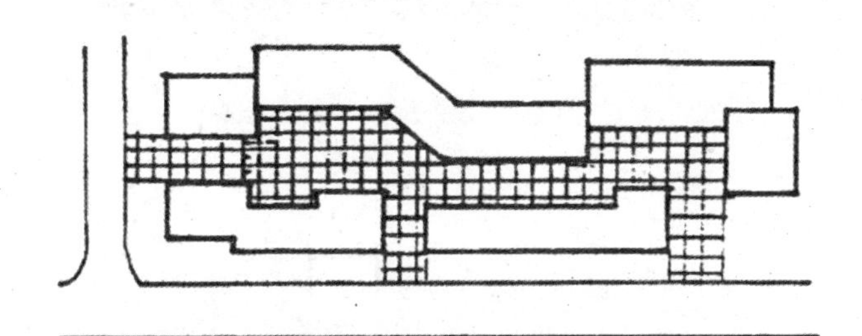

图 5-16 带状式步行街

福建泰宁状元街是典型的城镇底商上住的商业街，经过精心设计，建成了一条古今时空一线牵的特色旅游观光一条街（图 5-17）。

（2）环广场周边庭院式布局

如图 5-18 所示。这种布局方式有利于功能组织、居民使用及经营管理，易形成良好的步行购物和游憩休息的环境，一般采用的较多。但因其占地较大，若广场偏于规模较大的住区的一角，则居民行走距离长短不一。适合于用地较宽裕，且广场位于城镇的住区中心。

(a)

(b)

图 5–17 福建泰宁状元街

(a) 状元街街景 (b) 状元街夜景

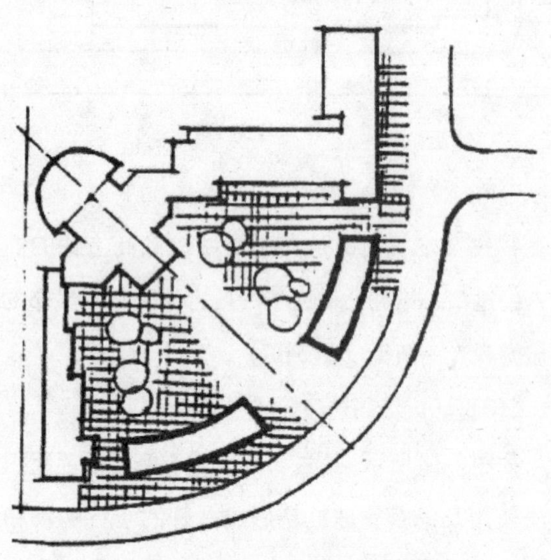

图 5–18 环广场周边庭院式布局

（3）点群自由式布局

一般说来，这种布局灵活，可选择性强，经营效果好，但分散，难以形成一定的规模、格局和气氛。除特定的地理环境条件外，一般情况下不多采用。

5.6 城镇住区公共服务设施规划布局案例

5.6.1 托儿所、幼儿园

托儿所、幼儿园属于大量性民用建筑，可以单独设置，也可以联合设置。幼儿园一般以 6 ~ 9 班为宜，托儿所在单独设置时一般不宜超过 5 个班。托儿所、幼儿园在布置中应考虑儿童活动的特点，并应满足下列要求。

（1）托儿所、幼儿园的服务半径以 500m 为宜，基地选址应避免交通干扰和各类污染，日照充足，通风良好（图 5-19）。

（2）总平面布置应注意功能分区明确，各用房之间避免相互干扰，方便使用和管理，有利于交通疏散（图 5-20）。

图 5–19 福建省莆田县灵川镇海头村小康住宅示范小区幼托布置图

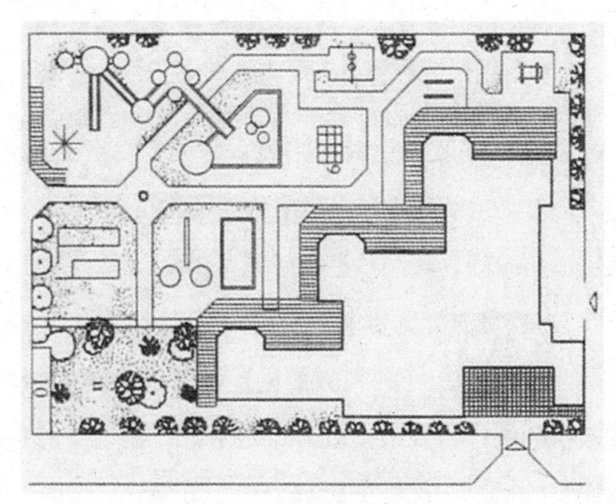

图 5–20 幼儿园建筑总平面图

（3）在场地布置时，除必须设置各班专门活动场地外，还应有全园共用的室外游戏场地，并应设集中绿化园地，绿化树种选用严禁有毒或带刺植物。

（4）在后勤供应区设杂物院，并单独设置对外出入口，基地边界、游戏场地、绿化等用地的围护和遮拦设施应注意安全、美观、通透。

（5）每班的活动室、寝室、卫生间应为单独的使用单元，隔离室应与生活用房有适当距离，并和儿童活动路线分开，并宜设置单独的出入口。托幼功能关系分析如图 5-21 所示。

（6）设计实例见图 5-22。

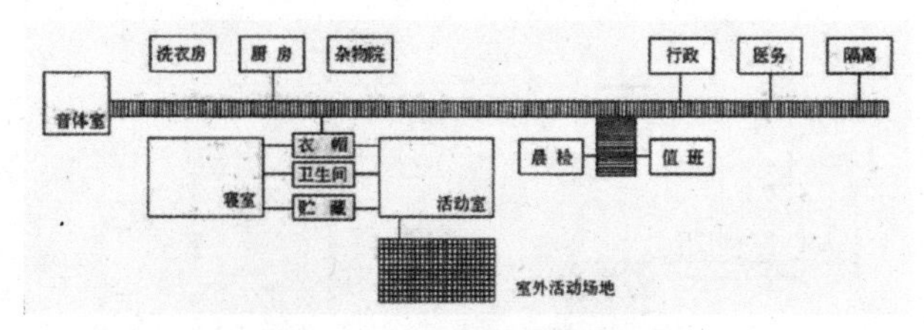

图 5–21 托幼功能关系分析图

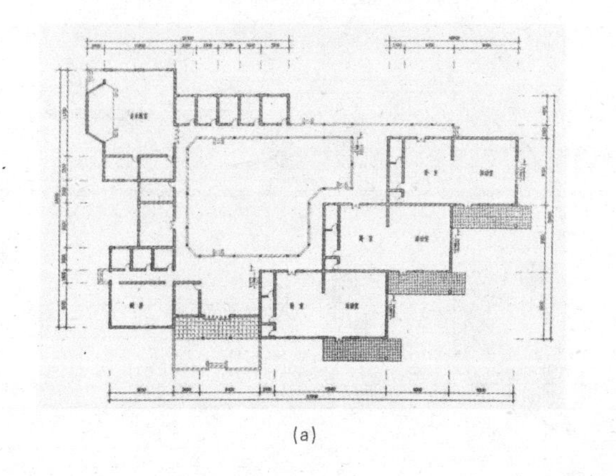

(a)

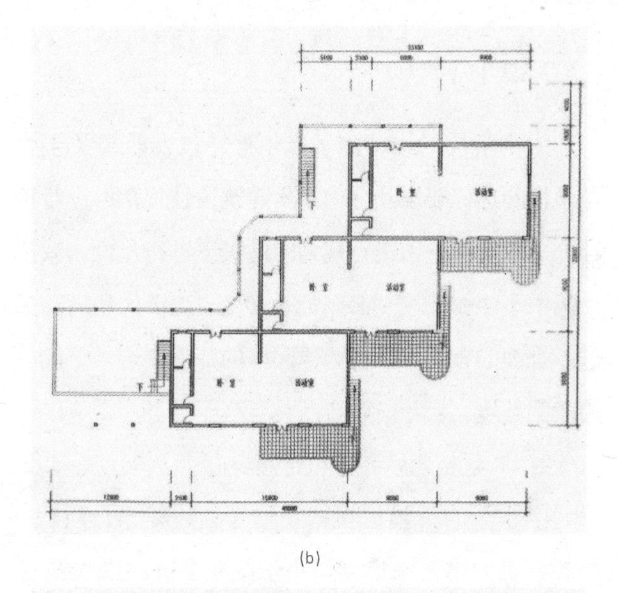

(b)

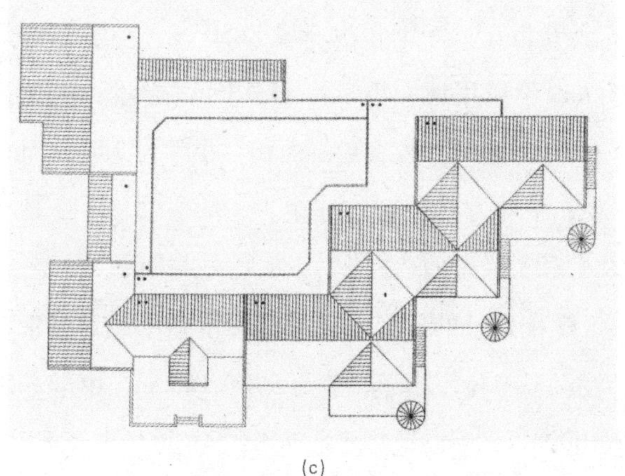

(c)

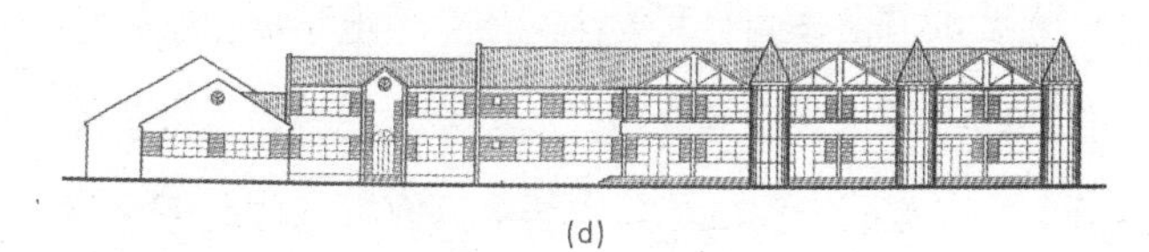

(d)

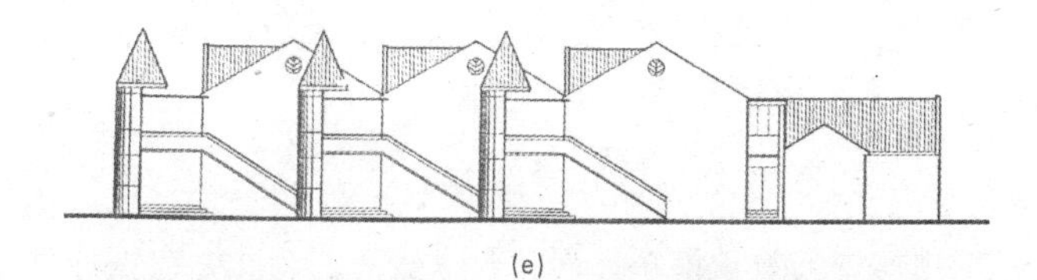

(e)

(f)

图 5–22 幼儿园建筑单体设计

(a) 一层平面 (b) 二层平面 (c) 屋顶平面 (d) 正立面
(e) 侧立面 (f) 效果图

5.6.2 中小学

中小学校的设计除了必须严格按照教委关于中小学校的达标要求及《中小学建筑设计规范》进行设计外，尚应在校园进行规划的前提下进行建设，城镇住区中小学校的规划必须把教学区、生活区和运动区进行合理的布局，以便为住区里的师生创造一个优美的教学环境。

（1）学校规模和面积定额

中小学的规模，根据 6 年学制的要求，应依 6 个教室班的倍数来确定，小学以 6 个班、12 个班或 18 个班为宜。每班学生一般为 50 人，小学也可为 45 人。学校用地，小学为 15～30m²/ 学生；中学为 20～35m²/ 学生。校舍建筑面积，小学为 2.5～3.5m²/ 学生；中学为 3.5～5m²/ 学生。

（2）校址的选择

学校地址的选择，应符合城镇总体规划要求。学校服务半径，小学一般为 500～1000m，中学一般为 1000～1500m。地势要求平坦，避免填挖大量土方；交通要求方便，同时又要注意使学生上学、放学时尽可能的不穿越公路和铁路；环境要求安静，卫生条件好，阳光充足，空气新鲜，要避开有害气体、污水及噪声的影响。

（3）普通教室的设计要点

普通教室是学校教学部分的主要用房。它在学校用房中的数量最多，而且要求较高。为此，在设计教室时要综合考虑以下几个方面的因素。

1）教室的规模

教室的面积、形状及尺寸，教室容纳人数一般为 50 人左右。根据每人平均用地面积 1.1～1.2m² 计算，教室的使用面积 50～60m² 左右；小学可取下限，中学可取上限。教室的平面形状通常是采用矩形，亦可采用方形平面设计或多边形平面。教室的尺寸采用 6.6m×9.0m 及 6.6m×9.9m。教室净高一般为 3.1～3.4m。

2）教室的采光与通风

教学楼一般采用双面采光，采光充足且光线均匀，还容易组织穿堂风。教室的门通常带亮子，每个教室设两樘门，其洞口宽一般采用 1m。

3）教室的视觉要求

为保证有良好的视听效果，教室的视距和视角有严格的规定，视距一般为 2.0～8.5m 为宜。即第一排课桌的后沿与黑板的距离大于 2m，最后一排课桌的后沿与黑板的距离应在 8.5m 以内。

4）教室的黑板

黑板一般位于墙中，长度为 3～4m，高度为 1～1.1m，黑板下沿距讲台高度为 0.8～1.0m。讲台高度一般为 0.2～0.3m，宽度为 0.65～0.75m，长度不限，但应不致影响教室门的开启。

（4）设计实例

1）实例（一）见图 5-23

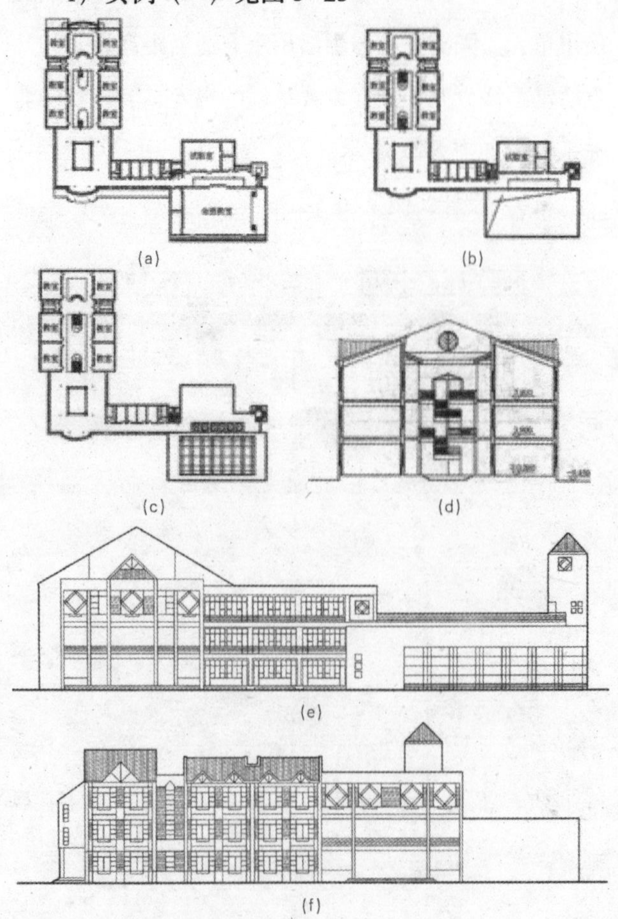

(g)

图 5–23 小学建筑设计方案（一）

(a) 一层平面 (b) 二层平面 (c) 三层平面 (d) 教室剖面
(e) 正立面 (f) 侧立面 (g) 效果图

2）实例（二）见图 5–25

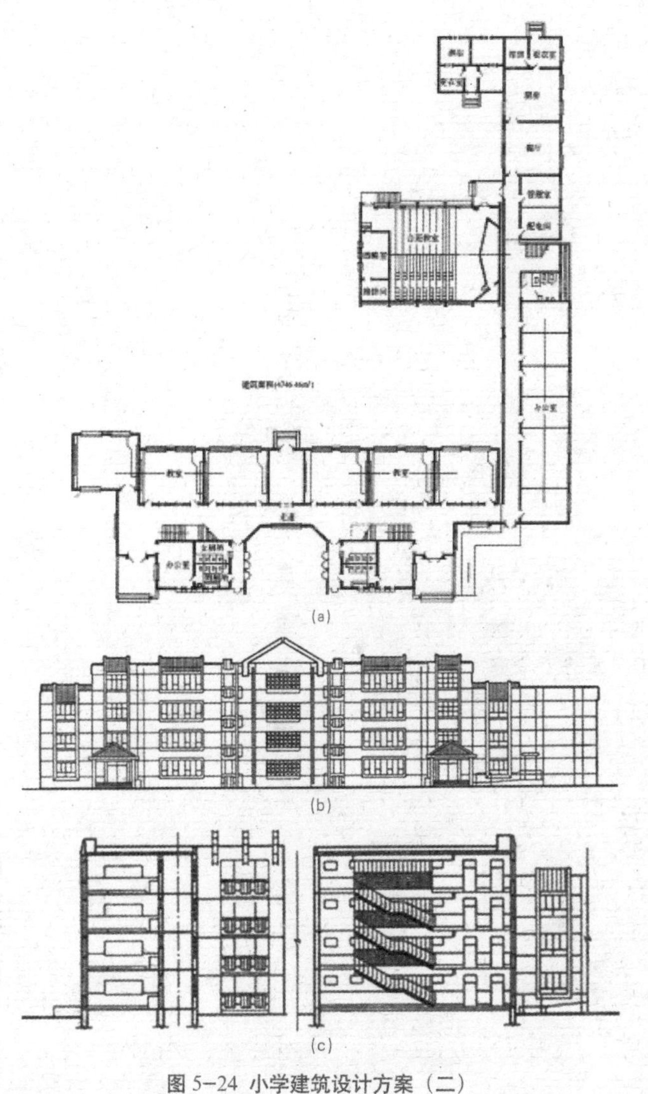

图 5–24 小学建筑设计方案（二）

(a) 一层平面 (b) 立面 (c) 剖面图

5.6.3 文化馆

文化馆是城镇开展精神文明建设、组织宣传教育和学习辅导、提供文化娱乐活动的场所，文化馆内部各部门的活动规律各有特点，在布局中应根据不同的特点，进行安排和布置（图 5-25）。

（1）文化馆布置应满足下列要求：文化馆的选址应在位置适中、交通便利、环境优美、便于群众活动的地段。基地至少应设 2 个出入口，主要出入口紧邻主要交通干道时，应留有缓冲距离，对于人流量大且集散较为集中的用房应设有独立的对外出入口。

（2）文化馆基地内应设置自行车和机动车的停放场地，考虑设置画廊、橱窗等宣传设施。由于文化馆部分有闹有静，相互干扰较大，故分散式布置是较好的选择，应结合体形变化和室外休息场地、绿化、建筑小品等，形成优美的室外环境。

（3）文化馆既要注意本身各部分的动静分区，避免互相干扰，又要注意噪声较大的观演厅、舞厅等用房对其他周围建筑的干扰，尤其是应距医院、敬老院、住宅、托幼等建筑要有一定的距离，并采取必要的防干扰措施（图 5-26）。

（4）设计实例见图 5-27。

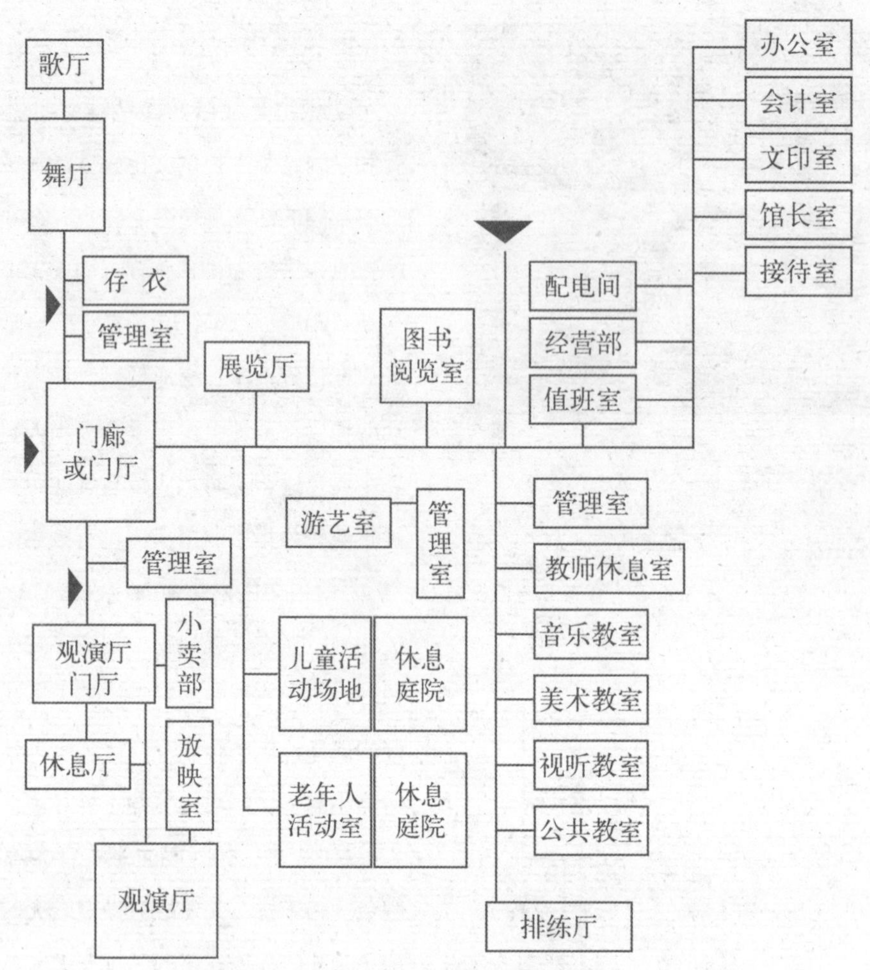

图 5-25 文化馆功能关系分析图

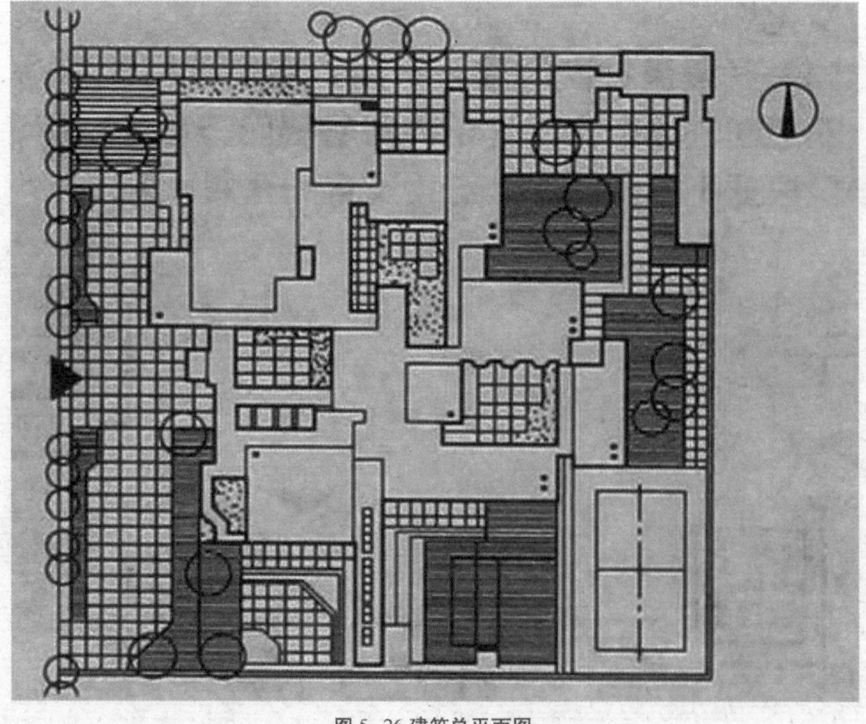

图 5-26 建筑总平面图

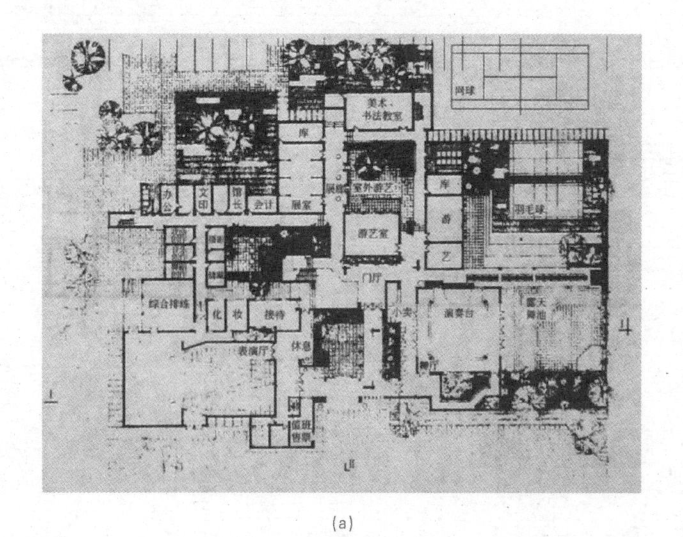

(a)

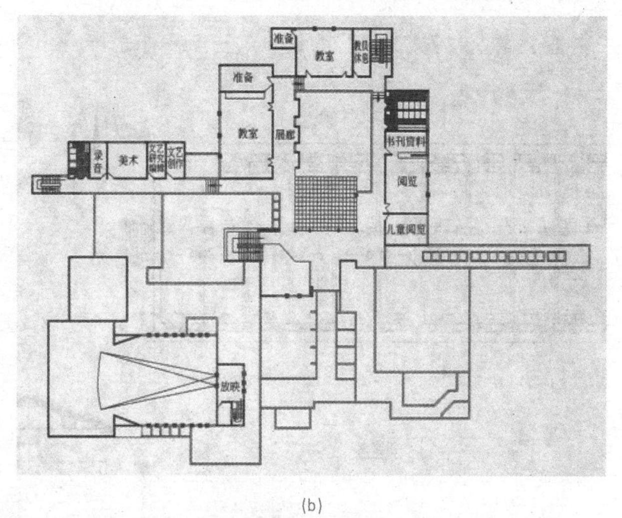

(b)

(c)

(d)

图 5-27 文化馆建筑设计实例

(a) 一层平面　(b) 二层平面　(c) 立面　(d) 效果图

5.6.4 活动站（见图 5-28）

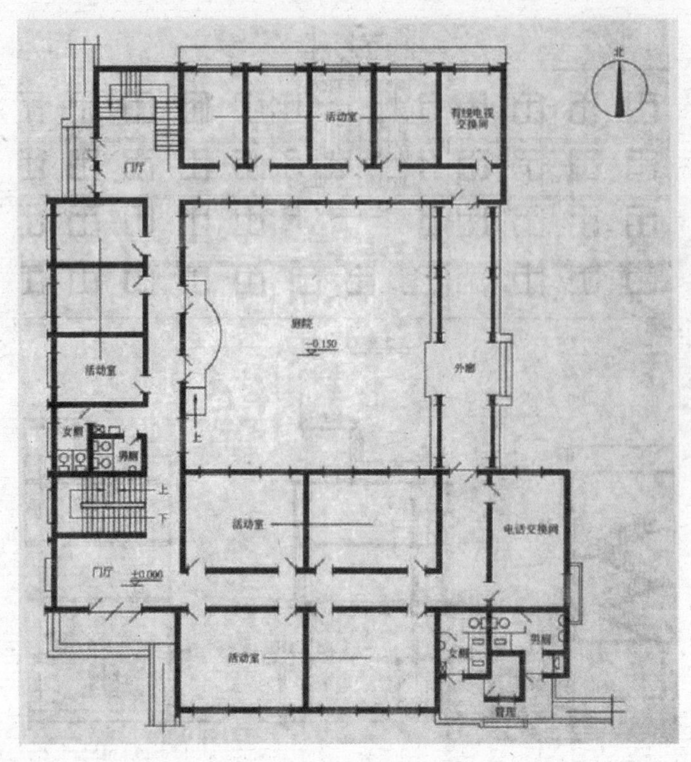

(a) 平面图

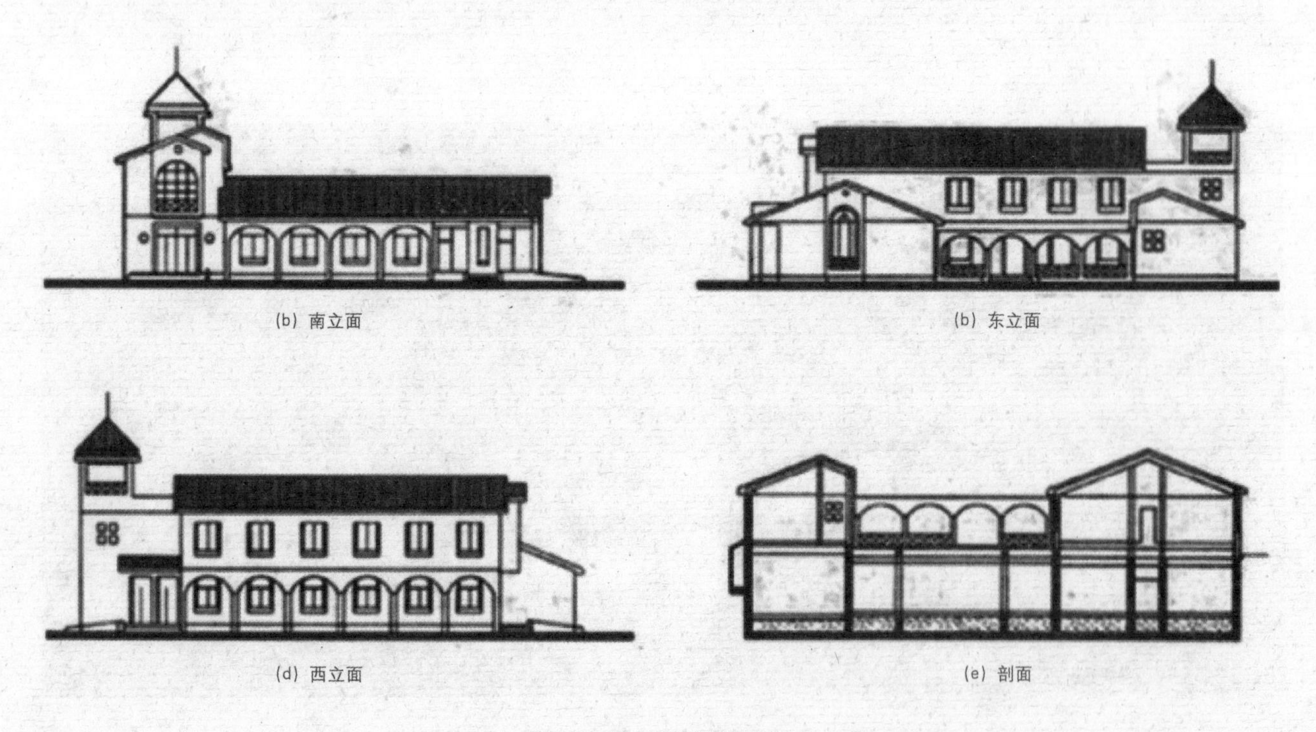

(b) 南立面　　(b) 东立面

(d) 西立面　　(e) 剖面

图 5-30 活动站建筑设计实例

(a) 平面图　(b) 南立面　(c) 东立面　(d) 西立面　(e) 剖面

6 道路交通的规划设计

城镇的镇区范围相对较小，即使是近几年来在我国经济较为发达的东南沿海地区已出现一些人口规模在5～20万的城镇，但从全国的普遍情况和其发展的趋势来看，一般城镇的人口规模仍将会控制在人口规模1万人左右。

城镇人口规模较少，其镇区的范围又相应较小，因此，城镇住区的规模也相对较小，城镇的道路交通组织也会因为有着方便地接近从业和人际关系十分密切的特点，而与城市住区相比，在较为简单的同时也就突出了以步行和非机动车（包括非机动和电动的自行车、三轮车）为主要交通方式的特点，因此城镇住区的交通规划应充分考虑这种特点，并根据可持续发展进行道路交通组织。

6.1 城镇住区居民的出行特点与方式

城镇具有较小的生活范围、方便的就近从业、密切的人际关系和优美的自然环境等特点，使得其出行比城市更富生活性和人文性，其出行方式也将是以步行和速度不必太快的、简单的运输交通工具为主，便可满足方便生活的要求。

6.1.1 出行特点

城镇的规模远比城市小，住区也凸显其自有特性，城镇住区的道路网相对简单，特点有：

（1）鲜明的生活性

与城镇镇区交通相比，其住区交通呈现出鲜明的生活性特征，这是由其居住用地使用性质所决定的。城镇住区常有前店后宅商住混合用地性质，以及家庭作坊与住宅共同用地性质，也有配套公共服务设施用地。但住区用地主要是居住功能，在住区内，居民交通出行的主要目的是上下班、上学、商业购物、人际交往等日常生活行为；住区道路不仅是住区各部分之间以及住区与镇区之间空间联系的纽带，也是人们日常生活活动的空间载体。因此，城镇住区交通不但要求提供方便、可达的交通条件，而且是住区安全和谐生活空间的重要组成部分。

（2）和谐的人文性

城镇虽然范围小，但它是周边农村的地域中心，人际关系十分密切，保持着中华民族的优良传统，人们在出行中的互致问候和亲切交谈，其交通规划设计都应为出行中的人际交往提供必要条件。

（3）交通的可达性

在住区内部，为保证居民出行安全、降低交通对居住环境的负面影响，住区交通规划往往会采取各种流量限制、车速限制等物理措施，以限制其内部过境交通。同时，由于一般住区内部道路网均由镇区支路以下等级道路构成，这些道路不像镇区交通那样要求较高的畅通性。因而，住区内部交通整体上以满足交通可达性为主。

（4）方式的多样性

与镇区交通相比，住区内部交通又呈现出多样性的特征：一是住区交通工具更加多样化，它囊括了镇区交通的主体（非机动车、小汽车、货运车、清洁车、消防车、急救车等）和一些特殊交通工具（残疾人专用车、手推车、人力三轮车等）；二是道路使用更加多元化，住区道路除满足居民上下班、上学、送货、清除垃圾等一些交通功能外，还为市政管网的敷设提供依托，为住区的绿化、美化，以及居民体育锻炼、生活交流、休闲、文化娱乐提供场地，为住区的通风、采光提供所需要的空间。各种功能穿插交叠于道路空间，互有因借又互相影响。

6.1.2 出行方式

交通方式是指人们从甲地到乙地完成出行目的所采用的交通手段。作为城镇，由于镇区范围较小，工作和上学地点较近，因此，对交通方式的便捷程度要求也相应较低。

不同的交通方式对住区、城镇交通系统的要求有很大的差异，而且作为住区居民出行的主要手段，每一种交通方式都有其适用范围，即在某段距离范围和交通需求特点下该交通方式有其独特的优势。一般居民的交通方式有如下几种：步行、自行车、公共交通、轨道交通、小汽车。

就城镇住区而言，居民的交通方式主要是步行、自行车和三轮车（包括电动自行车和三轮车）、公交车、小汽车。研究城镇住区交通方式的构成，分析居民出行的特点与规律，对于提高居民出行效率，完善城镇住区交通体系十分重要。

（1）出行方式的种类和交通工具

1）步行交通

步行是最简单、最古老的出行方式。在400～1000m范围内的近距离出行，步行可完成购物、游憩、锻炼、社交等多种出行目的，且有利身心健康，是城镇住区居民出行与日常交往的主要形式，其不受任何条件的约束。

2）自行车（包括电动自行车）交通

自行车作为人们出行的交通工具，在城镇中，它可作为小区居民最简单的对外交通工具，也是简易的货运工具。

①自行车交通的优点

a. 它可实现短距离最为简便的“门到门”“户到户”的个性化交通。

b. 占用的道路面积小。自行车行驶时一般需要的人均道路面积为9m^2，而小汽车运行时平均每人需要道路面积40m^2，为自行车的4.5倍左右。自行车所需要的停车面积为1.6m^2，而小汽车停车面积需22m^2，为自行车的14倍左右。

c. 自行车属非机动车，无需能源驱动，无污染，价格便宜，且出行方便灵活，是交通出行和锻炼身体的良好工具。

②自行车交通的缺点

a. 具有一定的危险性。自行车运行的自由度大，自行车交通设施又不健全，在混合交通的情况下，尤其在交叉路口容易形成多个机动车、非机动车流的交叉点，骑车人在本身无任何防护下容易发生危险。

b．给交通管理带来困难。自行车的灵活性和机动性强的特点使其很难管理。

c．受季节、气候、地势的影响。在寒冬腊月、冰冻季节或雨、雪、刮风天气，路况湿滑不方便骑车出行；在道路坡度较大的地区，自行车交通也受到影响。

居民在镇区出行距离一般在自行车合理骑行范围（6～8km）之内，因此，一般城镇的交通结构组成中，非机动车与步行的出行占90%以上。

3）三轮车（包括电动三轮车）交通

三轮车在城镇的交通中主要是用作小件的货物

运输和载人出行，它虽然属于自行车的范畴，但其宽度较大，占用道路和停放的面积也较大，在多层（或高层）住宅中，其难能直接进户，这就要求其停放必须有专用的位置以方便车主使用。

4）代步车（包括各种轮椅和代步自行车）

对残疾人、病人和行动不便的老年人的关怀，是现代文明的标志之一。代步车可以为他们提供出行和在小区内以及家里活动的方便，但在没有电梯的多层住宅中，有一些类型是很难上楼直接进户的，其通行速度较慢，占用道路和停放的面积也较大，在动、静交通组织中都必须引起重视。

5）公共交通

城镇公共交通主要是用于镇域和镇际公共交通的公共汽车和小公共汽车。一些较大城镇、中心镇也有镇区公共交通，但不进入住区内部，只需考虑公交车站设在规模较大的小区出入口的问题。

6）小汽车交通

小汽车已经成为最基本的城镇交通工具，它给人类带来的诸多方面好处是迄今为止其他任何交通工具都无法比拟的。小汽车是人类现代文明的象征和重要标志之一。它的优点是：

①小汽车给人们提供了前所未有的机动性和自由方便。它的存在缩短了人与人之间的时空距离，具有“门到门”的优点。

②现代的人们都在追求速度和效率，小汽车帮助人们实现了这一愿望：小汽车在镇区、镇际行驶速度一般应控制在 20 ～ 50km/h。

③小汽车工业能带动多个行业的发展，从而增加了就业，扩大了内需，有力地促进了经济的增长。

但是小汽车交通带来的负面影响也很突出，如产生交通拥堵、环境污染、耗能大、浪费资源等。同时，也存在与其他交通方式的协调问题。

（2）出行方式比较

各种交通方式作为方便人们出行的手段都有其优点与缺陷。在特定的时间与特定的空间环境下，不同的人们会选择最适合自己的交通方式。影响人们对交通方式选择的重要因素有：交通成本、出行时耗、方便程度、交通距离、生活水平等。当前作为一般的城镇来说，作为镇区的交通，步行和自行车仍然是最为重要的交通方式。小汽车的发展，在城镇中将会逐渐成为镇域或镇际的交通工具。

6.2 城镇住区道路交通的规划原则与组织

6.2.1 城镇住区道路交通的规划原则

（1）系统性

住区交通体系作为一个系统，应合理衔接城镇内部交通与外部交通，妥善安排动态交通与静态交通，科学组织人行交通与车行交通。道路设施和停车设施的规划建设应具有经济性、实用性、实效性和持续性，集约化使用土地、整合化规划设计、系统化组织建设。

（2）协调性

1）协调城镇住区道路交通与住区土地利用之间的关系，道路网规划应考虑住区交通流的合理分布。

2）协调交通与环境关系，控制汽车、拖拉机、摩托车尾气及噪声污染，改善人们生活质量。

3）协调供需平衡关系，优化居民出行结构。

4）协调动静态交通关系，解决停车难问题。

（3）人文性

在住区交通中人是主角、车是配角，一切应服从于居民的方便与需要。高质量的道路配置是人性化居住空间的先决条件。高效的道路系统并不意味着大尺度的道路、大而不当的道路，不适合住区的道路尺度，也存在安全性差的问题。因此，高效的道路应当是一个合理、节约而又安全的系统。

1）城镇住区交通系统不仅应满足居民出行的基本需求，也应当满足居民出行方式的选择需求，良好的道路交通体系必须高效、安全、舒适、便捷、准时。

2）住区道路以人为本。应确保行人散步较长距离而不受侵扰、有宽广的领域进行游戏玩乐，住区道路都应是以步行者为主的领域。

3）应在开阔地带布置道路，避开坡度大的地势（一般应在 15% 以下），用减法来配置道路。

4）住区道路系统和横断面形式应以经济、便捷、安全为目的，根据城镇住区用地规模、地形地貌、气候、环境景观以及居民出行方式选择确定。

5）住区道路规划应有利于住区各类用地划分和有机联系以及建筑物布置多样化，确保住宅的布置有利于日照和通风，创造良好的居住卫生环境。

6）住区道路应避免过境车辆穿行，住区本身也应避免设有过多的道路出入口通向镇区干道，内外交通应有机衔接，做到通而不畅，保证居民生活安全和环境安静。

7）住区级和组群级道路应满足地震、火灾及其他灾害救灾要求，便于消防车、救护车、货运卡车和垃圾车等车辆的通行，宅前小路应保障小汽车行驶，同时保证行人、骑车人的安全便利。

8）住区的所有道路及住宅组群、住区公共活动中心，应设置方便残疾人通行的无障碍通道，通行轮椅的坡道宽度应不小于 2.5m，纵坡不应大于 2.5%。

9）进入住宅组群的道路，既应方便居民出行和利于消防车、救护车通行，又应维护院落的完整性和有利治安保卫。

10）山地城镇住区用地坡度大于 8%时应辅以梯步解决竖向交通，并应在梯步旁附设推行自行车的坡道和设置无障碍通行设施。

（4）生态性

城镇住区道路作为住区居民出行与宅间联系的必然通道，具有交通和环境景观双重功能，因此城镇住区道路交通规划应同时遵循环境生态原则，高效利用土地。加强生态建设，改善住区空间环境。

1）在满足居民对住区道路交通基本需求的同时，引入必要的交通需求管理模式，最大限度地降低道路交通对住区社会、环境的负效应，减少空气和噪声污染。

2）重视住区道路空间环境设计特色。城镇住区道路的走向和线形对住区建筑物的布置，住区空间序列的组织，住区建筑设施、景点的布置都有较大影响，住区道路线形、断面等应与整个住区规划结构和建筑群体布置有机结合，道路网布置应充分利用和结合地形、地貌创造良好的人居环境。

3）重视城镇住区道路绿化景观设计，创造优美的住区道路景观。

4）住区停车空间与绿化空间应有机结合，美化停车环境。

5）必须坚持符合我国国情的混合交通处理原则。

（5）安全性

汽车、自行车、人行三种不同类型、不同速度的交通混行相互影响，相互牵制，易造成整个交通环境的恶化。从我国国情和城镇实际情况出发，城镇住区混合交通处理应注意解决好以下问题：

1）住区生活性道路应进行严格限速，形成不利于机动车行驶的环境，以减少机动车流量，给自行车及行人创造安全感，从而达到自动分流。

2）建立汽车、自行车、步行各自的分流交通系统。专用系统的建立，应保持三类交通各自的完整性、连续性，使汽车驾驶者、骑车人、步行者都能感到舒适、安全，有利于创造舒适的交通环境。

3）注重道路交叉口的设计。在三种不同交通系统交汇处，可组合出多种交叉方式。注意区别对待。改变习惯在道路交叉口布置公建、商业网点等的做法，尽量净化和淡化住区道路交叉口的功能。

6.2.2 城镇住区道路交通的组织

随着社会经济的发展、人民生活的改善和全面实现小康社会，小汽车已开始进入经济发达地区城镇的居民家庭。从长远考虑，科学预测城镇住区规划中居民的车辆拥有率，留足小车的停车空间，组织好城镇住区的动态与静态交通十分重要。

城镇住区交通组织的目的是为确保居民安全、便捷地完成出行，创造方便、安全、宁静、良好的交通和居住环境。

城镇住区交通组织包括动态交通组织和静态交通组织。动态交通组织是指机动车行、非机动车行和人行方式的组织；静态交通组织则指各种车辆存放的安排及停车管理。

根据我国城镇住区的特点和居民出行方式，我国城镇住区交通组织主要应遵循以下原则：

（1）因地制宜

不同地区、不同类别、不同规模、不同档次和不同地形条件、交通结构的城镇住区交通组织方式不尽相同，因地制宜才能选择最合适的交通组织方式。

（2）流线合理

交通流线合理直接关系到居民的出行和住区生活、休闲的安全和安宁。

（3）环境融合

住区道路交通规划及其交通组织应注意住区道路形态与自然环境的有机结合，以利于住区生态建设，创造住区良好的环境景观。

（4）减少干扰

农用车、摩托车、小汽车的噪声、废气给住区环境带来较大影响，通过合理交通组织减少住区机动车交通方式的干扰是交通组织的重要原则之一。

（5）出行方便

城镇住区的交通组织应努力为住户的不同人群，提供最为方便的出行条件。

（6）便于管理

便于管理的交通组织，可避免交通事故和交通用车的停放。

（7）节约资源

合理的交通组织，可以在确保住户方便出行时，选择最为合理和便捷的通行，从而减少资源消耗。

通过对住区交通线网科学、合理规划，不仅可以节约投资，而且还可确保土地资源的高效利用，为住区创造更多的住区绿地和休闲用地，满足住区居民休闲和文化娱乐生活。

6.2.3 城镇住区动静交通的组织规划

（1）住区动态交通的组织

城镇住区动态交通组织应符合城镇住区车流与人行的特点，实行便捷、通顺、合流与分流的不同处理，保证交通安全，并创造舒适宜人的交通环境。同时，道路等级应设置清楚，区分车行道、步行道与绿地小道。并应尽量控制车辆的车速，以减少噪声与不安全因素。小区主干道是道路的骨架，是居民出行频繁的通道，它的线形应使居民能顺利便捷地回到自己的住处或到达想去的地方。

城镇住区宜采用人车共存体系，人车共享的道路系统可为居民提供方便舒适的住区交通环境。可通过植物栽植、铺地变化、采用弯道、路面驼峰以及局部窄路和相关的设施，减少住区的车辆和限制车速，为居民创造一个宜人的人车共享的环境。

1）动态交通组织方式

①无机动车交通

住区的这种交通组织方式采取周边停车、主要出入口停车及完全地下停车等方式，将机动车辆完全隔离在生活区域以外（或地下），厦门海沧东方高尔夫国际社区就是采用环住宅外围的车行系统把车停放在地下车库及路边专用停车带的实例（图 6-1）。同时通过贯通的步行系统与自行车道将住区各组成单元联系在一起。对于规模小的城镇住区，这是一种较为理想的交通组织方式。这种交通组织方式不仅容易创造具有归属感和安全感的邻里交往氛围，有助于增强住区凝聚力与人际亲近程度；可减少汽车对转弯半径、道路线型、宽幅、断面等技术因素对设计的影响，便于创造既紧凑又富有生机的生活空间和安全、宁静的居住环境，减少道路占地面积，利于组织以步行为主的人性化空间。

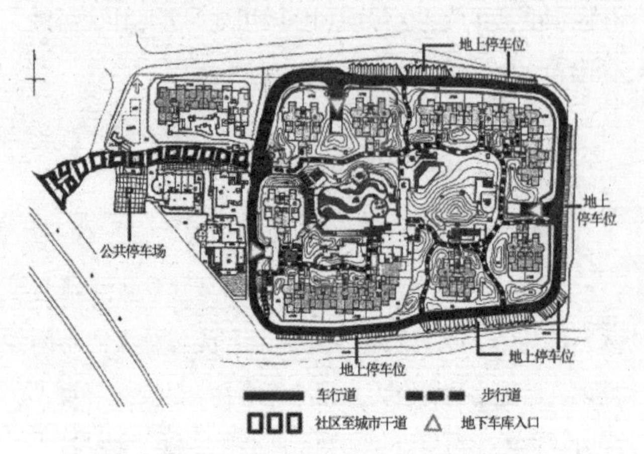

图 6-1 厦门海沧东方高尔夫国际社区交通系统

这种交通组织方式应处理好下面几个问题：

a. 应严格控制步行到存车点或对外联系站点的距离保持在合理的范围内；

b. 控制好住区规模；

c. 应确保货运车、救护车、消防车、搬家车等服务车辆出入顺畅；

d. 控制停车场的距离，确保方便使用车辆。

对于规模小的城镇住区和历史文化名镇的旧镇区，为尊重历史现状或继承传统生活方式、居住行为空间的城镇住区较多采用这种组织方式，可利于以步行为主的交通组织方式更好地发挥其功效。

②人车分流

人车分流的交通组织方式强调在住区内将机动车与非机动车在空间上完全分离，设置两个独立的路网系统，仅在局部位置允许交叉。人车分流可大致分为 4 种类型：平面系统分流、内外分流、立体分流和时间分流。

适合城镇住区交通组织的人车分流主要是时间分流。与通常在空间上将人行与车行相分开所不同的是，时间分流强调在不同时段将人行与车行相分离。与空间上的分流组织方式相比，采取时间分流可对住区道路资源进行有效与综合利用，如在周末与节假日，可对住区的开放空间比如中心绿地、商业服务设施等地区周边设为纯步行空间，禁止机动车穿行，保证居民的休闲娱乐不被干扰，而在平时允许机动车通行。这种交通组织方式突出了住区道路空间的灵活性与一定程度的弹性，住区交通组织可根据具体需要而灵活处理。因此，适合于职工较多，有一定规模的城镇住区的交通组织，但需要一定的交通管理手段作为实施的依据。福建闽侯青口镇住宅示范小区的小区主干道，道路断面布置车行道和单侧人行道，实行人车分流，又可利用较为宽阔的单侧人行道为住区居民出行创造人际交往的休闲漫步空间（图 6-2）。充分展现城镇住区道路的特点。福清龙田镇进入镇区主干道向西穿过上一住区，为了确保交通安全和方便民俗活动需要，在小区中心布置了圆形广场。当举行民俗活动时，进入镇区的主干道实行临时封闭，改为穿行南侧住区半圆形干道（图 6-3）。

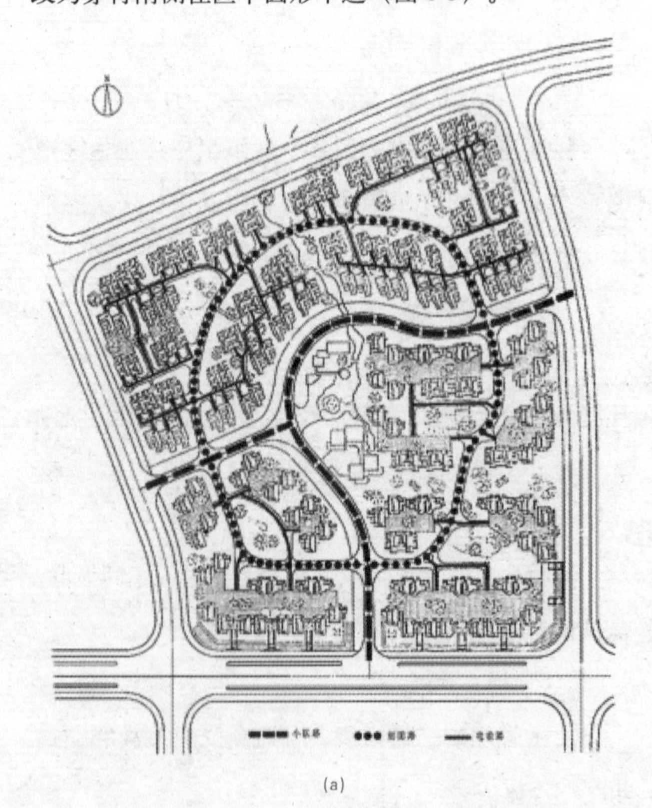

(a)

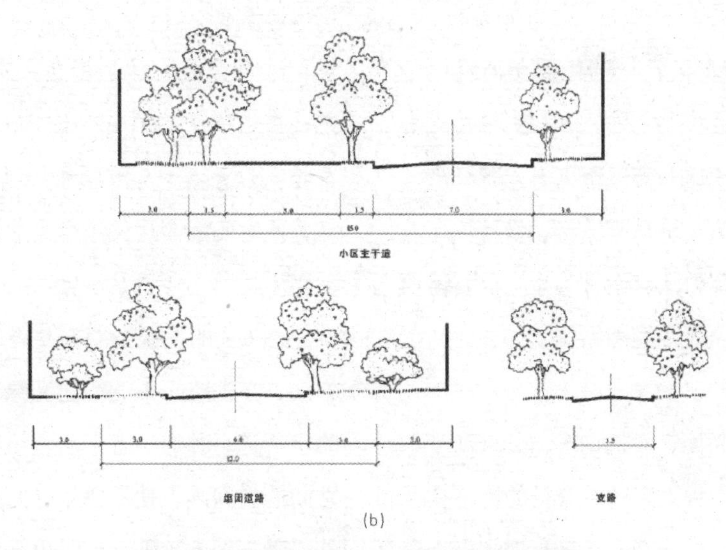

(b)

图 6-2 福建闽侯青口镇住宅示范小区道路交通系统图

(a) 道路系统 (b) 道路断面

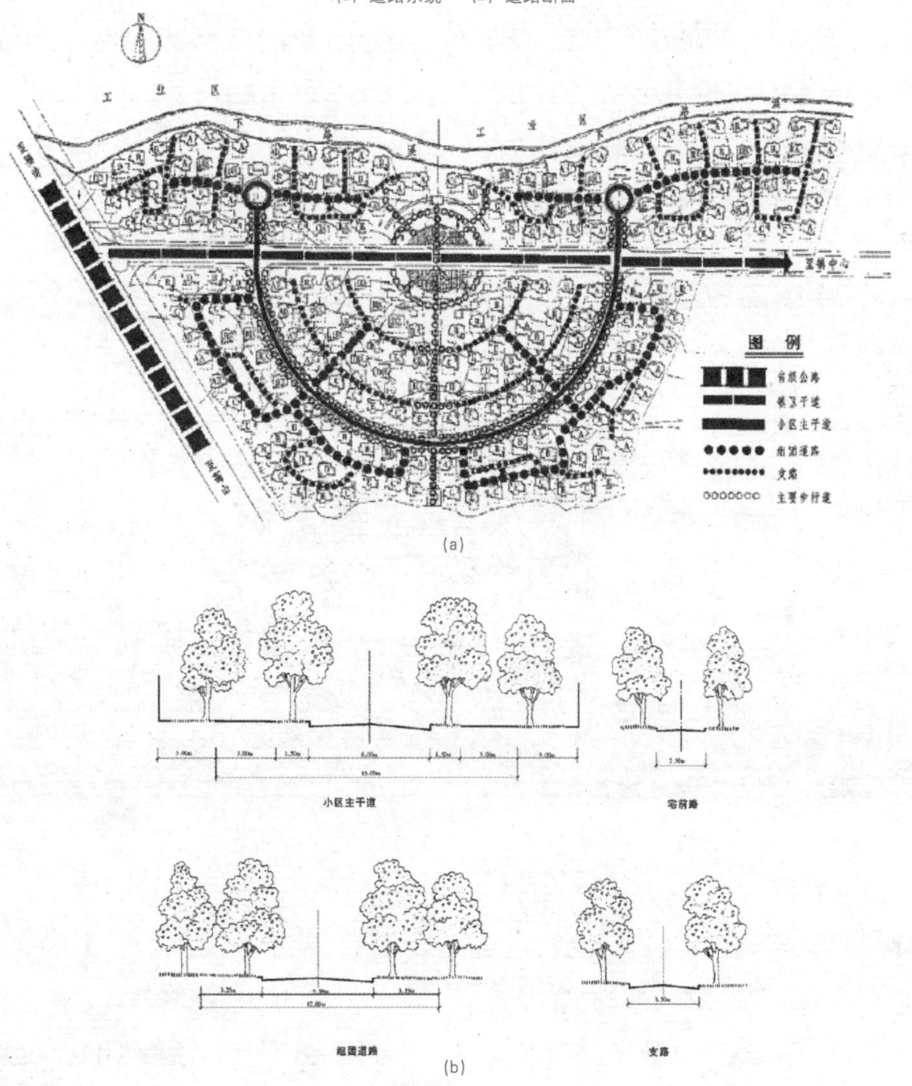

(a)

(b)

图 6-3 福清龙田镇上一住区道路系统图

(a) 道路系统 (b) 道路断面

③人车局部分流

人车局部分流是一种最常见的住区交通组织方式，与完全人车分流的组织方式相比，在私人汽车不算多的城镇住区，采用这种交通组织方式既经济、方便，又可在重点地段禁止机动车通行，维持住区应有的宁静生活氛围。具体做法有两种类型：道路断面分流、局部分流（不完全专用道路系统）。

a. 道路断面分流

这是一种在道路横断面上对机动车、非机动车和行人进行分离而形成的一种人车适时分行的道路交通方式。在经济尚不发达，汽车交通量虽有增加但人车矛盾不甚紧张的城镇住区，这种分流方式既保障了步行安全，又能充分发挥机动车道的效用。同时，在汽车较少时，行人与自行车还可利用机动车道进行出入或其他生活行为。但随着汽车的大量增加，这种方式在安全与环境问题上将会愈来愈显示出其局限性。

b. 局部分流

这种分流方式是指在人车混行道路系统的基础上，在城镇住宅和小区出入口、公建、绿地等之间设置将其联系在一起的局部步行专用道或自行车专用道，使它们成为居民进行公共活动的场所而不会被机动车干扰。

图 6-4 的住区道路系统就是采用人车适当分离的方法，在主路一侧的河边和绿地内设置与车行道分离的步行道，并通达各个居住组团。小汽车停放在院落之间的空间内，使车辆不进入院落，不干扰居民的户外活动。图 6-5 所示是海头小康住宅示范小区运用鱼骨型的道路结构，中部为交通主骨架，与之垂直伸入各院落外围的分支确保机动车入户停放，人行则由绿化步行通道与院落连接，构成双鱼骨形的人车分流道路网。

图 6–4 步行道通达组团的人车适当分离的局部分流

④人车混行

人车混行的交通组织方式是指非机动车、机动车和行人在同一道路断面中通行。这种交通组织方式和路网布局具有独特的优点，适用于城镇住区分级组成道路网；划区、分散道路体系和街心公园的道路。

a. 分级组成道路网

城镇住区内各级道路具有各自不同的功能、服务区域和交通特征。主路（住区级道路）起“通”的作用，服务范围广，通行速度相对较高，交通量相对较大；支路（组团级道路和宅前小路）起“达”的作用，

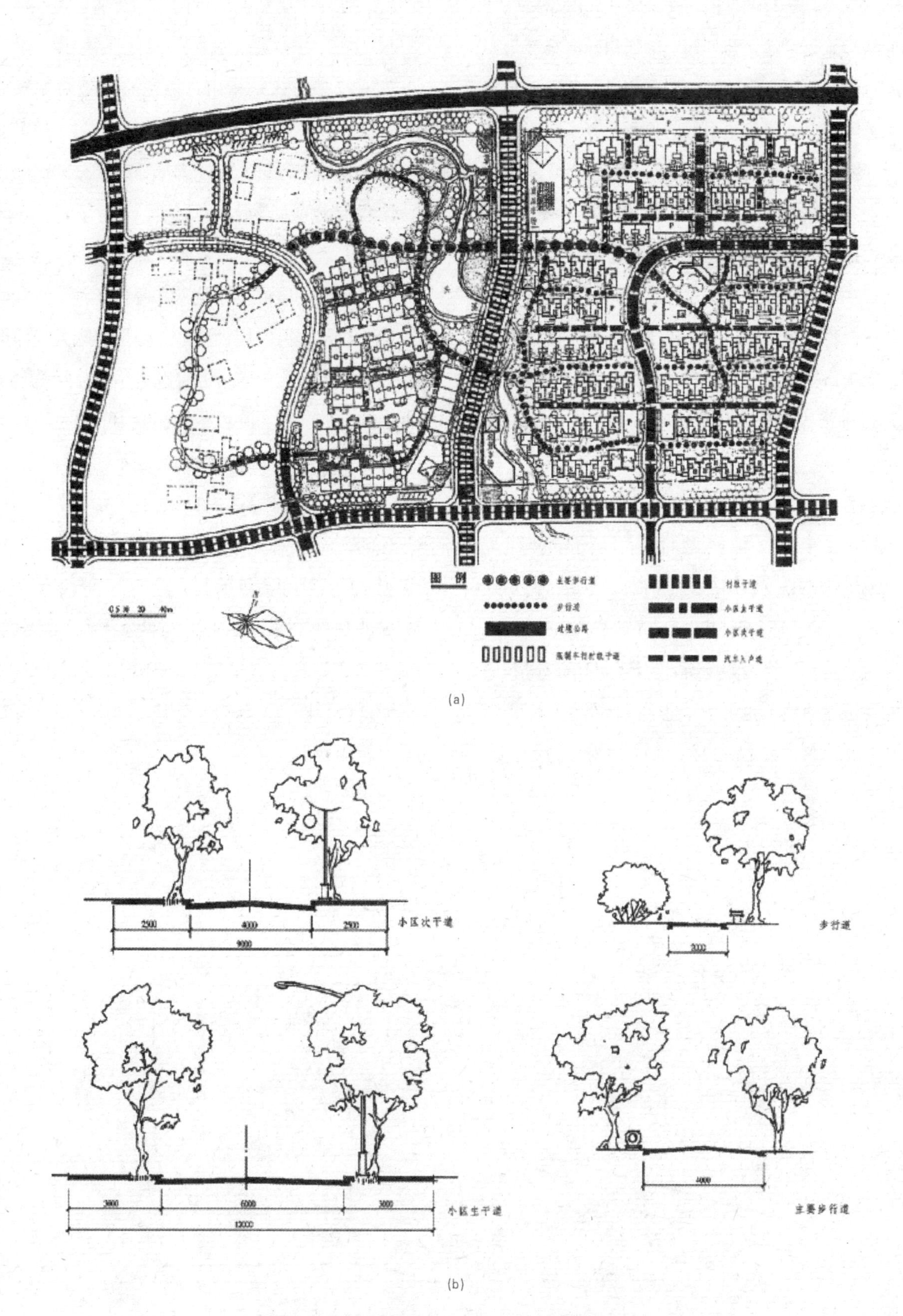

图 6–5 海头小康住宅示范小区——鱼骨型道路结构

（a）道路系统分析 （b）道路断面

负担出入交通，车行速度低，交通量小；次干路（小区级道路）兼起“通”与“达”的作用，汇集产生于各居住单元（组团、庭院）的出入交通，并进入住宅主路或镇区支路，起交通聚散的作用。

为了实现安静、安全的生活环境，道路网应按干路、次干路、支路顺序连接，像植物的干 — 枝 — 叶一样，形成分级的网路，并逐渐减小服务区域，降低交通量和车辆运行速度。这样，支路的交通汇集于次干路后，再进入干路，从而使干路的通行能力得以提高，次干路在两者之间起到了桥梁和缓冲的作用。因此，这种模式在一定程度上可缓解住区内的人车矛盾。

我国传统城镇的道路组织是分级组成道路网的典型范例。由干道 — 街 — 巷（胡同） — 弄所组成的道路组织体系分工明确、结构清晰。干道、街主要承担交通、商业功能；巷（胡同）、弄则是生活性道路，车辆较少，是邻里交往的场所，生活气息浓厚。我国现代的住区道路体系也是按住宅区级道路、小区级道路、组团级道路、宅前路分级布置的，依次路幅递减，断面渐窄，交通量、交通密度逐步降低，尽管人车没有分离。但住区仍然能保持良好的交通环境。

b. 划区、分散道路体系

这种交通方式是指用分散道路体系对城镇住区进行分区，以形成不同的“封闭空间”，严格禁止无关交通和过境交通进入住区内部，在划分的区域内实现一定程度上的人车混行。

c. 街心公园式的人车混行交通组织系统

首先解决的是减少车流量和降低车速，形成“行人优先于机动车”的规划原则。采用尽端式道路既可取消人行道，又能确保行人可以自由地使用全部道路空间。路面的驼峰、陡坡、局部缩小的路宽、较大的转弯及桩柱、围栏等障碍物和路面不同的铺装方式，提醒并迫使汽车减速，使行人安全和环境质量都得到了保障，同时通过合乎环境行为的景观环境设计，使街道空间充满了人性的魅力。

城镇住区并非都要采用人车分流方式，只要从为居住者创造良好舒适的交通环境出发进行统筹考虑，经过精心规划设计的人车混行同样可以达到很好的效果（图 6-6）。

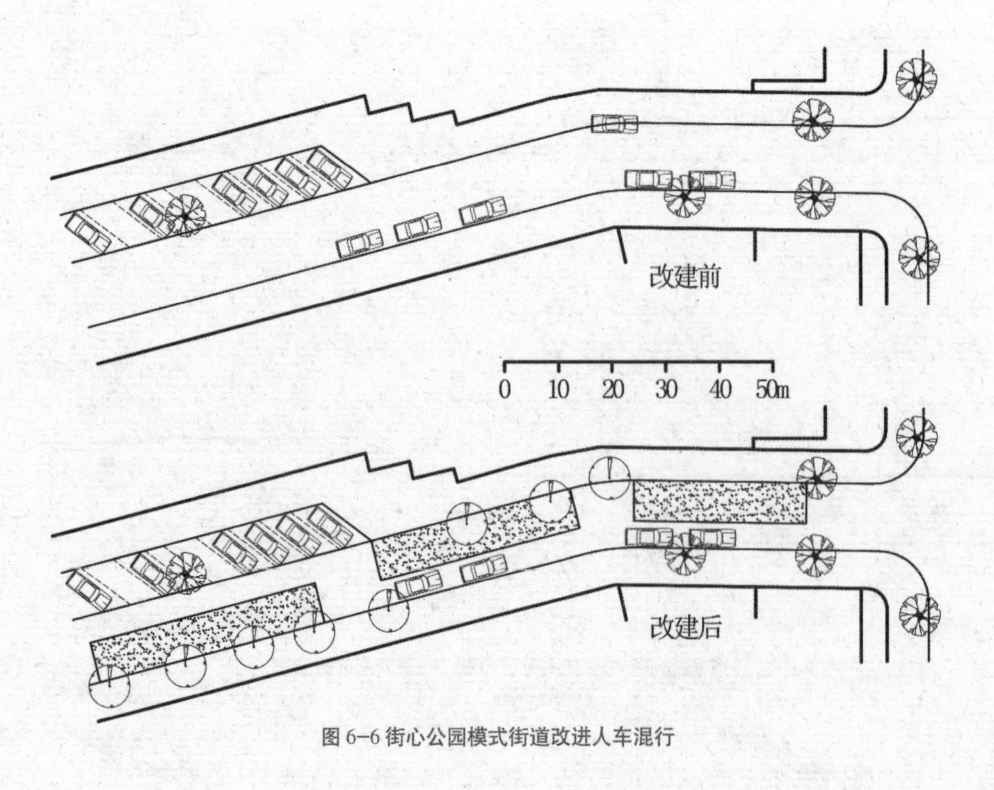

图 6–6 街心公园模式街道改进人车混行

2）不同规划设计模式的动态交通组织方式适应性比较

我国城镇量大面广，以东、中、西部为主要划分的不同地区不但区域气候、地形地貌有很大差异，在经济发展上也存在发达、一般和欠发达的明显差别，不同类别城镇住区规划建设要求也有很大差别；而城镇住区本身又因其规模不同、档次不同、类型和区位不同对交通系统有不同的组织要求。城镇住区道路交通规划的人车分流、人车混行等不同处理方式均有其不同的针对性和科学适用范围。同时应充分利用各种道路设计方式来限制车速、减少噪声、保证安全，以达到较为理想的人车共存目的。

城镇住区不同类型动态交通组织方式的适应性可分为以下 3 种规划设计模式：

①人车分流的道路分级模式

人车分流模式是我国未来的城镇住区建设的主要模式，这可以较好地解决了人车互相干扰的重要问题，有利于保持步行空间系统的完整，有利于住区良好景观的创造，也有利于实施建设。人车分流系统适用于一些规模较大的县城镇、较高档次的中心镇、环境要求较高、规模较大、无家用小汽车到户要求的住区。

②人车混行的道路分级模式

这里所说的人车混行与传统的人车混行方式有着本质的区别。人车混行是指精心设计的道路系统，包括线形走向、道路断面等各方面使得人与车在住区内部得以和谐共存。车不再充当一个冰冷危险的角色，而作为住区构成要素之一，成为了住区重要的交通方式。这充分体现了“对车的尊重即是对业主的尊重”的新型设计理念。这种人车混行模式，将最大可能地营造出一个具有高度整体性、和谐舒适的空间生活氛围，使人和车得到和谐共处，同时汽车入户更给居民带来了极大的便利，人车混行的实施也在一定程度上节约了建设造价。

上述的人车混行模式适合于城镇中以低层住宅及独立式住宅为主的住区，以及品质优异、建设密度较低、有较强停车人户要求的住区。这种规划设计模式符合我国城镇特点，将是我国城镇住区道路交通方式的主要发展方向。

需要引起注意的是设计时应充分利用各种道路设计方式来限制车速、减少噪声、保证安全，以达到较为理想的人车共存目的。

③变形网络的道路混合规划设计模式

这种规划设计模式是新型规划设计理念的探索，它是一种开敞式建设模式。其设计理念是希望在住区中营造出一种较为理想的、居民之间和睦共处、住区内处处充满情趣和生机的生活景象。住区内不再有车行、人行、景观道之分，也不再有主路、次路、庭院路的差别。每一条道路都可成为居民休闲、散步、观景、聚会的选择。方格网络状的道路联系方式更使居民在住区中享有非常大的自由空间。这种规划思想在我国未来住区建设中将会获得广泛的重视。它适用于品质优雅、档次较高的城镇住区，特别是大城市郊区以休闲为主的城镇住区。它对居民素质也有一定的要求。

不同住区的道路交通规划设计方式都有其科学的适用范围，在未来城镇住区发展建设过程中均应根据其独特的要求加以灵活运用。可以预料，随着我国国民经济的迅速发展和人们物质文化水平的迅速提高，人们对住区必将提出更多的要求，必将更为关注住区的文化、特色、品质等。城镇住区交通规划设计和动态交通组织也应适应这种变化，提出来更多富有创意、充满人性思维的新思路。

3）住区交通体系与管理模式

①住区交通与镇际、镇域、镇区公共交通一体化

a. 住区交通与镇际、镇域、镇区公共交通一体化的必要性

如果将整个镇区交通体系看作一个大系统，住区交通则是其中一个子系统，必然要与镇区交通不断地进行各种要素（物质、能量、信息）的交流与转换。镇区与镇域、镇际公共交通作为城镇交通结构中重要的组成部分，起着联结城镇各功能分区及镇与镇、镇与镇域的人们交往的任务，最大限度地满足人们对于出行的需求，是城镇镇际交通的动脉。

b. 住区交通与镇际、镇域、镇区公共交通的一体化设计

为了更好地联系住区交通与镇区、镇域、镇际的公共交通，方便住区居民对不同交通方式的换乘，关键是要找到这两种交通体系的衔接点，以实现两种不同交通组织方式的便捷转换。因此，解决住区交通与公共交通融合、协调发展的核心问题，就应建立必不可少的公共交通换乘枢纽。

（a）建立以公交枢纽为核心的住区公共活动中心，县城镇、中心镇公交枢纽（站点）一般可在住区边缘地带设立，以便于住区居民到达为目标，并可结合其交通便利、可达性强的特点在周边地带布置与住区相配套的商业服务和其他公共活动设施，使住区的交通中心与商业中心合为一体。公交枢纽的地位与作用主要表现为以下两点：

a）交通组织的“转换点”。作为连接住区交通与城镇公共交通的关键部位，公交枢纽运行效率的好坏直接影响到住区居民出行的方便程度，因此，合理的交通组织与停车换乘设施是必不可少的重要因素。换乘枢纽应具有布局紧凑集中、多层次衔接、立体换乘、各种交通流线互不干扰、标志明显、换乘距离短等特征。停车设施的布局应与步行者的活动特点相适应，自行车停车应优先考虑，对于小汽车停车可在停车车位、标准上加以适当的限制，鼓励居民采用步行、自行车到达车站。

b）住区公共活动的“集聚点”。公交枢纽的可达性决定了在其周边进行公共设施开发更能体现土地价值规律，这种紧凑的土地开发模式充分利用了土地与资源，容易形成功能与人口的有机联系，整体性更强。这种将上班、购物、娱乐、就学、休闲乃至商业、办公等多种功能与公交枢纽的一体化布置，使之成为居民日常出行的必经之所，一次出行便可同时完成多种活动，由此提高了使用公共交通的出行效率，从而进一步强化公共交通的优越性，并发挥了其联系住区与镇区之间的交通转换作用。

（b）基于公交枢纽导向的住区交通组织方式。住区交通组织以公交枢纽为核心加以展开，强调公共交通所发挥的运输功能，并以方便居民出行为原则的道路系统构成住区的基本网络结构。其出行特点与设计准则如下：

a）优先考虑居民步行、自行车出行方式。创造广泛、深入、舒适、安全的步行系统，自行车系统可以与之结合布置。

b）整个居住地区与交通枢纽有最便捷的联系。以公交枢纽为圆心形成呈放射状的主要道路网布局形式，表现出独特的空间特征。

c）通过减小道路转弯半径，设置驼峰等手段将住区内的行车速度限制在 20km/h 以内，每条车行道宽度限制在 3 ～ 6m 以内。在局部地段（如中心绿地、公共活动中心等）禁止机动车通行。

d）在公交枢纽地区建设自行车、机动车停车设施和存包处，便于居民换乘及进行其他活动（如购物、休闲等）。

e）建设宽阔的人行道（或将两侧人行道合并为单侧人行道），容纳更多的行人在路上行走，并在机动车与人行道之间设置绿篱、行道树等绿化设施创造缓冲地带。

f）交通组织方式以人车共存为主。在局部如人流量较大的公共活动地带可实行人车分流，构成住区人车局部分流的交通组织方式。

c. 住区交通与镇际、镇域、镇区公共交通一体化发展的其他途径

（a）建立以公共交通为导向的土地利用模式交通方式是形成城镇用地特定形态的重要因素。城镇的土地利用也决定了城镇的交通源和交通需求特征，从宏观上规定了城镇交通的结构与基础。实践证明，以公共交通为主导，与住区交通密切结合，更能集约利用土地资源，强化使用公共交通的方便性，具有较高的运输效率，并能保证公共交通在与小汽车交通的竞争中处于优势，有利于提高居民的居住生活质量，保证经济运行效率。

（b）政府对城镇及其住区交通发展的政策取向。政府应确定镇际、镇域、公共交通与规模较大县城镇、中心镇镇区公共交通优先的政策与法规。通过对机动车停放的需求管理与对自行车的交通管制，保证道路空间资源分配实行公交优先。并改革城镇交通投融资体制，引入市场机制，实现投资主体的多元化，以利于筹措资金，建设发达的公共交通网络与换乘枢纽，方便住区居民安全、便捷地完成交通出行。鼓励无污染工业、商贸、办公和公共设施等用地在住区内或附近地带的混合使用，有利于居民就近从业、购物、社交，减少对机动车的需求。

②住区交通方式的复合化

全面小康社会的实现，住区居民会根据不同的经济生活水平、出行目的、出行距离、交通成本、舒适程度等采取多样化的交通出行方式。这反映在住区交通中，则主要表现为交通方式日趋复合化。居民会根据目的地方位、远近等不同因素搭配、混合使用多种交通工具。其中出行距离是一个值得高度重视的影响因素。同时居民收入水平的提高在客观上助长、刺激了私人小汽车出行的增加。

单一的交通方式都不可能解决住区居民的出行问题，各种交通方式的多元化与平衡发展，发挥各自的优势，并相互补充、发挥系统的整体效益，才能取得社会、环境和经济综合效益。

a. 自行车交通

充分发挥近距离优势，在用高效的公交走廊承担跨区域的交通出行的前提下，使自行车成为换乘的有利工具，形成骑——乘——骑的交通出行模式。

b. 三轮车交通

除了拥有自行车的特点外，还是住区居民出行（搭乘和货运）的主要交通方式。

c. 电动车（包括三轮电动车）交通

为能更好地将所负担的交通量逐渐向小汽车和公共交通转化；对于电动车，应在允许其适度发展的同时，对其运行速度和行驶空间进行必要的管理。

d. 小汽车主要作为办事、购物、休闲和旅游的手段

在管理手段方面，可通过征收道路使用费、燃料税、牌照费等，运用经济杠杆进行调控，增加私家车的通行费用，抬高其使用门槛，以此来降低私家车的客流分担率。

e. 公共交通

发挥运输速度、运载能力、能源消耗和环境污染等方面的效率与优势，运用市场竞争机制的手段提高镇际、镇域公共交通和规模较大县城镇、中心镇镇区公共交通的服务水平与质量，承担起主要的交通运输任务。

③管理政策层面——交通需求管理导向的住区交通管理

住区居民出行要求有尽可能较好的便捷度，希望拥有较为方便的交通工具，选择有效和便捷的交通方式和停车方式，以及它们之间的空间安全与换乘。随着社会的发展，人们对于住区交通的需求越来越高，大量的事实证明，仅仅通过增加道路来解决交通阻塞，提高交通效率是行不通的。

因此，必须依靠市场的机制对住区交通的需求进行管理，在保证满足交通需求（安全、高效、舒适）的同时，采用科学的管理手段，把现代高新技术引入到交通管理中来提高现有路网的交通性能，提高道路设施利用率，从而改善交通效率。它的核心内容是讲求需求与供给的平衡。这种交通需求管理模式对于城镇住区交通可应用于以下两个方面：

a. 通过局部时段、地段的交通管制，保证城镇住区某种交通方式（如步行）的需求，从而一定程度上削减高峰期重点地段的机动车交通量。

b. 制定步行、自行车优先的管理方式，突出其在城镇住区交通方式中的优越性，引导住区居民采用步行、自行车的方式出行。

（2）住区静态的交通组织

1）城镇住区静态交通组织面临的问题

住区静态交通是指车辆停放的交通现象，在住区规划设计中表现为各种不同交通方式的停车场规划设计。随着我国经济的发展和社会的进步，近年来各种车辆增长速度很快，尤其是电动自行车、三轮车和各种代步车更为突出。而在经济发达地区的城镇小汽车也已经开始进入较多家庭，住区中的静态交通问题日益突出，主要问题有以下几个方面：

①车位不足，停车处于无序状态。停车普遍占用道路、人行道、宅间空地，甚至绿地和公共活动场地，使得交通不畅，给居民带来种种不便，影响了居民的正常生活。

②住区的环境质量严重下降。摩托车、小汽车一般停放在距离住户比较近的宅前、宅后，摩托车、汽车行驶时发动机带来的噪声、空气污染等，严重影响底层用户。

③人流、车流混乱，严重影响了居民安全。原有的住区结构对于电动车、摩托车和家用小汽车的发展缺乏应有的考虑，小汽车的增加和道路缺乏合理的处理，道路的断面线形、布局结构都不能满足新的需求，电动车、摩托车和小汽车占用了大部分道路空间，人车混行，对步行者、儿童和老人的安全造成了直接威胁。

④停车混乱破坏了景观。由于电动车、摩托车和小汽车大量占用住区内人行道、集中绿地和活动场地，加上拥车人员停放车辆的随意性，使得道路被压坏、绿地被破坏、活动场所被占用，给住区的景观带来不良影响。

2）城镇住区静态交通组织的影响因素

①经济要素

经济要素是居民拥车率的决定性因素，经济要素对居民拥有车率产生影响，进而影响到整个住区静态交通的组织。另外，人口密度越大，居民拥车率越高，静态交通的组织方法亦需随之发生变化，使得住区停车方式将会由地面停车向地下停车或多层停车库的方向发展。

②设施造价

我国人多地少，住区用地亦非常紧张，随着居民拥车率的提高，停车方式组织的变化将导致人地之间的矛盾更加严重，不同停车方式各具优缺点：地面停车方便、安全，但不节约土地，导致住区容积率的下降，进而直接影响到经济利益和住区景观；住宅底层停车不占用室外场地，但占用了一层居住面积；多层车库虽能解决停车问题，但车均占用建筑面积在 35 ~ 45m^2，是其水平投影面积的 3 ~ 4 倍，将需增加建设投资和管理费用；机械式停车占地最少，空间利用率高，但设备昂贵，维护费高；全地下式停车库，有利于住区景观的组织，最为节约用地但其施工复杂，面积利用率低，对其内部环境质量、建筑防火、防灾、机械通风均需增加大量的建设投资。停车设施造价是决定停车方式的主要因素，因此，在选择停车方式时，要根据具体情况进行方案比较，得出综合效益最佳的组合。表 6-1 为我国住区部分停车方式造价比较。

表 6-1 我国住区部分停车方式造价比较

停车方式		造价 / (元 /m²)
室外停车场		地面铺装 70 ~ 80 周边维护费 140 ~ 170
单建式	地上停车楼	1600 ~ 1700
	地下停车楼	2500 ~ 2600
附建式	多层住宅底层车库	800 ~ 900
	高层住宅底层车库	2500 ~ 2900

③居民需求

a. 拥车居民步行心理：采用汽车出行适应性较强，可满足长短不等的出行距离。

居民采用小汽车出行采用如下步骤：步行——取车——出行——存车——步行，由此可看出其中有两个较为关键的过程，即步行过程与存取车过程。对于停车场所的位置的调查发现，所有的驾车者都希望将车停于自己的住宅附近，一方面自己存车取车都较为方便，另一方面自己可随时照看到自己的汽车，安全而便捷。当使用集中式停车库时，车库按组团级考虑，车库服务半径 150m，80%以上感觉距离适当，停车入库率 100%，按住区级配置，服务半径超过 300m，使用者感觉出行不方便，服务范围内的小汽车主动停车入库率不足 1/3，由此可见，居民存取车步行距离在 150m 以内为宜。在设计停车库时应考虑居民停车半径和车库容量两个主要因素。

当住区内拥车数量一定时，服务半径越大，车库规模越长，车库建设亦越经济，但居民存取车相对不方便；反之，服务半径越小，车库规模越小，车库建设相对不经济。居民存取车过程是否便捷，亦是选择停车方式的一个因素，为保证从停车位到出入口的步行距离在舒适范围之内，住区内集中停车场与停车库的规模不宜过大。

另外，步行心理也是决定停车方式的一个要素，如能在居民步行往返途中，通过一条精心设计、富有人情味的步行小道，让他们有机会参与更多社区活动，就可以陶冶情操，减少居民的出行疲劳，从而可以适当增加停车距离。

b. 普通居民心理：任何住区居民都希望他们在享受现代文明的同时，能有一个安逸、舒适的居住环境和一个宜人的交往空间，而家用小汽车的进入，无疑对他们的生活会造成影响，为此在住区停车设计时，应注意把握居民心理将家用小汽车对居民的影响减少到最少的程度。

总之，当采用室外停车方式时，一般应采用家用小汽车不进入城镇住区组群的原则，以保证组群内具有一个安全、安静的居住环境。停车场设于组团人口一侧或者组群与群团之间的空地上也是一个较好的选择，而家用小汽车停车场位于院落附近停放，这种方法最受有车居民的欢迎，但亦最易影响居民生活，所以，一般规划仅允许少量汽车停放于院落附近，作为临时停车或来客停车。

④政策调控

政府政策在住区停车方式组织中亦起着一定的作用，它可以通过宏观政策利用经济杠杆来间接调控市场的行为和规划师的规划设想，如通过对住区地方性法规的制定、规定住区绿地率和容积率、规定对住区内不同停车方式进行政策性的限制以及对有损于住区环境的停车方式（如地面停车）进行适当收费，而对某种有利于创造良好住区环境的停车方式（如全地下停车）加以经济补偿的手法等，都能起到一定的作用。

⑤自然环境

当住区处于特定的地形、地貌和相关的自然环境时，可因地制宜，充分发挥其特点，创造颇富特色的停车场所，如某地将原有冲沟的中部作为停车库，其顶面用作为中心广场的地面或居住小区空间绿地、道路等。

总之，城镇住区停车方式的组织，经济要素起决定性因素。随着居民生活水平的提高以及政府相关政策引导，良好的住区环境和便捷的交通方式必将成为居民必然的选择。住区停车方式规划设计应以可持续发展的理念引导城镇住区的规划建设，力求增强其适应性，满足不同消费层次居民的生活要求。

3）停车方式的分类及选择

根据我国城镇的特点和住区交通要求，不同地区、不同类别、不同规模、不同居住档次的城镇住区静态交通组织应结合实际情况和相关要求，合理选择停车方式。一般在以地面停车方式为主的同时，地下停车方式留作远期备用；近、远期相结合，规划预留停车用地，同时采取停车用地先作绿地等必要过渡方法，组织好近、远期规划相一致的静态交通方式。

①城镇住区停车方式分类

a. 地面停车

地面停放是一种最经济的停车方式，在汽车数量较少的情况下，选择此种方式无疑有很大的优越性。在住区停车方式选择中，当前，地面停车仍有很大的适应性，在停车方式选择中还占有很大比例。地面停车最常见的形式是路边停放、住宅前后院停放和集中室外停车场等。

目前，在我国许多住区中采用路边停放实际上是在没有设计足够停车位的前提下，采取的一种不得已的停车方式。当然，这也是解决旧住区停车问题的办法之一。今后，在停车规划中，当采用人车混行的交通组织方式时，路边停放仅是临时性的，它具有方便、快捷等优点，同时适量小汽车的出现也是住区的一道景观。但它只能是允许临时性车辆（主要是小区来访的客人或者商业服务车辆）使用。在人车分流的交通组织形式下，小汽车沿住区道路周边停放，不进入住区内部，这种方式有效地避免了汽车对行人和儿童的安全干扰，把汽车所带来的各种污染都挡在住区以外。由于此种停车方法道路占地比例大，它适用于汽车流量较大，而且用地较宽松的住区。图 6-7 为集中室外停车场与路边停车。

(a)

(b)

(c)

图 6-7 集中室外停车场与路边停车

(a) 室外停车场　(b) 路边专设停车　(c) 占用道路停车

宅前宅后停车的方式，应用各种环境小品设计和路面设计手法，或者采用尽端路等对汽车的停放路线和停车位置进行限定。这种办法能很好地解决人与车之间的关系，创造一个以人为本的住区环境，它适用于低层低密度的城镇住区。

室外停车场的优点在于建设费用较低的情况下解决相对较多的汽车停放问题，它的缺点是占用很大的用地面积。并且，大面积的硬质停车地面，还占用了绿地空间，妨碍小区的景观。

b. 住宅底层停车

与路面停车相比，住宅底层停车能够节约出路面停车所占用的开放空间，增加公共绿地面积，消除视觉环境污染，同时由于底层架空，有利于住区的空气流通，对居住环境的改善起着重要作用。

受住宅底层面积的限制，单栋住宅底层停车一般适用于多层住区，居民拥车率低于30%的情况，其可容纳的停车数量与路面停车相仿；住宅底层包括地面、半地下的大面积车库停车，适用于居民拥车率较高的小高层或高层住宅区；而立体车库的形式则适用于高层高密度住宅，这也是解决人车混杂的一条行之有效的解决办法（图 6-8 ~ 6-12）。

图 6-8 厦门市大唐世家八期住宅底层停车

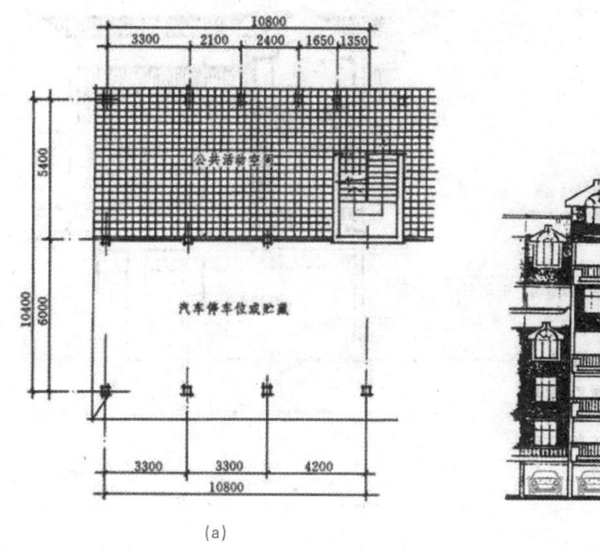

(a)

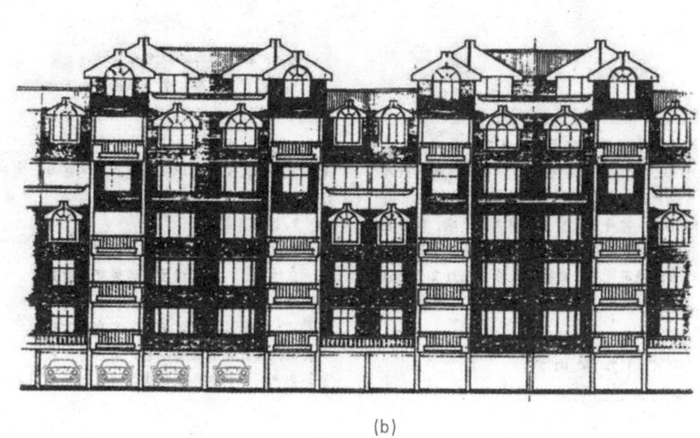

(b)

图 6-9 闽侯县青口镇住宅示范小区的住宅底层停车

(a) 公寓式住宅甲型 底层平面图 (b) 公寓式住宅甲型 南立面图

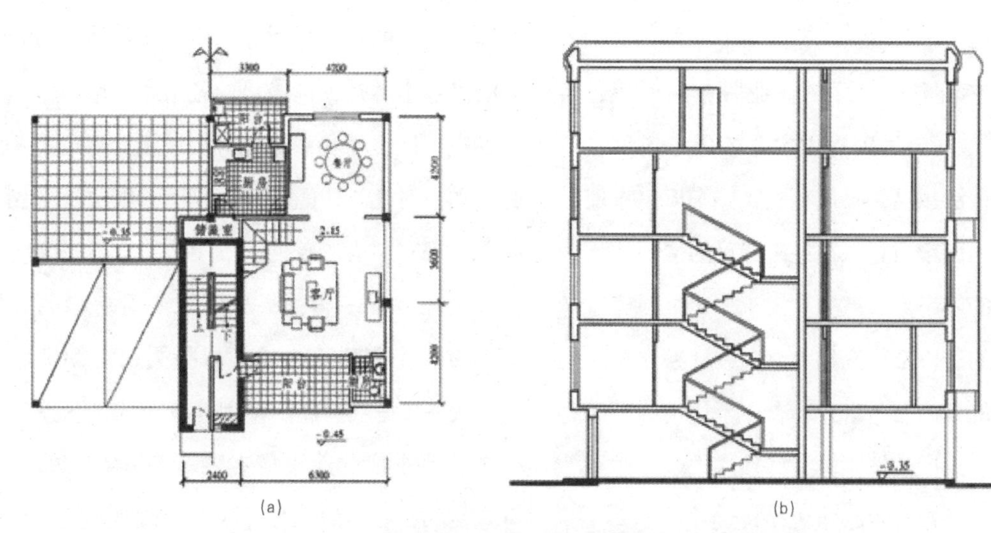

(a)

(b)

图 6-10 厦门市思明区黄厝跨世纪农民新村 F 型住宅底层停车

(a) 支柱层平面 一层平面 (b) 剖面

图 6-11 厦门集美东海居住小区消极空间一侧住宅楼的半地下附建式停车库剖面图

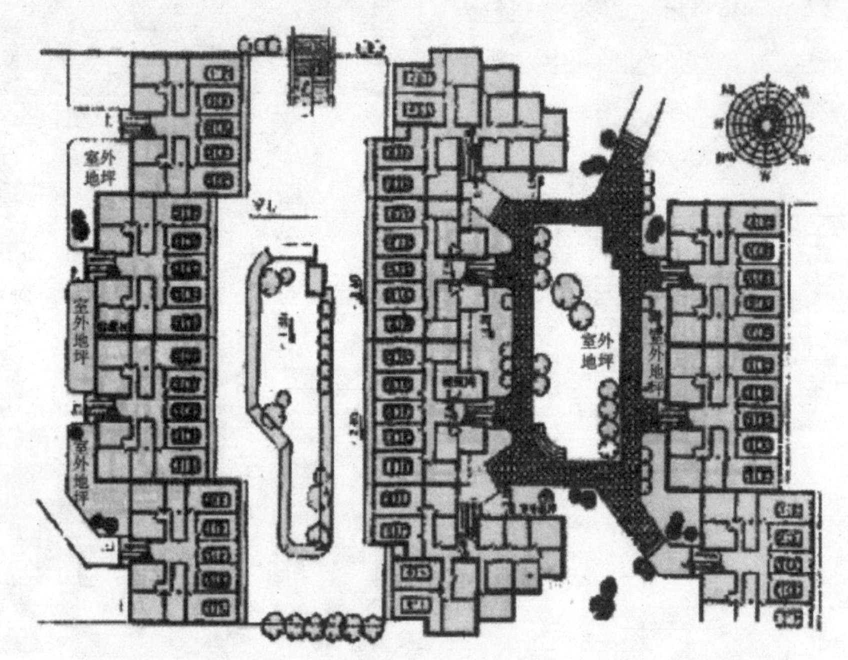

图 6-12 厦门集美东海居住小区消极空间一侧住宅楼的半地下附建式停车库平面图

住宅底层停车适用于城镇庭院住宅和城镇住区、组群的低层、多层住宅楼停车。

c. 独立式车库

独立式停车库往往与小区的商业服务网点等公共设施一起设置，既为居民提供安全的停车场所，又方便购买日常生活用品。采用独立式停车库停车能极大地改善住区的环境质量，在经济许可的情况下，应建设适当规模的停车库。但独立式车库比地面停车和住宅底层停车的造价都要高很多。在设计独立车库时还要考虑合适的车库服务半径，车库至住宅的距离不能过长，避免使人产生抵制情绪。独立式车库适用于一些有条件的县城镇、中心镇规模较大住区。

②城镇住区停车形式选择

a. 不同停车形式的造价分析

停车形式的选择，离不开造价分析。国外的居住停车规划的实践表明，选用“昂贵停车方式”在未来的发展中将是一种趋势，停车库和地下停车库的局限性在于造价高和工期长，如果能发挥这类小区的综合效益，对改善住区的综合环境和解决一系列的交通问题，都有很大的帮助。

现在，很多居民买房不仅要看房屋的好坏，有无车库和车库形式也成为居民买房时的参考条件之一。表 6-2 是我国住区不同停车方式造价参考。但单纯地从停车库的建设成本分析停车方式的优劣是没有意义的，必须结合小区的综合效益来选择恰当的停车方式。

表 6–2 小汽车停车位建设的直接成本

停车方式	每车位面积 /m²	每 m² 价格 / 元	每车位价格 / 万元
路边停车	16.8	120	0.20
广场停车	25	120	0.30
地上停车	35	900	3.15
地下停车	35	1200	4.20
底层停车	20	550	1.10

b. 停车方式的选择建议

车辆停放是住区规划的一个难题，一方面要注意避免盲目追求高停车率，因为停车要占用场地和提高投资；另一方面应注意由于生活水平的提高、家用小汽车的增多而备有停车发展的余地。近、中期拥车率低的城镇，预留远期停车用地宜先用作绿地用地。

停车方式应进行节地、防干扰、经济、适用综合分析并按住区的等级不同要求选择合理的停车方式。

(a) 选择不同停车方式应考虑的因素主要有：a) 住区的性质、规模；b) 当地的经济水平；c) 当地的停车供给需求；d) 一次性投资效益；e) 停车方式的投资评价报告。

(b) 集中停车场、库的规模及服务半径

4）住区停车布局设计原则

住区在进行停车布局设计时应考虑以下原则：

①根据居民停车需求和住区建设等级确定住区的停车规模及集中停车场的车库个数；

②停车一般布置在居民的合理接近范围内（150m 左右）；

③地面集中停车场应进行设计；

④集中停车场的主入口不要对着住区的主路，且出人口的位置应进行设计处理；

⑤最好居民能在住宅楼上监视到。

6.2.4 城镇住区交通的安全和多样化设计

（1）住区交通的安全设计

1）敏感地段的交通安全设计

根据有关资料分析，住区主要道路通过处、主要道路通过公共设施出入口处和主要道路通过中心活动场地周边处比较容易出现交通事故，而受害者几乎都是儿童和老人。

调查表明，居民对住区内不同位置需要交通安全保障的期望由高至低依次为：宅前、小学、幼儿园及游泳池等儿童活动集中场所的出入口、住区内主要商业服务设施出入口、居民休闲锻炼活动场所、住区内部日常活动通道、出入住区的交通要道。

从各类活动的时间分布来看，住区的汽车交通高峰一般发生在上下班时间，而这个时候也是儿童上学放学、幼儿宅前玩耍、居民购物活动的高峰期。因此，根据居民对不同范围路段的安全期望值的高低提出以下建议：

①宅前、儿童较为集中的公共设施（如学校、游泳池等）的入口处，应保证居民的活动优先，应划为汽车回避交通区。

②其他住区公共服务设施的出入口处、开放空间及居民休闲场所的集散出入口，应在保证居民的活动安全前提下，把其划为严格限制汽车流量和控制速度的区域。

③住区内行人活动的主要通道与车行道路交叉时，应在保证居民活动安全的前提下，对与之相交的车行交通路段的汽车流量和速度加以限制。

2）人车混行道路车速控制标准

住区道路的性质决定了在规划设计中应首先要考虑的是行人，特别是城镇住区大部分属于人车混行的道路，应严格控制住区道路的行车速度，为行人提供一个安全舒适的慢速环境。研究表明，过高的交通速度将直接威胁到行人的安全，制定合理的设计车速首先应以行人安全性为标准。澳大利亚学者 Ilido 提出区内在限速装置的地方至少要降到 20km/h，方可保障行人的交通安全；昆士兰导则中提出行车速度以及其对行人伤害程度的关系：小于 24km/h —轻度伤害；24 ～ 39km/h — 中等伤害；40 ～ 52km/h — 严重伤害；大于 52km/h — 致命伤害。从这些研究看出：当车速低于 30km / h 时机动车对行人的生命威胁很小，低于 20 km/h 时基本没有威胁。因此，建议住区街道的设计速度不宜高于 30km/h。荷兰将车速限于 11 ～ 19km/h；美国的大部分住区实行 30km/h 限速；中国香港许多高档住宅区内限速规定是主要道路 50km/h，主要道路与支路的交叉口处限速 30km/h，住区内 20km/h。

当然，住区内道路的行车速度也并非越低越好，将交通速度限制得过低会使道路通行能力下降，导致不必要的时间延误，甚至产生交通堵塞。因此，道路设计速度的确定应需要同时考虑道路的等级、性质以及道路所处的地段等因素。

3）车速限制设计

①限制车速的几种办法

在小区交通安全设计中，限制车速的办法主要有以下几种：

a. 迫使减速的设计。如采用道路大的转弯、路面驼峰、陡坡、道路折行（至少 45° 角）以及局部缩小路宽等设施。

b. 控制路面宽度。路面宽度只允许车辆和自行车交会而过就可以，不要太宽，以减少使两辆车能轻易地会车，每隔 50m 可以放宽路面，让车辆能够交会。

c. 避免使用单行道。实践证明，单行道的使用往往使司机忽略对面来的车辆，而造成车辆加速。

d. 避免过长的直路段。

e. 通过限制车速牌的警示，提示司机注意限速。同时对于超速的司机，可以采用经济处罚办法，强制限制车速。

②尽端路的使用

尽端路是指尽端封闭的道路、小路或通道，即只有入口，没有出口的路。在实际运用中，尽端路通常是指底端对车行封闭的一段道路、院落或广场。

尽端路的主要特点是不联系两条道路之间的车行交通，车流在尽端的流线是折返式的，因而能够有效地限制车行，在相应路段上的车流量会减少、车行速度都会变慢，从而提高了住区的安全性。研究表明，作为尽端路起始点的 T 型交叉口较四分交叉口安全 4 倍。可见尽端路的采用是一种保证住区交通安全的有效办法（图 6-13 ～图 6-14）。

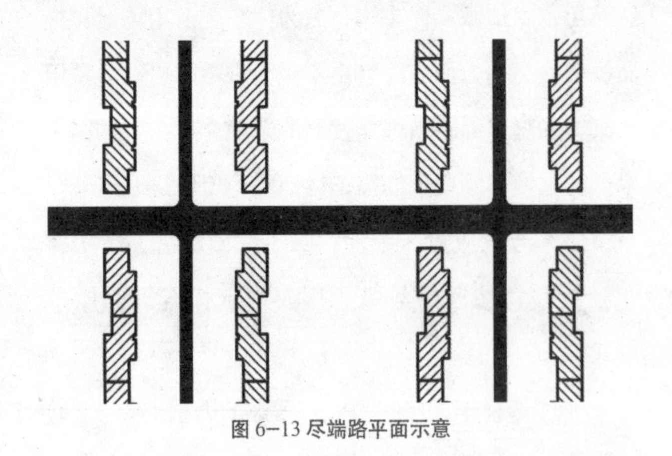

图 6–13 尽端路平面示意

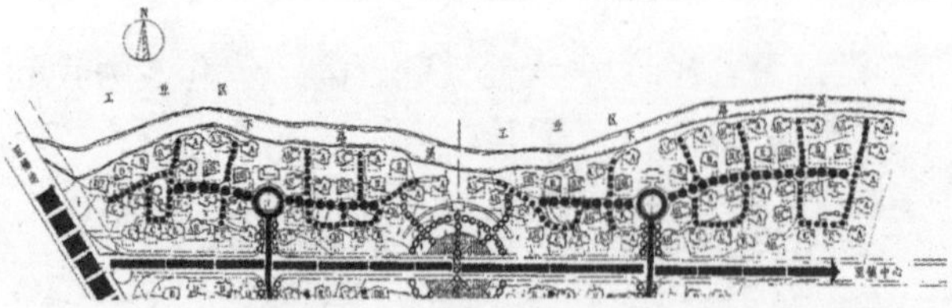

图 6–14 利用尽端路限制车速

尽端路在减少车辆，限制车速的同时，因具有非贯穿性而提高了道路的归属感，它属于尽端路两侧的居民，因此居民往往视尽端路空间为自家庭院的延伸，对其环境呵护备至，从而受到居民的欢迎。由于尽端路的安静、安全，儿童可以安心在路上玩耍而不受快速交通的威胁，是增强社区感，建立人车和谐的一个较好选择。

4）增强交通安全意识

交通安全与居民的安全意识有着密切的联系。

现行的住区中很少有限制车速的各种规定，大部分阻碍车速的为自行车流和人流。因此，为了居民的人身安全，应该增强住区内行人优先、车辆慢行的意识；居民出行应自觉走人行道，遵守道路规则，培养交通安全意识。

（2）人与车的联系和分离

在城镇住区的道路交通规划中需要组织恰到好处的联系和分离的小区道路系统。

1）确保人与车有效联系和分离化的措施

①小区干道网的间距

道路过疏带来不便，不易组织好方便的交通运输。道路过密则对居住环境干扰较大。网络的适当间距一般掌握在 150 ～ 250m，即从住宅到小区干道约步行 60 ～ 120m 左右。网络规划，视地形、环境、经济水平、交通工具等情况而定。

②小区交通方式的衔接

目前我国城镇交通方式一般为：

a．步行。从住宅城镇通过步行道路步行到工作等活动地点。

b．步行和公共交通衔接。从住宅城镇通过步行道路和公共交通工具抵达工作等活动地点。

c．自行车。从住宅骑自行车通过城镇自行车道路抵达工作等活动地点。

d．步行和自行车相衔接。从住宅步行到组团级自行车存车处，再通过城镇自行车道路至自行车存车处，转乘公共交通工具抵达工作等活动地点。

③小区内各种车辆行驶情况

a．自行车。目前，在城镇中自行车是最好和最为普及的交通工具，甚至达到成年人人均一辆。上下班时，自行车往来穿行相当频繁，外出、购物，小搬运，也均以自行车为工具，一些中学生也以自行车为交通工具。

b．三轮车。用于购物、小件运输（如煤、柴、莱、粮等）、搭载老年人出行和接送小孩入托和上小学等。

c．摩托车。在城镇中发展较快，尤其是电动车，常被用作私人交通工具、青年人的运动游玩工具、商业运输工具等。当前，它对住区的安全和宁静带来较大的影响。

d. 各类中、小型机动车。各公共建筑的供应运输、垃圾清运、家具搬运、防火保安、管理维修。需求量较大，使用也较频繁。

e．家用小型机动车。城镇的一些专业户，私人拥有家用小汽车、小三轮车、三轮摩托等。存在着噪音较大，尾气污染，早出晚归等现象，严重影响周围居民的休息。

④分离的方法

住区居民的出行方式有步行、自行车及少量摩托车、小汽车等。住区的运输活动有三轮车、自行车、各种机动车。这些交通运输方式是住区所必需的。应当妥善规划，使之相互衔接，达到方便和高效。同时还应考虑到车行和人行、交通运输活动与人们休闲散步、以及儿童老年人活动之间的相互分离，使之各得其所，井然有序。

a．布局分离。住区的规划布局，按其对居民的干扰程度来安排各项公共建筑。把干扰较大、机动车运输量大的置于外围，影响较小的可以布置在住区内部。

b．管理分离。用规章法令的办法限制干扰源深入居住用地，如不允许拖拉机进入住区，限制私人摩托车、机动车等进入居住地段，而将车存放在外围存车处等。

c. 障碍分离法。设置障碍，不让车辆通过。如设置路障，使机动车辆无法通行，保证该地带不受机动车干扰。在小路上设台阶，不让自行车骑驶，保证儿童、老人活动区域的安全等。

d. 隔离法。用加大防护距离的方法使噪音自然衰减、废气浓度减低；用种植绿化来吸收废气和声音；用高墙来隔离噪音、隔离视线，减弱对人们的精神干扰；采用沿街建筑来隔离外部交通污染，这些沿街建筑自身所受的污染可用建筑设计的构造措施加以妥善解决。

e. 平面分离。在同一水平面上（地面上）布置车行系统和步行系统，引导人车分离。平面分离工程投资较低，是目前最为常用的方法。

f. 立体分离。把车行和人行分别布置在两个不同的水平面上，把车行和人行分离开。人们在住区内步行活动，不受机动车干扰，形成安全、完整的步行系统。尤其在地形有高低差时，更适合采用立体分离的布置方法。这种分离布置方式，造价较高。目前，一些要求较高或受地形条件限制的住区也有把部分人流分散到住宅的二层平台走廊上，并把附近几栋楼用廊子连接起来，形成住宅组团的立体分离系统。

⑤自行车问题

自行车已成为我国城乡主要交通工具之一。在住区内，迫切要求解决两个问题。

a. 自行车存车。包括住区、居住生活单元集中的自行车棚，组团的集中存车场地，本楼本户的存车空间等三种存车形式。采用得较多的形式是组团集中存车和本楼本户的存车，这两种形式比较方便。

b. 自行车道。在住区内，自行车和人流混行，穿越大街小巷及老人儿童的活动场地，它和步行者相互干扰，极易出现小交通事故。随着自行车特别是电动自行车日益增多，严重干扰住区内安全、安静的居住环境，因此必须认真解决自行车和步行道的分流问题。人行和自行车完全分离的布置方法，不易做到，但可采用半分离方法，即在住区散步道和休息活动空间里设置路障，阻止自行车穿行。

⑥家用小汽车

目前，住区的干道，主要是机动车和自行车混行，随着小汽车的普及和增多，在规划住区干道时，必须考虑二者分离的问题。道路总宽度要适当加宽，并留出车行路面拓宽的余地。

当前，小汽车停车场地，已成为住区规划中亟待解决的问题。通常在住区入口处，路边留出停车场地（图 6-15），近期可作绿地，远期为停车场地。各组团的自行车棚的位置和场地，也应综合考虑到将来改建为小汽车停车场的可能。

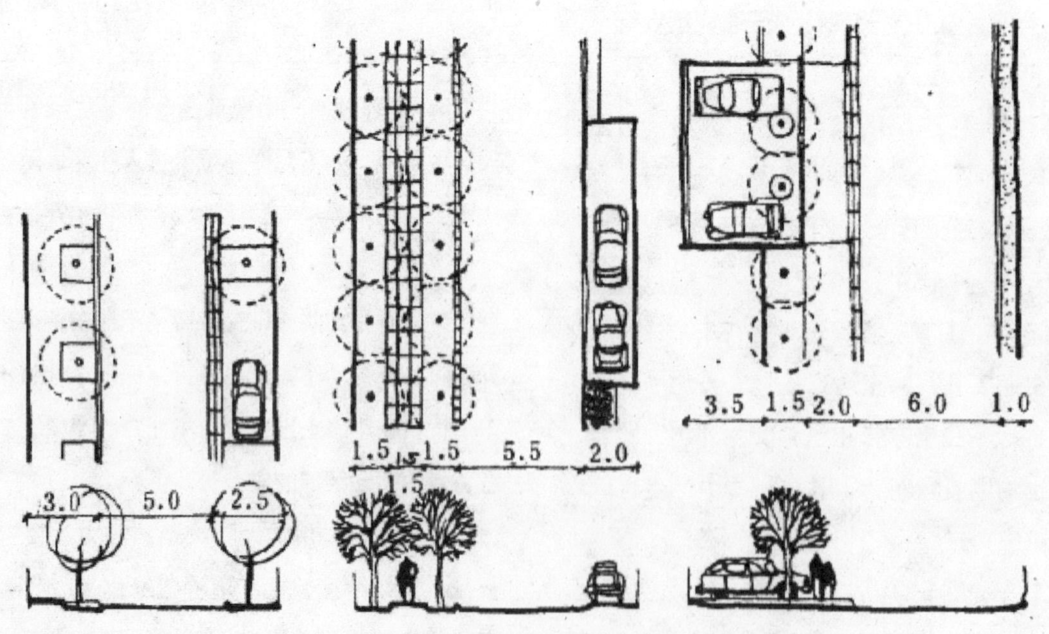

图 6-15 在住区道路上布置人行、车行停车空间

（3）住区交通的人性化、多样化设计

1）安全措施

为了保持住区宁静，保障居民的安全。住区道路的技术设计必须严格执行规范标准。住区道路的断面设计与城镇道路间应具有明显的区别，住区道路应在具体线形设计时设置中间岛、突起、阻塞带等措施，达到降低车行速度和噪声，达到既保障居民安全又能提高道路景观的效果。

①道路一侧或两侧同时设置球鼻状突出物（图 6-16）。

②沿道路中心线设置道路中心岛。在道路交叉处两侧沿道路中心线分别设置中心岛，可增添住区景观（图 6-17）。

③在道路两侧交错布置连续弧形凸起物，使行车路线呈 S 形状（图 6-18）。

④在道路两侧对称设置突出物（图 6-19）。

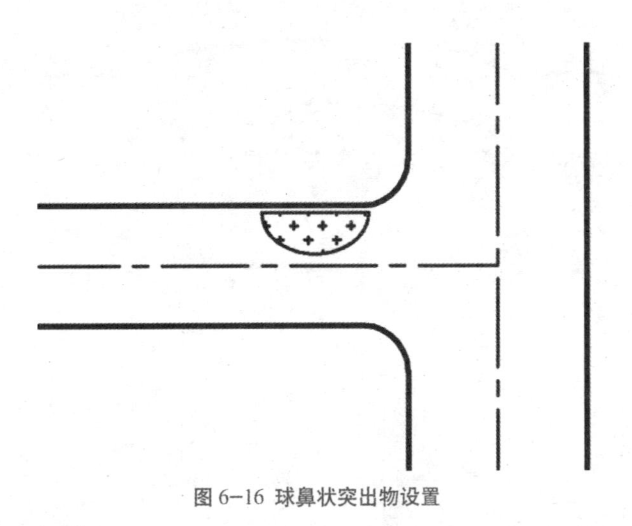

图 6-16 球鼻状突出物设置

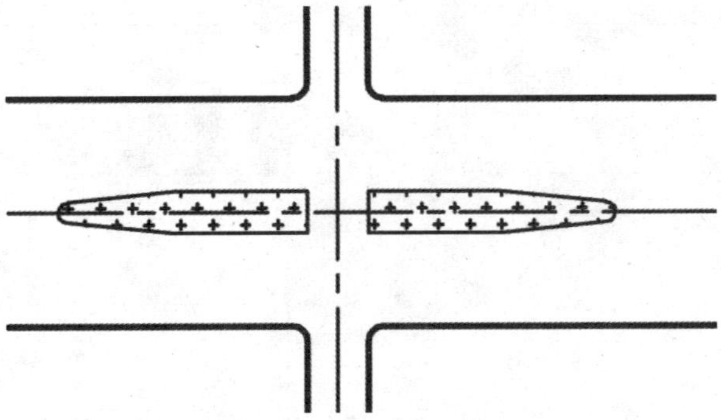

图 6-17 道路中心岛设置

⑤在道路交叉处设置完全封闭措施，以达到车行交通不能进人行区域的限行要求，同时允许自行车等非机动车进入，紧急情况下允许消防车或救护车辆进入（图 6-20）。

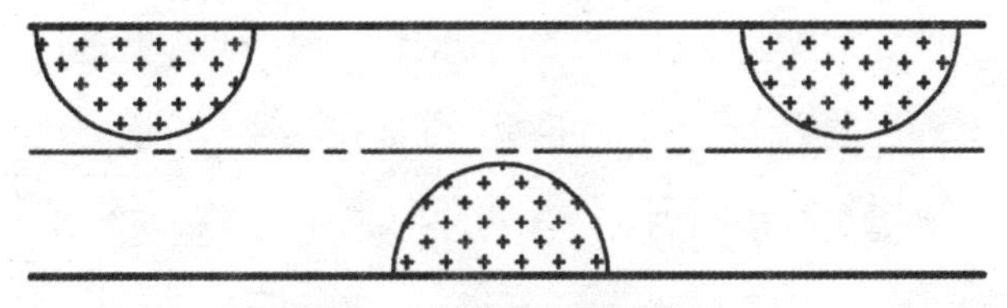

图 6-18 连续弧形凸起物设置

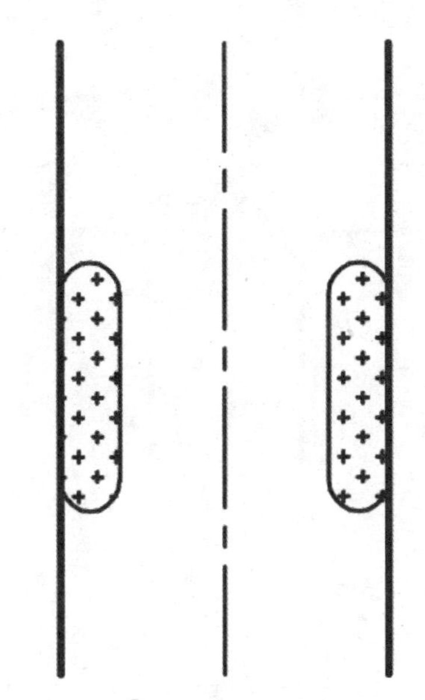

图 6-19 两侧突出物设置

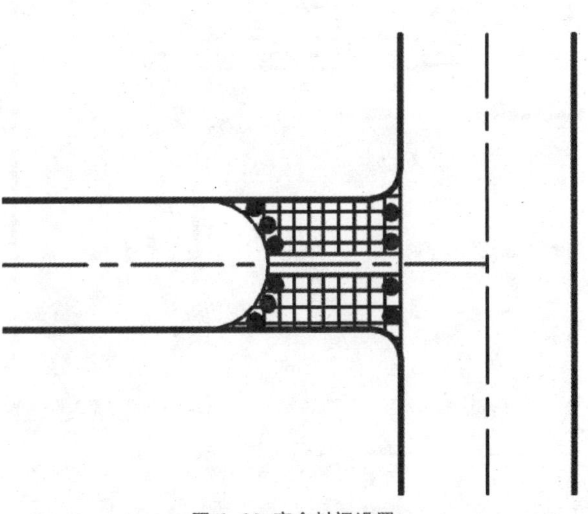

图 6-20 完全封闭设置

⑥完全转向设置。在道路交叉处采用设置绿化等隔离措施使两条道路分割开来，限制了车行交通的流动，同时允许步行和紧急情况下特殊车辆的进入（图 6-21）。

⑦在道路交叉处设置路口中心隔离带。适用于住区各构成区域相结合的部分，以达到降低车速进入另一区域的作用，同时也减少了居民穿越车行道的危险（图 6-22）。

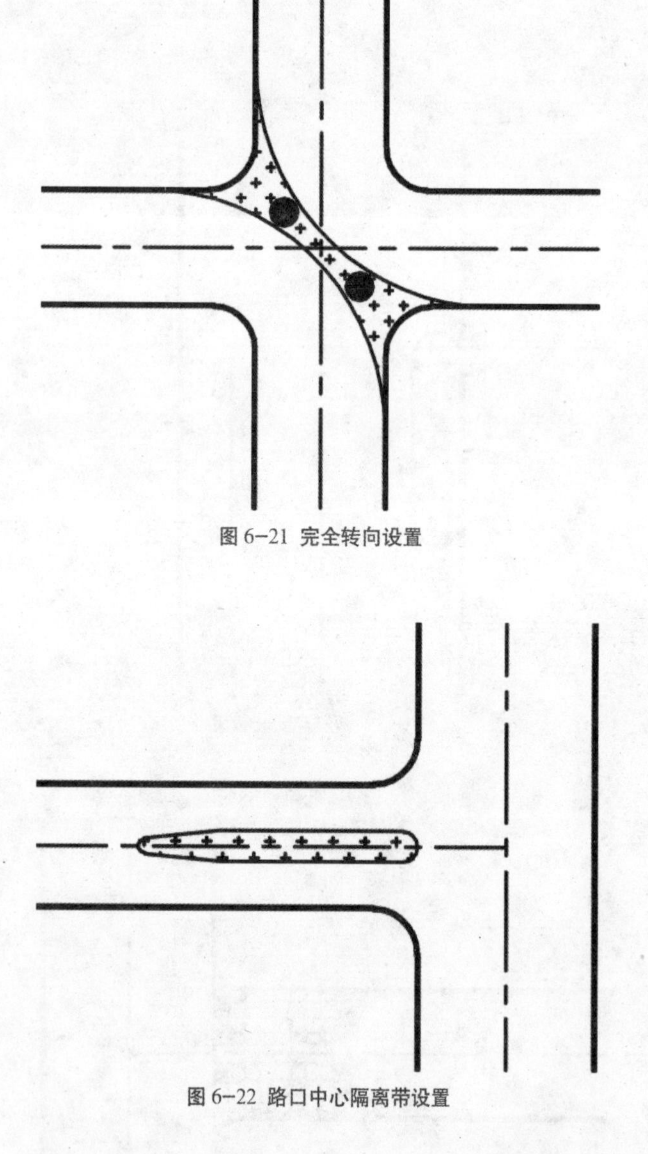

图 6–21 完全转向设置

图 6–22 路口中心隔离带设置

⑧在两条主要道路交叉路口中间设置隔离障碍，可以起到减少交叉路口交通流线冲撞的作用，确保交叉路口更为安全（图 6-23）。

⑨在道路中部设置卵状分隔带（图 6-24），以减缓车辆行驶速度。

⑩在道路交叉处设置半转向障碍，控制双向车行道路在某段较短的距离内只能单向行驶，利于减少某方向上的交通量，避免车行穿越交通，同时又能满足自行车和相关应急车辆等通行（图 6-25）。

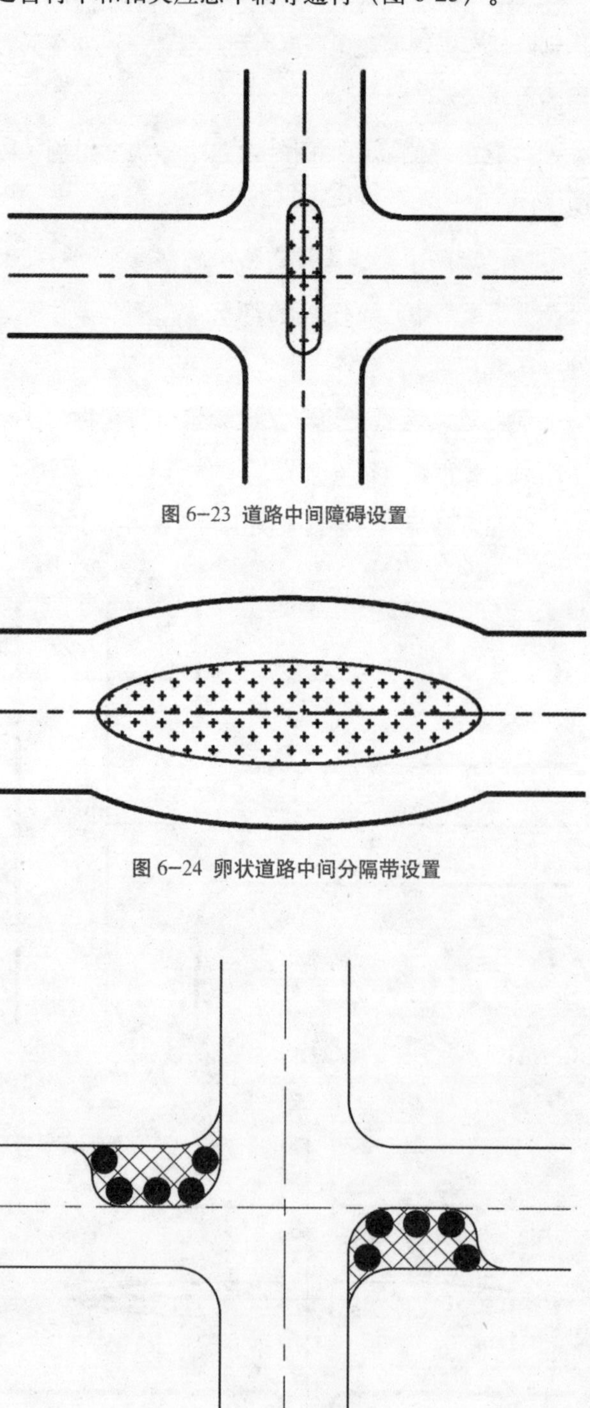

图 6–23 道路中间障碍设置

图 6–24 卵状道路中间分隔带设置

图 6–25 半转向障碍设置

⑪ 在道路交叉口中心设置环状中心岛，形成圆形障碍（图 6-26），减慢车辆通过交叉路口的速度，确保安全。

⑫ 在道路两侧设置三角形凸起物，用以改变道路车行流线的角度,以达到降低车速的目的(图 6-27)。

⑬ 在车行道路中人行过街通道上采用步行流线局部凸起措施，使路面高度局部隆起，以达到降低车速的作用（图 28）。

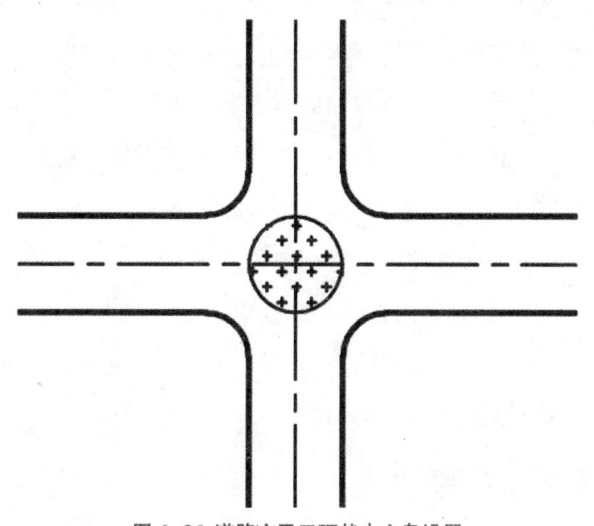

图 6–26 道路交叉口环状中心岛设置

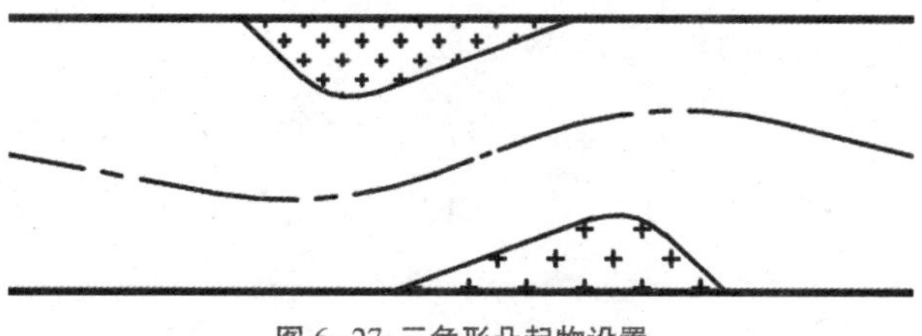

图 6–27 三角形凸起物设置

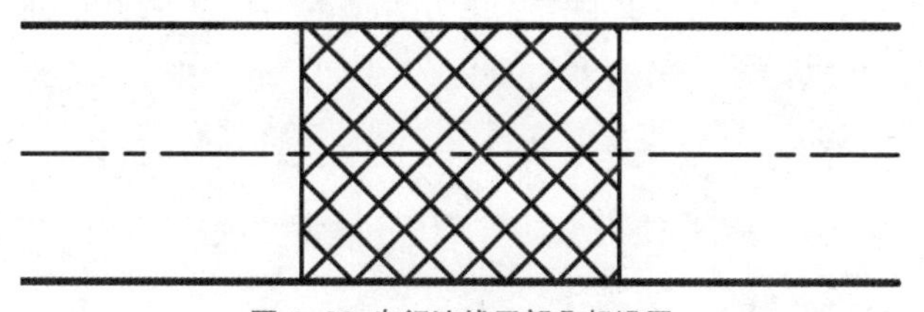

图 6–28 步行流线局部凸起设置

⑭ 在道路交叉口设置整体凸起措施，使整个道路交叉口逐步凸起至一定高度（图 6-29），以减慢车辆通过交叉路口的速度。

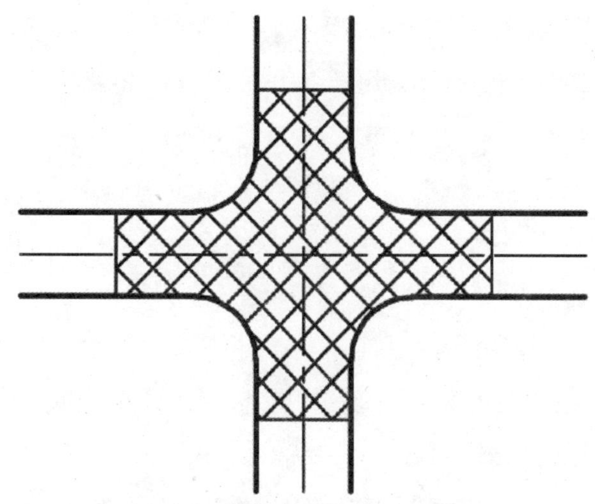

图 6–29 道路交叉口整体凸起设置

6.3 城镇住区静态交通的规划设计

城镇住区静态交通是指住区内机动车和非机动车停放的组织问题。静态交通组织的好坏，直接影响到住区生活环境的安宁。虽然当前的城镇住区车辆停放问题没有城市住区那么严重，但随着我国城镇化进程的加快，城镇规模的扩大，经济水平的提高和家庭用车的迅速增长，住区的静态交通组织亟待引起充分的重视。

城镇居民出行的交通工具主要是自行车、三轮车、摩托车等交通工具，同时也应把家用小汽车对静态交通的要求提到规划设计上来。

在城镇住区静态交通的组织设计时，除了对小汽车的停放进行有序的组织外，尚应对目前城镇居民出行中最为常用的自行车、摩托车、三轮车、板车以及残疾人和老年人的专用代步车进行周详地组织。

对居民来说，最方便的停车方式当然是按照每户或每一住宅单元为单位设置停车点的布局方式，如在住宅单元出入口处（或附近）的路边，在住宅单元的底层，在住户的院子，或者是住宅的套内。对于低层独院式住宅，由于住宅的密度低，交通量相对较少，机动车、非机动车的停放可由住户自行解决。对于多层公寓式住区的静态交通组织，由于密度高，交通流量相对较大，需要对车辆的临时停靠和入库停放问题进行有序的组织。在住区建设时就需要考虑在恰当的位置配置停车库。妥善解决自行车、三轮车、摩托车和小汽车的入库停放问题。

6.3.1 城镇住区停车数量的决定因素

不同的城镇住区，其实际停车率是不一样的，甚至有时差异甚大。城镇住区停车指标主要受以下一些因素的影响：

（1）不同地区城镇经济、社会发展的差别

地区经济发展程度是影响停车指标的主要因素。地区不一样，其经济发展水平也存在差异并直接造成居民小汽车拥有率的不同。

我国现阶段小汽车主要集中在一些经济较发达的地区和城镇。我国《城市居住区规划设计规范》（GB 50180-1993）对居住建筑的停车位指标没有作统一的规定就是考虑到这一原因。我国的现实情况是地区经济发展不平衡，地区间经济增长的差距迅速扩大，这种差异同时体现在省、市、自治区之间，沿海地区与内陆地区之间，东中西三个地带之间，少数民族聚集地区与汉民族聚集地区之间，城市与乡村之间。一般而言，经济越发达，居民的小汽车拥有率越高，配建停车标准也应相应提高。

我国城镇量大面广，不同地区、不同性质、不同类别城镇经济社会发展差别很大，经济发达地区的县城镇、中心镇小汽车发展较快，远期居民的汽车拥有率较高，配建停车标准也相应较高。

（2）居民经济能力

我国目前正处于社会主义初级阶段，家庭平均收入水平仍较低，家用小汽车还是一种高档消费品，是财富和地位的象征，只有少数高收入家庭才有经济实力购买小汽车，并且每年要支付一大笔使用费，大量的普通家庭要晋升为有车阶层还有一段距离。因此，小区居民的经济收入水平从根本上决定了该小区内小汽车拥有率的高低。

（3）不同类别城镇小汽车需求的差别

我国城镇按其性质、功能、空间形态有各种不同分类。不同分类的城镇居民经济水平和其从事行业性质、比例以及城镇区位环境等与小汽车需求相关的因素存在诸多不同与较大差别。不同类别城镇小汽车需求差别也很大。

一般来说，城市周边地区的城镇，包括位于大中城市规划区的城镇和作为其卫星城的城镇，以及位于城镇群中规模较大的城镇，由于经济发展基础好，与周边城市及城镇的联系密切，居民小汽车拥有量较高，停车位及其相关技术经济指标应有较高要求的考虑。

商贸型城镇、工贸型城镇，以及以房地产为特色产业，特别是作为城市第二居所的郊区（包括远郊）城镇住区，居民小汽车拥有量、停车位及其相关技术经济指标总体上都应有较高考虑，其中，也有不低于城市相关标准的部分。

农业型和家庭工业占有较大比例的工业型城镇规划生产生活区一体化的住区停车位时，尚应考虑拖拉机、小型货车的停放要求。

从国外来看，由于对很多家庭来说，在郊野城镇获得廉价而又舒适的居住环境的可能性比城市要大很多。城市周边地区及其城镇的汽车拥有量始终高于中心城市的汽车拥有量。

在我国，一些高档的住区通常建在城乡结合部和城镇，这类小区地处郊区，环境良好，但公共交通相对不便，购买这类第二居所的居民往往收入较高，有能力购买和使用小汽车，因此这类城镇住区的停车率也会很高。

（4）城镇不同住区组织结构停车位的不同要求

我同城镇不同住区组织结构对停车位有不同要求。由于城镇住区居民居住较集中、居住户数在千户以上，停车场库和自行车棚在方便居民使用的原则下可采取小区或几幢多层住宅楼集中布局或集中与分散相结合的布局形式，庭院住宅的住区一般是一户一院，除保留的传统住宅外，也包括各种小住宅，从远期规划角度，其中有相当比例的当地经济富裕专业户和经济条件较好的其他城镇经济富裕家庭，小汽车拥有率较高，停车位一般一户一院单独考虑。

介于住区和庭院住宅之间的住宅组群户数在250～500户，停车场和自行车棚，在方便居民使用的原则下，可采取分散布局或分散和集中相结合的形式布局。

（5）小区周围的道路及公共交通服务条件

城镇道路的发展与车辆拥有量有着密切的联系。一方面，城镇道路发展越快，车辆就会越多，而道路建设越慢，则越对汽车交通的发展起抑制作用；另一方面，随着车辆的发展，迫使城镇发展道路，以满足车辆对道路的需求。

当小区周围有便利的公共交通条件时，居民会减少利用小汽车出行的次数而改用公共交通。

随着我国住宅建设郊区化，一些城市郊区城镇的住区为了方便住户，还为居民提供班车服务。班车不断提高服务质量，还给予居民尽可能的优惠待遇。便利的公共交通系统，在一定程度上削弱了居民对小汽车的购买欲望，并直接导致住区停车数量的下降。

6.3.2 城镇住区停车的技术要求

（1）停车指标的预测分析

城镇住区停车指标首先取决于一个科学的交通工具与结构的预测分析，而这种预测分析的结果会由于地域与城镇不同而不同。停车指标的制定，需要在科学合理的预测基础上，确定合理的配置指标。

据对100多个城镇及其住区道路交通和部分经济富裕地区城镇道路交通相关调查，我国城镇农用车占机动车比例较高，一些城镇在50%左右，而小汽车（含摩托车）的比例仅为16%～18%，县城镇农用车比例一般在20%左右，少数达到30%。经济发达地区县城镇、中心镇、大型一般镇、商贸城镇、以房地产为主导产业的城镇汽车拥有率较高，这些城镇小汽车拥有率与城市差距较小，其中，也有一些城镇不低于城市，但城镇整体小汽车拥有率还是很低，特别是经济欠发达地区城镇与城市差距甚大。城镇相关指标预测与制定应考虑城镇的现状。

（2）停车指标的确定原则

城镇住区停车主要包括住区居民自行车、三轮车、摩托车、小货车、拖拉机和小汽车的停放，也包括住区内部公共服务设施所吸引车辆和公共服务设施本身车辆的停放，其相关指标确定应考虑以下原则要求：

1）指标的前瞻性。城镇住区配建停车标准的制定要满足远期发展的需求，由于一些相关因素的不可预见，常常会使预测小于实际需求，这就要求一方面每隔一段时间（一般3～5年）对配建指标及时调整，另一方面指标制定应有前瞻性。

2）指标的弹性。由于不同城镇住区所处的具体情况不同，因此，配建停车指标应具有一定的弹性以适应不同的情况。停车是一种重要的土地利用形式，土地利用和交通发展的变化都对停车数量有相关的重要影响。

3）近远期结合。按远期规划预留停车用地、按远期指标一次修建，会使停车位远高于现阶段实际停车需求，造成资源和资金浪费；近远期结合，按远期规划预留停车用地，能满足远期规划发展需要。

4）按经济发展水平不同地区和不同类别城镇划分标准。不同地区、不同类型的城镇居民小汽车拥有率存在很大差别，对东部沿海经济发达地区县城镇、中心镇的停车指标研究相对深入和成熟一些，对指导其他地区，其他不同类别城镇相关停车指标具有一定借鉴意义。

5）按照城镇不同住区组织结构和不同住区档次

划分标准。城镇不同住区组织结构和不同住区档次对停车位、停车指标有不同要求，不同住区档次，其停车位差别也会很大。一般来说，居住档次越高停车率也越高。对经济发达地区城镇的高级住区来说，停车率至少是100%，也就是说至少每户1个停车位。独立别墅普遍超过了1户1个车位的标准，多是1户2个车位或3个车位；联排住宅一般也是1户1个车位。但一些档次较低的住区，如经济适用房、拆迁房等，居民小汽车的拥有率会低很多。

我国城市住区停车指标一般可分为住区、中高档商住区、一般商住区和经济适用房等几个档次，根据不同的档次建议确定停车指标分别为每户1.5 ~ 2.5辆、1.0 ~ 1.5辆、0.5 ~ 1.0辆、0.25 ~ 0.5辆。

我国城镇住区停车指标也可按城镇不同地区、不同性质、类别、不同规模和城镇不同住区档次划分来确定。

按城镇停车指标划分的居住档次一般可分为庭院住区、商住区、一般住区几个档次。

6）地面、地下的停车位比例及其车型比例分配。随着小康社会逐步实现，小汽车数量增多，停车无疑会占用城镇住区的宝贵用地，特别是绿地和居民活动场地。因此对于远期小汽车拥有率较高的经济发达地区县城镇、中心镇住区，停车位标准宜对照国标《城市居住区规划设计规范》[GB 50180-1993（2002年版）]，地面停车率（居民汽车的地面停车位数量与居住户数的比率）不宜超过10%的规定作出相应比例要求。

城镇停车位应考虑自行车、三轮车、板车、摩托车、小货车、小汽车等不同车型及其不同比例要求。从长远来看，随着经济发达地区县城镇、中心镇住区小汽车拥有率的快速增长，将来住区会以小汽车停车位建设为主，对现在必需的自行车、三轮车和摩托车位宜灵活设计，以便将来更改为小汽车停车位。在停车位的布置中，还应对残疾人和老年人专用的代步车进行合理布置，也可结合其他车辆的布置加以统一安排。

（3）城镇住区主要停车指标

1）非机动车停车场指标

城镇非机动车辆主要为自行车，据对100多个城镇及小区交通调查资料分析，目前城镇居民出行交通工具以自行车（包括电动自行车）为主，约占整个交通工具的70%～80%，其他非机动车尚有三轮车（包括残疾人和老年人的专用代步车）、大板车、小板车及兽力车。因此，非机动车停车场的标准停车位以自行车为宜。

城镇住区非机动车停车场可按服务范围调查、测算自行车保有量的20%～40%来规划自行车停车场面积，并按调查、测算所需停放其他非机动车辆的比例因素调整、计算得出非机动车停车场面积。

城镇住区自行车停车位参数按表6-3规定。

2）不同城镇机动车停车场指标

城镇住区机动车停车指标宜按不同地区、不同类别、不同规模城镇及其不同住区档次确定，并可按表6-4停车位指标范围，结合地方要求和城镇实际情况分析比较选择确定。

表6–3 自行车停车位参数

停靠方式		停车宽度/m		停车间距/m C	通道宽度/m		单位停车面积/（m²/辆）	
		单排A	双排B		单侧D	双侧E	单排停（A+D）×C	双排停（B＋E）×C/2
垂直式		2.0	3.2	0.6	1.5	2.5	2.10	1.71
角停式	30	1.7	2.9	0.5	1.5	2.5	1.60	1.35
	45	1.4	2.4	0.5	1.2	2.0	1.30	1.10
	60	1.0	1.8	0.5	1.2	2.0	1.10	0.95

表 6–4 不同城镇不同档次住区远期规划停车建议指标　（单位：辆／户）

地区		庭院住宅	商住区	一般住区
经济发达地区	县城镇、中心镇	1 ~ 1.5	0.4 ~ 0.9	0.08 ~ 0.18
	一般镇	0.8 ~ 1.2	0.3 ~ 0.7	0.06 ~ 0.12
经济一般地区	县城镇、中心镇	1 ~ 1.2	0.3 ~ 0.8	0.06 ~ 0.15
	一般镇	0.6 ~ 1.0	0.2 ~ 0.6	0 .04 ~ 0.10
经济欠发达地区	县城镇	0.7 ~ 1.0	0. 2 ~ 0.7	0.05 ~ 0.12
	一般镇	0.5 ~ 0.8	0.1 ~ 0.5	0.02 ~ 0.07

注：① 表中值以小车为基本车型．停车指标含其他车型可按与小车之间相关比例折算。
② 表中城镇类型主要按综合型分类。小车拥有率高的商贸、工贸型城镇和以第 2 居所房地产开发为主导产业的城镇可在实际润在分析的基础上，比较经济发达地区县城 镇、中心镇相关指标确定。
③ 经济欠发达地区中心镇就是县城镇。
④ 经济欠发达地区小车拥有率低的城镇规划停车场可先作绿地预留。

表 6–5 停车场综合指标

	平行	垂直	与道路成 45° ~ 60°
单行停车位的宽度 /m	2.0 ~ 2.5	7.0 ~ 9.0	6.0 ~ 8.0
双行停车位的宽度 /m	4.0 ~ 6.0	14.0 ~ 18.0	12.0 ~ 16.0
单向行车时两侧停车位之间的通行道宽度 /m	3.5 ~ 4.0	5 ~ 6.5	4.5 ~ 6.0
100 辆汽车停车场的平均面积 /hm²	0.3 ~ 0.4	0.2 ~ 0.3	0.3 ~ 0.4（小型车） 0.7 ~ 1.0（大型车）
100 辆自行车停车场的平均面积 /hm²		0.14 ~ 0.18	
一辆汽车所需的面积（包括通车道） 小汽车 /m² 载重汽车和公共汽车 /m²		22 ~ 40	

3）城镇停车场停车位、通行道宽度及停车场面积指标

城镇住区停车场停车位、通行道宽度及相关面积等技术指标可结合城镇住区实际情况按表 6-5 中规定选取。

4）停车场其他相关技术经济指标与技术要求

①城镇住区停车场和用户住宅距离以 50 ~ 150m 为宜。

②停车场位置应尽可能使用场所的一侧，以便人流、货流集散时不穿越道路，停车场出入口原则上应分开设置。

③地上停车场，当停车位大于 50 辆时，其疏散出入口应不少于 2 个；地下车库停车大于 100 辆时，其疏散口应不少于 2 个。疏散口之间距离不小于 10m，汽车疏散坡道宽度不应小于 4m，双车道不应小于 7m。坡道出入口处应留足够的供调车、停车、洗车的场地。

④停车场的平面布置应结合用地规模、停车方式来合理安排停车区、通道、出入口、绿化和管理等。停车位的布置以停放方便、节约用地和尽可能缩短通道长度为原则，并采取纵向或横向布置。每组停车量不超过 50 辆，组与组之间若没有足够的通道，应留出不少于 6m 的防火间距。

⑤停车场内交通线必须明确，除注意单向行驶，进出停车场尽可能做到右进右出外，还应利用画线、箭头和文字来指示车位和通道，减少停车场内的冲突。

⑥停车场地纵坡不宜大于 2.0%，山区、丘陵地形不宜大于 3.0%，为了满足排水要求，均不得小于 0.3%。进出停车场的通道纵坡在地形困难时，也不

宜大于 6.0%。

⑦停车场应充分采用绿化措施来改善停车环境。在南方炎热地区尤其要注意利用绿化来为车辆防晒。

6.3.3 城镇住区停车的规划布局

（1）多层公寓式住区自行车、三轮车、摩托车（包括各种供残疾人和老年人专用的代步车）停放组织

当前，城镇多层公寓式住区自行车、三轮车、摩托车（包括各种供残疾人和老年人专用的代步车）的停放主要有两种，一是停放到设在住宅楼底层车库内；二是存放在自己家中。目前有不少住宅楼群，在建设中没有很好考虑车辆的停放，导致在住区内乱停乱放，严重影响了环境景观。相当数量的摩托车、自行车、三轮车停放在住宅单元的出入口处和公共楼道内，不仅造成居民进出（特别是晚上出入和搬运物品时）不便，同时破坏了居住环境的美观和整洁。由于摩托车、自行车、三轮车是城镇居民出行的主要交通工具，因此，车辆的停放组织在城镇住区建设中必须认真解决。

自行车、摩托车、三轮车的入库停车组织主要有住宅底层单间式车库和集中式车库两种。

1）住宅底层单间式车库。住宅底层单间式车库是指在住宅的底层设置车库，每户独用兼做储藏（图 6-30）。住宅楼共 6 层，其中底层为车库，住宅 5 层。每户均有一间独立的车库，可停放自行车、摩托车、三轮车，并兼做储藏。层高 2.4m。车库的出入口与住宅的楼梯分开布置，避免了车辆出入不便和拥挤。这类车库的使用和管理均较为方便，除了存放自行车、摩托车外，还可兼放其他杂物。调查表明，这类车库比较受欢迎，居民使用方便。

2）住宅底层单元集中式车库。住宅底层集中式车库是一种利用住宅底层架空停车（图 6-31）。这种做法灵活性大，还可为日后改停小汽车创造条件。另一种是利用砖混结构空间打通，用作集中停车、便于管理。

3）住宅组群集中式车库。随着城镇化进程的加快，城镇规模的扩大，城镇住区规模也相应扩大，对道路交通组织和绿化景观要求也随之提高。集中式车库将可能得到普遍应用。其主要特点是节约用地，方便管理。

集中式车库一般设在住宅楼的一层或单独设置一幢 1 ~ 2 层的大型车库或地下室、半地下室，日夜

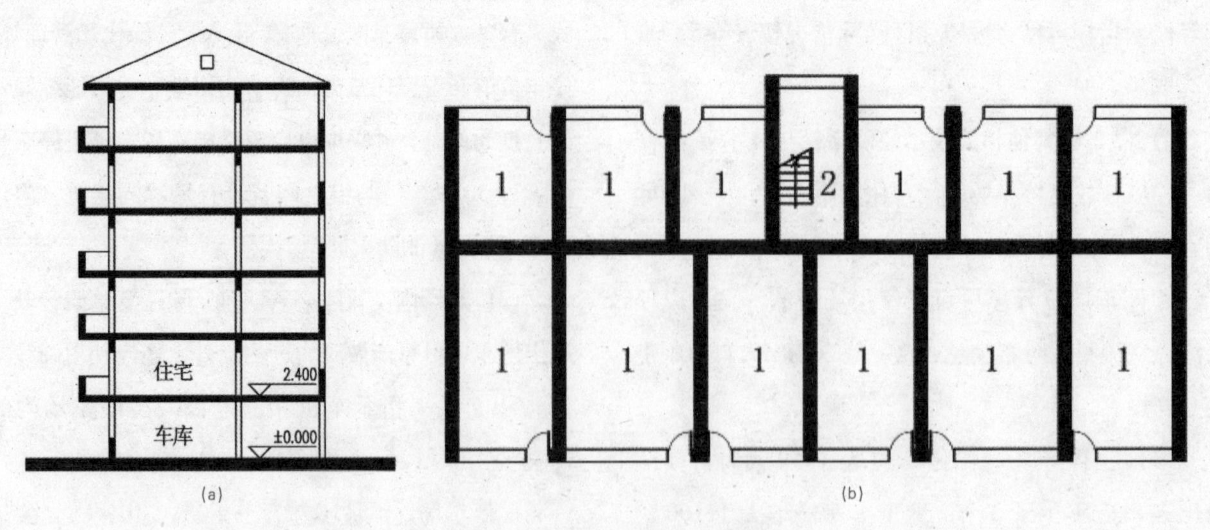

1—自行车、摩托车、三轮车库；2—楼梯

图 6-30 住宅底层单间式车库示意

（a）剖面图 （b）平面图

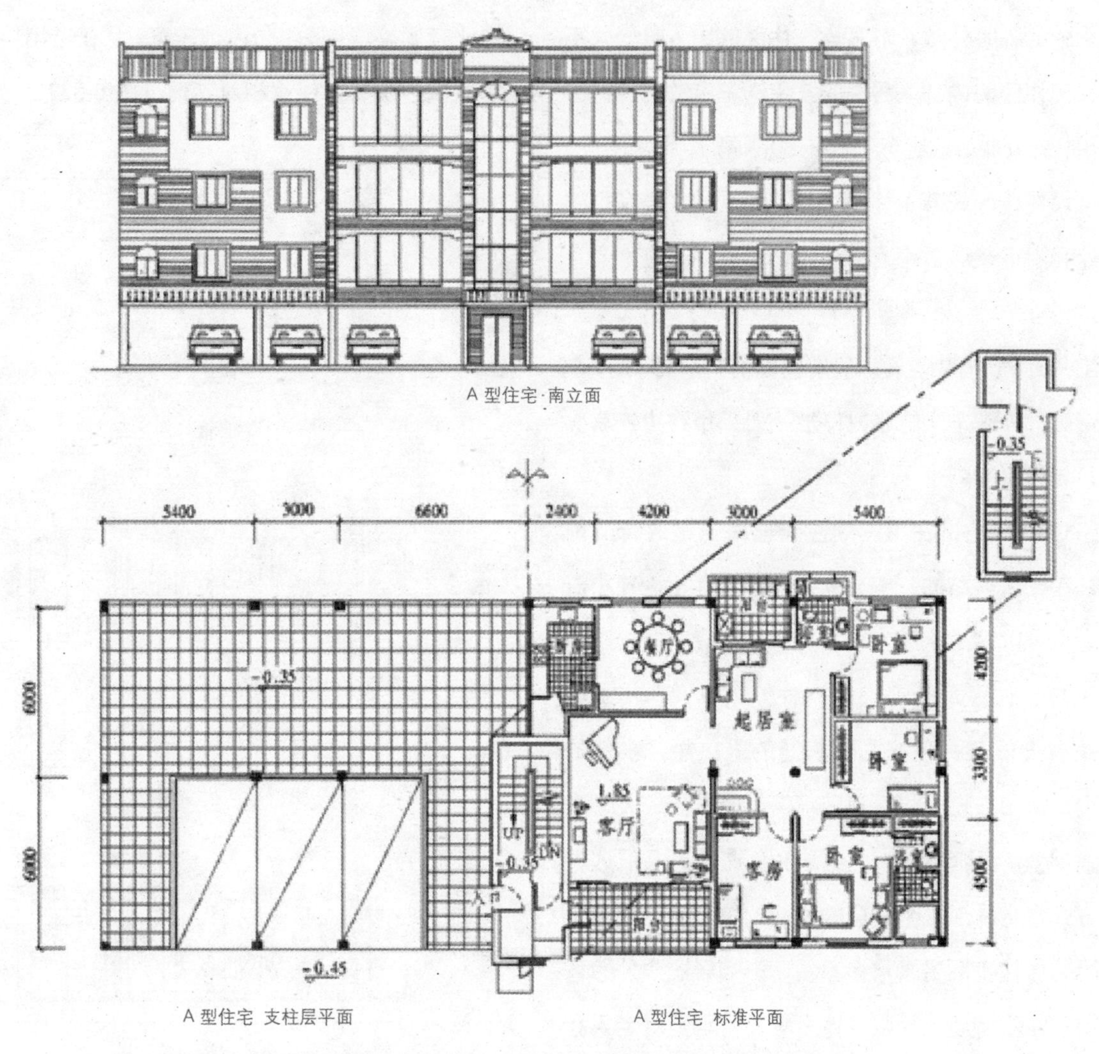

图 6–31 厦门市思明区黄厝跨世纪农民新村 A 型住宅底层单元集中停车

有专人值班看管，车辆存放凭卡发牌，对号入座，这类车库在城镇住区规划设计中应注意如下几点：

①居民的存车与取车应与日常性的各项出行活动（如上班、上学、接送小孩等）程序与路线相适应，使居民出行便捷顺畅。集中式车库的位置一般应设在住宅组团的主要出入口处，或住宅组群的院落出入口处，以适应居民出行活动的行为轨迹。

②车库的服务半径应控制在 100m 以内，即将居民至车库的步行时间控制在 4 ～ 5min 以内。

③一处集中式车库的规模一般宜控制在 250 辆左右比较合适。

另外，还必须十分重视自行车、摩托车、三轮车的临时停放问题，当前有些住区由于住宅出入口处规划不当，没有合理设置自行车、摩托车、三轮车的临时停靠场地，使得车辆乱停乱放的现象十分严重。为此应结合住宅单元出入口、住宅山墙和住宅组群的空间组织，设置和合理布置自行车、摩托车、三轮车的停车空间，确保车辆的有序临时停放。

（2）汽车停放组织

住区汽车停放的服务对象主要是居民家用小汽车停车和出租车、来访车等其他外来车辆的临时停车两类，其中以居民的家用停车量为最大。当前，小汽车已经进入城镇居民家庭，随着经济水平的进一步提高，小汽车的停放问题将成为住区规划建设的重要内容，应该予以足够重视。

在停车布局上，为方便管理、避免影响居住环境，外来车辆的临时停放一般考虑在住区的出入口处，不必深入到住区的内部。居民的家用汽车停放应遵循方便使用、就近服务、避免影响环境的原则。综合考虑，一般可设在住区或若干住宅组群、邻里的主要车行出入口处和附近及服务中心周围等，服务半径应恰当、合理。

家用小汽车的停放一般有路边停车、车库停车两种形式，外来车辆的临时停放一般采用路边停车。

1）路边停车

路边停车是指在不影响住区道路正常通行的前提下，在住区道路的一侧或者在道路附近，设置小汽车停车位，以解决住区家用小汽车的停靠问题。路边停车是目前住区最为普遍的一种停车方式，其主要特点是就近停靠，住户与停车处的距离短，步行的时间少，使用方便；但管理困难，当停车量较大时，会侵占绿地，影响交通和居住环境质量。由于这种停车方式常常是深入到住区的内部，车辆在进出时，给居民的居住生活带来诸多不便，影响居民户外的休憩活动、儿童游戏、睡眠、休息等，特别是对老人和儿童的干扰很大。城镇住区在规划设计时对路边停车问题应采取必要的措施。

①布局。路边停车应相对集中，一般沿住区的主干道单侧布置，其合理的位置应设在住区或若干住宅组群的主要车行出入口处，以避免家用小汽车深入住区内，也可兼作外来车辆的临时停车。

②停车方式。路边停车常用的停车方式有平行式，垂直式和斜放式。

a. 平行式。车辆平行于道路或通道的走向（方向）停放。其特点是所需停车带较窄，车辆进入与驶出方便、迅速，但占地长，单位长度内停放的车辆数最少(图6-32）。

b．垂直式。车辆垂直于道路或通道的走向（方向）停放。特点是单位长度内停放的车辆数最多，用地比较紧凑，但停车带占地较宽，且在进出停车位时，需要倒一次车，使用相对不便（图 6-33）。

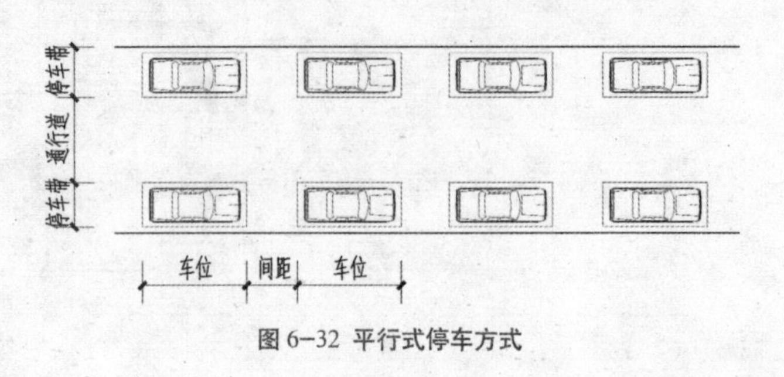

图 6-32 平行式停车方式

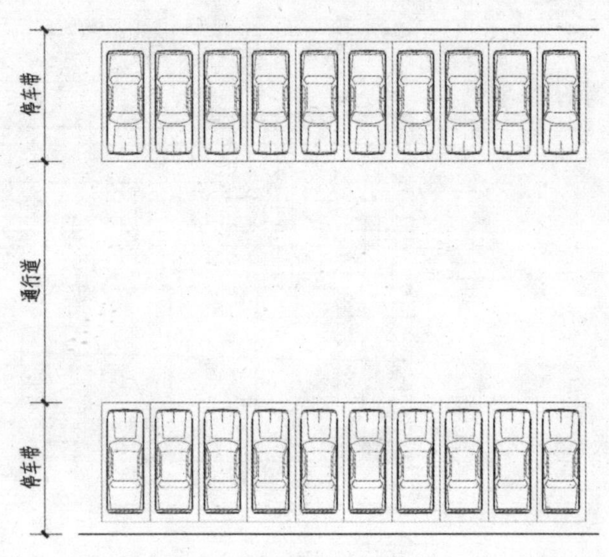

图 6-33 垂直式停车方式

c．斜放式。车辆与通道成一定角度停放。此种方式一般按 30°、45°、60° 三种角度停放。其特点是停车带的宽度随车身长度和停放角度不同而异，适宜场地受限制时采用（图 6-34）。

2）车库停车

车库停车一般包括住宅底层车库、地下车库和独立式停车楼。城镇住区常采用住宅底层车库停车。

与自行车、摩托车、三轮车停车一样，在住宅的底层设置小汽车停车位，是当前普遍受欢迎的一种汽车停车方式，这种形式对于密度相对低的城镇十分适用。车库停车比较路面停车来看，住宅底层停车能够腾出路边停车占用的空间，增加绿化面积，但这种汽车库由于深入住区内部，当车辆达到一定数量时，

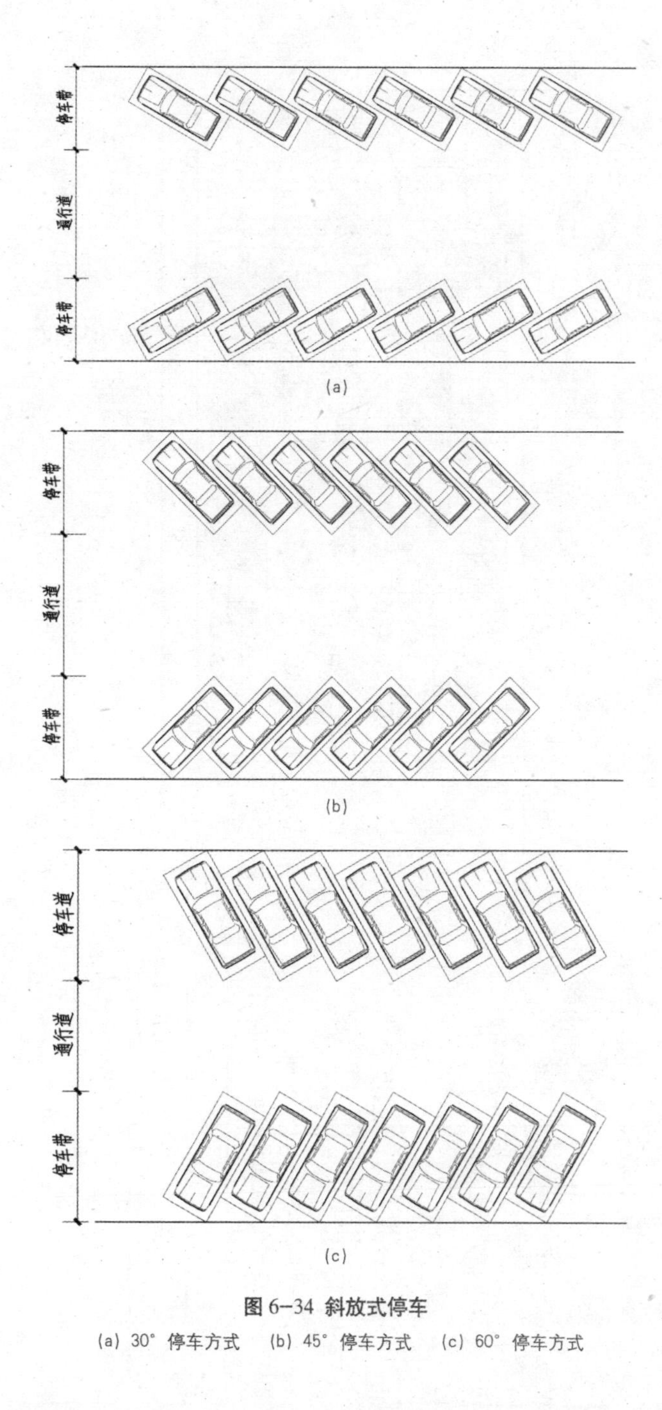

图 6-34 斜放式停车
(a) 30° 停车方式 (b) 45° 停车方式 (c) 60° 停车方式

日常性的交通贯穿于小区内部，严重影响居住环境，特别是容易给老人和儿童的行动带来危害。

住宅底层车库可分为单间式汽车库和集中式公共停车库两种。

①单间式汽车库是独家独用，管理和使用十分方便，独院式住宅的车库就是这种类型，多层公寓式住宅也可为部分住户配置单间式汽车库（图 6-35）。住宅楼共 6 层，其中底层为车库，住宅 5 层。每个单元有 8 个独立的车库，其中停放汽车的有 4 个，其出入口在建筑物的南侧；另 4 个可停放自行车或摩托车，其出入口在北侧。车库的层高 2.4m。

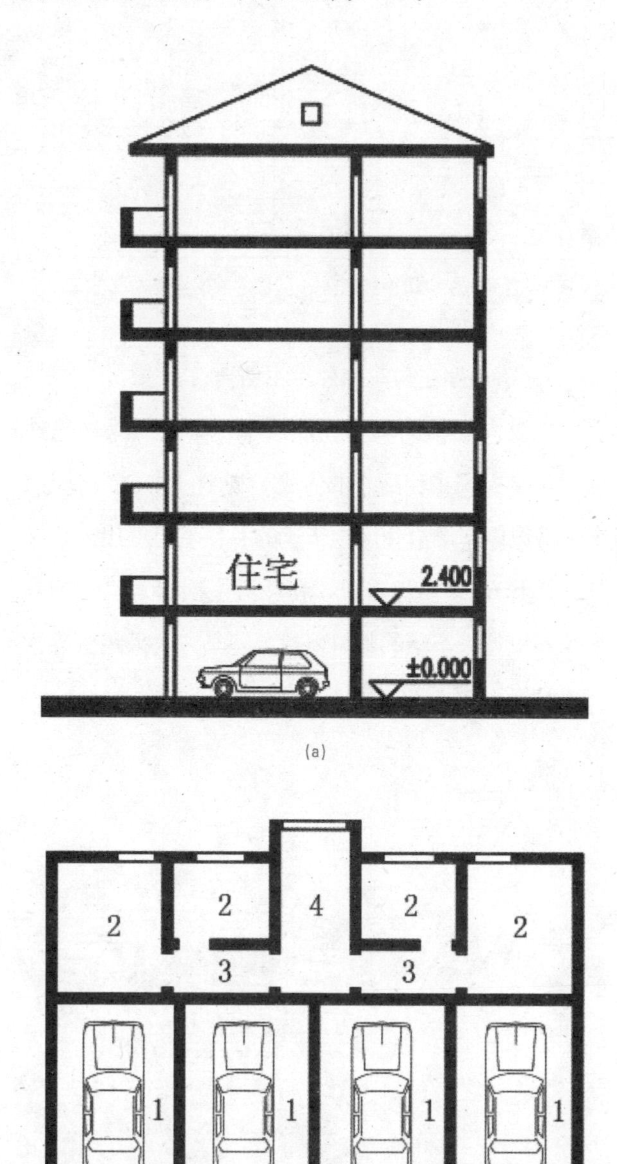

图 6-35 住宅底层单间式汽车库示意
(a) 剖面图 (b) 平面图

②开敞式公用汽车库，多家合用，统一管理并可相对集中（图 6-36）。温州市永中镇小康住区 A 型住宅采用大开间柱网设计，住宅的底层架空，作家用小汽车停放之用；每个单元有停车位 12 个，平均每户 1 个。

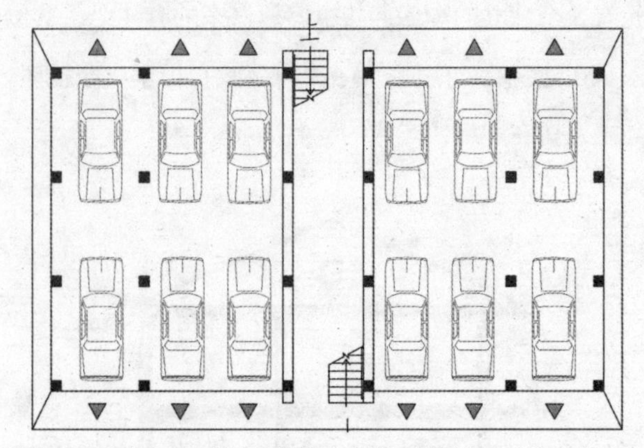

图 6-36 温州市永中镇小康住区 A 型住宅底层集中式汽车库示意

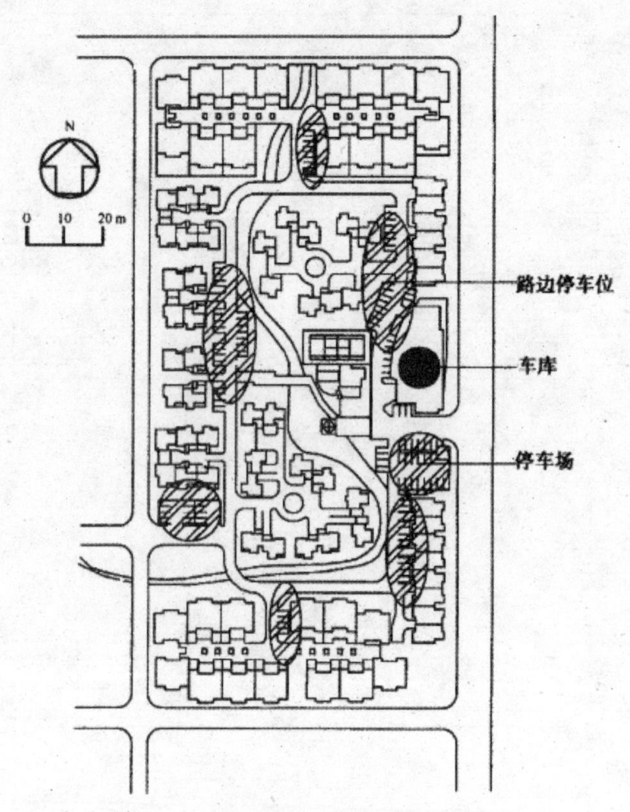

图 6-37 广汉向阳镇向阳小区汽车停车分析

3）路边停车与车库停车相结合

广汉向阳镇向阳小区的汽车停车组织采用路边停车和车库停车相结合的方式，规划停车位为户均 1 个。路边停车场沿住区主干道的各住宅组群出入口处分布，共 60 多个停车位。在住区主次出入口处的停车场兼作外来车辆的临时停放。停车方式采用垂直式（图 6-37、图 6-38）。

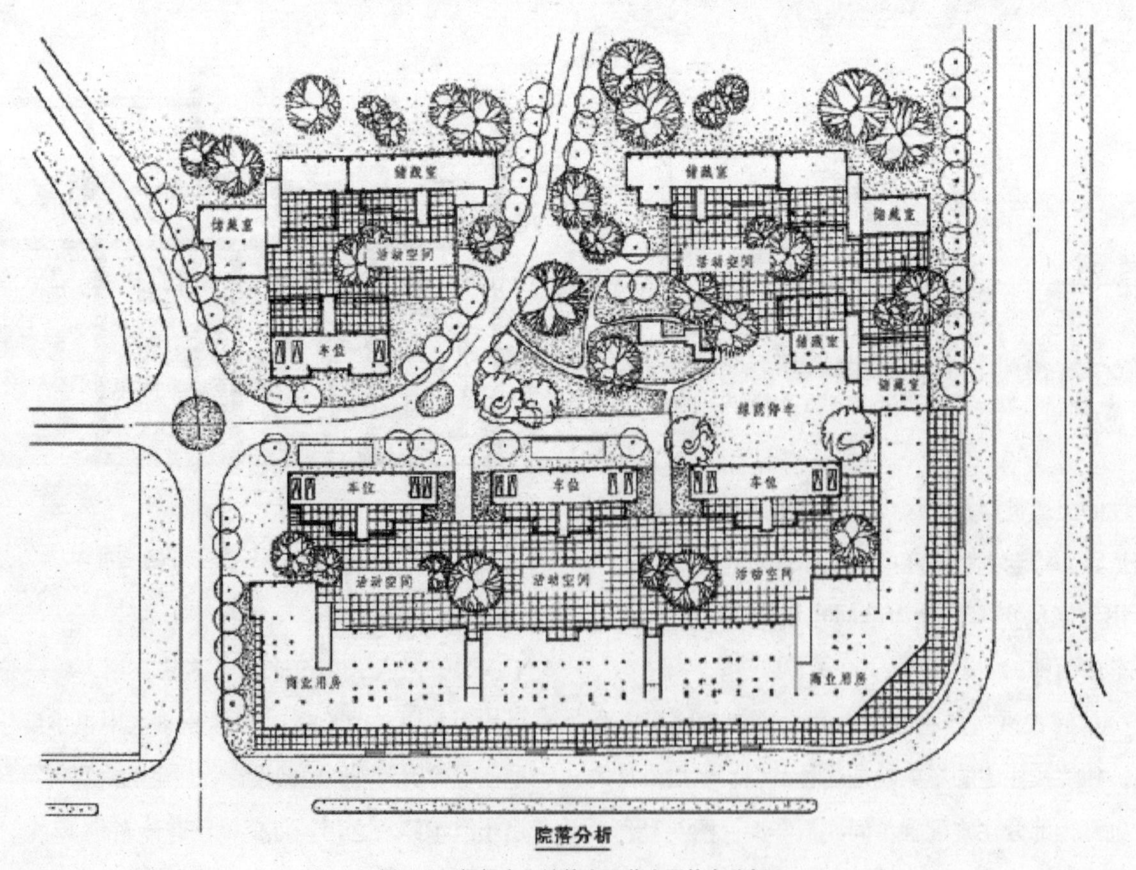

图 6-38 闽侯青口镇住宅示范小区停车分析

（3）机动车停车发车方式（图 6-39）

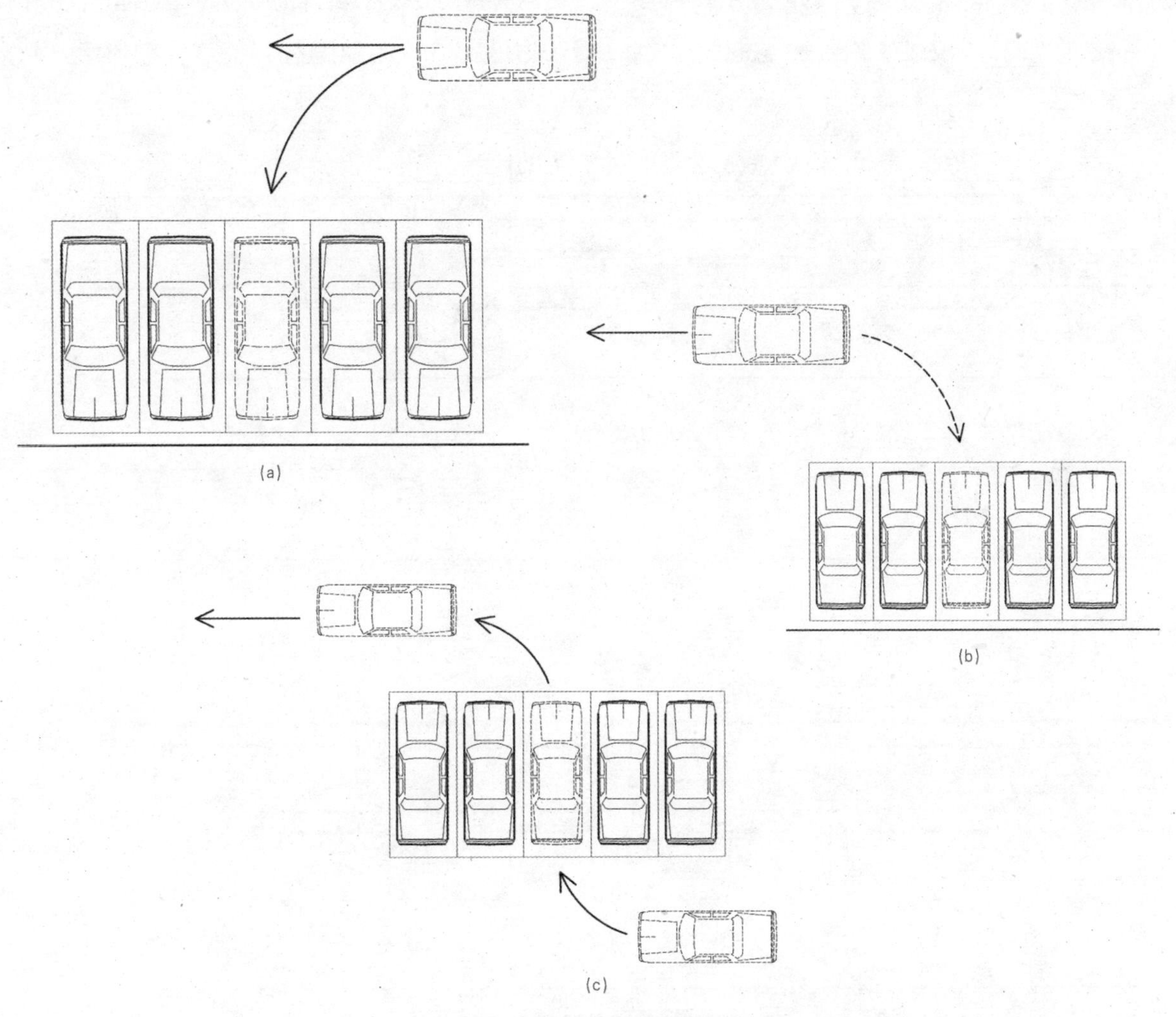

图 6–39 机动车辆停车发车方式

（a）前进停车，倒车发车　（b）倒车停车，前进发车　（c）前进停车，前进发车

6.3.4 城镇住区静态交通与景观设计

（1）路边停车与道路景观

路边停车常用的是住区干道路边车位停车和限时路面停车。路边车位停车可以方便快捷的解决进入住区的临时性车辆停放问题。在人车分流的交通组织中，小汽车沿居住区道路周边停放，不进入住区内部，有效避免了汽车对住区内部环境的影响等问题。路边停车位的景观宜采用绿荫停车的设计手法，大乔木结合植草砖，图 6-40 就是路边绿荫停车的一种方式，绿化效果很好。

图 6–40 路边绿荫停车景观

占用路面停车在建设较早的住区中比较常见，即便是许多新建的小区，家用小汽车的停放有时候也是占用车行道的空间，给交通带来困难，应想办法改善小区内的空间环境（图 6-41）。比较好的方式是结合小区停车的时间特点，将改造后的路边停车仅用于夜间临时停放，这对城镇住区的车辆停放更具有现实意义。

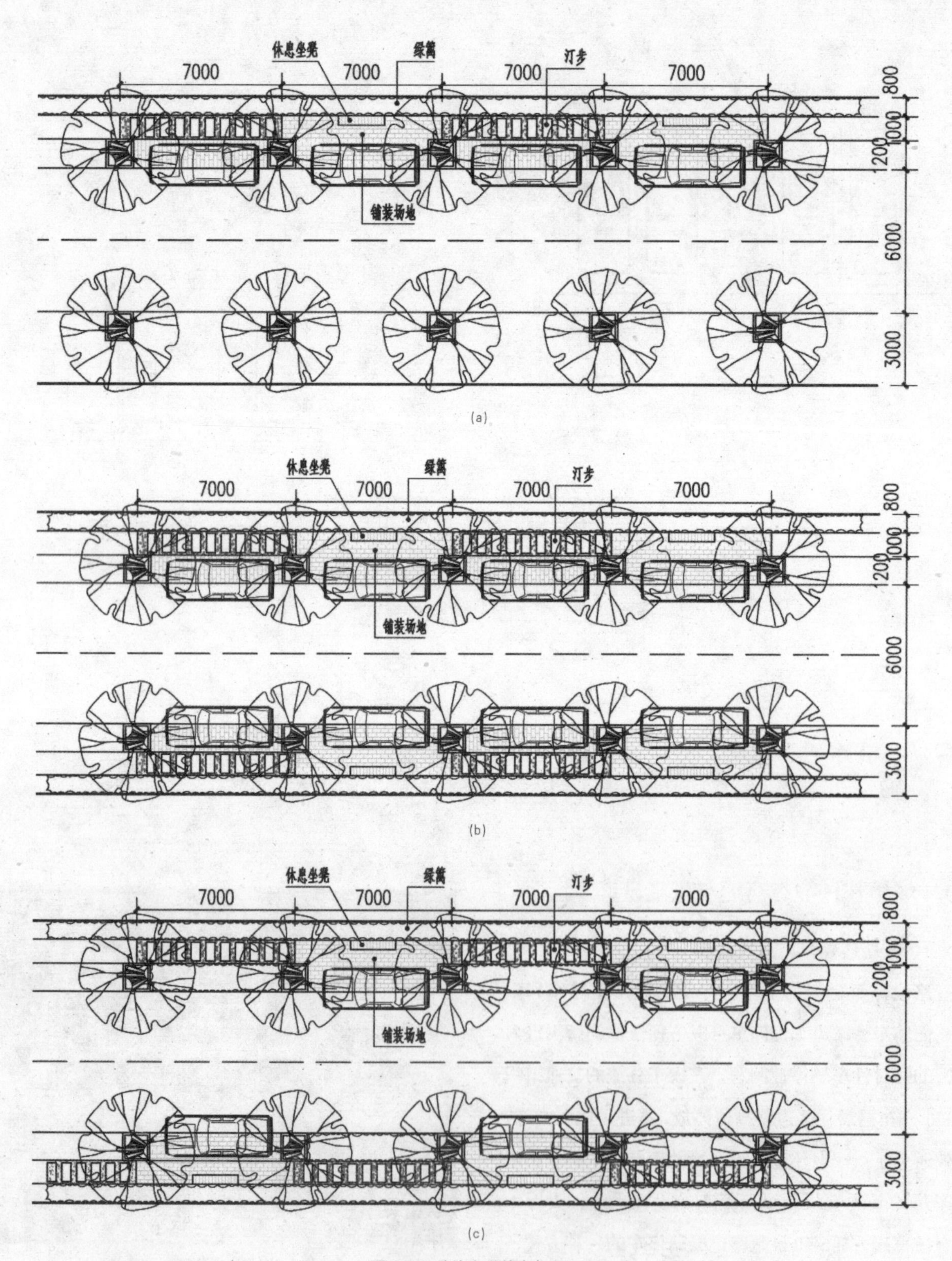

图 6-41 路边占道停车与景观

(a) 单侧占路停车 (b) 双侧占路停车 (c) 两侧交叉停车

(2) 地上停车场与绿化景观

根据规模及布置方式可以将地上停车空间分为集中的大型停车场、分散的小型停车场以及结合道路设置的停车空间等。对于面积较小的地上停车场，可沿周边种植树冠较大的乔木以及常青绿篱，形成围合感，并具有遮阳效果（图 6-42 ~图 6-44），同时还可以在停车位分隔处设置坐凳，在无车停放时可供人们休息之用（图 6-45 ~图 6-47）；对面积较大的停车场，可利用停车位之间的间隔带，种植高大乔木，植株的布置及间距类似于地下车库柱网布局（图 6-48）。同时地上停车场的景观设计还应多考虑规模、地坪处理、高差变化、绿化屏蔽和色彩等问题。

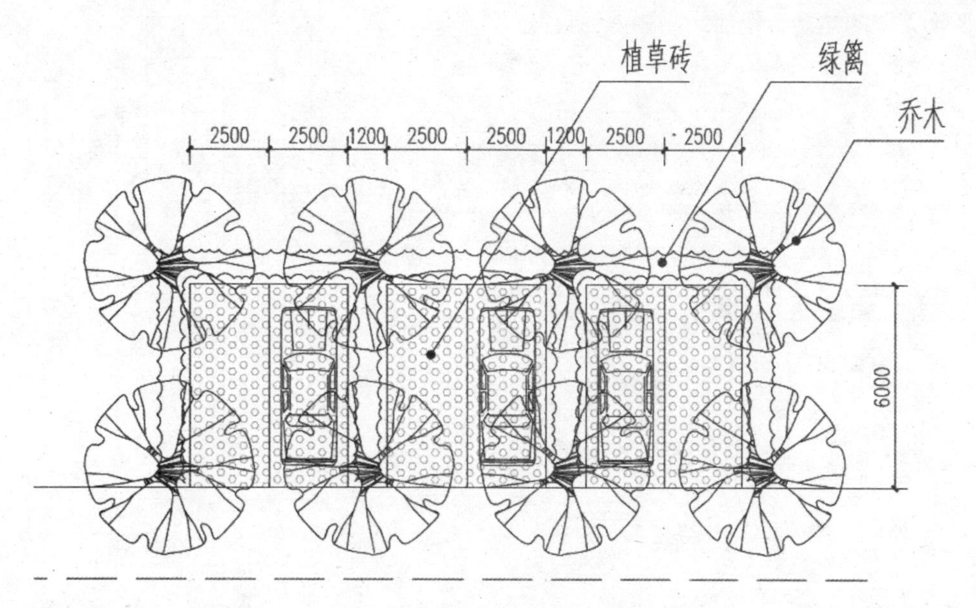

图 6-42 小型停车场布置平面图

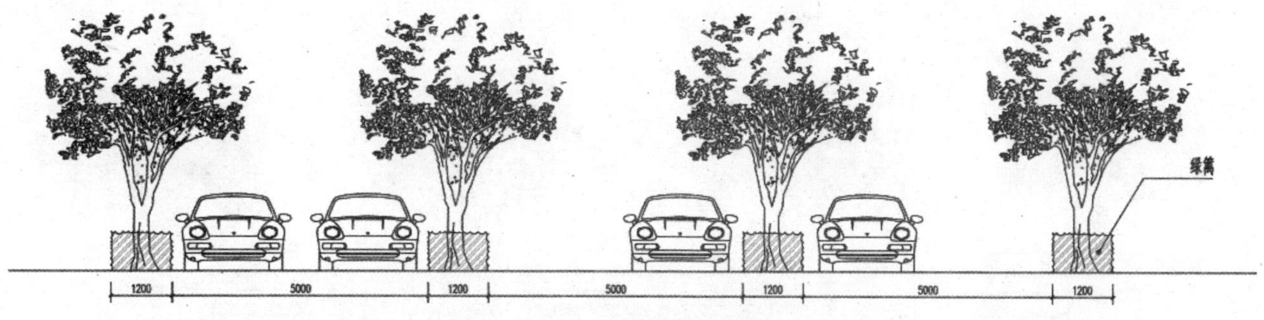

图 6-43 小型停车场立面图

图 6-44 绿荫停车场效果

地面层的材料选择，传统做法多用混凝土、花岗岩等硬质材料做地面，虽然有着停车方便的优点，但缺点是占地多，地面受太阳辐射反射强度较大，特别是在高温夏季，车内温度可达 60 ～ 70℃，不能作为计算绿地面积。与传统方式不同，如今在住区内多采用植草砖来铺装停车场地面，这种做法的优点是植草部分可以吸收太阳的热能，地面太阳辐射强度较

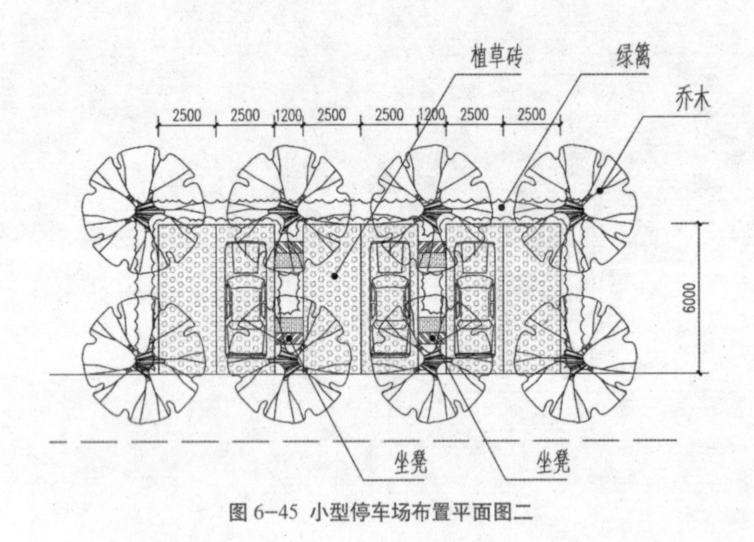

图 6-45 小型停车场布置平面图二

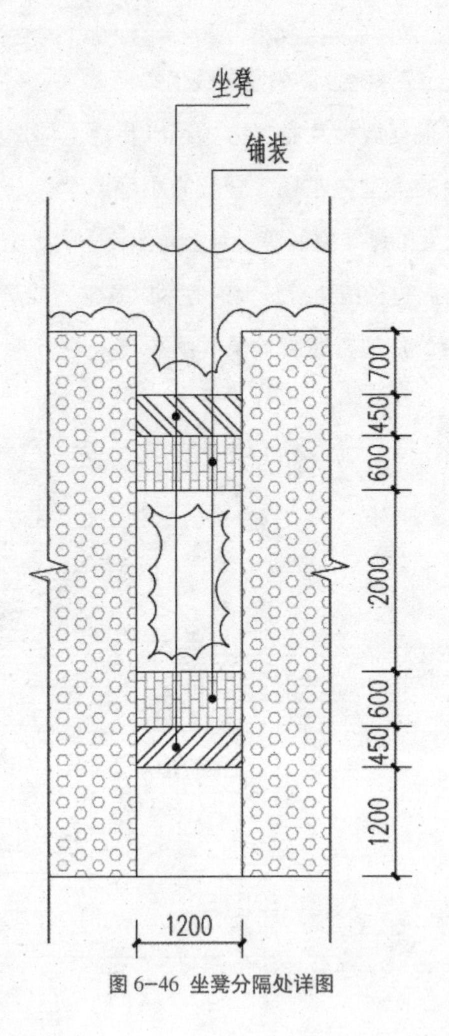

图 6-46 坐凳分隔处详图

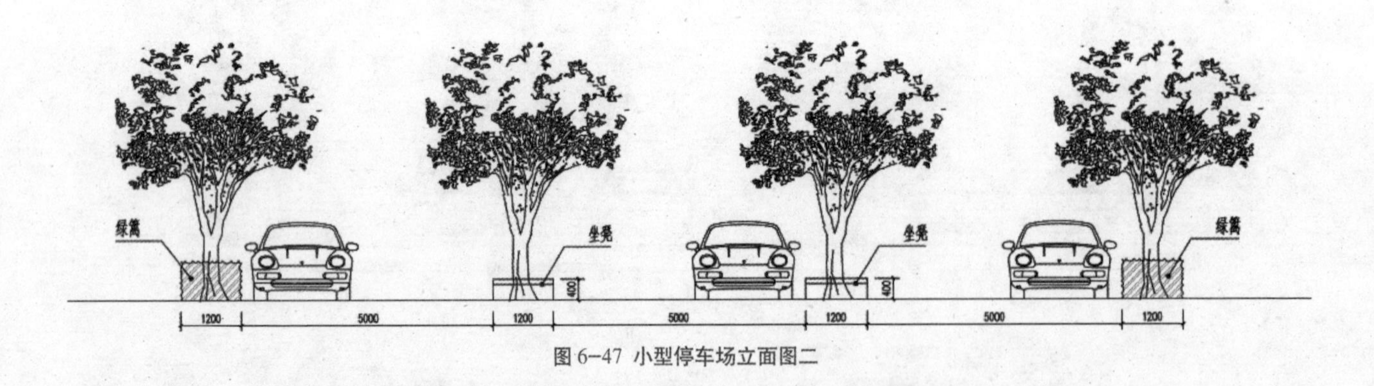

图 6-47 小型停车场立面图二

传统停车位的形式弱，并且停车位可作为计算 20%的绿地面积，即每个停车位可计算 15×20%的绿地；缺点是植草砖的植物播种因土壤较少，草坪根系受周围的硬地影响，水分蒸发快，管理要求高，若水分供给不足，易枯萎，形同虚设；另外，因土壤疏松，会使居民行走时鞋后跟容易陷入植草格中。

为充分利用空间，可将部分停车场地在白天作为老人和青少年的简单活动场地。规模较大且平整的停车场，可以在白天车辆较少时作为青少年的篮球场、羽毛球场、旱冰场等运动场所；结合公共绿地设计的停车场，可以在白天非停车高峰时段作为老年人休闲娱乐的场所。

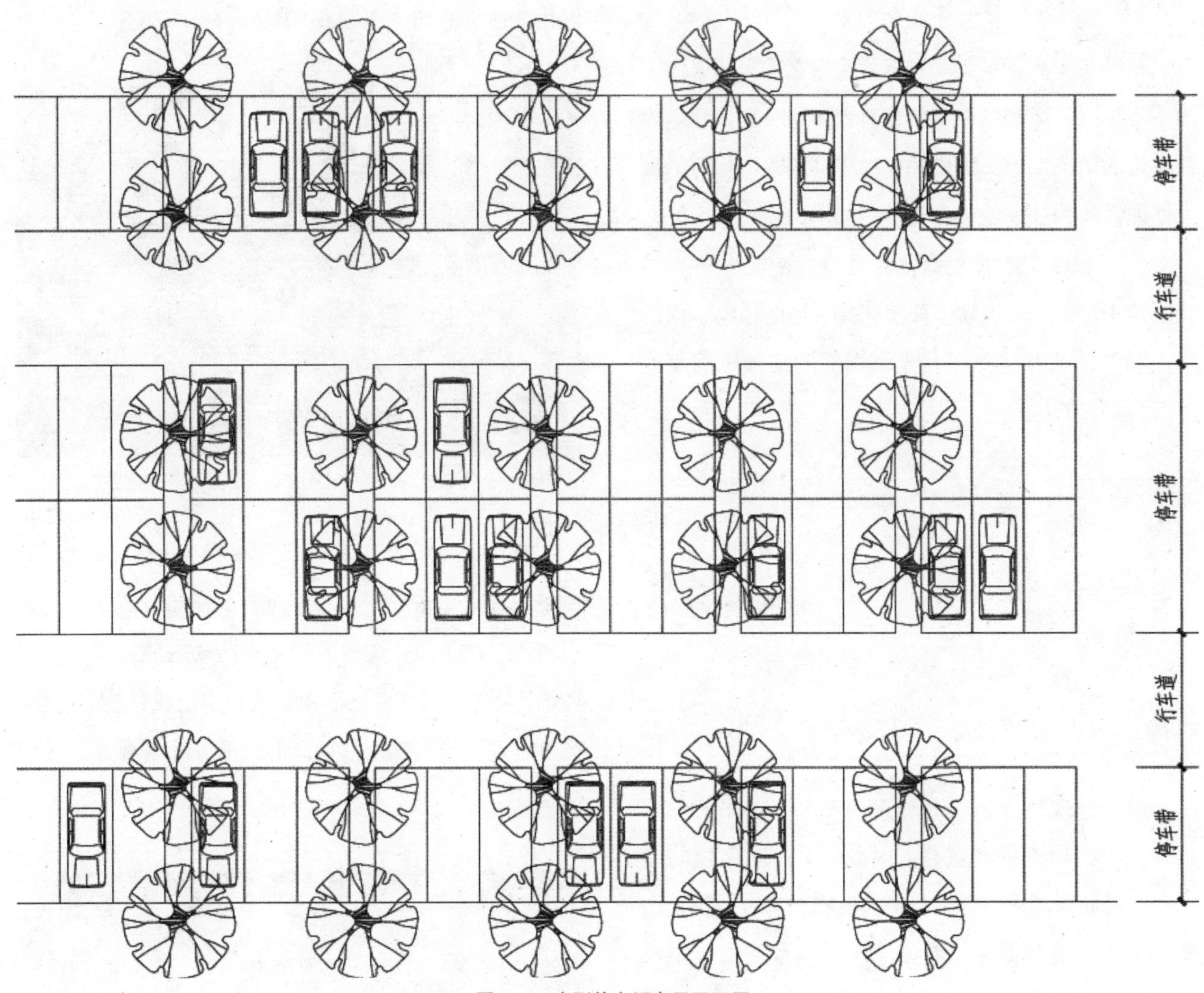

图 6-48 大型停车场布置平面图

（3）地下车库的绿化景观

1）地下车库入口处理

地下车库的出入口起着把人们由外面引到内部的导向作用，处理不好的出入口不仅会影响环境景观，还可能会增加人们进入地下车库的恐惧感和幽闭感。为了营造良好景观，解除人们心理上的负担，可以在设计时利用坡道上部空间进行绿化，采用棚架绿化的方式，坡道两侧可设绿篱。

车库入口棚顶常用的是有机玻璃和木头的，木质棚顶与有机玻璃相比，更具自然特色，能更好地与自然环境相融合（图 6-49）。

图 6-49 与环境融合较好的木栅格顶棚

2）地下车库的覆土绿化

当地下车库占地面积比较大时，它常常与居住区的中心花园、运动场地等结合布置，这时应该根据库顶布置的活动场地、绿化种植和小品等做出相应的技术处理，结构处理上一定要满足要求。

地下车库上的覆土绿化景观设计应充分考虑库顶的覆土厚度，根据覆土深度选择合适的植物，因为不同种类的植物满足正常生长所需的植被土的深度不同，如表 6-6 所示。

表 6–6 种植层深度

植物种类	种植土层深度（mm）	备注
植物种类	种植土层深度（mm）	前者为该类植物的最小生存深度，后者为最小开花结果深度
植物种类	种植土层深度（mm）	
植物种类	种植土层深度（mm）	
植物种类	种植土层深度（mm）	
植物种类	种植土层深度（mm）	

覆土厚度越深，荷载越大，对车库顶的结构要求越高，工程造价也越高，因此，一般车库顶的绿化宜选用低矮灌木、草坪、地被植物和攀援植物等，原则上不用大型乔木，有条件时可少量种植耐旱小型乔木。还应选择须根发达的植物，不宜选用根系穿刺性较强的植物，防止植物根系穿透建筑防水层；选择易移植、耐修剪、耐粗放管理、生长缓慢的植物；选择抗风、耐旱、耐高温的植物；选择抗污性强，可耐受、吸收、滞留有害气体或污染物质的植物。

由于库顶的特殊位置和结构，库顶花园的铺装设计与普通地面铺装相比有其特殊性：其一是库顶无法大量种植高大乔木，遮阴的地方少，在选择铺装时应采用如天然石材、砂岩、烧面花岗岩、混凝土砌块砖、苏布洛克透水地砖等无反射铺装材料，不宜选用反射材料的铺装。其二是应该减少铺装面积，充分考虑强调库项景观的生态效益，减少屋面的荷载。

福建省南安市水头镇福兴住区的大型地下停车库就是布置在中心绿地下，库顶绿化主要以软质景观为主，结合少量铺装活动场地，在植物选择上主要以灌木和小乔木为主（图 6-50）。

图 6–50 福建省南安市水头镇福兴住区地下车库顶绿化

厦门海沧区东方国际高尔夫社区也是在中心绿地下布置地下车库，中心绿地的景观品质较高，场地上布置了游泳池、老年人和儿童活动场地、下沉小剧场等，功能空间丰富。植物景观营造上，乔灌草结合，疏密有致，空间收放自如，形成很好的景观效果（图 6-51）。

图 6–51 厦门海沧区东方国际高尔夫社区车库顶绿化

6.4 城镇住区道路系统的规划布局

城镇住区的道路布局是住区规划结构的骨架，应以住区的道路交通组织为基础。在为居民创造优美、舒适居住环境的基础上，提供便捷、安全的出行条件。

6.4.1 道路系统的规划布局原则

（1）城镇住区的道路系统应构架清楚、分级明确、宽度适宜，以满足住区内不同交通功能的要求，形成具有安全、安静的交通系统和居住环境，并充分体现城镇住区的特色风貌。

（2）根据住区的地形、气候、用地规模、规划组织结构类型、总体布局、住区周围交通条件、居民出行活动轨迹和交通设施的发展水平等因素，规划设计经济、出行便捷、结构清晰、宽度适宜的道路系统和断面形式。恰当选择住区主次出入口的位置，不可把住区出入口直接布置在过境公路上。

（3）住区的内外联系道路应通而不畅、安全便捷，要避免往返迂回和外部车辆及行人的穿行，镇区主、次干道不应穿越住区（当出现穿越时，应采取确保交通安全的有效措施），避免与居住生活无关的车辆的进入，也要避免穿越的路网格局。

（4）应满足居民日常出行需要和消防车、救护车的流向，考虑家用小汽车通行需要，合理安排或预留汽车等机动车停放场（库）地、自行车和摩托车的存放场所，保证通行安全和居住环境的宁静。

（5）住区的道路布置应满足创造良好的居住卫生环境要求，应有利于住宅的通风、日照。

（6）住区道路网应有利于各项设施的合理安排，满足地下工程管线的埋设要求；并为住宅建筑、公共绿地等的布置以及丰富道路景观和创造有特色的环境空间提供有利的条件。

（7）在地震烈度高于六度的地区，应考虑防灾、救灾要求，保证有通畅的疏散通道，保证消防、救护和工程救险车辆的出入。

6.4.2 道路系统的分级与功能

城镇住区道路系统由住区级道路、划分住宅庭院的组群级道路、庭院内的宅前路及其他人行路 3 级构成。其功能如下：

（1）住区级道路，是连接住区主要出入口的道路，其人流和交通运输较为集中，是沟通整个住区的主要道路。道路断面以一块板为宜，最好辟有人行道。在内外联系上要做到通而不畅，力戒外部车辆的穿行，但应保障对外联系安全便捷。

（2）组群级道路，是住区各组群之间相互沟通的道路。重点考虑消防车、救护车、居民家用小汽车、搬家车以及行人的通行。道路断面一块板为宜，可不专设人行道。在道路对内联系上，要做到安全，快捷地将行人和车辆分散到组群内并能顺利地集中到干路上。

（3）宅前路，是进入住宅楼或独院式各住户的道路，以人行为主，还应考虑少量家用小汽车、摩托车的进入。在道路对内联系中要做到能简捷地将行人输送到支路上和住宅中。

6.4.3 道路系统的基本形式

城镇住区道路系统的形式应根据地形、现状条件、周围交通情况等因素综合考虑，不要单纯追求形式与构图。住区内部道路的布置形式有内环式、环通式、尽端式、半环式、混合式等，如图 6-52 所示。在地形起伏较大的地区，为使道路与地形紧密结合，还有树枝形、环形、蛇形等。

环通式的道路布局是目前普遍采用的一种形式，环通式道路系统的特点是，城镇住区内车行和人行通畅，住宅组群划分明确，便于设置环通的工程管网，但如果布置不当，则会导致过境交通穿越小区，居民易受过境交通的干扰，不利于安静和安全。尽端式道路系统的特点是，可减少汽车穿越干扰，宜将机动车辆交通集中在几条尽端式道路上，步行系统连续，人行、车行分开，小区内部居住环境最为安静、安全，同时可以节省道路面积，节约投资，但对自行车交通不够方便。混合式道路系统是以上两种形式的混合，发挥环通式的优点，以弥补自行车交通的不便，保持尽端式安静、安全的优点。

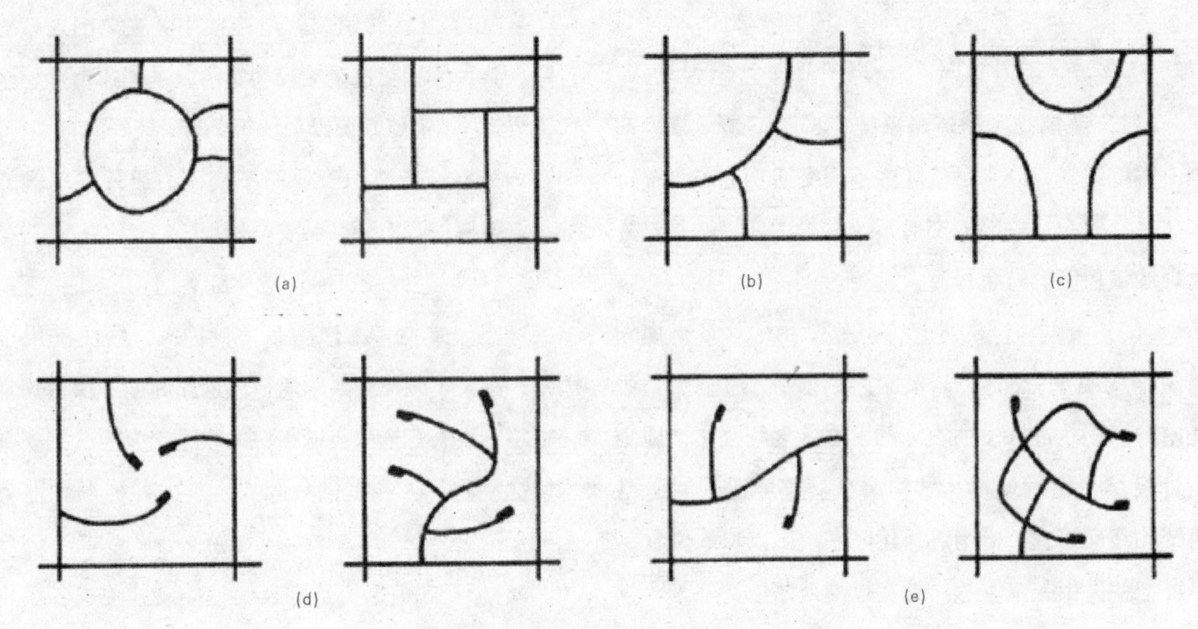

图 6-52 城镇住区内部道路的布置形式
(a) 内环式 (b) 环通式 (c) 半环式 (d) 尽端式 (e) 混合式

6.4.4 道路系统的布局方式

(1) 车行道、人行道并行布置

1) 微高差布置

人行道与车行道的高差为30cm以下，如图 6-53。这种布置方式行人上下车较为方便，道路的纵坡比较平缓，但大雨时，地面迅速排除水有一定难度，这种方式主要适用于地势平坦的平原地区及水网地区。

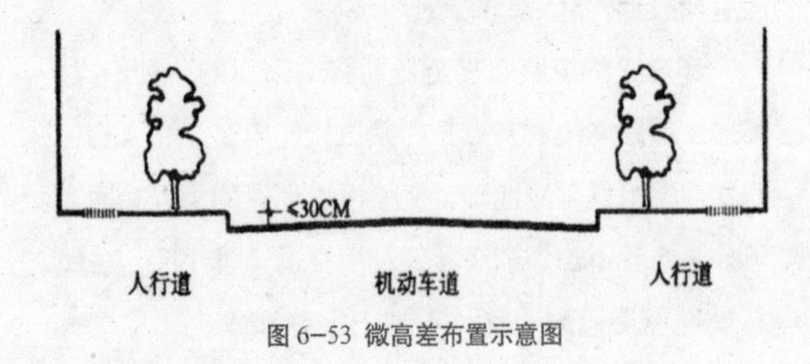

图 6-53 微高差布置示意图

2) 大高差布置

人行道与车行道的高差在 30cm 以上，隔适当距离或在合适的部位应设梯步将高低道路联系起来，如图 6-54 所示。这种布置方式能够充分利用自然地形，减少土石方量，节省建设费用，且有利于地面排水，但行人上下车不方便，道路曲度系数大，不易形成完整的住区的道路网络，主要适用于山地、丘陵地的小区。

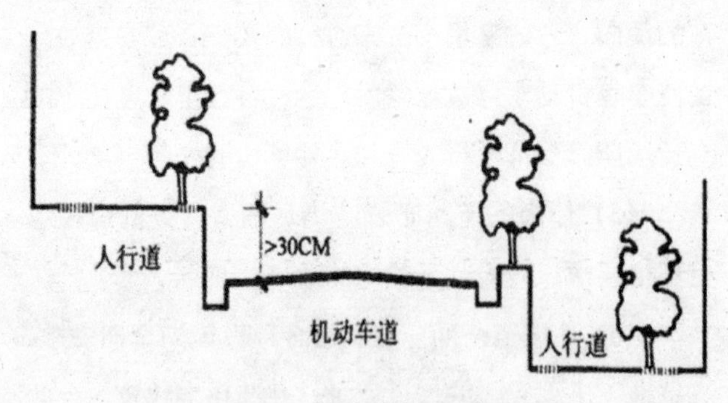

图 6-54 大高差布置示意图

3) 无专用人行道的人车混行路

这种布置方式已为各地住区普遍使用，是一种常见的交通组织形式，比较简便、经济，但不利于管线的敷设和检修，车流、人流多时不太安全，主要适用于人口规模小的住区的干路或人口规模较大的住区支路。

(2) 车行道、人行道独立布置

这种布置方式应尽量减少车行道和人行道的交叉，减少相互间的干扰，应以并行布置和步行系统为主来组织道路交通系统，但在车辆较多的住区内，应按人车分流的原则进行布置。适合于人口规模比较大、经济状况较好的城镇住区。

1）步行系统

由各住宅组群之间及其与公共建筑、公共绿地、活动场地之间的步行道构成，路线应简捷，无车辆行驶。步行系统较为安全随意，便于人们购物、交往、娱乐、休闲等活动。

2）车行系统

道路断面无人行道，不允许行人进入，车行道是专为机动车和非机动车通行的，且自成独立的路网系统。当有步行道跨越时，应采用信号装置或其他管制手段，以确保行人安全。

6.4.5 道路系统的设计要求

（1）住区道路的出入口

城镇住区内的主要道路，至少应有两个方向的出入口与外围道路相连。机动车道对外出入口的数量应控制，一般应不少于两个，但也不应太多。其出入口间距不应小于150m，若沿街建筑物跨越道路或建筑物长度超过150m时，应设置不小于4m×4m的消防车道。人行出口间距不宜超过80m，当建筑物长度超过80m时，应在底层加设人行通道。住区的出入口不应设在过境公路的一侧，也应尽量避免在镇区主干道开设住区的出入口。

（2）住区级道路与对外交通干线相交时，其交角最好是90°，且不宜小于75°。

（3）城镇住区内的尽端式道路的长度不宜大于120m，并应在尽端设置不小于12m×12m的回车场地。

（4）当小区内用地坡度大于8%时，应辅以梯步解决竖向交通，并宜在梯步旁附设自行车推车道。

（5）在多雪地区，应考虑堆积清扫道路积雪面积，小区内道路可酌情放宽。

（6）住区道路设计的控制指标

1）城镇住区道路控制线间距及路面宽度，见表6-7。

2）城镇住区内道路纵坡控制参数，见表6-8。

3）城镇住区道路缘石半径控制指标，见表6-9。

4）城镇住区道路最小安全视距，见表6-10。

5）城镇住区道路边缘及建筑物、构筑物最小距离控制指标，见表6-11。

6）城镇住区用地构成控制指标，见表6-12。

表6-7 城镇住区道路控制线间距及路面宽度

道路名称	建筑控制线之间的距离/m		路面宽度/m	备注
	采暖区	非采暖区		
小区级道路	16～18	14～16	6～7	应满足各类工程管线埋没要求； 严寒积雪地区的道路路面应考虑防滑措施并应考虑堆放清扫道路积雪的面积、路面可适当放宽； 地震区道路宜做柔性路面
住宅组群级道路	12～13	10～11	3～4	
宅前路及其他人行路	—	—	2～2.5	

表6-8 城镇住区内道路纵坡控制参数

道路类别	最小纵坡（%）	最大纵坡（%）	多雪严寒地区最大纵坡（%）
机动车道	0.3	8.0 L≤200M	6.0 L≤600M
非机动车道	0.3	3.0 L≤50M	2.0 L≤100M
步行道	0.5	8.0	4

注：L为坡长

表6-9 城镇住区道路缘石半径控制指标

道路类型	缘石半径/m
小区级道路	≥9
组群级道路	≥6
宅前道路	——

注：地形条件困难时，除陡坡处外，最小转弯半径可减少1m。

表6-10 城镇住区道路最小安全视距

视距类别	最小安全视距/m
停车视距	15
会车视距	30
交叉口停车视距	20

表 6–11 城镇住区道路边缘及建筑物、构筑物最小距离控制指标

与建筑物、构筑物的关系		道路类别	
		小区级道路 /m	组群级道路和宅前道路 /m
建筑物面向道路	无出入口	3	2
	有出入口	5	2.5
建筑物山墙面向道路		2	1.5
周围面向道路		1.5	1.5

注：建筑物为低层、多层

表 6–12 城镇住区用地构成控制指标

	居住小区		住宅组群		住宅庭院	
	Ⅰ级	Ⅱ级	Ⅰ级	Ⅱ级	Ⅰ级	Ⅱ级
住宅建筑用地	54 ~ 62	58 ~ 66	72 ~ 82	75 ~ 85	76 ~ 86	78 ~ g8
公共建筑用地	16 ~ 22	12 ~ 18	4 ~ 8	3 ~ 6	2 ~ 5	1.5 ~ 4
道路用地	10 ~ 16	10 ~ 13	2 ~ 6	2 ~ 5	1 ~ 3	1 ~ 2
公共绿地	8 ~ 13	7 ~ 12	3 ~ 4	2 ~ 3	2 ~ 3	1.5 ~ 2.5
总计用地	100	100	100	100	100	100

6.4.6 道路系统的线形设计

住区的道路线形设计应根据基址的地形地貌、交通安全、用地规模、气象条件、住宅的方位选择、道路的景观组织和基础设施的布置等结合考虑。

（1）与基地形状结合的道路线形

福清龙田镇上一住区由于进入镇区干道穿越基地，北面用地北临溪流和进镇干道平行形成了狭长的居住用地，而南侧用地虽然南北进深较大，但又呈南窄北宽的倒梯形。为此，住区南侧用地采用半圆形的道路线型，使其与倒梯形密切配合，便于住宅布置，北面可在进镇干道上开设与此侧用地对应的两个出入口，使得进镇干道两侧住区组成既便于相对独立，又便于联系的道路系统（图 6-55）。

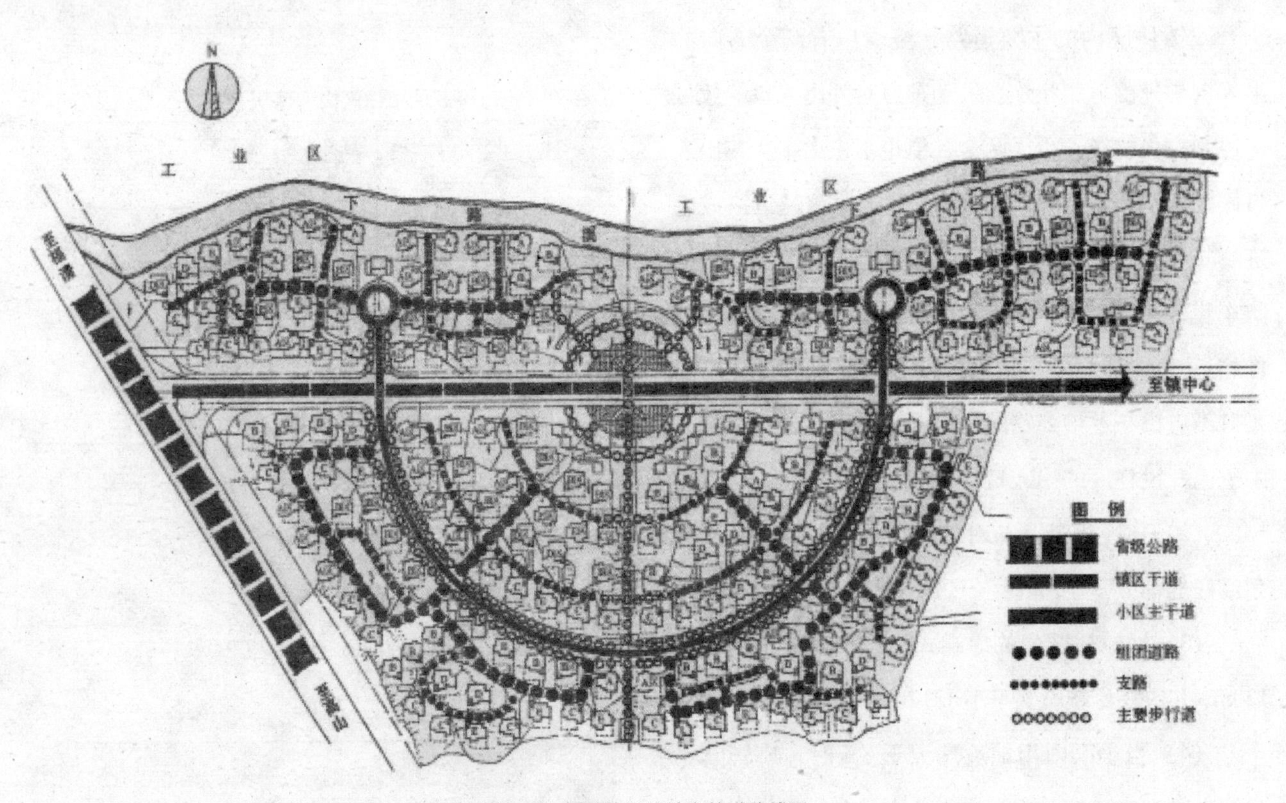

图 6–55 与基地形状结合的道路线形

（2）与气象条件结合的道路线形

优秀传统建筑文化在基地选址上特别强调，我国地处北半球，住宅布局应选择坐北朝南，依山面水，以便寻得“穴暖而万物萌生”的优雅之地。厦门黄厝跨世纪农民新村位于台湾海峡西岸的厦门岛东海岸，北面为著名风景区万石山，南临大海。小区主干道采用了西南向东略带弧形的线形，以回避冬季强烈的东北向寒风对基地的侵袭，同时又便于引进夏季的西南和南向的和风（图 6-56）。

（3）与基地水系结合的道路线形

1）浙江绍兴寺桥村居住小区有一条弯曲的小河从小区穿过，小区道路采用与小河弯曲平行的线形设计，使得小区的空间组织富于变化（图 6-57）。

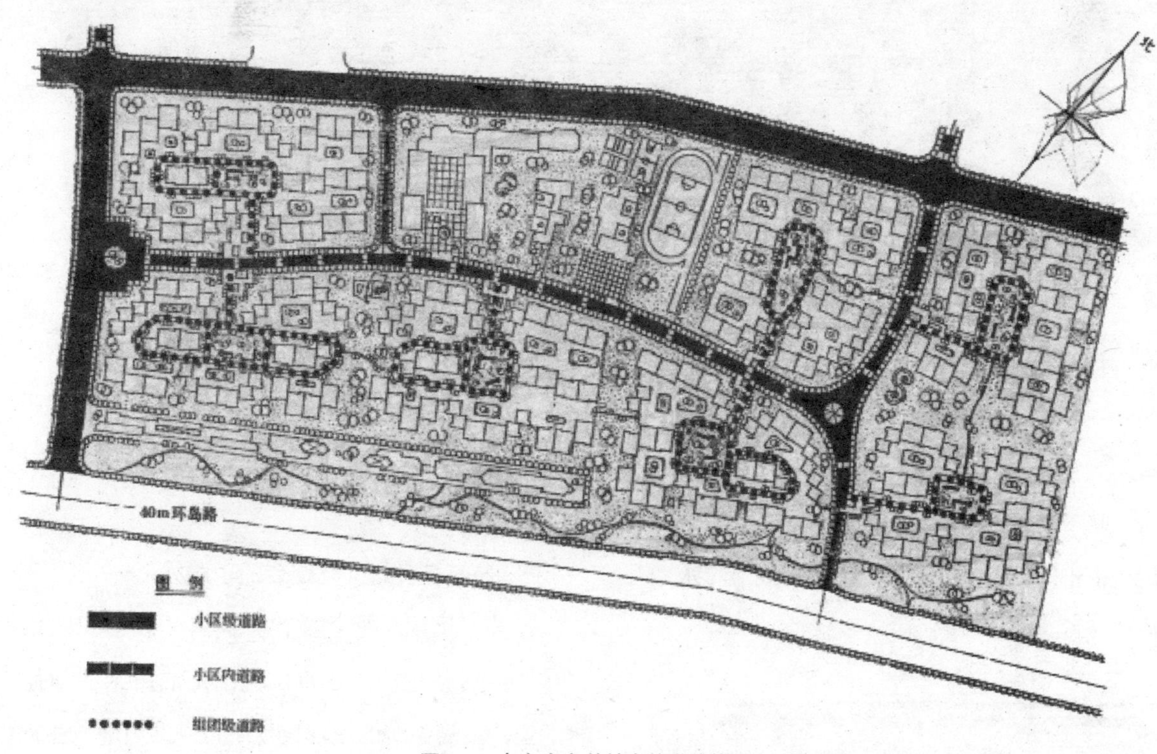

图 6–56 与气象条件结合的道路线形

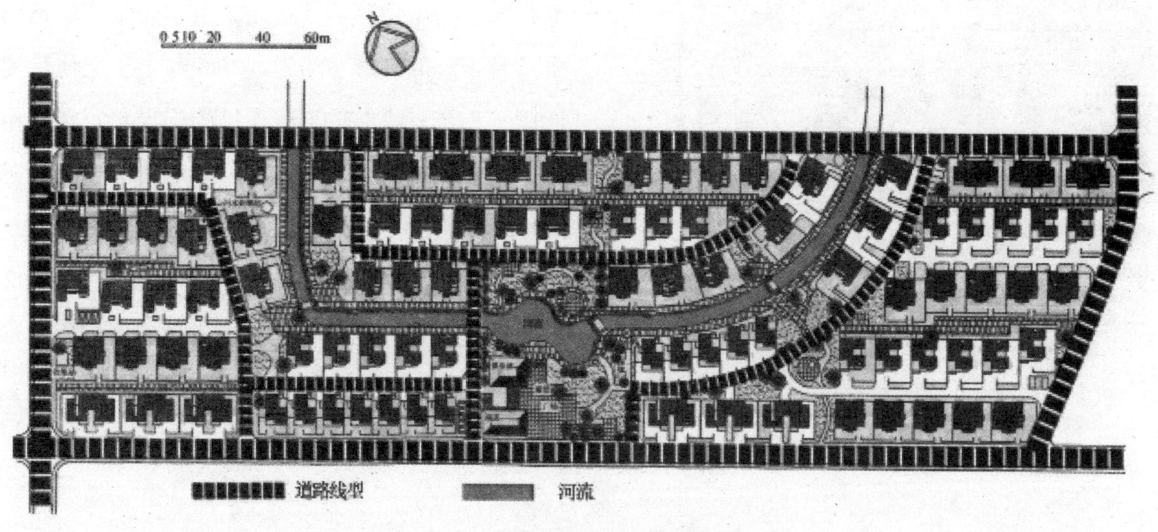

图 6–57 与基地水系结合的道路线形（一）

2）福建三明市岩前镇桂花潭小区，北面为城镇东西向干道，南侧被弧形的鱼塘溪和桂花潭沙滩所环抱，因势利导的采用了与沙滩平行的弧形道路，形成了颇具特色的空间景观（图 6-58）。

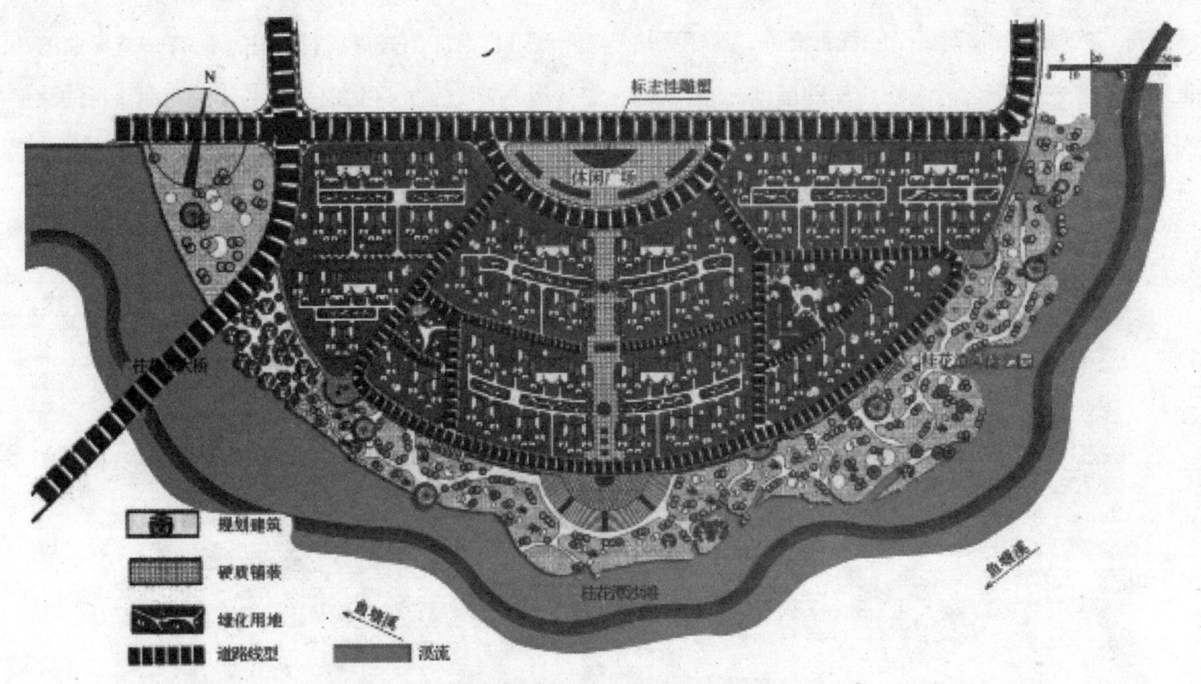

图 6–58 与基地水系结合的道路线形（二）

3）湖州市东白鱼潭小区主干道的线形与水系互为呼应（图 6-59）。

图 6–59 与基地水系结合的道路线形（三）

（4）与传统文化结合的道路线形

为了展现伊斯兰文化崇尚月牙和组织以教堂为核心的居住生活，在伊拉克南部油田工程师住宅区的道路交通系统的线形设计中，根据用地条件宽松、气候条件对住宅方位没有严格要求和希望能够营造浓荫覆盖的居住环境，选用 3 条不同宽度的道路组成了月牙形的环形主干道。20m 宽主干道使住宅区形成了 2 个与城市主干道连接的出入口；在其中间布置了联系住宅区公共建筑的 12m 宽中心环形干道，同时沟通了各住区与教堂、商业服务、文化活动、医院等的联系；用 15m 宽的月牙形干道把住宅区 2 个出入口的 20m 宽主干道延伸进入住宅区内部，形成连接各住区的内部月牙形主干道。以教堂为中心，在半个环形范围内向外放射的 8 条 6m 宽的次干道，不仅把 12m 宽的环形主干道和 15m 宽的月牙形主干道连接起来，还形成了每两条贯穿一个住区的主干道。使得整个住宅区的道路交通组织不仅构架清晰、分级明确、安全便捷，而且取得良好的道路景观效果（图 6-60）。

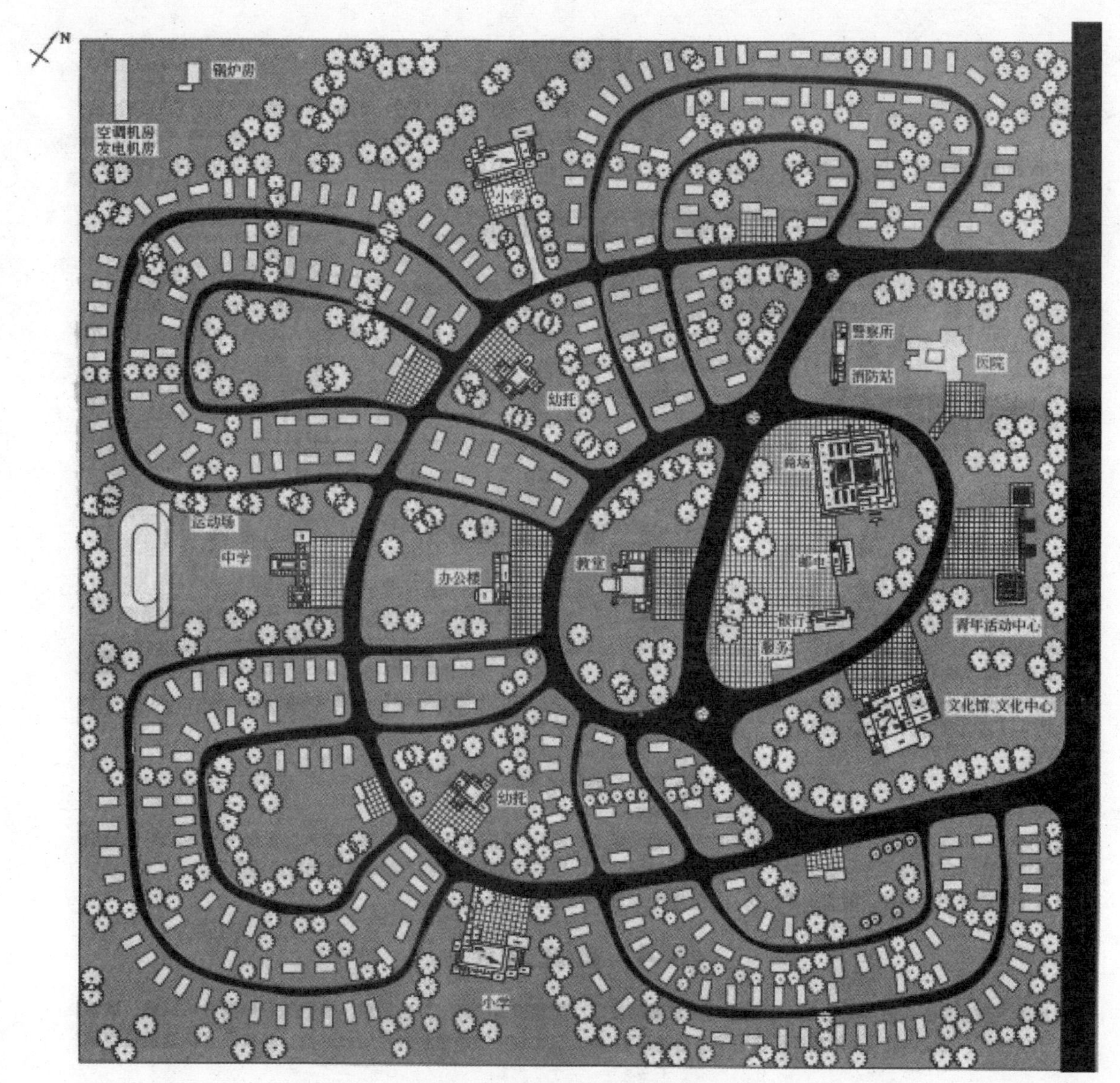

图 6–60 与传统文化结合的道路线形

（5）与周围道路结合的道路线形

1）浙江东阳横店镇小康住宅生态村采用 S 型的干道线形，使得全村的道路网很好地与周围极不规则的城镇干道密切配合，从而新村的建筑空间布局可以采用颇为活跃的点式布置方式（图 6-61）。

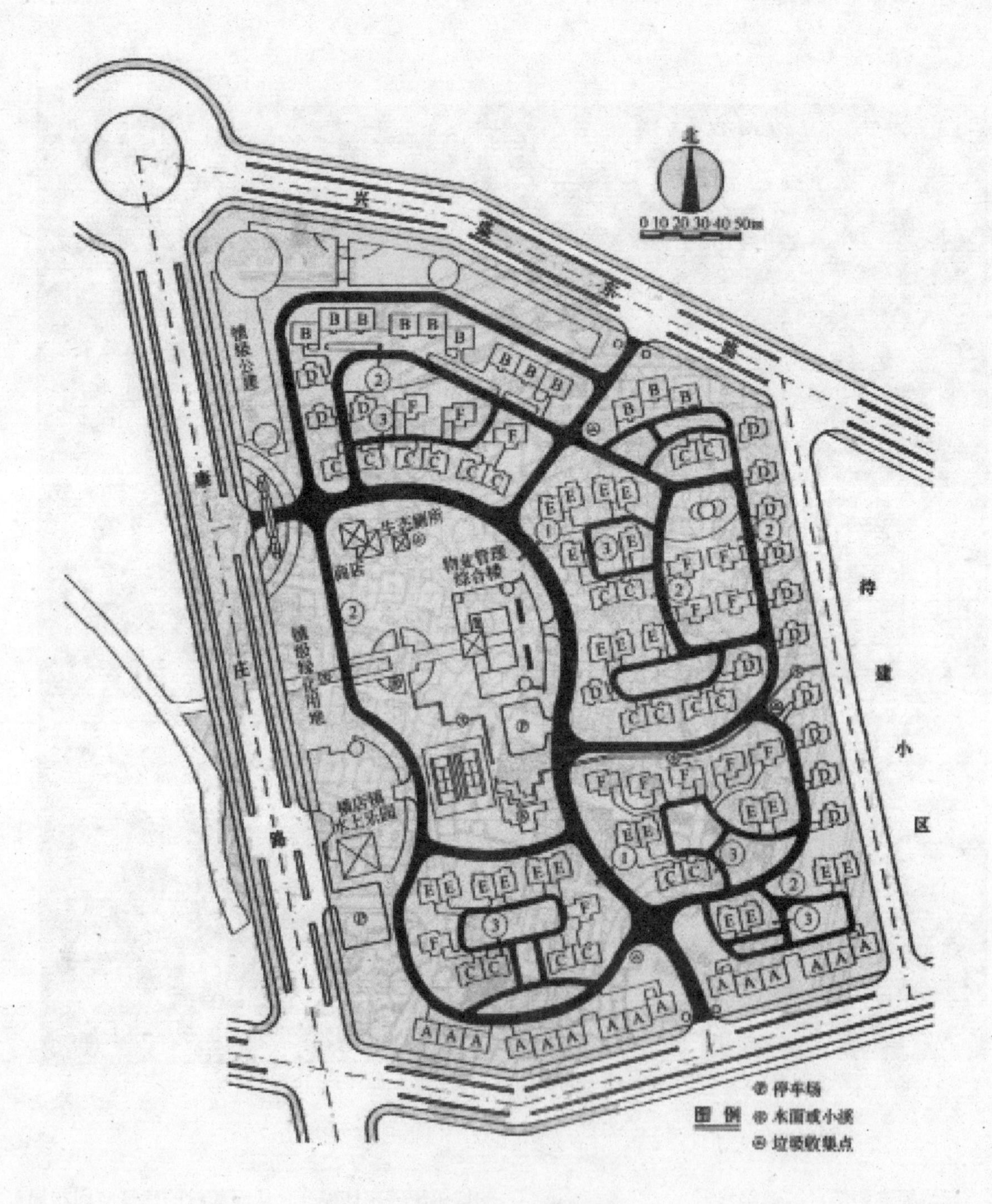

图 6-61 与周围道路结合的道路线形（一）

2）福建东山杏陈镇庐祥居住小区处于两条镇区主干道之间的狭长地段，弯曲的小区主干道的南北两段与小区东侧的镇区主干道平行，中段与西侧的镇区主干道采用同样曲率的弧形，使得住宅空间布局融于环境中。

3）“Y”型城镇干道把福建永定县坎市镇南洋小区划分为三部分，小区内部干道交通组织各自平行于城镇主干道的小区干道，使三者既有方便的联系，又能相对独立，为城镇提供了很多沿街的商业和公共设施，方便居民的生活（图 6-62）。

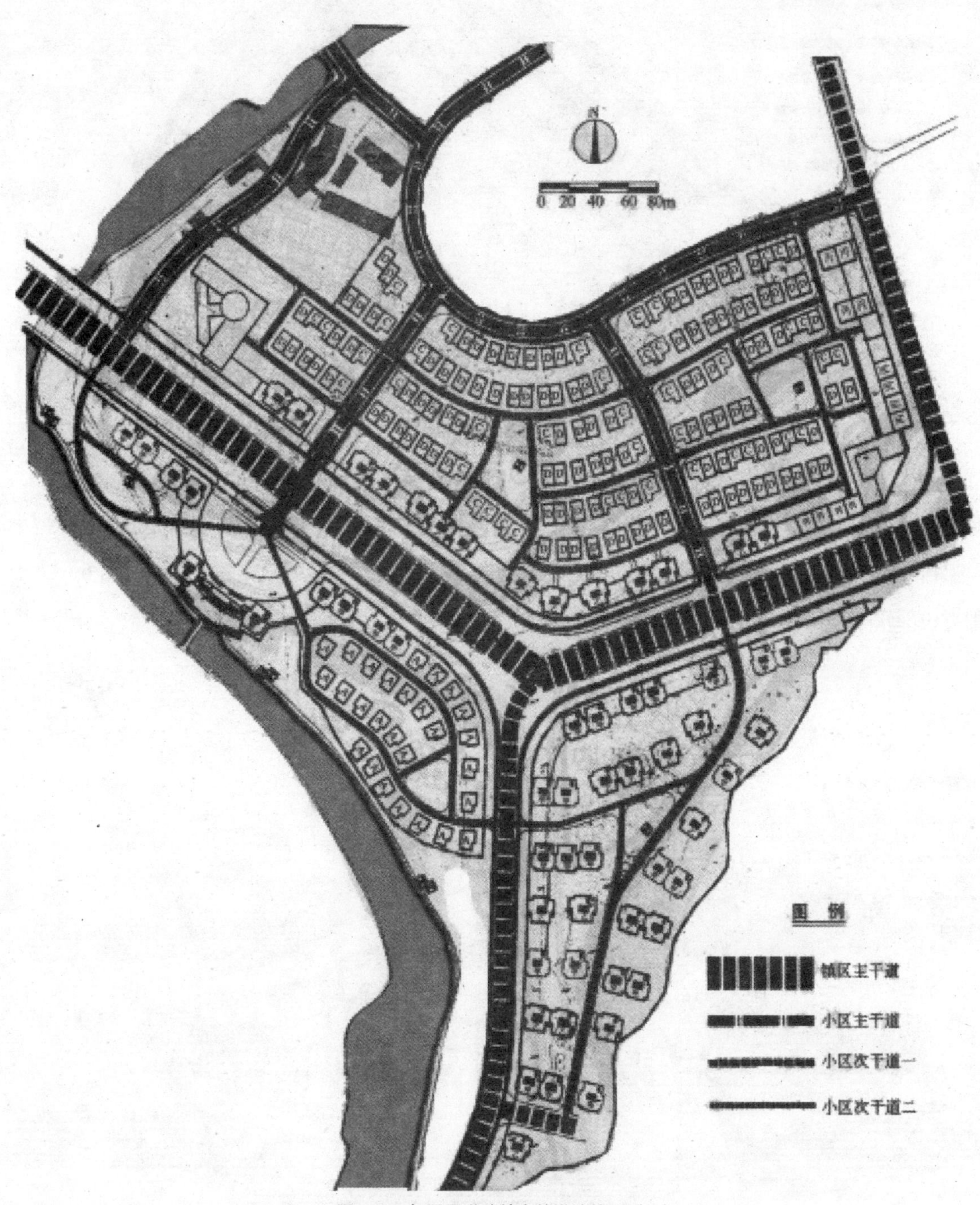

图 6−62 与周围道路结合的道路线形（二）

4）福建明溪西门住区处于过境公路和进入镇区主干道相夹的三角地带，小区主干道网分别由平行于城镇主干道的道路网组成（图 6-63）。

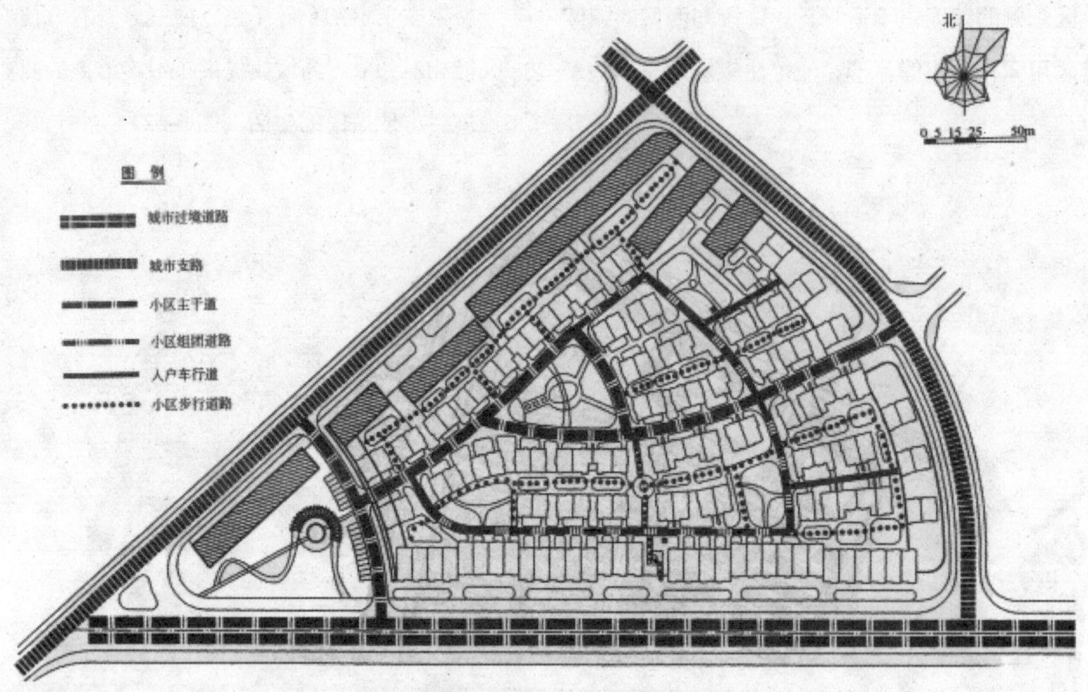

图 6–63 与周围道路结合的道路线形（三）

（6）与山地地形结合的道路线形

1）地处山地的龙岩市新罗区铁山镇华亿住区根据山地地形中部较陡不宜开发的条件限制，布置了顺应山坡等高线的弯曲道路线形的双层“Y”型小区主干道，把住区划分为三个住宅组群（图 6-64）。

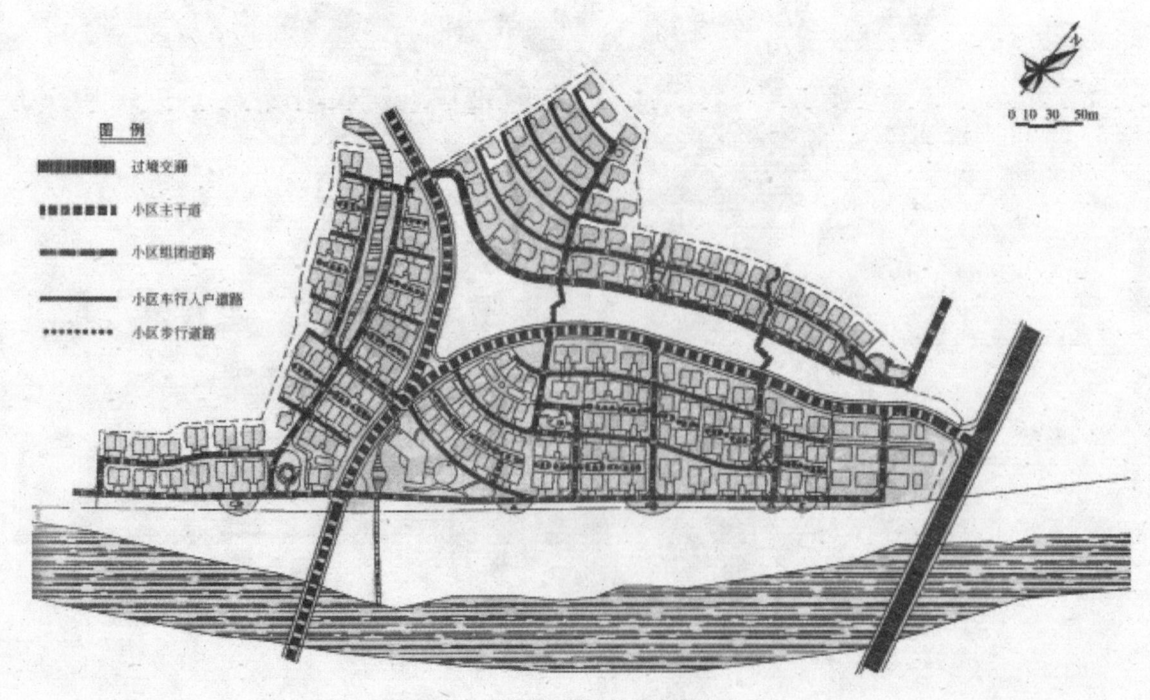

图 6–64 与山地地形结合的道路线形（一）

2）处在过境公路和山坡狭窄地形的福建沙县市青河镇青河住区，布置了顺应山形地势的道路弯曲线形，使得住宅群体与山形地势互为结合（图 6-65）。

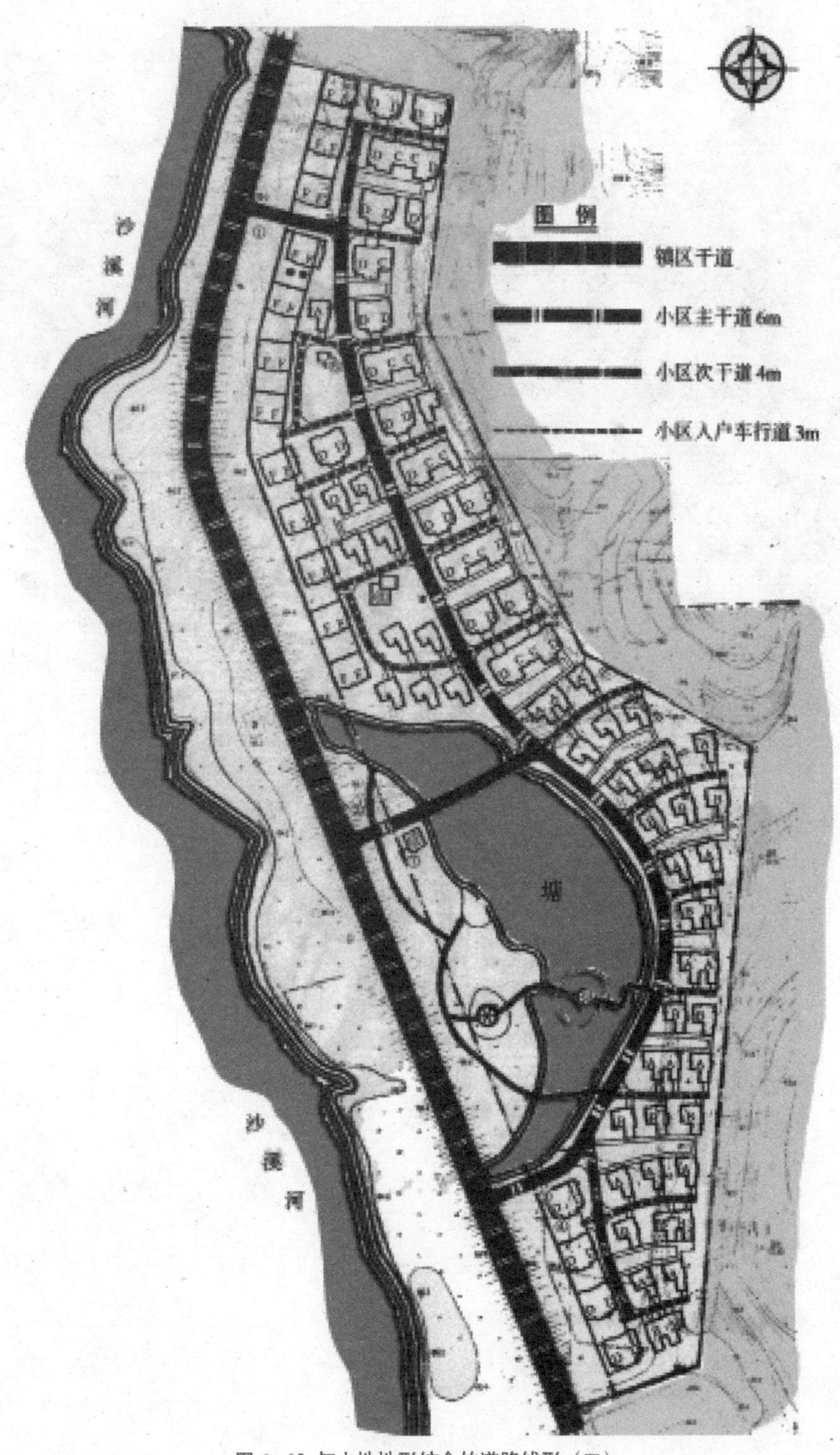

图 6−65 与山地地形结合的道路线形（二）

3）福建上杭县步云乡马坊新村地处峡谷地带，由峡谷底的主干道和顺应等高线的弧形道路组成环形道路网（图 6-66）。

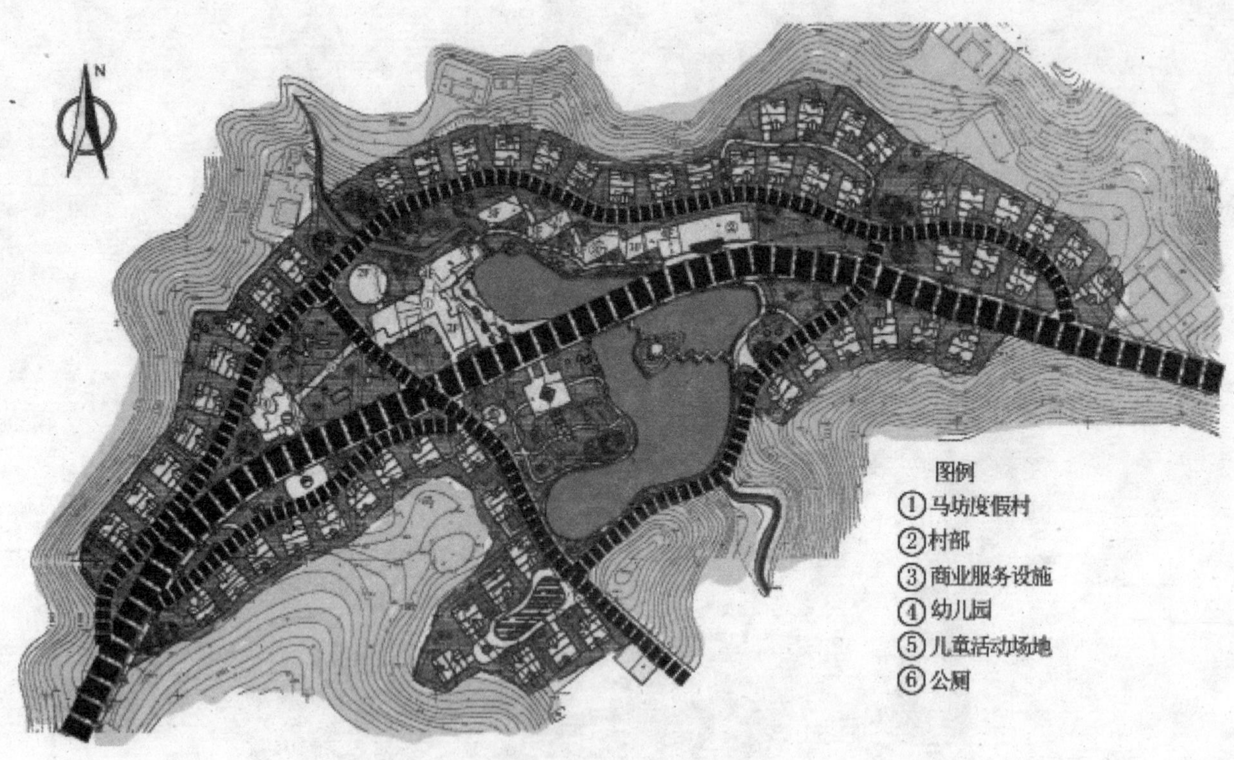

图 6–66 与山地地形结合的道路线形（三）

7 绿化景观的规划设计

经济的发展、社会的进步，居住环境的质量已引起人们的高度关注。住区的绿化景观应满足相关方面的规定，并充分利用墙面、屋顶、露台、阳台等扩大绿化覆盖，提高绿化质量。绿地的分布应结合住宅及其群体布置，采用集中与分散相结合的方式，便于居民使用。集中绿地要为密切邻里关系、增进身心健康，并根据各地区的自然条件和民情风俗进行布置，要为老人安排休闲及交往的场所，要为儿童设置游戏活动场地。城镇住区的环境绿化应充分利用地形地貌，保护自然生态，创造综合效益好又各具特色的绿化系统。对处于城镇住区内能体现地方历史与文化的名胜古迹、古树、碑陵等人文景观，应采取积极的保护措施。在住区的公共活动地段和主要道路附近，应设置符合环保要求的公共厕所。对生活垃圾进行定点收集、封闭运输，以便进行统一消纳。此外，还应利用各具特色的建筑小品，创造美好的意境。

7.1 城镇住区绿地的组成和布局原则

7.1.1 组成

城镇住区的绿地系统由公共绿地、专用绿地、宅旁和庭院绿地、道路绿地等构成。各类绿地所包含的内容如下：

（1）公共绿地——指住宅住区内居民公共使用的绿化用地。如住区公园、林荫道、居住组团内小块公共绿地等，这类绿化用地往往与住区内的青少年活动场地、老年人和成年人休息场地等结合布置。

（2）专用绿地——指住区内各类公共建筑和公用设施等的绿地。

（3）宅旁和庭院绿地——指住宅四周的绿化用地。

（4）道路绿地——指住区内各种道路的行道树等绿地。

7.1.2 住区绿地的标准

住区绿地的标准，是用公共绿地指标和绿地率来衡量的。住区的人均公共绿地指标应大于1.5m^2/人；绿地率（住区用地范围内各类绿地的总和占住区用地的比率）的指标应不低于30%。

7.1.3 城镇住区绿化景观规划的布局原则

（1）城镇住区绿化景观规划设计的基本要求

1）根据住区的功能组织和居民对绿地的使用要求，采取集中与分散、重点与一般，点、线、面相结合的原则，以形成完整统一的住区绿地系统，并与村镇总的绿地系统相协调。

2）充分利用自然地形和现状条件，尽可能利用劣地、坡地、洼地进行绿化，以节约用地，对建设用地中原有的绿地、湖河水面等应加以保留和利用，节省建设投资。

3）合理地选择和配置绿化树种，力求投资少，收益大，且便于管理，既能满足使用功能的要求，又能美化居住环境，改善住区的自然环境和小气候。

（2）住区绿化景观规划布局的基本方法

1）“点”“线”“面”相结合（图 7-1）

以公共绿地为点，路旁绿化及沿河绿化带为线，住宅建筑的宅旁和宅院绿化为面，三者相结合，有机地分布在住区环境之中，形成完整的绿化系统。

2）平面绿化与立体绿化相结合

立体绿化的视觉效果非常引人注目，在搞好平面绿化的同时，也应加强立体绿化，如对院墙、屋顶平台、阳台的绿化，棚架绿化以及篱笆与栅栏绿化等。立体绿化可选用爬藤类及垂挂植物。

3）绿化与水体结合布置，营造亲水环境（图 7-2）

应尽量保留、整治、利用住区内的原有水系，包括河、渠、塘、池。应充分利用水源条件，在住区的河流、池塘边种植树木花草，修建小游园或绿化带；处理好岸形，岸边可设置让人接近水面的小路、台阶、

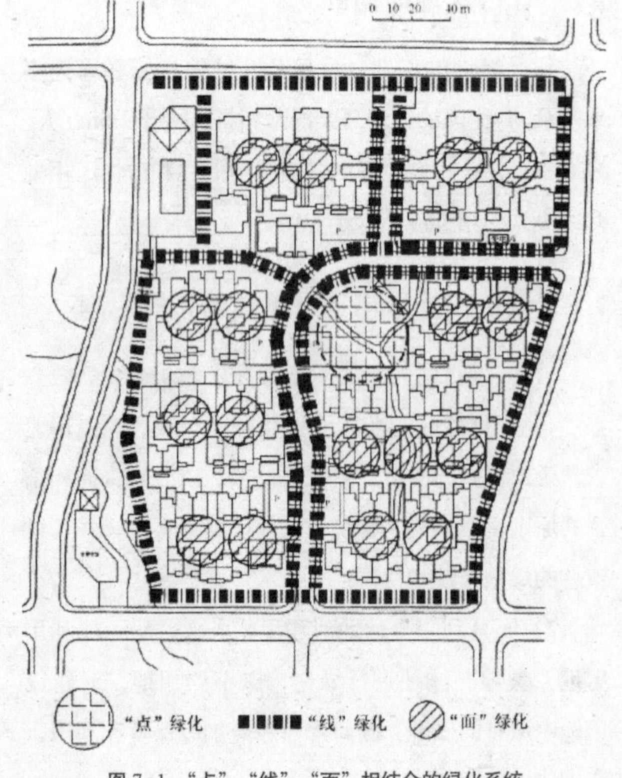

图 7-1 “点”“线”“面”相结合的绿化系统

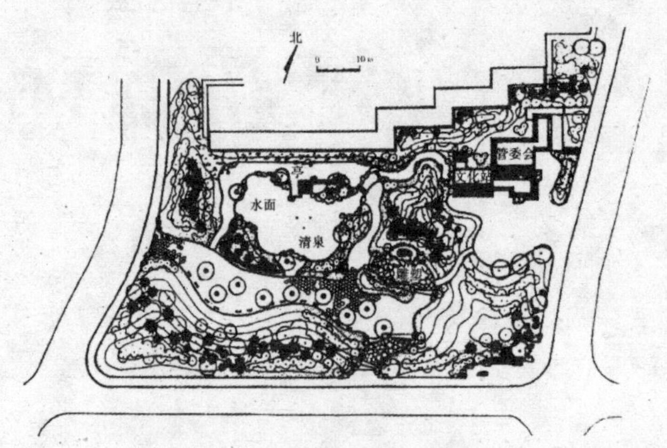

图 7-2 绿化与水体结合布置

平台，还可设花坛、座椅等设施；水中养鱼，水面可种植荷花。

4）绿化与各种用途的室外空间场地、建筑及小品结合布置，结合建筑基座、墙面，可布置藤架、花坛等，丰富建筑立面，柔化硬质景观；将绿化与小品融合设计，如坐凳与树池结合，铺地砖间留出缝隙植草等，以丰富绿化形式，获得彼此融合的效果；利用花架、树下空间布置停车场地；利用植物间隙布置游戏空间等。

5）观赏绿化与经济作物绿化相结合

城镇住区的绿化，特别是宅院和庭院绿化，除种植观赏性植物外，还可结合地方特色种植一些诸如药材、瓜果和蔬菜类的花卉和植物。

6）绿地分级布置

住区内的绿地应根据居民生活需要，与住区规划组织结构对应分级设置，分为集中公共绿地、分散公共绿地，庭院绿地及宅旁绿地等四级。绿地分级配置要求见表 7-1。

7.1.4 城镇住区绿化景观的树种选择和植物配植原则

城镇住区绿化树种的选择和配置对绿化的功能、经济和美化环境等各方面作用的发挥、绿化规划意图的体现有着直接关系，在选择和配置植物时，原则上应考虑以下几点：

（1）住区绿化是大量而普遍的绿化，宜选择易管理、易生长、省修剪、少虫害和具有地方特色的优良树种，一般以乔木为主，也可考虑一些有经济价值的植物。在一些重点绿化地段，如住区的入口处或公共活动中心，则可先种一些观赏性的乔、灌木或少量花卉。

（2）要考虑不同的功能需要，如行道树宜选用遮阳力强的阔叶乔木，儿童游戏场和青少年活动场地忌用有毒或带刺植物，而体育运动场地则避免采用大量扬花、落果、落花的树木等。

（3）为了使住区的绿化面貌迅速形成，尤其是在新建的住区，可选用速生和慢生的树种相结合，以速生树种为主。

（4）住区绿化树种配置应考虑四季景色的变化，可采用乔木与灌木，常绿与落叶以及不同树姿和色彩变化的树种，搭配组合，以丰富住区的环境。

（5）住区各类绿化种植与建筑物、管线和构筑物的间距，见表 7-2。

表 7–1　绿地分级设置要求

分级	属性	绿地名称	设计要求	最小规模（m²）	最大步行距离（m²）	空间属性
一级	点	集中公共绿地	配合总体，注重与道路绿化衔接； 位置适当，尽可能与住区公共中心结合布置； 利用地形，尽量利用和保留原有自然地形和植物； 布局紧凑，活动分区明确； 植物配植丰富、层次分明	≥ 750	≤ 300	公共
二级		分散公共绿地	有开敞式或半开敞式； 每个组团应有一块较大的绿化空间； 绿化低矮的灌木、绿篱、花草为主，点缀少量高大乔木	≥ 200	≤ 150	
	线	道路绿地	乔木、灌木或绿篱			
三级	面	庭院绿地	以绿化为主；重点考虑幼儿、老人活动场所	≥ 50	酌定	半公共
四级		宅旁绿化和宅院绿化	宅旁绿地以开敞式布局为主； 庭院绿地可为开敞式或封闭式； 注意划分出公共与私人空间领域； 院内可搭设棚架、布置水池，种植果树、蔬菜、芳香植物； 利用植物搭配、小品设计增强标志性和可识别性		酌定	半私密

表 7–2　种植树木与建筑物、构筑物、管线的水平距离

名称	最小间距（m）		名称	最小间距（m）	
	至乔木中心	至灌木中心		至乔木中心	至灌木中心
有窗建筑物外墙	3.0	1.5	给水管、闸	1.5	不限
无窗建筑屋外墙	2.0	1.5	污水管、雨水管	1.0	不限
道路侧面、挡土墙脚、陡坡	1.0	0.5	电力电缆	1.5	
人行道边	0.75	0.5	热力管	2.0	1.0
高 2m 以下围墙	1.0	0.75	弱电电缆沟、电力电	2.0	
体育场地	3.0	3.0	信杆、路灯电杆		
排水明沟边缘	1.0	0.5	消防龙头	1.2	1.2
测量水准点	2.0	1.0	煤气管	1.5	1.5

7.2 城镇住区公共绿地的绿化景观规划设计

7.2.1 城镇住区公共绿地的概念及功能

（1）公共绿地的概念

公共绿地是指满足规定的日照要求，适于安排游憩活动设施，供居民共享的游憩绿地。主要包括住区级、组群级或院落级公共绿地。

（2）城镇住区公共绿地的主要功能

①创造户外活动空间，为居民提供各种游憩活动所需的场地，其中包括交往场所、娱乐场地、健身场地、儿童及老年人活动场地等。

②创造优美的自然环境。通过对各种植物的合理搭配，创造出丰富的植物景观，不仅具有一定的生态作用，而且还能使住区更加宜人、更加亲切。

③防灾减灾。住区公共绿地不仅可以成为抗灾救灾时的安全疏散和避难场地，还可以作为战时的隐蔽防护，用于吸附放射性有害物质等。

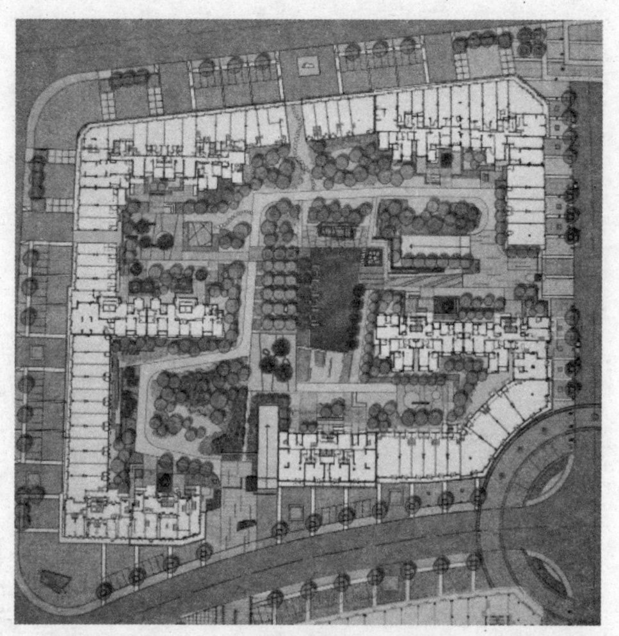

图 7-3 规则式的中心公共绿地平面

图 7-4 规则式的中心公共绿地

7.2.2 城镇住区公共绿地布置的基本形式

住区公共绿地的布置形式大体上可分为规则式、自然式和混合式 3 种。

（1）规则式。平面布局采用几何形式，有明显的中轴线，中轴线的前后左右对称或拟对称，地块主要划分成几何形体。植物、小品及广场等呈几何形有规律地分布在绿地中。规则式布置给人一种规整、庄重的感觉，但形式不够活泼（图 7-3 ~ 图 7-4）。

（2）自然式。平面布局较灵活，道路布置曲折迂回，植物、小品等较为自由的布置在绿地中，同时结合自然的地形、水体等丰富景观空间。植物配植一般以孤植、丛植、群植、密林为主要形式。自然式的特点是自由活泼，易创造出自然别致的环境（图 7-5）。

图 7-5 自然式的中心公共绿地

（3）混合式。混合式是规则式与自然式的交错组合，没有控制整体的主轴线或副轴线。一般情况下

图 7–6 混合式的中心公共绿地

可以根据地形或功能的具体要求来灵活布置，最终既能与建筑相协调又能产生丰富的景观效果。主要特点是可在整体上产生韵律感和节奏感（图 7-6）。

7.2.3 小区级公共绿地的绿化景观规划设计

小区级公共绿地是住区绿地系统的核心，具有重要的生态、景观和供居民游憩的功能。住区居民对公共绿地的需求是显而易见的，它可以为居民提供休息、观赏、交往及文娱活动的场地，是社区邻里交往的重要场所之一。

（1）小区级公共绿地在住区内的布局

一般情况下，城镇住区级公共绿地的位置主要有两种，一是布置在住区的内部，通常是在住区的中心地带，另一种布置在小区的外层位置。

1）布置在住区内部的小区级公共绿地的主要特征

①绿地至小区各个方向的服务距离比较均匀，服务半径小，便于居民使用和绿地的功能效应、生态效应的发挥。

②公共绿地四周由住宅组群所环绕，形成的空间环境比较安静和完整，因而受小区外界的人流、车流交通影响小，绿地的领域感和安全感较强。同时在住区整体空间上有疏有密，有虚有实，层次丰富（图 7-7）。

图 7–7 住区内部的小区级公共绿地

2）布置在住区地带的小区级公共绿地的主要特征

①绿地一般是结合住区出入口，沿街布置（图 7-8）；或者是利用自然环境条件、现状条件，如河流、山、山坡、现有小树林等布置。

图 7–8 住区外围地带的小区级公共绿地

②绿地沿街布置时利用率较高，特别是老人、小孩十分喜爱在那里游戏、交往、健身。因为在那里来来往往的人员多，到达方便，聚合性强，社会信息量多，内容广泛，并能看到住区外部的精彩生活。此外，绿地也可起到美化城镇，丰富街道的景观空间和环境的作用。图 7-9 是公共绿地与公共活动中心相结合的清口镇住宅示范小区。

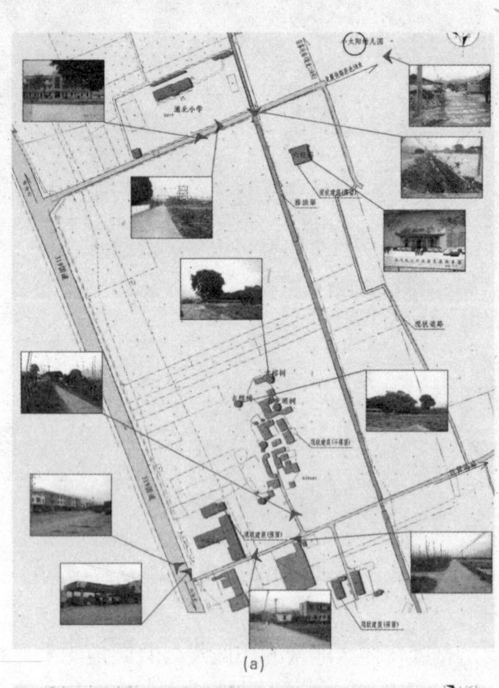

(a)

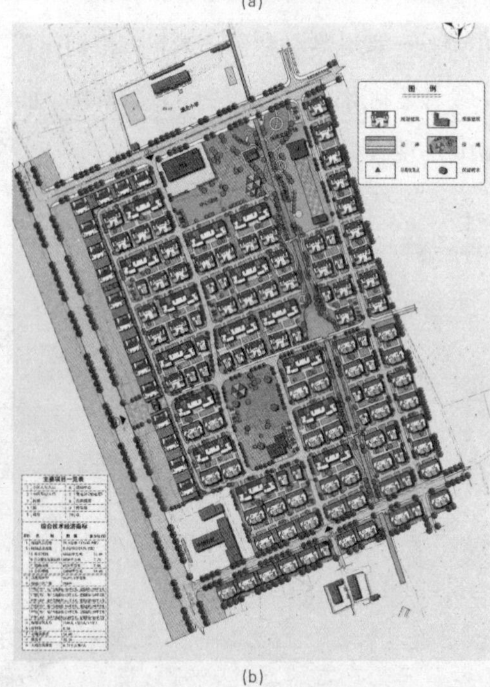

(b)

图 7-9 南靖县园美住区

(a) 现状图 (b) 规划总平面图

③利用自然条件设置的小区级绿地，有特色和个性，环境条件好，比较安静，与人的亲水性、亲自然性的心理相适应。图 7-10 是南靖县园美住区利用原有集中绿地组织成住区公共中心绿地。

（2）小区级公共绿地的规划设计

1）城镇住区级公共绿地的绿化景观设计必须要注意以下几方面的问题：

①与住区总体布局相协调。小区级公共绿地不是孤立存在的，必须配合住区总体布局融入整个住区之中。要结合公共活动及休息空间，综合考虑，全面安排，同时也要做到与城镇的绿化系统衔接，特别是与道路绿化的衔接，这样非常有利于体现住区的整体空间效应。

②位置适当。应首先考虑方便居民使用，同时最好与住区公共活动中心相结合，形成一个完整的居

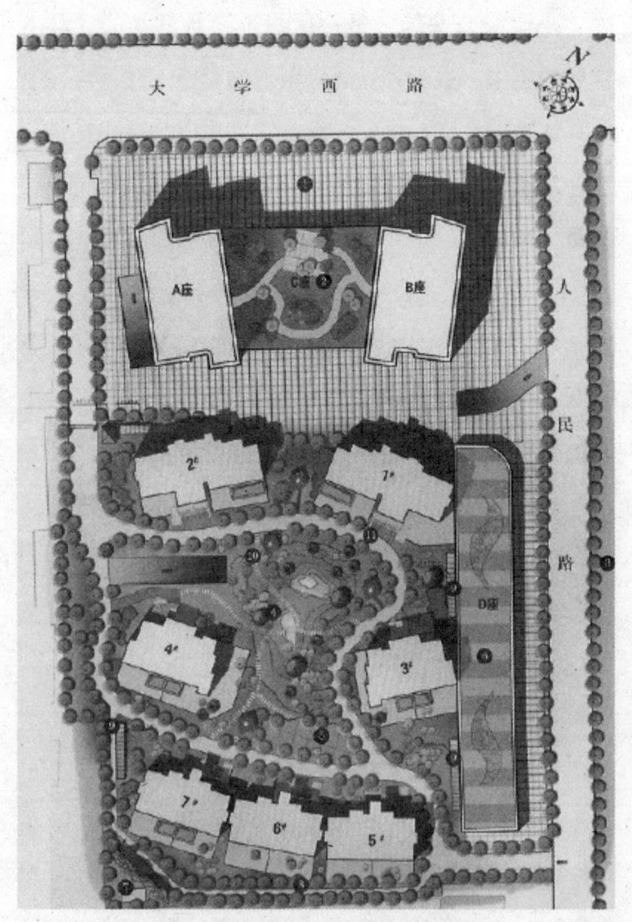

图 7-10 建筑围合的组群级公共绿地

民生活中心，如果原有绿化较好要充分加以利用其原有绿化。

③规模合理。住区级公共绿地的用地面积应根据其功能要求来确定，采用集中与分散相结合的方式，一般住区级绿地面积宜占住区全部公共绿地面积的一半左右。

《2000年小康型城乡住宅科技产业工程村镇示范住区规划设计导则》规定，住区级公共绿地的最小规模为750m^2；配置中心广场、草木水面、休息亭椅、老幼活动设施、停车场地、铺装地面等。

④布局紧凑。应根据使用者不同年龄特点划分活动场地和确定活动内容，场地之间既要分隔，又要紧凑，将功能相近的活动布置在一起。

⑤充分利用原自然环境。对于基地原有的自然地形、植物及水体等要予以保留并充分利用，设计应结合原有环境，创造丰富的景观效果。

城镇原有的住区建设在住区级公共绿地方面是个“空白”（图7-9），即公共绿地比较缺乏。20世纪90年代开始实施的村镇小康住宅示范工程，住区级、组群级公共绿地的规划与建设开始得到重视，在一些开展试点和示范工程的村镇住区中已积累了一些经验，但尚需深入研究。城市住区从20世纪90年代以来，发展迅速。通过20多年的摸索，特别是通过五批“城市住宅试点小区”和“小康住宅示范工程”的实施，在小区、组团、组群的环境建设方面积累了较为丰富的经验，城镇住区的建设从中可以得到一定的启示。

2）城镇住区级公共绿地绿化景观建设实例分析

为了更好地展现小区级公共绿地绿化景观建设的效果，特以厦门海沧区东方高尔夫国际社区的中心公共绿地为例进行分析，详见本书7.4.2。

7.2.4 组群级绿地的绿化景观规划设计

城镇住区组群绿地是结合住宅群的不同布局形态配置的又一级公共绿地。随着组团的布置方式和布局手法的变化，其大小、位置和形状也相应变化。组群级绿地面积不大，靠近住宅，主要为本组群的居民共同使用，是户外活动、邻里交往、健身锻炼、儿童游戏和老人聚集的良好场所。

（1）组群级绿地的特点

1）面积不大，能较充分地利用建筑组团间的空间形成绿地，灵活性强。

2）服务半径小，一般在80～120m之间，步行1～2min便可到达，是居民使用频率较高的绿地，为居民提供了一个安全、方便、舒适的游憩环境和社会交往场所。

3）改善住宅组团的通风、光照条件，丰富了组团环境景观的面貌。

（2）组群级绿地的类型

根据城镇住宅组群级绿地在住宅群的位置，可将组群级绿地归纳为周边式住宅群的中间、行列式住宅的山墙之间、扩大的住宅间距之间、住宅群体的一侧、住宅群体之间、临街、结合自然条件等7种布置方式。

1）周边式住宅群的中间。住宅建筑采用周边式布置就能在其中间获得较大的院落。这类组群级绿地空间的围合度强，空间的封闭感和领域性强，能密切邻里关系，如内蒙古呼和浩特市学府康都住区（图7-10）。

2）行列式住宅的山墙之间。将行列式住宅山墙间距离适当加大，就能形成这类绿地。其特点是，使用时受住户的视线干扰少，日照比较充足，如与道路配合得当，绿地的可达性强，使用效果好（图7-11）。

3）扩大的住宅间距之间。在行列式布置的住宅群体中，适当扩大住宅之间的间距，可形成住宅组群级绿地，间距的大小一般应满足在标准的建筑日照阴影线范围之外有不少于三分之一绿地面积的要求，在北方的住区中常采用这种形式布置绿地。这类绿地

图 7-11 行列式住宅山墙间绿地

图 7-12 结合自然水体布置的组团级绿地

存在的主要问题是住户对院落的视线干扰严重，使用效果受到影响。

4）住宅组团的一侧。住宅组群结合地形等现状情况和空间组合的需要，将住宅组群绿地置于住宅组团的一侧。这样可充分利用土地，避免出现消极空间。如山东淄博金茵小区一住宅群。

5）住宅群体之间。将绿地置于两个或三个住宅组群之间，这种布置形式使原本较小的每个组群的绿地相对集中起来，从而取得较大的绿化面积，有利于安排活动项目、安放活动设施和布置场地。

6）临街组团绿地。住宅组群级绿地设在临街部位，这是一种绿化结合道路布置的形式。其特点是有利于改善道路沿线的空间组合和景观形象，同时绿地也向城镇开放，是城镇绿化系统组成部分，如安徽龙亢农场滨河村。

7）结合自然条件布置。当住区范围内有河、小山坡等自然条件时，其绿地可结合自然水体地势布置，互为因借，以取得较好的景观环境（图 7-12）。

8）住宅组团间绿地与环境的关系。城镇贴近自然，在城镇住区绿化景观的规划中，不仅必须努力把住区的公共绿地、组团绿地、宅旁绿地以及组团间的绿地共同组成一个统一的绿化景观系统，而且应该特别重视住区与周围自然环境相互呼应，使城镇的住区完全融汇到自然环境中，互为映衬，相得益彰。这是城市住区所严重缺乏的，也是城镇住区绿化景观建设的亮点，必须努力加以营造。厦门黄厝跨世纪农民新村的规划就是一个较为典型的范例。

①弘扬传统的空间序列

在住宅组团的布置中，吸取了闽南建筑文化神韵中丰富多变的层次，采用毗联式多层与低层相结合，高密度院落式的布置形式。不仅为每套住宅都争取到东南或西南较好的朝向，还根据小区干道线形变化和环境特征，对住栋的长度和高度加以控制。以六种住宅类型组成错落有序，异态各异，既统一又有变化的七个住宅组团，加上对不同组团饰以不同的色彩，从而提高了住宅组团的识别性。这七个独具特色的组团与绿化系统的有机融合，使得无论从海边，还是在山上，沿环岛路或小区间道路都可以观赏到绿郁葱葱的树木，掩映着色彩艳丽、造型别致的楼宇所形成的自然风光，给人以富含闽南特色和浓厚生活气息的感受。

②利用环境的组团布置

农宅区规划除了积极保护基地上的绿化原貌外，加宽了组团间的邻里绿带。其极为自然地嵌入住宅组团，并与小区干道的林荫组成方格状的绿化网，同时着重布置了组团内的公共绿地和宅前绿地，从而形成别具特色的网点，结合绿化系统，使得绿化系统与住宅组团得到有机的融合。

③组织景观的绿化系统

利用邻里绿带布置闽南独特的石亭、石桌椅等园林小品以及曲折变化的游廊、步行道、山石兰竹，不仅可为居民提供休闲和消夏纳凉、邻里交往的场所，使得农宅区与山海融为一体，并具浓郁的乡土气息。

④融于自然的视线走廊

组团间的邻里绿带和道路布置相结合，形成四条景观视线走廊，加强了山与海的关系，使山石与海礁、林木与沙滩、连绵起伏的群山与白浪涛涛的大海相映成趣，把整个住区融汇周围的环境中。

(3) 住宅组群级绿地的规划设计

1）城镇住宅组群级绿地景观设计必须注意以下问题

①要满足户外活动及邻里间交往的需要。住宅组群级绿地贴近住户，方便居民使用。其中主要活动人群是老人、孩子及携带儿童的家长，所以在进行景观设计时要根据不同的年龄层次安排活动项目和设施，重点针对老年人及儿童活动，设置老年人休息场地和儿童游戏场，整体创造一个舒适宜人的景观环境。

②利用植物、建筑小品合理组织空间，选择合适的灌木、常绿和落叶乔木树种，地面除硬地外都应铺草种花，以美化环境。根据群组的规模、布置形式、空间特征，配置绿化；以不同的树木花草，强化组群的特征；铺设一定面积的硬质地面，设置富有特色的儿童游戏设施；布置花坛等环境小品，使不同组群具有各自的特色。

③住区内各组群的绿地和环境应注意整体的统一和协调，在宏观构思、立意的基础上，采用系列、对比、母题法等手段，使住区组群绿化环境的整体性强，且各有特色。

④由于组群绿地用地面积不大，投资少，因此，一般不宜建许多园林建筑小品。

2）城镇借鉴城市住区的经验

①利用不同的树种强化组团特色，并配置相应的设施和环境小品。

深圳万科四季花城居住区借鉴欧洲小镇街区式邻里的居住形态与空间结构，将整个区域划分为数个社区组团，每个组团以不同植物为主题特色进行景观设计，不仅使各个组团特色鲜明，还增强了整个居住区的诗情画意（图 7-13 ～图 7-20）。

②利用绿化和环境小品强化组群绿地特点，并配置相应的设施和绿化，组成不同的环境。

图 7-13 海棠苑鸟瞰图图

图 7-14 海棠苑庭院绿化

图 7-15 米兰苑花园入口

图 7-16 米兰苑庭院

图 7-17 牡丹苑私家花园入口

图 7-18 牡丹苑庭院

图 7-19 紫薇苑入口

图 7-20. 紫薇苑庭院

7.3 城镇住区宅旁绿地的绿化景观规划设计

宅旁绿地是住宅内部空间的延续，是组群绿地的补充和扩展。它虽不像公共绿地那样具有较强的娱乐、游赏功能，但却与居民日常生活起居息息相关。结合绿地可开展各种家务、儿童嬉戏、老人活动、邻里联谊等生活行为。宅旁绿地景观环境的营造能够促进邻里交往，使人际关系密切，这种绿地形式具有浓厚的传统生活气息，使现代住宅楼单元的封闭隔离感得到一定程度的缓解。宅旁绿地在住区中分布最广，是住区绿地中的重要组成部分，它与居民的住屋直接相邻，是住区“点、线、面”绿化体系中的“面”，对居住环境的影响最为明显。

7.3.1 宅旁绿地的类型

根据宅旁绿地的不同领域属性和空间的使用情况，可分为基本空间绿地和聚居空间绿地两个部分（图 7-21）。

聚居空间绿地是指居民经常到达和使用的宅旁绿地。宅旁的聚居空间绿地对住户来说使用频率最高，是每天出入的必经之地。因此，其环境绿化的设计就显得尤其重要。环境布置在生态性、景观性等基础上，应满足绿地的实用性，具有较强的实际使用的功能。

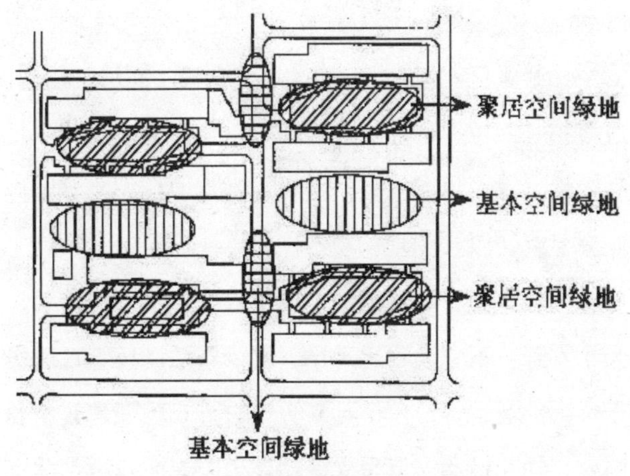

图 7-21 宅旁绿地构成示意图

基本空间绿地是指保证住宅正常使用而必须留出的、居民一般不易到达的宅旁绿地。在宅旁的基本空间绿地规划中，应重视其环境的生态性、景观性及经济性的功能作用。

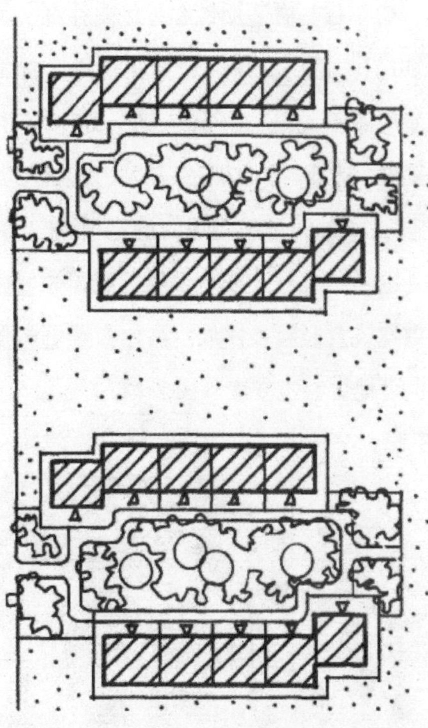

图 7-22 宅旁绿地空间构成

7.3.2 宅旁绿地的空间构成

根据不同领域属性及其使用情况，宅旁绿地可分为3部分，包括近宅空间、庭院空间、余留空间（图7-22）。

近宅空间有两部分：一为底层住宅小院和楼层住户阳台、屋顶花园等；一为单元门前用地，包括单元入口、入户小路、散水等。前者为用户领域，后者属单元领域（图 7-23 ～图 7-24）

图 7-23 单元入口绿化

庭院空间包括庭院绿化、各活动场地及宅旁小路等，属宅群或楼栋领域。

余留空间是上述两项用地领域外的边角余地，大多是住宅群体组合中领域模糊的消极空间。

（1）近宅空间环境

近宅空间对住户来说是使用频率最高的过渡性小空间，是每天出入的必经之地，同楼居民常常在此不期而遇，幼儿把这里看成家门，最为留恋，老人也爱在这里照看孩子。在这里可取信件、拿牛奶、等候、纳凉、逗留，还可停放自行车、婴儿车、轮椅等。在这不起眼的小小空间里体现住宅楼内人们活动的公

图 7-24 近宅的入口空间

共性和社会性，它不仅具有适用性和邻里交往意义，并具有识别和防卫作用。规划设计要在这里多加笔墨，适当扩大使用面积、作一定围合处理，如作绿篱、短墙、花坛、坐椅、铺地等，自然适应居民日常行为，使这里成为主要由本单元居民使用的单元领域空间。至于底层住户小院、楼层住户阳台、屋顶花园等属住户私有，除提供建筑及竖向条件外、具体布置可由住户自行安排，也可提供参考方案（图 7-25）。

图 7-25 近宅的底层住户小院空间绿化

（2）庭院空间环境

宅旁庭院空间组织主要是结合各种生活活动场地进行绿化配置，并注意各种环境功能设施的应用与美化。其中应以植物为主，在拥塞的住宅群加入尽可能多的绿色因素，使有限的庭院空间产生最大的绿化效应。各种室外活动场地是庭院空间的重要组成，与绿化配合，丰富绿地内容，相得益彰。

①动区与静区。动区主要指游戏、活动场地；静区则为休息、交往等区域。动区中的成人活动如早操、练太极拳等，动而不闹，可与静区贴邻合一；儿童游戏则动而吵闹、可在宅端山墙空地、单元入口附近或成人视线所及的中心地带设置。

②向阳区与背阳区。儿童游戏、老人休息、衣物晾晒以及小型活动场地，一般都应置于向阳区。背阳区一般不宜布置活动场地，但在南国炎夏，则是消暑纳凉的好去处。

③显露区与隐蔽区。住宅临窗外侧、底层杂物间、垃圾箱等部位，都应隐蔽处理，以免影响观瞻并满足私密性要求。单元入口、主要观赏点、标志物等则应充分显露，以利识别和观赏。

一般来说、庭院绿地主要供庭院四周住户使用。为了安静，不宜设置运动场、青少年活动场等对居民干扰大的场地，3 ~ 6 周岁幼儿的游戏场则是其主要内容。幼儿好动，但独立活动能力差，游戏时常需家长伴随。掘土、拍球、骑童车等是常见的游戏活动，儿童游戏场内可设置沙坑、铺砌地、草坪、桌椅等，场地面积一般为 150 ~ 450m^2。此外，老人休息场地应放一些木椅石凳；晾晒场地需铺设硬地，有适当绿化围合。场地之间宜用砌铺小路联系起来，这样，既方便了居民，又使绿地丰富多彩（图 7-26 ~图 7-29）。

图 7-26 景观层次丰富、满足功能需求的宅间绿地

图 7-27 规则式的宅间绿地

图 7-28 自然式的宅间绿地

图 7-29 混合式宅间绿地

（3）余留空间环境

宅旁绿地中一些边角地带、宅间与空间的联接与过渡地带，如山墙间、小路交叉口、住宅背对背之间，住宅与围墙之间等空间，均需做出精心安排，尤其对一些消极空间（图 7-30）。所谓消极空间，又称负空间，主要指没有被利用或归属不明的空间。一般无人问津，常常杂草丛生，藏污纳垢、又很少在视线的监视之内，成为不安全因素，对居住环境产生消极的作用。居住区规划设计要尽量避免消极空间的出现，在不可避免的情况下要设法化消极空间为积极空间，主要是发掘其潜力并加以利用。注入恰当的积极因素能使外部消极空间立即活跃起来，如将背对背的住宅底层作为儿童、老人活动室；在底层设车库、居委会管理服务机构；在住宅和围墙或住宅和道路之间设置停车场；沿道路和住宅山墙内之间设垃圾集中转运点。近内部庭院的住宅山墙设儿童游戏场、少年活动场；靠近道路的零星地设置小型分散的市政公用设施，如配电站、调压站等，但应注意将其融入绿地空间中。

图 7-30 住宅山墙之间的宅旁绿地布置

7.3.3 宅旁绿地的特点

（1）功能的复合性

宅旁绿地与居民的各种日常生活联系密切，居民在这里开展各种活动，老人、儿童与青少年在这里休息，邻里间在此交流、晾晒衣物、堆放杂物等。宅间绿地结合居民家务活动，合理组织晾晒、存车等必需的设施，有益于提高居住环境的实用与美观，避免绿地与居住环境质量的下降、绿地与设施的被破坏，从而直接影响居住区与城市的景观（图 7-31 ~ 图 7-32）。

宅间庭院绿地也是改善生态环境，为居民直接提供清新空气和优美、舒适居住条件的重要因素，可防风、防晒、降尘、减噪，改善小气候，调节温湿度及杀菌等。

（2）领域的差异性

领域性是宅旁绿地的占有与被使用的特性。领域性强弱取决于使用者的占有程度和使用时间的长短。宅间绿地大体可分为 3 种形态：

①私人领域。一般在底层，将宅前宅后用绿篱、花墙、栏杆等围隔成私有绿地，领域界限清楚，使用

图 7-31 宅旁休憩设施

图 7-32 宅旁布置的儿童活动场地

时间较长，可改善底层居民的生活条件。由一户专用，防卫功能较强。

②集体领域。宅旁小路外侧的绿地，多为住宅楼各住户集体所有，无专用性，使用时间不连续，也允许其他住宅楼的居民使用，但不允许私人长期占用或设置固定物。一般多层单元式住宅将建筑前后的绿地完整地布置，组成公共活动的绿化空间。

③公共领域。它指各级居住活动的中心地带，居民可自由进出，都有使用权，但是使用者常变更，具有短暂性。

不同的领域形态，使居民的领域意识不同，离家门愈近的绿地，其领域意识愈强；反之，其领域意识愈弱，公共领域性则增强。要使绿地管理得好，在设计上则要加强领域意识，使居民明确行为规范，建立居住的正常生活秩序。

（3）植物的季相性

宅旁绿地以绿化为主，绿地率达 90%～95%。树木花草具有较强的季节性，一年四季，不同植物有不同的季相，春华秋实，气象万千。大自然的晴云、雪雨、柔风、月影，与植物的生物学特性组成生机盎然的景观，使庭院绿地具有浓厚的时空特点，充满生命力。随着社会生活的进步，物质生活水平的提高，居民对自然景观的要求与日俱增，应充分发挥观赏植物的形体美，色彩美、线条美，采用各种观花、观果、观叶等乔灌木、藤木、宿根花卉与草本植物材料，使居民感受到强烈的季节变化（图 7-33 ～图 7-35）。

图 7-33 弯曲的园路与长势茂盛而色彩丰富的植被形成良好的宅旁绿地景观

图 7-34 层次丰富的种植，结合坐凳和活动场地形成很好的宅旁绿地

图 7–35 宅旁绿地景观效果很好的植物种植

（4）空间的多元性

随着住宅建筑的多层化向空间发展，绿化也向立体、空中发展，如台阶式、平台式和连廊式住宅建筑的绿地。绿地的形式越来越丰富多彩，大大增强了宅旁绿地的空间特性（图 7-36）。

（5）环境的制约性

住宅庭院绿地的面积、形体、空间性质受地形、住宅间距、住宅组群形式等因素的制约。当住宅以行列式布局时，绿地为线型空间；当住宅为周边式布置时，绿地为围合空间；当住宅为散点布置时，绿地为松散空间；当住宅为自由式布置时，庭院绿地为舒展空间；当住宅为混合式布置时，绿地为多样化空间（图 7-37）。

图 7–36 宅旁绿地的形式丰富多样，宅间绿化结合屋顶绿化

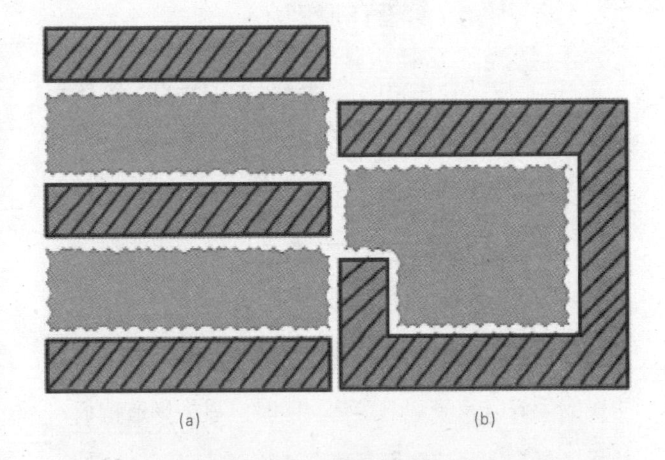

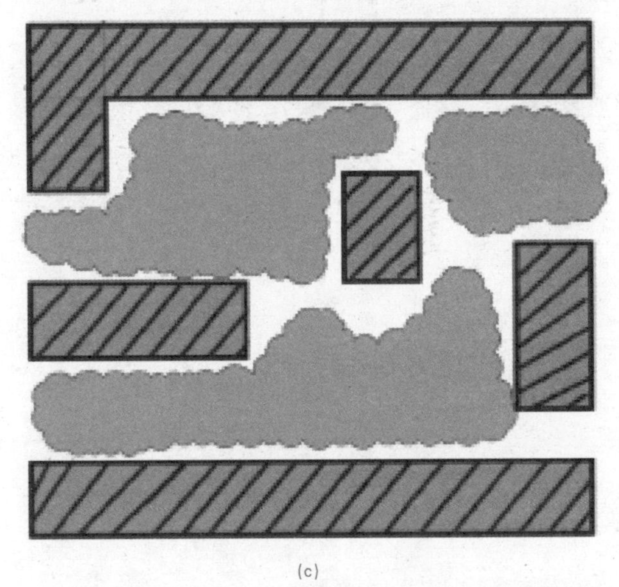

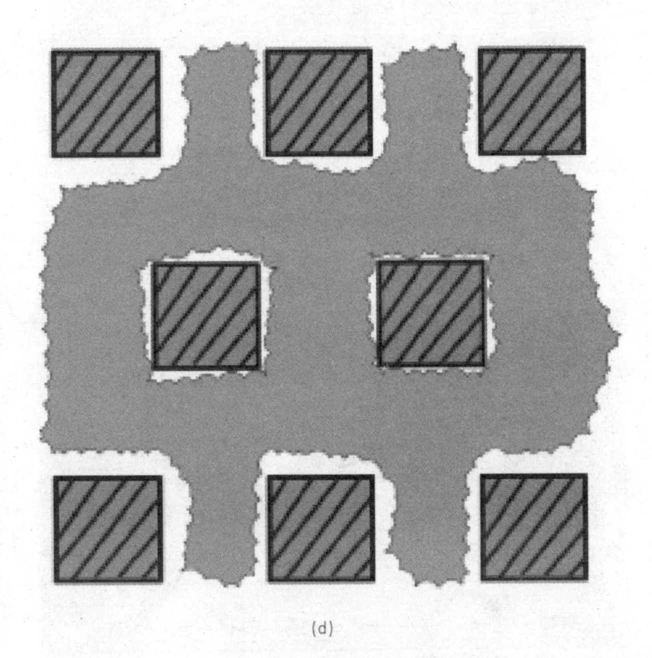

图 7–37 宅旁绿地空间组成形式

(a) 行列式 (b) 围合式 (c) 自由式 (d) 散点式

7.3.4 宅旁绿地的设计原则

（1）应结合住宅的类型及平面的特点、群体建筑组合形式、宅前宅后道路布局等因素进行设计，创造宅旁的庭院绿地景观，区分公共与私人空间领域。

（2）应体现住宅标准化与环境多样化的统一，依据不同的群体布局和环境条件，因地制宜地进行规划设计。植物的配置应考虑地区的土壤和气候条件、居民的爱好以及景观的变化。同时应尽力创造特色，使居民具有认同感和归属感。

（3）注重空间的尺度，选择合适的植物，使其形态、大小、高低、色彩等与建筑及环境相协调。绿化应与建筑空间相互依存，协调统一。同时，绿化应有利于改善小气候环境，如树木在夏天具有遮荫作用、冬天又不影响住户的日照等。

7.3.5 宅旁绿地的组织形态

宅旁绿地组织形态的基本类型有草坪型、花坛型、树林型、花园型、园艺型、混合型 6 种，规划设计中不论采用何种形式，功能性、观赏性、生态性的兼顾是宅旁绿地设计的原则。

（1）草坪型。以草坪绿化为主，在草坪边缘配置一些乔、灌木和花卉(图 7-38)。其特点是空间开阔，通透性高，景观效果好。常用于独院式、联立式或多层住区。它的养护管理要求比较高，在住区绿地中容易受到破坏，种后两三年可能荒芜，绿化效果不是很理想，因此也很不经济。

图 7-38 草坪型宅旁绿地

（2）花园型。在宅间以篱笆或栏杆围成一定范围，布置花草树木和园林设施。色彩层次较为丰富。在相邻住宅楼之间，可以遮挡视线，有一定的私密性，为居民提供游憩场地（图 7-39）。花园型绿地可布置成规则式或自然式，有时形成封闭式花园，有时形成开放式花园。

图 7-39 花园型宅旁绿地

（3）树林型。以高大乔木为主，一般选择快生与慢生、常绿与落叶以及不同色彩、不同树形的树种，以避免单调。此类型的特点是简单、粗放，多为开放式绿地，它对调节住区小气候环境有明显的作用。紧靠住宅南侧的树木应采用落叶树，避免影响住户冬季的日照要求。一般可在宅旁的基本空间内结合草地设置，也可以结合住区内的水景布置（图 7-40）。

图 7-40 树林型宅旁绿地

（4）庭院型。空间有一定围合度。在一般绿化的基础上，适当配置园林小品，如花架、山石等环境设施，恰当布置花草树木，形成层次丰富、亲切宜人的环境。该类型一般可在宅旁的聚集空间内结合活动场地设置（图 7-41）。

图 7−41 庭院型宅旁绿地

（5）园艺型。根据当地的土壤、气候、居民的喜好等情况，种植果树、蔬菜等，在绿化、美化的基础上兼有实用性，并能享受田园乐趣。一般可在宅旁的基本空间或聚集空间内设置。

（6）混合型。以上五种形式的综合。

7.3.6 宅旁绿地的规划设计

宅旁绿地规划设计的主要内容是进行环境布置，包括组织好宅旁的空间环境，协调与外部的空间关系；合理配置乔木、灌木、草地，恰当设置铺地、花坛、座椅等设施小品；根据实际情况也可以布置少量游戏设施，如沙坑等，使宅旁绿地具有较好的居住环境，满足居民日常生活的需要。

7.4 城镇住区道路的绿化景观规划设计

7.4.1 城镇住区道路功能的复合设计

（1）住区道路的符合功能

城镇住区道路作为一种通道系统，不仅是住区结构的主脉，维持并保证住区的能量、信息、物质、社会生活等的正常运转，它同时还是住区形象和景观的展现带。创造具有良好自然景观、人文景观和道路景观的住区可以提高生活气息，增进邻里交往，营造充满活力和富有生活情趣的居住空间，从而实现绿色交通、生态交通，形成健康、良好的居住生态环境，正逐渐成为城镇住区规划的重要目标之一。

传统的聚落都善于充分利用道路发挥邻里密切交往的作用，使得“大街小巷”都充满颇富活力的生活气息。家庭结构的日益小型化和人口的日趋老龄化以及人们对养生的渴求，户外活动便成为人们的普遍追求。

作为邻里交往的空间，在城镇住区中除了公共绿地和宅旁绿地外，住区的道路便是人们最为广泛的交往空间。因此，借助道路进行人文景观建设，发挥道路、人文和景观的复合功能比较容易形成文化气氛的场地，也是提高住区的住区环境质量的重要内容之一。

（2）住区道路体系的人性化设计

物质生活的提高，社会的进步，使得人与人、人与社会之间的交流将更加频繁，人们对居住环境质量的要求也越来越高。因此，对城镇住区公共活动空间和步行交通的要求在质和量上都更加迫切。这也将成为衡量一个城镇住区文明质量的标志之一。

城镇住区的道路交通体系，除考虑机动车的行驶之外，更应重视人们的出行，注意生活的人性化。尤其是对残疾人、儿童、老年人要格外关怀，这是现代文明的重要标志，因此要充分体现为步行者优先的原则。在人车共存的情况下，对车辆进行一定的限制（如速度限制、通行区域、通行时间、通行方向和道路线形限制等），从而保障步行者的优先权；在某些地段禁止小汽车通行，从而限制住区内的通行量。并努力实现人车分离。

①充分考虑到行人的无障碍设计，在住宅入口、

中心绿地、公共活动场所等凡是有高差的地方设置残疾人坡道，且在人行道设置盲道。

②将道路的线形设计成有一定弧度的弯曲，强制车辆降低车速，也使外来车辆因线路曲折不愿进入从而达到控制车流的目的。

③在道路的边缘或中间左右交错种植树木，产生不愿进入的氛围，以减少不必要车辆的驶入。

④将道路交叉处的路面部分抬高或降低，使车辆驶过时产生震动感，给驾驶者以警示。

⑤在住区入口或道路交叉口设置明显的交通标志提示限速、禁转等交通标志。

⑥注意住区交通与镇域镇际公共交通的衔接。

（3）住区交通体系的可持续性规划设计

在进行住区道路交通建设时，应重视对住区生态环境的保护和资源的合理开发利用，注意对交通需求的管理和对交通行为的约束，以便在满足近期需求的同时，又能满足住区持续发展的整体需要。

可持续发展理念在城镇住区交通体系中的具体应用就是强调交通规划在一开始就要对规划区域进行环境评估，识别环境区域的敏感性，了解进行基础设施建设可能产生的后果，综合协调住区土地使用、交通运输、生态环境与社会文化等因素，减少对空气、水源的污染，限制非再生资源的消费，有效保护城镇独特的地形地貌与景观资源，强化人的行为方式与生态准则的相融性。

住区交通体系的可持续发展同时也离不开住区及其所在城镇的可持续发展。住区交通规划应与城镇紧凑的土地规划布局相适应，力求以最安全、经济的方式保障居民出行的机动性，同时利用土地可达性的改变使居住、文化、商业等活动重新分布组合，以适应城市与住区经济、社会长远的可持续发展要求。

7.4.2 住区道路环境景观规划设计

城镇环境景观是营造城镇特色风貌的重要组成部分，是提高城镇可识别性的标志之一。城镇住区环境景观也应努力展现城镇的特色风貌。

（1）住区道路环境景观规划原则

①道路空间形态必须以人为本，注意生活环境的人性化，符合居民生活的习俗、行为轨迹和管理模式，体现方便性、地域性和艺术性。

②为居民交往、休闲和游乐提供更多方便，更好环境。

③高效利用土地，完善生态建设，改善住区空间环境。

④立足于区域差异，体现自己的地域特色与文化传统。

⑤注重自然景观、人文景观和道路景观的融合。

（2）住区道路环境景观构成和设计要求

1）构成要素

住区道路环境景观的构成要素可以分为两类：一类是物质的构成（即人、车、建筑、绿化、水体、庭院、设施、小品等实体要素）；另一类是精神文化的构成（即历史、文脉、特色等）。住区道路环境景观设计应是把两者融为一体，统一考虑。

2）设计要求

①现代化城镇住区道路应把握好交通管理。交通安全设施和交通管理设施（包括交通标志、标线、信号及相关构件、路墩、消防设备）。不仅应保障交通安全，还应兼备环境景观功能。

②无障碍道路交通应包括车辆交通和行人的交通。住区的道路交通功能在保证车辆正常运行的同时，亦应保证行人的安全出行。住区的环境设施必须为出行提供方便，并应给予体现，其中包括建设无障碍设施。

③住区道路铺装（包括车行道、人行道、桥面铺装，也包括人行道上树池树篦等）的设计。不仅要为人的出行提供便利、保证安全、提高功效和地面利用率，而且还应起到对丰富居民生活，美化住区环境

的辅助作用。

④桥梁是住区重要的交通要素。桥梁景观是城镇（特别是江南水乡城镇）住区道路环境景观的一个靓点。因此，桥梁应有精巧而优美的造型、合理完美的结构、艺术的桥面装饰及栏杆。

⑤绿化景观植物不仅具有净化空气、吸收噪声、调节人们心理和精神的生态作用，更是住区道路绿色景观构成中最引人注目的要素。

⑥照明景观灯（包括路灯以及绿地、公共设施的照明）不再是单纯的照明工具，而是集照明装饰功能为一体，并且是创造、点缀、丰富住区环境空间文化内涵的重要元素。

⑦道路景观必须以沿线建筑景观绿化景观和人文景观为依托，共同形成完整的、富有地方文化底蕴的住区道路景观。

⑧建筑小品（包括书刊亭、电话亭、垃圾箱、雕塑、水景、邮筒、自动售货机、座椅、自行车架等）是提供便利服务的公益性设施，同时也是提高人们生活质量和丰富道路景观的载体。

（3）住区道路环境景观的多样化

随着城镇住区建设的规模化和综合化，住区已成为镇区的一个缩影，是城镇居民生活的展现和历史文化的传承。层次各异的居民，不尽相同的景观需求，必将导致居住景观需求的多样性。不同的出行方式对景观的要求也不同。在车行交通中，人们关注的景观主要集中于道路沿线大体量的街景和两旁的建筑，而在步行交通和休闲中，人们关注的景观更集中于庭院绿地和小品设施等。

（4）住区道路环境景观规划设计优化

1）道路线形设计与自然景观环境融为一体

①道路线形体现道路美。城镇住区道路线形应与自然环境相协调，与地形、地貌相配合，并应与自然环境景观融为一体。有时为了街景变化，可设微小转弯，以给人留下多种不同的印象。在道路走向上，可采用微小的偏移分割成不同场所，把要突出的景观引入视线范围。

②城镇依山住区道路的线形应主要考虑与地形景观的协调，采用吻合地形的匀顺曲线和低缓的纵坡组合成三向协调的立体线形，对减少地形的剧烈切割，以及融合自然环境具有较好的效果。

③城镇滨水住区道路的线形应根据地形、地质、水文等条件确定。沿岸应布置适宜的台地，避免滑坍、碎落和冲击锥等地质灾害。道路线形应沿着自然岸线走向布置，形成与自然景观协调统一的优美线形。

住区道路的弯曲线形应便于人们最大限度地观察周围环境，同时也是一种通过道路设计，控制行车速度，确保住区交通安全的有效办法。

2）道路绿化应生态与艺术相结合

①遵循道路绿化的生态和艺术性相结合的原则。创造植物群落的整体美。通过乔灌花、乔灌草的结合，分隔竖向的空间，实现植物的多层次配置。在优先选用当地的树种时，并根据本地区气候、栽植地的小气候和地下环境条件选择适于在本地生长的其他树木，以利于树木的正常生长发育，抗御自然灾害，保持较稳定的绿化成果。同时运用统一、调和、均衡和韵律艺术原则，通过艺术的构图原理，充分体现植物个体及群体的形式美。

②突出住区道路的特色。植物的季节变化与临路住宅建筑产生动与静的统一，它既丰富了建筑物的轮廓线，又遮挡了有碍观瞻的景象。在城镇住区道路绿化设计中，应将植物材料通过变化和统一、平衡和协调、韵律和节奏等手法进行搭配种植，使其产生良好的生态景观环境。选择富有特色的树种，使其能和周围的环境相结合，展现道路的特色。

③突出住区道路的视觉线形感受。城镇住区道路绿化主要功能是遮荫、滤尘、减弱噪声、改善住区道路沿线的环境质量和美化环境。在满足不同人群出行的动态活动中，观赏道路两旁的景观，产生多种多

样的不同视觉特点。为此，在规划设计道路绿化时，应充分考虑行车的速度和行人的视觉特点，将道路线形作为视觉线形设计的对象，不断提高视觉质量。

④突出住区停车空间与绿化空间的有机结合。利用绿化吸附粉尘和废气、隔离和吸收噪声，减少停车空间因车辆集中而造成对周围环境污染的扩散；自然优美的园林绿化还可改变停车场（库）缺乏自然气息的单调、呆板和枯燥，美化停车库的视觉环境；发挥环境绿化的遮阳降温效果、改善小气候。对面积较小的露天停车场，可沿周边种植树冠较大乔木以及常青绿篱，形成既具围合感又达到遮阳效果；对面积较大的停车场，可利用停车位之间的间隔带，种植高大乔木，植株行距及间距相当于车库的柱网布置，以便于车辆进出和停放；在停车间或停车场周边设种植池。露天停车场与园林绿化的有机结合，可形成“花园式停车场”。

3）良好建筑环境设计

道路旁的建筑物是住区道路空间中最重要的围合元素，它的性质、体量、形式、轮廓线及外表材料与色彩，都直接影响住区道路空间的形象和气质。历史文化名镇所具有传统地方特色的道路，其美学价值在很大程度上是由其富有地方特色和民族文化的建筑群和住区组群所形成。

良好住区道路建筑环境应具有：

①良好的尺度和比例；

②建筑造型、立面形式多样空间富于变化，并具有因地制宜的灵活性和特色；

③色彩丰富，搭配和谐有序，构图富有创意和特色，与环境和谐；

④充分体现地方建筑风格和传统民居特色。

4）空间应富于变化

道路根据各路段交通量不同，或地形条件限制，可能出现宽度的变化，存在着空间的变化，这时，可用做错车空间。在特殊情况下，还可用作停车空间，有时也还是行人休息逗留的场所。

5）利用分隔形成领域感

作为住区内的生活性道路，可以通过分离手法来为居民形成生活空间的领域感。在传统历史文化名镇中常采用过街楼、拱门、牌坊作为道路空间分隔的标志建筑。

6）设置必要的道路设施

住区道路通常有步行者在活动，此种活动常有随意性和观赏性。住区道路上设置公用设施（如坐椅、花坛、候车亭及路灯、交通标志、信号设备等），应选择宜人的色彩和尺度，增强美感和愉悦感，以满足步行者随意性休闲和观赏的需要。

7.4.3 住区级道路的绿地景观设计

住区级道路和绿化景观按分车绿带、行道绿带和路侧绿带三种绿带形式进行设计。

（1）分车绿带

1）景观构图原则

为了保证行车安全，分车绿带的景观构图以不影响司机的视线通透为原则。所以，分车绿带应是封闭的；绿带上的植物的高度（包括植床高度）不得高于路面 0.7m，一般种植低矮的灌木、绿篱、花卉、草坪等。在人行横道和道路出入口处断开的分车绿带，断开处的视距三角形内植物的配置方式应采用通透式。中央分车绿带应密植常绿植物，这样不仅可以降低相反方向车流之间的相互干扰，还可避免夜间行车时对向车流之间车灯的眩目照射。如果在分车绿带上栽植乔木，一般选用分支点高的乔木，而且分支角度要小在，不能选用分支角度大于 90° 或垂枝形的树种。所选乔木留取的主干高度控制在 2 ~ 3.5m 之间，不能低于 2m。而且乔木的株距应大于相邻两乔木成龄树冠直径之和。分车绿带内基本不设计地形，如果需要也只能是很小的微地形，起伏高度不能超过路面 0.7m。山石、建筑小品、雕塑等都不宜过于宽大。

2）植物选择

分车绿带的环境条件较差，表现在以下几个方面：

①土壤中建筑垃圾多，易板结，土层薄在，不利于植物根系的生长和吸收。

②有害气体和烟尘、灰尘等空气污染物，一方面直接危害植物，另一方面降低了光照强度，影响植物的光合作用，降低植物的抗逆性。

③夏季路面温度和辐射热高，空气干燥。所以分车绿带的植物应选择抗逆性强、适应道路环境条件、生态效益好的乡土植物。乡土植物的优势在于，抗逆性强，能适应当地的自然环境。但为了丰富道路景观，也应适当进行引种驯化。

分车绿带绿化管理影响交通，应选择管理省工的低矮植物，如紫叶小檗、麦冬等。或选萌芽力强、耐修剪的植物，如小叶女贞、海桐、木槿等。同时需要控制分车绿带上植物的高度来保证视线通透。分车绿带地面的坡向、坡度应符合排水要求，并与城市排水系统相结合，防止绿带内积水和水土流失。

3）植物配置

①分车绿带的植物配置应是花卉、灌木与草坪、地被植物相结合的方式，不裸露土壤，从而避免尘土飞扬。要适地适树，考虑植物间伴生的生态习性。不适宜绿化的土壤要进行改良。

②确定园林景观路和主干路分车绿带的景观特色。

③同一路段的分车绿带要有统一的景观风格，不同路段的绿化形式要有所变化。

④同一路段各条分车绿带在植物配置上应遵循多样统一，既要在整体风格上协调统一，又要在各种植物组合、空间层次、色彩搭配和季相上有所变化。

（2）行道树绿带

行道树绿带是设置在人行道与车行道之间以种植行道树为主的绿带。其宽度一般不宜小于 1.5m，由道路的性质、类型及其对绿地的功能要求等综合因素来决定。

行道树绿带的主要功能是为行人和非机动车遮荫。如果绿带较宽则可采用乔灌草相结合的配置方式，丰富景观效果。行道树应该选择主干挺直、枝下高较且遮荫效果好的乔木。同时，行道树的树种应尽量与城镇干道绿化树种相区别，以体现自身特色及住区亲切温馨不同于街道嘈杂开放的特性。其绿化形式应与宅旁小花园的绿化布局密切配合，以形成相互关联的整体。行道树绿带的种植方式主要有树带式和树池式。

树带式是指在人行道与车行道之间留出一条大于 1.5m 宽的种植带，根据种植带的宽度相应的种植乔木、灌木、绿篱及地被等，在树带中铺草或种植地被植物，不要有裸露的土壤。这种方式有利于树木生长，增加绿量，改善道路生态环境和丰富住区景观。在适当的距离和位置留出一定量的铺装通道，便于行人往来。

在交通量比较大、行人多而街道狭窄的道路上采用树池式种植的方式。应注意树池营养面积小，不利于松土、施肥等管理工作，从而不利于树木生长。树池之间的行道树绿带最好采用透气性的路面材料铺装，例如混凝土草皮砖路面、透水透气性彩色混凝土路面、透水性沥青铺地等，以利渗水通气，保证行道树生长和行人行走。

行道树定植株距，应以其树种壮年期冠幅为准，最小种植株距应不小于 4m。株行距的确定还要考虑树种的生长速度。行道树绿带在种植设计上要做到：

1）在弯道上或道路交叉口，行道树绿带上应种植低矮的灌木，灌木的高度为 0.9 ~ 0.3m，乔木树冠不得进入视距三角形范围内，以免遮挡驾驶员视线，影响行车安全。

2）在同一街道采用同一树种、同一株距对称栽植，既可起到遮荫、减噪等防护功能，又可使街景整齐雄伟，体现整体美。

3）在一板二带式道路上，路面较窄时，应注意两侧行道树树冠不要在车行道上衔接，以免造成飘尘、废气等不易扩散的情况发生。并应注意树种选择和修剪，适当留出“天窗”，使污染物扩散、稀释。

4）对于交通型道路的行道树绿带的布置形式多采用对称式，而生活性街道应与两侧建筑进行有机的结合布置。道路横断面中心线两侧，绿带宽度相同；植物配置和树种、株距等均相同。道路横断面为不规则形式时，或道路两侧行道树绿带宽度不等时，采用道路一侧种植行道树，而另一侧布设照明杆线和地下管线。

（3）路侧绿带

路侧绿带是在道路侧方，布设在人行道边缘至道路红线之间的绿带。绿化结构为乔 — 灌 — 草的形式，常绿与落叶搭配的复层结构，能形成多层次的人工植物群落景观。人行道边缘宜选用观花、观果景观效果较强的灌木或宿根花卉植成花境，借以丰富道路景观。在树种选择上主要考虑生态价值较高、观赏价值较高及养护管理容易的树种。

1）选择生态价值较高的树种

①选择吸收有害气体能力强的树种。汽车尾气是城市大气污染的主要来源之一，而植物好比“空气净化器”，可吸收有害气体，如加拿大杨、臭椿、榆等。在住区中住区级道路是车辆过往较频繁的道路，更要侧重选择这样的树种，降低空气污染的程度。

②选择滞尘能力强的树种。据测，在有绿化的街道上，距地面 1.5m 高处空气的含尘量比没有绿化的街道上含尘量低 57.7%。树木能够滞尘，是由于其叶片上的毛被以及分泌的黏性油脂，所以枝叶越茂密、叶表越粗糙的树种滞尘能力越强，如旱柳、榆树、加拿大杨等。

③选择杀菌能力强的树种。除公共场所外，街道的空气含菌量最高，而且车流和人流量越大，含菌量就越高。园林植物好比“卫生防疫消毒站”，能减少空气中的细菌数量。松树林、樟树林、柏树林的减菌能力较强，主要与它们分泌出的挥发性物质有关。这类植物除在医院、疗养院周围栽种外，道路两侧也应大量使用。

④选择减噪能力强的树种。除了排放有害气体、行驶带来尘土，汽车还会产生噪音污染。园林植物具有明显的降噪作用，冠幅大、枝叶稠密、茎叶表面粗糙不平、分枝点距地面低的树种减噪能力较强，如旱柳、桧柏、刺槐、油松等，枝叶浓密的绿篱减噪效果也十分显著。

2）选择观赏价值较高的树种

①选择观花和花期不同的树种。花团锦簇的景象使人流连忘返，所以路边应尽量多选择一些观花树种。乔木有刺槐、山杏等，灌木有连翘、木槿等。另外，要选择花期不同的树种，做到三季有花，如北方地区早春开花的迎春、桃花、榆叶梅等；晚春开花的蔷薇、玫瑰、棣棠等；夏季开花的合欢、香花槐等；夏末秋初开花的有木槿、紫薇和糯米条等。

②选择彩叶及有特殊观赏价值的树种。彩叶树种是叶片在春季或秋季，或在整个生长季节甚至常年呈现异样色彩的树种。如红色枝的红瑞木，金黄色枝的黄金柳，白色树干的白桦。这些有特殊观赏价值的树种，在道路两侧成片栽植，会成为色彩单一的冬季里的独特景观。

3）选择养护管理容易的树种

由于道路环境复杂，所以要选择养护容易的树种，包括抗寒能力强，不需做冬季防寒的树种；抗病虫害能力强，不需经常打药的树种；落叶期较集中，清理落叶容易的树种；抗旱能力强，不需经常浇水的树种等。还要注意一些外来树种，即使引种驯化成功，也不能立刻大量运用于道路绿化，以免不必要的损失。

7.4.4 组群（团）级道路绿化

组群（团）级道路是联系各住宅组团之间的道路，是组织和联系住区各种绿地的纽带，对住区的绿化面貌有很大作用。组群级绿化目的在于丰富道路的线形变化，提高组团住宅的可识别性。组群级道路主要是以人行为主，常是居民的散步之地，树木的配置活泼多样，应根据建筑的布置、道路走向以及所处的位置和周围的环境加以考虑。树种的选择应该以小乔木和花灌木为主，特别是一些开花繁密或者有叶色变化的树种。种植形式采用多断面式，使每条路都有各自的特点，增强道路的识别性。组团道路两侧的绿化与住宅建筑的关系较密切，但在种植时应注意在有窗的情况下，乔木与窗的距离在5m以上，灌木3m以上。同时，应该了解建筑物地下管线埋设情况，适当采用浅根性或须根较发达的植物。

7.4.5 宅前小路的绿化

宅前小路是联系各住宅入口的道路，一般2m左右，主要供人行走。住宅宅前的绿化是用来分割道路与住宅之间的用地，通过道路绿化明确各种近宅空间的归属感和界限，并满足宅前绿化、美化的要求。

宅前小路的绿化树种选择以观赏性强的花灌木为主。绿化布置时，路边缘植物要适当后退0.5～1m，以便必要时急救车和搬运车驶进住宅。其次，靠近住宅小路的绿化，不能影响室内采光和通风。如果小路离住宅在2m以内，应以种植低矮的花灌木或整型修剪植物为主（图7-42）。对于行列式住宅，其宅前小路的种植绿化应该在树种选择和配置方式上多样化，以形成不同景观，增强识别性。

图7-42 宅前小路与住宅间的绿化

7.5 城镇住区的环境设施的规划布局

城镇住区环境设施主要是指城镇住区外部空间中供人们使用、为居民服务的各类设施。环境设施的完善与否体现着城镇居民生活质量的高低，完善的环境设施不仅给人们带来生活上的便利，而且还给人们带来美的享受。

从城镇住区建设的角度看，环境设施的品位和质量一方面取决于宏观环境（城镇住区规划、住宅设计和绿化景观设计等），另一方面也取决于接近人体的细部设计。城镇住区的环境设施若能与城镇住区规划设计珠联璧合，与城镇的自然环境相互辉映，将对城镇住区风貌的形成、对城镇居民生活环境质量的提高起到积极的作用。

7.5.1 城镇住区环境设施的分类及作用

（1）城镇住区环境设施的分类

城镇住区环境设施融实用功能与装饰艺术于一体，它的表现形式是多种多样的，应用范围也非常广泛，它涉及了多种造型艺术形式，一般来说可以分为6大类：

1）建筑设施

休息亭、廊、书报亭、钟塔、售货亭、商品陈列窗、出入口、宣传廊、围墙等。

2）装饰设施

雕塑、水池、喷水池、叠石、花坛、花盆、壁画等。

3）公用设施

路牌、废物箱、垃圾集收设施、路障、标志牌、广告牌、邮筒、公共厕所、自动电话亭、交通岗亭、自行车棚、消防龙头、公共交通候车棚、灯柱等。

4）游憩设施

戏水池、游戏器械、沙坑、座椅、坐凳、桌子等。

5）工程设施

斜坡和护坡、台阶、挡土墙、道路缘石、雨水口、管线支架等。

6）铺地

车行道、步行道、停车场、休息广场等的铺地。

（2）城镇住区环境设施的作用

在人们生存的环境中，精致的微观环境与人更贴近。它的尺度精巧适宜，因而也就更具有吸引力。环境对人的吸引力也就是环境的人性化。它潜移默化地陶冶着人们的情操，影响着人们的行为。

城镇住区的环境与大城市不同，它更接近大自然，也少有大城市住房的拥挤、环境的嘈杂和空气的污染。城镇的居民愿意在清爽的室外空间从事各种活动，包括邻里交往和进行户外娱乐休闲等。街道绿地中的一座花架和公共绿地树荫下的几组坐凳，都会使城镇住区环境增添亲切感和人情味，一些构思和设置都十分巧妙的雕塑也在城镇住区环境中起到活跃气氛和美化生活的作用。一般来说环境设施有以下三种作用：

1）功能作用

环境设施的首要作用就是满足人们日常生活的使用，城镇住区路边的座椅、乘凉的廊子和花架（图7-43）、健身设施（图7-44）等都有一定的使用功能，充分体现了环境设施的功能作用。

图 7-43 花架

图 7-44 健身设施

2）美化环境作用

美好的环境能使人们在繁忙的工作与学习之余得到充分的休息，使心情得到最大的放松。在人们疲乏，需要找个安逸的地方休息的时候，大家都希望找一个干净舒适，周围有大树，青草，能闻到花香，能听到鸟啼，能看到碧水的舒适环境。环境设施像文坛的诗，欢快活泼，它们精巧的设计和点缀可以让人们体会到“以人为本”设计的匠意所在，可以为城镇住区环境增添无穷的情趣（图 7-45 ～图 7-46）。

图 7-45 福清市阳光锦城庭院中心花园的阳光球雕塑

图 7-46 厦门海沧东方高尔夫国际社区公共绿地的休息棚

3）环保作用

城镇住区的设施设施质量，直接关系到住区的整体环境，也关系到环境保护以及资源的可持续利用。在中国北方的广大地区，水的缺乏一直是限制地方经济以及城镇发展的重要因素之一。虽然北方的广大城镇非常缺水，加上大面积的广场、人行道等路面铺装没有使用渗水性建筑材料，只能眼巴巴地看着贵如油的“水”流走。如果城镇的步行道铺地能够做成半渗水路面，并在砖与砖之间种植青草，那么不但可以提高路面的渗水性能，还可以有效地改善住区的环境质量。住区的步行道铺设了石子，既美观又有利于降水的回渗（图 7-47 ～图 7-48）。

图 7-47 某住区的步行石子路

图 7-48 石子路面更适宜驻扎小区的步行路

7.5.2 城镇住区环境设施规划设计的基本要求和原则

（1）规划设计的基本要求

1）应与住区的整体环境协调统一

住区环境设施应与建筑群体，绿化种植等密切配合，综合考虑，要符合住区环境设计的整体要求以及总的设计构思。

2）住区环境设施的设计要考虑实用性、艺术性、趣味性、地方性和大量性

所谓实用性就是要满足使用的要求；艺术性就是要达到美观的要求；趣味性是指要有生活的情趣，特别是一些儿童游戏器械应适应儿童的心理；地方性是指环境设施的造型、色彩和图案要富有地方特色和民族传统；至于大量性，就是要适应住区环境设施大量性生产建造的特点。

（2）规划设计的基本原则

1）经济适用

城镇住区的环境设施设计不能脱离对形成城镇自身特点的研究，所以城镇住区环境设施应当扬长避短，发挥优势，保持经济实用的特点。尽量采用当地的建筑材料和施工方法，提倡挖掘本地区的文化和工艺进行设计，既节省开支，又能体现地域文化特征（见图 7-49 ～图 7-50）。

图 7-49 绿茵覆顶的凉亭

图 7-50 以当地草本植物覆顶的凉亭

2）尺度宜人

城镇住区与大中城市最大的区别就体现在空间尺度上，空间尺度控制是否合理直接关系着城镇住区的“体量”。如果不根据具体情况盲目建设，向大城市看齐，显然是不合适的。个别城镇住区刻意模仿大城市，环境设施力求气派，建筑设施和雕塑尺度巨大，没有充分考虑人的尺度和行为习惯，给人的感觉很不协调。城镇的生活节奏较之大城市要慢一些，城镇住区人们生活，休闲的气氛更浓一些，所以城镇住区的环境设施要符合城镇的整体气质，环境设施的尺度更应亲切宜人，从体量到节点细部设计，都要符合城镇居民的行为习惯。

3）地域特色

环境设施的设计贵在因地制宜，环境设施的风格应当具有地域特色。欧洲风格的铁制长椅、意大利风格的柱廊虽然给人气派的感觉，但是却失掉了中国城镇本来的特色。环境设施特色设计应立足于区域差异，我国地域差异明显，自然环境、区位条件、经济发展水平、文化背景、民风民俗等各方面的差异，为各地城镇环境设施特色的设计提供了广阔的素材，特色的设计应立足于差异，只可借鉴，切勿单纯地抄袭、模仿、套用。城镇住区环境设施设计要有求异思维，体现自己的地域特色与文化传统。

在以石雕之乡著名于世的福建惠安在很多住区的环境设施中都普遍地采用石茶座（图 7-51）、石园灯（图 7-52）、原石花盆（图 7-53）等，充分展现其独特的风貌。

4）时代气息

传统的文化是有生命的，是随着时代的发展而发展的。城镇住区环境设施的设计应挖掘历史和文化传统方面的深层次内涵，重视历史文脉的继承、延续，体现和发扬有生命的传统文化，但也应有创新，不能仅仅从历史中寻找一些符号应用到设计之中。现代风格的城镇住区环境设施设计要简洁、活泼，能体

图 7-51 石茶座图

图 7–52 石园灯

现时代气息。要将传统文化与设计理念、现代工艺和材料融合在一起，使之具有时代感。美是人们摆脱粗陋的物质需要以后，产生的一种高层次的精神需要。所以新技术、新材料更能增加环境的时代气息，如彩色钢板雕塑、铝合金、玻璃幕、不锈钢等，图 7-45 的阳光球就是采用轻质不锈钢龙骨，外包阳光板制成的。

5）人性化

材料的选择要注重人性化，如座椅以石材等坚固耐用材料为宜。金属座椅适宜常年气候温和的地方，金属座椅在北方广场冬冷夏烫，不宜选用。在北方的冬天，积雪会使地面打滑，所以城镇住区公共绿地、园路的铺地就不宜使用磨光石材等表面光滑的材料。福建惠安中新花园在石雕里装设扩音器，做成会唱歌的螺雕，颇具人性化（图 7-54）

图 7–53 原石花盆

图 7–54 福建惠安中新花园的螺雕音响

7.5.3 功能类环境设施

（1）信息设施

信息设施的作用主要是通过某些设施传递某种信息，在城镇住区主要是用作导引的标识设施。指引人们更加便捷地找到目标，它们可以指示和说明地理位置，提示住宅以及地段的区位等（图 7-55 ~图 7-56）。

图 7–55 组团入口标志

图 7–56 交通指示牌

（2）卫生设施

卫生设施主要指垃圾箱、烟灰皿等。虽然卫生设施装的都是污物，但设计合理的卫生设施应能尽量遮蔽污物和气味，还要通过艺术处理使得它们不会影响景致，甚至成为一种点缀。

1）垃圾箱

"藏污纳垢"的垃圾箱经过精心的设计和妥善的管理也能像雕塑和艺术品一样给人以美的感受。如将垃圾箱设计成根雕的样式，不但没有影响整体景观效果，而且还是一种景致的点缀（图 7-57 ~图 7-58）。

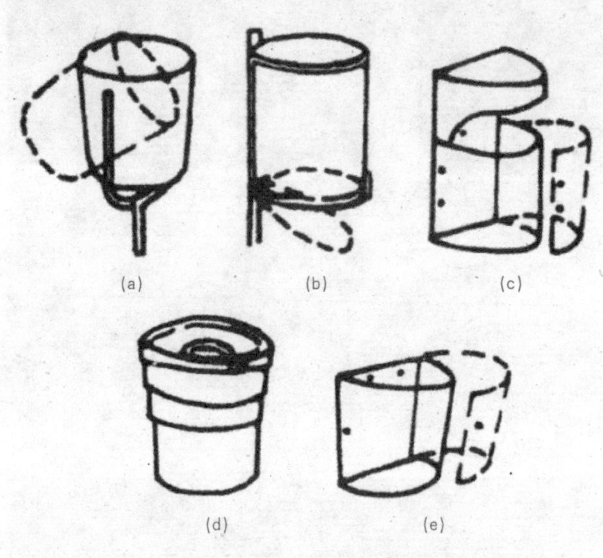

图 7–57 各种类型的垃圾箱

(a) 旋转式 (b) 抽底式 (c) 开门式
(d) 套筒式 (c) 悬挂式

(a)

(b)

(c)

(d)

(e)

图 7–58 各种造型的垃圾箱

(a) 自然木纹垃圾箱　(b) 简洁造型垃圾箱　(c) 金属垃圾桶
(d) 分类回收垃圾箱　(e) 自然树根造型垃圾箱图

2）烟灰皿

烟灰皿指的是设置于住区公共绿地和某些公共活动场所，与休息坐椅比较靠近、专门收集烟灰的设施。它的高度、材质等相似于垃圾箱。现在许多的烟灰皿设计是搭配垃圾箱设施的，通常是附属于垃圾箱上部的一个小容器。虽然吸烟有害健康，但我国城镇烟民数量庞大，烟灰皿还是不可缺少的卫生设施。有了数量充足，设计合理的烟灰皿，就可以帮助人们改善随地扔烟头的坏习惯，不但有利于美化环境，减少污染，还可以降低火灾的发生率（图 7-59）。

图 7–59 烟灰皿

（3）服务娱乐设施

娱乐服务设施是和城镇住区居民关系最为密切的，如街边健身器材、儿童游乐设施、公共座椅、自行车停车架等。其特点是占地少、体量小、分布广、数量多，这些设施应制作精致、造型有个性、色彩鲜明、便于识别。城镇的服务娱乐设施的设计应当注意以下几点。

1）应与城镇住区整体风格统一

服务设施的设置关系到方方面面许多学科，这些设施应当在城镇住区发展整体思路的指引和城镇规划的宏观控制下统一设置，以达到与城镇整体风格相互统一。如北京市房山区的长沟镇，既有青山环抱，又有泉水流淌，自然环境优美。该镇的发展方向是休闲旅游业以及林果业、畜牧业。在该镇的住区内公共设施如座椅，垃圾箱等统一为自然园林风格。

2）注意总体布局合理性和个体的实用性

服务娱乐设施首先应该具备方便安全、可靠的实用性，安装地点应该充分考虑住区居民的生活规律，使人易于寻找，可到达性好（图 7-60 ～图 7-61）。

图 7–60 厦门海沧区东方高尔夫国际社区的儿童游戏场

图 7–61 厦门海沧区高尔夫国际社区的老人活动场

3）应注意便于更新和移动

在当今这个资源紧缺，提倡资源重复利用与环境保护的世界，各类环境设施的可持续性要求在当今也越来越高。一般来说采用当地的材料是比较节约能源的，并且用当地的材料也容易形成自身的地域特色。设施的使用寿命不会像坚固的建筑物那样长，因此在设计时应当注重材料的使用年限并考虑将来移动的可能性（图 7-62）。

图 7–62 经济实惠的石制坐凳

（4）照明设施

随着经济的发展，夜景照明方法和使用范围越来越受到重视。

城镇住区的照明设施大体上可以分为两大类：第一类是道路安全照明；第二类是装饰照明。前者主要是要提供足够的照度，便于行人和车辆在夜晚通行，此种设施主要是在道路周围以及广场地面等人流密集的地方。灯具的照度和间距要符合相关规定，以确保行人以及车辆的安全。后者的作用主要是美化夜晚的环境，丰富人们的夜晚生活，提高居住环境的艺术风貌。道路安全照明和装饰照明二者并不是完全割裂的，二者应该相互统一，功能相互渗透。现代的装饰照明除了独立的灯柱、灯箱外，还和建筑的外立面、围墙、雕塑、花坛、喷泉、标识牌、地面以及踏步等因素结合起来考虑，更增加了装饰效果（图 7-63 ～图 7-66）。

1）道路安全照明

路灯可以在为行人和车辆提供足够照明的同时，本身也成为构成城镇景观的要素，设计精致美观的灯具在白天也是装点大街小巷的重要因素，某些镇路旁的灯具，充满了装饰色彩。

图 7-63 古典造型的路灯

图 7-64 造型别致的路灯

图 7-65 日本某山城小镇路灯

图 7-66 形态古朴的草坪灯

2）装饰照明

装饰照明在城镇住区夜景中已经成为越来越重要的内容。它用于重要沿街建筑立面、桥梁、商业广告住区的园林树丛等设施中，其主要功能是衬托景物、装点环境、渲染气氛。装饰照明首先应当与交通安全照明统一考虑，减少不必要的浪费。装饰照明本身因为接近人群，应当考虑安全性，比如设置的高度、造型、材料以及安装位置等都应当经过细心的推敲和合理的设计。

现代的生活方式以及工作方式的改变，使得人们在晚上不只是待在家里。城镇住区现代化的设施发展较快，许多城镇住区的公共活动场地都有精心设计，有的还配备了音乐广场。喷泉加以五颜六色的灯光，使夜晚也能给人以美的享受。夏天，居民们漫步于周围，享受着喷泉带来的凉爽，使小区居民的夜生活更为丰富。沿街建筑本身也开始用照明来美化其形象，加以夜景灯光设计不但可以美化外观，而且还能起到一定的标志作用，使晚上行走的路人也能方便地找到目标（图 7-67、图 7-68）。福建省泰宁县状元街（商住型）的夜景照明工程设计也颇有特色（图 7-69、图 7-70）。

图 7–67 广场夜景照明

图 7–68 广场雕塑夜景

图 7–69 状元街的夜景照明

图 7–70 状元街的夜景照明

（5）交通设施

交通设施包括道路设施和附属设施两大类。

道路设施的基本内容包括路面、路肩、路缘石、边沟、绿化隔离带、步行道铺地、挡土墙等。道路的附属设施包括各种信号灯、交通标志牌、交通警察岗楼、收费站、各种防护设施（如防护栏）、自行车停放设施、汽车停车计费表等。

道路交通类的设施由于关系到交通的畅通和人的生命安全，就更应该注意功能的合理性和可靠性。设施位置也应当充分考虑汽车交通的特点和行车路线，避免对交通路线造成妨碍。道路的排水坡度和路旁边的排水沟除了美观以外，应当充分计算排水量，避免在遇到大暴雨时产生因为设计不合理而导致的积水。

城镇住区的步行景观道路，由于人流交往密切，对景观的作用更为突出，这些道路的景观因素非常重要，美化环境，愉悦人们心情的作用也更为突出。

景观道路的设计处处体现着融入环境，贴近自然的理念，从材质到色彩都应很好地与环境融为一体。景观路的地面多为天然毛石或河卵石，这样的传统铺路方法很好地保持了自然的风貌，而且利于对自然降水的回渗，也具有环保作用。

如某住区的滨水道路的设计：材质采用方形毛石，色彩呈米黄色，毛石缝里镶嵌绿草，与路旁的草地自然过渡，很好地保护了环境，见图 7-71。江南某住区的绿地中的小路用了仿天然木桩，显得自然而且富有情趣。一些住区的公共绿地和小路用当地的天然石材、河卵石、木材铺设，且都留有种植缝，这样的景观路美观而且渗水性好。在城镇住区的步行路中，应大力提倡这种既环保又美观的道路铺装设计（图 7-72 ~图 7-76）。

图 7–71 滨水道路

图 7–72 仿木桩小路

图 7–73 嵌草石板路

图 7–74 石板小路

图 7–75 石材小径

图 7–76 天然材质的石板路和木桥

（6）无障碍设施

关怀弱势人群是现代化文明的重要标志。近年来，在我国弱势人群的权益也受到越来越多的重视。老弱病残者也应当像正常人一样，享有丰富生活的权利。尤其是住区内体现在住宅和室外环境上，就是要充分考虑到各种人群（尤其是行动不便的老年人和残疾人）使用建筑以及各种设施的便利性。在正常人方便使用建筑设施的同时，也要设计专门的无障碍设施便于所有人群通行。室外无障碍设施非常多，可以说任何考虑到老弱病残者以及所有人群通行和使用方便的设施设计都属于这方面的工作(图7-77)。国外某城镇住区人行道路口处的无障碍设计，人行道上的台阶打开了一个缺口，变成了坡道，便于上台阶困难的行人通行（图 7-78 ～图 7-79）。

图 7–77 无障碍铺地及台阶处扶手

图 7–78 人行道路口处的无障碍设计

图 7–79 住宅入门的无障碍坡道

7.5.4 艺术景观类环境设施

艺术景观类设施是美化城镇环境，使人们的生活环境更加优美、更加丰富多彩的装饰品。一般来说，它没有严格的功能要求，其设计的余地也最大，但是要符合城镇住区的整体设计风格，与道路的交通流线没有矛盾。艺术景观类设施品种多样，而且常穿插于其他类别的设施当中，或是在其他类别的设施包含一定的艺术景观成分。比较常见的有雕塑、水景、花池等。

城镇住区的艺术景观设施应当更加重视当地的地域文化、气候特点，挖掘民间的艺术形式，而不要“片面地追求时尚”。如何使艺术景观设施延续和发扬历史、文化传统，传承文化的地域性、多样性，是相关领导、设计师、甚至是每位城镇居民应当关注的问题。

（1）雕塑

当今装点城镇住区的雕塑主要有两大类，即写实风格和抽象风格。写实的雕塑，如图 7-80、图 7-81，通过塑造和真实人物非常相似的造型来达到纪念意义，如四川省都江堰的李冰父子塑像。这类雕塑应特别注意形象和比例的认真推敲，不能不顾环境随便定制或购买一个了事。不经仔细推敲和设计的雕塑作品不仅不能给环境带来美感，反而会破坏环境。与写实风格相反，抽象雕塑用虚拟、夸张、隐喻等设计手法表达设计意图，好的抽象雕塑作品往往引起人们无限的遐思。抽象雕塑精美的地方不再是复杂的雕刻，而是更突出雕塑材料本身的精致和工艺的精巧。

国外某住区的滨水雕塑，用抽象的线条塑造出人的造型，丰富了原本单调的滨水景观（图 7-82）。许多其他类的设施，如图 7-83 中的座椅，也加入了雕塑的艺术成分。

我国城镇住区景观设计中，传统的山石小品是造景的重要元素，由若干块造型优美的山石来表现自然山水的意境（图 7-84）。在山石小品的审美中，古人倡导选石要本着“瘦、透、漏、皱”的原则，意境讲究“虽由人作，宛自天成”。为此，提倡山石设施从选石、造型到摆放位置都应仔细推敲，精心设计，避免缺乏设计、造型呆滞、尺度失调的假山石对城镇住区景观的破坏。

图 7-80 美国某镇写实雕

图 7-81 有纪念意义的写实雕塑

图 7-82 抽象雕塑

图 7-83 有抽象雕塑风格的坐椅

图 7-84 山石设施

（2）园艺设施

园艺设施主要指花坛一类的种植容器，既可以栽种植物，又可以限定空间和小路，并赋予城镇住区一种特别宜人的景观特性。设计时应注意。不能把花坛布置在缺少阳光的地方，也不能任意散置。一般来说最好把它们作为路上行人视线的焦点，成组、成团、成行地布置，例如沿建筑物外墙、沿栏杆等，或单独组成一个连贯的图案（图 7-85 ~图 7-88）。

图 7–85 沿住宅建筑布置花坛

图 7–86 日本某小区沿路布置的花坛

图 7–87 花坛与住宅建筑物风格一致

图 7–88 限定小路的花坛

（3）水景

水景是活跃城镇气氛，调节微气候和舒缓情绪的有利工具。在我国北方，目前许多城镇普遍存在缺水现象，加上环境恶化，水质污染，生活生产用水相当紧张，所以城镇住区室外环境艺术设计水景要谨慎，应尽量节约用水，若有条件可利用中水形成水景。水景的表达方式很多，变化多样，诸如喷泉、水池、瀑布、叠水、水渠、人工湖泊等，使用得好能使环境充满生机（图 7-89 ~图 7-95）。

图 7–89 日本某小区沿路布置的花坛

图 7–90 配合小广场的水景

图 7–91 配合小广场的水景

图 7–92 杭州某住区的水景

图 7–93 人工水池中的叠水

图 7–94 公共活动场地上的喷泉

图 7–95 公共活动场地上结合绿化的水池

7.5.5 城镇住区环境设施的规划布局

（1）建筑设施

休息亭、廊大多结合住区的公共绿地布置，也可布置在儿童游戏场地内，用以遮阳和休息；书报亭、售货亭和商品陈列橱窗等往往结合公共服务中心布置；钟塔可以结合公共服务中心设置，也可布置在公共绿地或人行休息广场；出入口指住区和住宅组团的主要出入口，可结合围墙做成各种形式的门洞或用过街楼、雨篷，或其他设施如雕塑、喷水池、花台等组成入口广场（图 7-96）。

图 7–96 住区入口的水景

（2）装饰设施

装饰设施主要起美化住区环境的作用，一般重点布置在公共绿地和公共活动中心等人流比较集中的显要地段。装饰设施除了活泼和丰富住区景观外，还应追求形式美和艺术感染力，可成为住区的主要标志。

（3）公用设施

公用设施规划和设计在主要满足使用要求的前提下，其色彩和造型都应精心考虑，否则将会有损环境景观。如垃圾箱、公共厕所等设施，它们与居民的生活密切相关，既要方便群众，但又不能设置过多。照明灯具是公共设施中为数较多的一项，根据不同的功能要求有道路、公共活动场地和庭园等照明灯具之分，其造型、高度和规划布置应视不同的功能和艺术等要求而异。公共标志是现代城镇中不可缺少的内容，在住区中也有不少公共标志，如标志牌、路名牌、门牌号码等，它给人们带来方便的同时，又给住区增添美的装饰。道路路障是合理组织交通的一种辅助手段，凡不希望机动车进入的道路、出入口、步行街等，均可设置路障，路障不应妨碍居民和自行车、儿童车通行，在形式上可用路墩、栏木、路面做高差等各种形式，设计造型应力求美观大方（图 7-97）。

图 7–97 出入口的路障设计

（4）游憩设施

游憩设施主要是供居民的日常游憩活动之用，一般结合公共绿地、广场等布置。桌、椅、凳等游憩设施又称室外家具，是游憩设施中的一项主要内容。一般结合儿童、成年或老年人活动休息场的布置，也可布置在人行休息广场和林荫道内，这些室外家具除了一般常见形式外，还可模拟动植物等的形象，也可设计成组合式的或结合花台、挡土墙等其他设施设计。

（5）铺地

住区内道路和广场所占的用地占有相当的比例，因此这些道路和广场的铺地材料和铺砌方式在很大程度上影响着住区的面貌。地面铺地设计是城镇环境设计的重要组成部分。铺地的材料、色彩和铺砌的方式要根据不同的功能要求，选择经济、耐用、色彩和质感美观的材料，为了便于大量生产和施工，往往采用预制块进行灵活拼装。

8 生态住区的规划设计

住区是城镇的有机组成部分，是道路或自然界限所围和的具有一定规模的生活聚居地，为居民提供生活居住空间和各类服务设施，以满足居民日常物质和精神生活的需求。随着城镇建设进程的加快，目前我国城镇住区在标准、数量、规模、建设体制等方面，都取得了很大的成绩。但也存在着居住条件落后、小区功能不完善、公共服务设施配套水平低、基础设施残缺不全、居住质量和环境质量差等多方面的问题与不足。在我国，城镇建设的重要意义之一在于改善居民生活质量和居住条件。因此，住区规划与设计是城镇规划建设中的一项重要内容。

8.1 生态住区概述

8.1.1 生态住区概念与内涵

（1）生态住区概念

人类生态住区的概念是在联合国教科文组织发起的“人与生物圈（MAB）计划”的研究过程中提出的，这一崭新的概念和发展模式一经提出，就受到全球的广泛关注，其内涵也得到不断发展。

美国生态学家 R.Register 认为生态住区是紧凑、充满活力、节能并与自然和谐共存的聚居地。

沈清基教授认为：生态住区是以生态学及城市生态学的基本原理为指导，规划、建设、运营、管理人的城市人类居住地。它是人类社会发展到一定阶段的产物，也是现代文明在发达城市中的象征。生态住区是由城市人类与生存环境两大部分组成，其中生存环境由四方面组成：①大气、水、土地等自然环境；②除人类外的动物、植物、微生物组成的生态环境；③人类技术（建筑、道路等）所形成的物质环境；④人类经济和社会活动所形成的经济、社会、文化环境。

颜京松和王如松教授认为：任何住宅和居住小区都是自然和人结合的生态住宅和生态住区，只不过有些小区生态关系比较合理、人与自然关系比较和谐，有些生态关系不合理、不和谐，或人与自然关系恶化而已。他们从可持续发展的战略角度对生态住区的定义为：生态住区是人类经过历史选择之后所追求的一种住宅和住区模式。它是“按生态学原理规划、设计、建设和管理的具有较完整的生态代谢过程和生态服务功能，人与自然协调、互惠互利，可持续发展的人居环境”。

综上所述，生态住区是以可持续发展的理念为指导，尊重自然、社会、经济协调发展的客观规律，遵循生态经济学的基本原理，立足于环境保护和节约资源两大主题，依靠现代科学技术，应用生态环保、建筑、区域发展、信息、生物、资源利用等专业知识及系统工程方法，在一定的时间、空间尺度内建立起的社会、经济、自然可持续发展，物质、能量、信息高效利用和良性循环，人与自然和谐共处的人类聚居区。

（2）生态住区的内涵

生态住区是在一定地域空间内人与自然和谐、持续发展的人类住区，是人类住区（城乡）发展的高级阶段和高级形式，是人类面临生态危机时提出的一种居住对策，是实现住区可持续发展的途径，也是生态文明时代的产物，是与生态文明时代相适应的人类社会生活新的空间组织形式。

从地理空间上看，生态住区强调了聚居是人类生活场所在本质上的同一性；从社会文化角度看，生态住区建立了以生态文明为特征的新的结构和运行机制，建立生态经济体系和生态文化体系，实现物质生产和社会生活的“生态化”，以及教育、科技、文化、道德、法律、制度的“生态化”，建立自觉的保护环境、促进人类自身发展的机制，倡导具有生命意义和人性的生活方式，创造公正、平等、安全的住区的环境；从人—自然系统角度看，生态住区不仅促进人类自身的健康发展，成为人类的精神家园，同时也重视自然的发展，生态住区作为能“供养”人与自然的新的人居环境，在这里人与自然相互适应、协同进化，共生共存共荣，体现了人与自然不可分离的统一性，从而达到更高层次的人—自然系统的整体和谐。因此，建设生态住区不仅是出于保护环境、防治污染的目的，单纯追求自然环境的优美，还融合了社会、经济、技术和文化生态等方面的内容，强调在人—自然系统整体协调的基础上，考虑人类空间和经济活动的模式，发挥各种功能，以满足人们的物质和精神需求。

8.1.2 生态住区的理论

（1）基于中国传统建筑文化的生态住区理论

生态住区的思想最早产生于我国的传统建筑文化。传统建筑文化认为对人类影响最大的莫过于居住环境。良好的居住环境不仅有利于人类的身体健康，对人类的大脑智力发育也具有重大影响。传统建筑文化中蕴含着丰富、朴素的生态学内容，“大地为母、天人合一”的思想是其最基本的哲学内涵，关注人与环境的关系，提倡人的一切活动都要顺应自然的发展，是一种整体、有机循环的人地思想。其追求的目标是人类和自然环境的平衡与和谐，这也是中华民族崇尚自然的最高境界。

传统建筑文化是历代先民在几千年的择居实践中发展起来的关于居住环境选择的独特文化，主张“人之居处，宜以大地山河为主”，也就是说，人要以自然为本，人类只有选择合适的自然环境，才有利于自身的生存和发展。传统建筑文化把所有的自然条件，如山、水、土地、风向、气候等作为人类居住地系统的重要组成部分，将地形、地貌等地理形态和人工设置相结合，给聚居地一个限定的范围空间，这个空间内能量流动与物质循环自然而顺畅，这既是对天人合一思想的理解，也是对大自然的崇拜和敬畏，引导人们去探索理想人居环境的模式和技术。

（2）基于生态学的生态住区理论

生态学最初是由德国生物学家赫克尔于 1869 年提出的，赫克尔把生态学定义为研究有机体及其环境之间相互关系的科学。他指出：“我们可以把生态学理解为关于有机体与周围外部世界的关系的一般科学，外部世界是广义的生存条件。”生态学认为，自然界的任何一部分区域都是一个有机的统一体，即生态系统。生态系统是“一定空间内生物和非生物成分通过物质的循环、能量的流动和信息的交换而互相作用、相互依存所构成的生态学功能单元”。

20 世纪以来出现的生态学高潮极大地推动了人们环境意识的提高和生态研究的发展，人与自然的关系问题在工业化的背景下得到重新认识和反思。20 世纪 30 年代美国建筑师高勒提出“少费而多用”，即对有限的物质资源进行最充分和最合理的设计和利用，以此来满足不断增长的人口的生存需要，符合生态学的循环利用原则。20 世纪 60 年代，美籍意大利建筑师保罗·索勒瑞把生态学和建筑学合并，提出了生态建筑学的新理念。1976 年，施耐德发起成立了建筑生物与生态学会，强调使用天然的建筑材料，利用自然通风、采光和取暖，倡导一种有利于人类健康和生态效益的建筑艺术。

1972 年斯德哥尔摩联合国人类环境会议成为生态住区（生态城市）理论发展的重要里程碑，会议发表了“人类环境宣言”，其中明确提出“人类的定居和城市化工作必须加以规划，以避免对环境的不良影响，并为大家取得社会、经济和环境三方面的最大利益。”这部宣言对生态住区的发展起到了巨大的推动作用。

（3）基于可持续发展思想的生态住区理论

可持续发展思想是生态住区理论与实践蓬勃发展的思想基础。20 世纪 80 年代，James Lovelock 的《盖娅：地球生命的新视点》一书，将地球及其生命系统描述成古希腊的大地女神——盖娅，把地球和各种生命系统都视为具备生命特征的实体，人类只是其中的有机组成部分，还是自然的统治者，人类和所有生命都处于和谐之中。1992 年在里约热内卢召开的联合国环境与发展大会，把可持续发展思想写进了会议所有文件，也取得了世界各国政府、学术界的共识，一场生态革命随之而来。此后的一系列会议和著作列出了“可持续建筑设计细则”，提出了“设计成果来自环境、生态开支应为评价标准、公众参与应为自然增辉”等设计原则和方法。1996 年来自欧洲 11 个国家的 30 位建筑师，共同签署了《在建筑和城市规划中应用太阳能的欧洲宪章》，指明了建筑师在可持续发展社会中应承担的社会责任。1999 年第 20 届世界建筑师大会通过的《北京宪章》，全面阐述了与“21 世纪建筑”有关的社会、经济和环境协调发展的重大原则和关键问题，指出“可持续发展是以新的观念对待 21 世纪建筑学的发展，这将带来又一个新的建筑运动”标志着 21 世纪人类将由“黑色文明”过渡到“绿色文明”。

8.1.3 生态住区的基本类型与特征

（1）生态住区的基本类型

生态住区是与特定的城市地域空间、社会文化联系在一起的。不同地域、不同社会历史背景下的生态住区具有不同的特色和个性，体现多样化的地域、历史文脉，因此生态住区不是单一的发展模式与类型，而是充分体现各地域自然、社会、经济、文化、历史特征的个性化空间。生态住区大致可以分为以下几种类型：

1）生态艺术类。主要提倡以艺术为本源，最大限度地开发生态住区的艺术功能，将生态住区当成艺术品去创造和营建，使其无论从外部还是从内部看起来都是一件艺术品。

2）生态智能类。主要是以突出各种生态智能为特征，最大限度地发挥住宅和住区的智能性，凡对人类居住能够提供智能服务的可能装置，都在适当的部分置入，使居住者可以凭想象和简单的操作就可以达到一种特殊的享受。

3）生态宗教类。主要是以氏族图腾为精神与宗教结合的住宅类产物。

4）部分生态类。它是在受限制的条件下的一种局部或部分尝试，或是将房间的一部分装饰成具有生态要求的“部分生态住区”。

5）生态荒庭类。它是指生态住区实现人与自然的完美统一，一方面从形式上回归自然，进入一种原始自然状态中；另一方面又在利用现代科技文化的成果，使人们可以在居所里一边快乐地品尝咖啡的美味，一边用计算机进行广泛的网上交流，为人们造就一种别有趣味的天地。

（2）生态住区的基本特征

生态住区区别于其他住区的特质主要表现在生态住区的功能目标上。生态住区的规划建设目标可以概括成“舒适、健康、高效、和谐”。舒适和健康指的是生态住区要满足人对舒适度和健康的要求，例如，适宜的温度、湿度以保证人体舒适，充足的日照、良好的通风以保证杀菌消毒并具有高品质的新鲜空气；高效指的是生态住区要尽可能最大限度地高效利用资源与能源，尤其是不可再生的资源与能源，达到节能、节水、节地的目的；和谐指的是要充分体现人与建筑、自然环境以及社会文化的融合与协调。换句话说，生态住区的规划建设就是要充分体现住区的“生态性”，从整体上看，住区的生态性主要表现在以下三个方面：

1）整体性。生态住区是兼顾不同时间、空间的人类住区，合理配置资源，不是单单追求环境优美或自身的繁荣，而是兼顾社会、经济和环境三者的整体效益，协调发展，住区生态化也不是某一方面的生态化，而是小区整体上的生态化，实现整体上的生态文明。生态住区不仅重视经济发展与生态环境协调，更注重人类生活品质的提高，也不因眼前的利益而以“掠夺”其他地区的方式促进自身暂时的“繁荣”，保证发展的健康、持续、协调，使发展有更强的适应性，即强调人类与自然系统在一定时空整体协调的新秩序下寻求发展。

2）多样性。多样性是生物圈特有的生态现象。生态住区的多样性不仅包括生物多样性，还包括文化多样性、景观多样性、功能多样性、空间多样性、建筑多样性、交通多样性、选择多样性等更广泛的内容，这些多样性同时也反映了生态住区生活民主化、多元化、丰富性的特点，不同信仰、不同种族、不同阶层的人能共同和谐地生活在一起。

3）和谐性。生态住区的和谐性反映在人—自然统一的各种组合，如人与自然，人与其他物种、人与社会、社会各群体、人的精神等方面，其中自然与人类共生，人类回归自然、贴近自然，自然融于生态城市是最主要的方面。生态住区融入自然、文化、历史社会环境，兼容包蓄，营造出满足人类自身进化需求的环境，充满人情味，文化气息浓郁，生活多样化，人的天性得到充分表现与发挥，文化成为生态城市最重要的功能。生态住区不是一个用自然绿色“点缀”的人居环境，而是富有生机与活力，是关心人、陶冶人的“爱之器官”，自然与文化相互适应，共同实现文化与自然的协调，“诗意地栖息在大地上”的和谐性是生态住区的核心内容。

8.2 城镇生态住区规划

8.2.1 城镇生态住区规划的总体原则

（1）生态可持续原则

可持续发展是解决当前自然、社会、经济领域诸多矛盾和问题的根本方法与总体原则。当前人类住区的种种危机是人—自然的发展问题，因此只有从人—自然整体的角度，去研究产生这些问题的深层原因，才能真正地创造出适宜人居的居住环境。生态住区规划的本质在于通过对空间资源的配置，来调控人—自然系统价值（自然环境价值、社会价值、经济价值）的再分配，进而实现人—自然的可持续发展。生态可持续原则包括自然生态可持续原则、社会生态可持续原则、经济生态可持续原则、复合生态可持续原则。

1）自然生态可持续原则。生态住区是在自然的基础上建造起来的，这一本质要求人类活动保持在自然环境所允许的承载能力之内，生态住区的建设必须遵循自然的基本规律，维护自然环境基本要素地再生能力、自净能力和结构稳定性、功能持续性，并且尽可能将原有价值的自然生态要素保留下来。所以，生态住区的规划设计要结合自然，适应与改造并重；并对开发建设可能引起的自然机制不能正常发挥作用，进行必要的同步恢复和补偿，使之趋向新的平衡，最大限度减缓开发建设活动对自然的压力，减少对自然环境的消极影响。

2）社会生态可持续原则。生态住区规划不仅仅是工程建设问题，还应包括社会的整体利益，不仅应立足于物质发展规划，着力改善和提高人们物质生活质量，还要着眼于社会发展规划，满足人对各种精神文化方面的需求；注重自然与历史遗迹、民间非物质文化遗产以及历史文脉的保护与继承。

3）经济生态可持续原则。生态规划设计应促进经济发展，同时也应注重经济发展的质量和持续性，体现效率的原则。所以，在生态住区设计中应提倡提高资源利用效率以及再生和综合利用水平、减少废物的设计思想，促进生态型经济的形成，并提出相应的对策或工程、工艺措施。

4）复合生态可持续原则。生态住区的社会、经济、自然和系统是相符相成、共同构成的有机整体。生态住区规划设计必须将三者有机结合起来，统筹兼顾、综合考虑，不偏向任一方面，利用三方面的互补性，平衡协调相互之间的冲突和矛盾，使整体效益达到最高。因此，生态住区的规划既要利于自然，又要造福于人类，不能只考虑短期的经济效益，而忽视人的实际生活需要和可能对生存环境造成的胁迫与影响，社会、经济、生态目标要提到同等重要的地位来考虑，可以根据实际情况进行修改调整。协调发展是这一原则的核心。

（2）因地制宜原则

中国地域辽阔，气候差异很大，地形、地貌和土质也不一样，建筑形式不尽相同。同时，各地居民长期以来形成的生活习惯和文化风俗也不一样。例如：西北干旱少雨，人们就采取穴居式窑洞居住，窑洞多朝南设计，施工简易，不占土地，节省材料，防火防寒，冬暖夏凉。西南潮湿多雨，虫兽很多，人们就采取干栏式竹楼居住，竹楼空气流通，凉爽防潮，大多修建在依山傍水之处。此外，草原的牧民采用蒙古包为住宅，便于随水草而迁徙。贵州山区和大理人民用山石砌房，这些建筑形式都是根据当时当地的具体条件而创立的。因此，城镇生态住区的规划建设必须坚持“因地制宜”原则，即根据环境的客观性，充分考虑当地的自然环境和居民的生活习惯。

（3）以人为本原则

生态住区的规划设计是为居民营造良好的居住环境，必须注重和树立人与自然和谐及可持续发展的理念。由于社会需求的多元化和人民经济收入水平的差异，以及文化程度、职业等的不同，对住房与环境的选择也有所不同。特别是随着社会的发展，人们收入增加，对住房与环境的要求也提高。因此，生态住区的规划与设计必须坚持“以人为本”的原则，充分满足不同层次居民的需求。

（4）社区共享、公众参与原则

生态住区规划设计应充分考虑全体居民对住区的财富的公平共享，包括共享设施、共享服务、共享景象、公众参与。共享要求生态住区规划设计在设施的选择上应注意类型、项目、标准与消费费用的大众化，设施的布局应注意均衡性与选择性，在服务方式上应注意整体性与到位程度，以直接面向住区的服务对象。公众参与是住区全体居民共同参与社区事务的保证机制和重要过程，包括住区公民参与社区管理与决策、住区后续发展与信息交流。生态住区的规划布局应充分满足公众参与的要求。

8.2.2 城镇生态住区的设计理念

生态住区无论从结构或者是功能及其他诸多方面与传统住区均有质的不同，要求其从设计、建设一直到使用、废弃的整个生命周期内对环境都是无害的。这就离不开创造性的规划设计，也是一项复杂的需要多学科共同参与的系统工程。因而必须转变住区规划设计观念与方法，在新的生态价值观指导下，创立着眼于生态的规划设计理论与方法体系。与传统设计观相比，生态设计观以人与自然和谐为价值取向的，目的是创造和谐发展的人居环境，以达到人工环境与自然环境的协调与平衡。同时生态整体规划设计对新的人居环境的创造不仅表现在物质形体上，更重要的是体现在社会文化环境的形成与创造上。传统设计观与生态设计观的比较如表 8-1 所示。

生态住区规划设计的观念不是全盘否定或者抛弃现代住区规划与设计观念，而是批判地继承，并引入新的思想和手段，注入新的观点和内容。这种生态规划观念是在对传统住区建设与规划观念反思与总结的基础上，以生态价值观为出发点，体现一种“平衡”或者“协调”的规划思想。它把人与自然建筑看作一个整体，协调经济发展、社会进步、环境保护之间的关系，促进人类生存空间向更有序稳定的方向发展，实现人自然社会和谐共生。

生态规划设计既不是以减少人类利益来保护自然消极被动地限制人类行为，也不是以人类利益为根本前提的狭隘人类中心主义，而是一种主动创造新生活，实现人与自然公平协调发展促进代际公平与可持续发展的思路，是生态住区规划设计的最高目标。

8.2.3 城镇生态住区规划与设计的内容

生态住区与传统住区相比，在满足居民基本活动需求的同时，不仅追求住区环境与周边自然环境的融合，更加注重“人”的生活质量和素质的提高，强调住区综合功能的开发与协调。城镇生态住区的规划与设计必须遵循社会、经济、资源、环境可持续发展的原则，以城镇总体规划和生态功能区划为框架，结合当地历史文化因素，充分考虑当地居民的生活习惯和方式，重视生态住区的区位选址、环境要素（水、气、声、光、能、景观）、生态文化体系等来进行规划与设计。

（1）选址规划

1） **城镇生态住区选址影响因素**

城镇生态住区的选址比较复杂，要充分考虑整体的环境因素，不仅要考虑住区范围内的环境，也要考虑周围的环境状况；不仅要避免外界环境的不良影响，同时也要不对外界环境造成破坏；不仅要在整个住区内达到生态平衡和生态自然循环的效果，而且可以通过住区内可持续的生态系统和生态循环对周围环境起到积极的影响，从而将生态区域的范围扩大，使住区内的生态系统得到进一步优化与发展。

表 8-1 传统设计观与生态设计观的比较

比较因素	传统设计观	生态设计观
对自然生态秩序的态度	以狭义的人为中心，意欲以人定胜天的思想征服或破坏自然，人成为凌驾于自然之上的万能统治者	把人当做宇宙的一分子，与地球上的任何一种生物一样，把自己融入大自然中
对资源的态度	没有或很少考虑到有效地资源再生利用及对生态环境的影响	要求设计人员在构思及设计阶段必须考虑降低能耗、资源重复利用和保护生态环境
设计依据	依据建筑的功能、性能及成本要求来设计	依据环境效益和生态效益指标与建筑空间功能、性能及成本要求来设计
设计目的	以人的需求为主要目的，达到建筑本身的舒适与愉悦	为人的需求和环境而设计，其终极目的是改善人类居住与生活环境，创造环境、经济、社会的综合效益，满足可持续发展的要求
施工技术或工艺	在施工和使用的过程中很少考虑材料的回收利用	在施工和使用的过程中采用可拆卸、易回收，不产生毒副作用的材料并保证产生最少废弃物

城镇生态住区选址的环境影响因素主要包括以下5个方面：

①良好的自然环境。良好的自然环境是建设生态住区的基础。自古以来，人们就在不断寻找和改善自身周边的居住环境，不仅是为了满足生活的需要，还为了陶冶情操，满足精神文化发展的需要。良好的植被，清新的空气，洁净的水源，安静的环境都是生态住区追求的基本要求。

②地形与地质。地形与地质不仅对住区的安全具有重要影响，与人类的身体健康也有着密切的关系。城镇生态住区要选择适于各项工程建设所需的地形和地质条件的用地，避免不良条件的危害，如在丘陵地区易于发生的山洪、滑坡、泥石流等灾害。同时，所选地址应有良好的日照及通风条件，并且合理设置朝向。例如，冬冷夏热地区，住宅居室应避免朝西，除争取冬季日照外，还要着重防止夏季西晒和有利于通风；而北方寒冷地区，住宅居室应避免朝北，保证冬季获得必要的日照。

③城镇的生态功能区划。生态功能分区是根据不同地区的自然条件，主要的生态系统类型，按相应的指标体系进行城镇生态系统的不同服务功能分区及敏感性分区，将区域划分为不同的功能系统或功能区，如生物多样性保护区、水源涵养区、工业生产区、农业生产区、城镇建设区等。不同的功能区环境敏感性不同，对生态环境的要求也不一样。生态住区选址应符合城镇的生态功能区划，避免周围环境对住区的负面影响，以及住区对周边环境的影响。例如，生态住区不宜建设在城镇的下风位，避免工业废气、废水污染；和城镇中心商务区保持合适的距离，避免噪声等污染；不占用农田、不侵占生态多样性保护区、水源涵养区及林地等。

④用地规模与形态。生态住区建设用地面积的大小必须符合规划用地要求，并且为规划期内及之后的发展留有空地；用地形态宜集中紧凑布置，适宜的用地形状有利于生态住区的空间与功能布局。同时，用地选择应注意保护文物和古迹，尤其在历史文化名城，用地的规模与形态应符合文物古迹的保护要求。

⑤周边的城镇基础设施。良好、便利的周边城镇基础设施是生态住区的基本要求。生态住区规划用地应考虑与现有城区的功能结构关系，尽量利用现有的城镇基础设施，以节约新建设施的投资，缩短开发周期，避免因此带来的不经济性。例如：是否有便捷的交通网络、是否有满足生态住区居民要求的给排水和电力设施、是否有完善的公众服务实施等。

2）传统建筑文化在城镇生态住区选址中的应用

我国传统建筑文化对人类居住、生存环境地选址和处理具有一套独特的理论体系，其关于村落、城镇、住宅的选址模式有着明显的共性，都是背有靠山、前有流水、左右有砂山护卫，构成一种相对围合空间单元。传统建筑文化对于住区的选址原则包括5项：

①立足整体、适中合宜。传统建筑文化认为环境是一个整体系统，以人为中心，包括天地万物。环境中的每一个子系统都是相互联系、相互制约、相互依存、相互独立、相互转化的要素。立足整体的原则即要宏观把握协调各子系统之间的关系，优化系统结构，寻求最佳组合。适中合宜原则即恰到好处，不偏不倚，不大不小，不高不低，尽可能优化，接近至善至美。此外，适中合宜的原则还要突出中心，强调布局整齐，附加设施要紧紧围绕轴心布置。

②观形察势、顺乘生气。清代的《阳宅十书》中指出："人之居处宜以大山河为主，其来脉气最大，关系人祸最为切要。"传统建筑文化注重山形地势，强调把小环境放入大环境中考察。从大环境观察小环境，即可发现小环境所受到的外界制约和影响，例如水源、气候、物产、地质等。只有大环境完美，住区所处的小环境才能完美。

③因地制宜、调谐自然。因地制宜原则即根据环境的客观性，采取切实有效的方法，使人与建筑适

宜于自然，回归自然，返璞归真，天人合一，这也是传统建筑文化的真谛所在。调谐自然原则即通过对环境的合理改造，使住区布局更合理，更有益于居民的身心健康和经济的发展，创造出优化的生存条件。

④依山傍水、负阴抱阳。传统建筑文化认为，山体是大地的骨架，水域是万物生机之源泉，没有水，人就不能生存。依山的形势包括2种类型，一种是“土包屋”，即三面群山环绕，奥中有旷，南面敞开，房屋隐于万树丛中；另一种是“屋包山”，即成片的房屋覆盖着山坡，从山脚一直到山腰，背枕山坡，拾级而上，气宇轩昂。由于我国的地理位置和气候类型，负阴抱阳在我国而言，即坐北朝南。依据这一选址原则建设的住区，得山川之灵气，受日月之光华。

⑤地质检验、水质分析。传统建筑文化认为，地址决定人的体质。现代科学也证实了这一点，土壤中所含的微量元素、潮湿或腐烂的地质、地球的磁场、有害的长振波以及辐射线等均会对人体产生影响。不同地域的水分中也含有不同的微量元素及化合物质，有的有利，有的有害。因此，在住区的选址过程中，对于地质和水质的检验和分析不可或缺，注意趋利避害。

城镇相对于密集的城市来说，周边自然环境具有更大的开放性。因此，在城镇生态住区的选址规划中，应结合我国传统建筑文化，发挥其在选择良好居住环境的作用。

（2）环境要素规划与设计

生态住区环境要素的规划主要包括水、气、声、光、能源和景观环境等。

1）水环境系统

生态住区的水环境系统，是指在保障住区内居民日常生活用水的前提下，采用各种适用技术、先进技术与集成技术，达到节水目标，改善住区水环境，使住区水系统经济稳定运行且高度集成的水环境系统，包括用水、给排水、污水处理与回收、雨水利用、绿化景观用水、节水设施与器具等。

①用水规划。结合城镇的总体水资源和水环境规划，合理规划住区水环境，有效利用水资源，改善住区水环境和生态环境。

②给排水系统。保证以足够的水量和水压向所有的用户不间断地供应符合卫生条件的饮用水、消防用水和其他生活用水；及时将住区的污水和雨水排放收集到指定的场所。

③污水处理与回收利用。保护住区周围的水环境，实现污水处理的资源化和无害化，改善住区生态环境。

④雨水利用。收集雨水用以在一定范围内补充住区用水，完善住区屋顶和地表径流规划，避免雨水淹渍、冲刷给环境带来的破坏。

⑤绿化、景观用水。保障住区绿化、景观用水，改善住区用水分配，提高景观用水水质和效率。

⑥节水器具与设施。执行节水措施，使用节水器具和设施节约用水。

2）大气环境系统

生态住区的大气环境系统是指住区内居民所处的大气环境，它由室内空气环境系统和室外空气环境系统组成。

室内空气环境系统主要依靠住宅的生态化设计来实现。重点考虑良好的通风系统，一个良好的通风系统能够很快地排出使用设备所产生的室内空气污染物，同时补充一定的室外空气，并能尽量均匀地输送到各个房间，给住户带来舒适感。在设计过程中应多考虑自动通风系统，注意平面布局和门窗洞口的布置，依靠室外自然风和室内简易设施，尽量利用风压进行自然通风排湿。自然通风最大的优点在于有利于改善建筑内部的空气质量，除在室外污染非常严重以至于空气质量不能达到健康要求的时候，应该尽可能地使用自然通风来给室内提供新鲜空气；自然通风的另一个优点在于能够降低对空调系统的依赖，从而节约空调能耗。当代建筑中最常见的设计模式是充分利用自然通风系统，同时配置机械通风和空调系统。

室外空气环境主要依靠合理选择住区区位和地形，合理布局住区内建筑设施和绿化来实现。区位和地形的选择应避免周边大气污染源对住区的影响；合理安排建筑布局、建筑形体和洞口设置，可以改善通风效果；住区绿化具有良好的调节气温和增加空气湿度的效果，同时防尘滞尘，吸收部分大气污染物，改善大气环境质量。

3）声环境系统

随着社会的发展，住区声环境已经成为现代人追求的人居环境品质的重要内容之一。一方面，噪声源数量日益增加，噪声源分布范围和时间更广泛，例如车辆噪声，尤其是干道两侧的噪声，对居民产生严重影响；另一方面，随着经济收入文化水平的提高，人们对声环境品质要求更高。

城镇生态住区开发前期在项目选址及场地设计中，应对周边噪声源进行测试分析，尽量使住区远离噪声源。当住区规划设计不能满足声环境要求时，应采用人工措施减少外部噪声对居民的影响；当住区受到功能分区不合理、道路噪声等干扰时，应通过合理设计住区建筑布局和采用减噪降噪措施相结合的方式，营造一个安静的声环境。如将卧室尽量设在背离噪声源的一侧，将卫生间、厨房、阳台等靠近声源，采用合理的建筑布局形式减弱噪声传播等。

4）光环境系统

生态住区的光环境系统是指住区内天然采光系统与人工照明系统。

在天然采光系统设计方面，应通过合理设置建筑朝向以及建筑群落布局，保障居民享有尽可能充分的日照和采光，以满足卫生健康需求。同时，充分利用天然光源合理进行住宅内的人工照明设计，节约能源，提高住宅光环境质量，为居住者提供一个满足生理心理卫生健康要求的居住环境。在采光系统的设计中，还应注重室外景观的可观赏性，在保证住宅一定比例的房间应能够自然采光的同时，不应使住宅格局阻碍对室外景观的观赏视线。

太阳光是一种巨大的、安全的、清洁的天然光源，把天然光引入室内照明可以起到节约能源和保护环境的作用，同时还可以创造出舒适的光照环境有益于身心健康。在利用太阳光进行采光的同时，还要避免产生光污染。

在照明方面设计方面，应重点考虑绿色照明技术的应用。绿色照明技术主要包含 3 个方面的内容：照明器材的清洁生产、绿色照明及照明器材废弃物的污染防治。住区的公共照明系统应使用高效节能灯器具，如 LED 灯等，并向住区居民推广和使用。

5）能源系统

生态住区的能源系统是用于保障住区内居民日常生活所需的各种能源结构的总称。主要包括常规能源系统（如电能、天然气、煤气等）和绿色能源系统（如太阳能、风能、地热能等）。生态住区的能源系统规划重点应放在建筑节能、常规能源系统优化与绿色能源的开发利用等三个方面。

建筑节能是通过科学合理的建筑热工设计，运用建筑技术手段来改善住房的居住环境，使建筑冬暖夏凉，减少对机械设备的使用，从而达到节能降耗减少环境污染的目的。

在生态住区中，应逐步降低常规能源的使用比例，结合当地特点和优势，不断开发诸如太阳能、生物能、地热能等绿色能源的使用，优化能源结构，提高各种能源的使用效率，避免造成能源浪费。

6）景观环境

生态住区的景观环境包括：原有住区范围内以及周围的自然景观；当地已建成区可能给予陪衬与烘托的人文景观；通过住区的绿地、植物等软质景物和建筑小品、运动场地、水池、灯饰、道路以及住宅建筑等硬质景物构成的群体景观。

景观环境应与周围环境相协调，体现自然与人工环境的融合。景观环境规划应在满足生态住区使用要求情况下，尽量保留原有的生态环境，并对不良环境进行治理和改善。如对生态住区规划所在地的山、水（河流、池塘）、植被等进行充分保留和恢复，保持其生态功能的完整性和原真性生活状态。

景观环境规划与设计应坚持实用与开放的原则，所有的环境设施和景观应在认真研究居民日常生活要求的基础上设计建设，力求使用方便，并向居民免费开放，提高景观环境设施的利用率。如绿地建设，草坪应选择耐践踏品种，人们适度地在草地上行走、躺卧和嬉戏并不会造成草地的死亡。

（3）城镇生态住区生态文化体系规划与建设

城镇生态住区生态文化体系包括文化设施建设和传统文化与历史文脉的继承与保护。

1）文化设施建设

文化设施建设应注重对现有城镇设施的规划和利用，新建和修缮原本缺少或功能不完善的设施。在住区规划选址时，应充分考虑所选区域的城镇文化设施的完备性与可利用性。近年来，欧美国家在谈论生态住区时，经常提出“完备社区”的概念。所谓“完备社区”，即指尽可能将工作、居住、和购物娱乐结合成一体的社区。这样可以极大的方便居住者，并且有利于减少居民出行，缓解城市（镇）交通压力，从而大大降低居民的能源消耗，节约资源，有利于城市（镇）的可持续发展。文化设施主要包括：

①管理服务中心。市政管理、环保控制中心、物业管理公司、就业指导站、人才交流中心、公共咨询服务站等。

②社区科技文化服务中心。教育培训设施、社区阅览室、文化宣教中心、体育健身中心、老年活动中心、书店等。

③医疗保健中心。社区医院、卫生防疫站、急救中心、敬老院等。

④综合服务中心。银行、百货公司、集贸市场、社区超市、旅馆、酒店、中西药房等。

⑤市政交通公用服务。住区道路、停车场库、出租车站、公交换乘站等。

2）传统文化和历史文脉的继承与保护

我国地域辽阔，历史悠久。各地居民长期养成的生活习惯不尽相同，历史积淀下来的传统文化和历史文脉也都体现了鲜明的地方特色。随着我国城镇化建设加快，城镇用地规模不断扩大，社会经济不断发展，再加上外来思潮的不断冲击，城镇建设往往采取简单、盲目照抄、千篇一律的建设模式，对各地传统文化和历史文脉的继承和保护提出了严峻的挑战。生态住区内涵体现的不仅仅是人与自然的融合，还包括当代文明与历史文化的融合。因此，加强生态住区周边的自然与人文遗迹、历史文脉和非物质文化遗产的继承与保护是城镇生态住区规划与建设必不可少的一项工作。在规划设计前期，应对所选区域的历史文化、风俗习惯、人文脉络、民间手工（艺术）或非物质文化遗产等进行充分调研，重视其历史文化价值，明确保护原则和措施。从社会经济角度来说，历史文化本身具有很好的社会经济价值，如果被很好地保护和利用，将能产生巨大的经济利益和社会利益，随着社会的发展，其价值将不断增长。这对于提升城镇的形象与品位，塑造城镇浓郁的地方特色具有重要意义。

8.3 城镇环境保护和节能防灾措施

8.3.1 环境保护

合理选用雨水排放和生活污水处理方式，实施雨污分流，生活污水和养殖业污水应处理达标排放，不得暴露或污染城镇生活环境。结合城镇环境连片整治，深化“城镇家园清洁行动”，推行垃圾分拣，分类收集，做到环境净化、路无浮土。进行无害化卫生户厕建设或整治。按需求建设水冲式公厕，梳理、规范城镇各种缆线。

（1）环境卫生

1）城乡一体化原则

按照“户分类、村收集、镇中转、县处理”四级联动的城乡垃圾处理一体化管理原则，进行环境卫生整治。鼓励“以城带乡、纳管优先”，城镇生活污水管网尽可能向周边城镇延伸，优先考虑“纳管”集中处理。

2）综合利用、设施共享原则

积极回收可利用的废弃物；提倡垃圾、污水处理设施的共建共享。

3）重点和专项整治原则

对生态环境较脆弱和环境卫生要求较高的城镇应重点进行整治。针对有时效性，临时产生的垃圾进行专项整治。

4）完善机制、设施配套原则

建立日常保洁的乡规民约、责任包干、督促检查、考核评比、经费保障等长效机制。配套生活垃圾清扫、收集、运输等设施设备。

5）群众参与、自我完善原则

积极整合社会力量和资源，发动群众，引导群众出资或投工投劳，增强群众参与的责任感和主人翁意识。

（2）垃圾收集与处理

1）生活垃圾处理

建立生活垃圾收集——清运配套设施。提倡直接清运，尽量减少垃圾落地，防止蚊蝇滋生，带来二次污染。

2）生活粪便垃圾处理

3）禽畜粪便处理

逐步减少村内散户养殖，鼓励建设生态养殖场和养殖小区，通过发展沼气、生产有机肥和无害化畜禽粪便还田等综合利用方式，形成生态养殖 — 沼气 — 有机肥料 — 种植的循环经济模式。

4）农业垃圾处理

农业生产过程中产生的固体废物。主要来自植物种植业、农用塑料残膜等，如秸秆、棚膜、地膜等。

提倡秸秆综合利用，堆腐还田、饲料化、沼气发酵。

提倡选用厚度不小于0.008mm，耐老化、低毒性或无毒性、可降解的树脂农膜；“一膜两用、多用”，提高地膜利用率。

5）河道垃圾处理

定期对河道、渠道等水上垃圾打捞清淤，保证水系的行洪安全。

6）建筑垃圾处理

居民自建房产生的建筑渣土应定点堆放，不应影响道路通行及景观。

（3）完善排水设施

1）理清沟渠功能

弄清现状各类排水沟渠的功能。主要分三类：雨污合流沟渠、排内部雨水的沟渠、排洪沟渠（包括兼排内部雨污水的排洪沟渠）。

2）疏通整治排水沟（管）渠及河流水系

3）建设一套污水收集管网

4）建设污水处理设施

5）污泥处置和资源化

8.3.2 安全防灾

合理配套公共管理、公共消防、日常便民、医疗保健、义务教育、文化体育、养老幼托、安全饮水、防灾避难等设施，硬化修整村内主要道路，设置排水设施，次要道路和入户道路路面平整完好，满足居民基本公共服务需求。

（1）道路桥梁及交通安全设施

城镇道路桥梁及交通安全设施整治要因地制宜，结合当地的实际条件和经济发展状况，实事求是，量力而行。应充分利用现有条件和设施，从便利生产、方便生活的需要出发，凡是能用的和经改造整治后能用的都应继续使用，并在原有基础上得到改善。

1）畅通公路

a. 提高道路通达水平

道路既要保证居民出入的方便，又要满足生产需求，还应考虑未来小汽车发展的趋势。对宽度不满足会车要求的进村道路可根据实际情况设置会车段，选择较开阔地段将道路向侧局部拓宽。

b. 完善城乡客运网络

围绕基本实现城乡客运一体化的目标。加快城乡客运基础设施建设，完善城乡客运网络，方便居民生产、生活，促进城镇地区的繁荣。

2）改善道路

a. 线形自然

城镇道路走向应顺应地形，尽量做到不推山、不填塘、不砍树。以现有道路为基础，顺应现有城镇格局和建筑肌理，延续城镇乡土气息，传承传统文化脉络。

b. 宽度适宜

根据城镇的不同规模和集聚程度，选择相应的道路等级与宽度。规模较大的城镇可按照干路、支路、巷路进行布置，规模过大的城镇干路可适当拓宽，旅游型城镇应满足旅游车辆的通行和停放。

（a）城镇干路是将村内各条道路与村口连接起来的道路。解决城镇内部各种车辆的对外交通，路面较宽，红线宽度一般在 6m 以上。

(b) 城镇支路是村内各区域与干路的连接道路。主要供农用小型机动车及畜力车通行。红线宽度在 3.5m 以上。

（c）城镇巷路是居民宅前屋后与支路的连接道路，仅供非机动车及行人通行，红线宽度不宜大于 4m。

c. 断面合理

城镇道路从横断面上可以划分为路面、路肩、边沟几个部分。路面主要是满足道路的通行畅通的需要。路肩和边沟则满足保护道路路面的需要，道路后退红线则满足在建筑物与路面间形成安全缓冲区的需要。道路路肩在实际使用中主要用来保护路基、种植树木和花草、可铺装成为人行道。道路边沟在实际使用中主要用来排放雨水、保护路基，有封闭式和开敞式两种主要形式。

路面宽度约 4 ~ 6m，在条件允许的情况下，要留出与道路铺装宽度相当的后退红线距离。既保证安全，减少对居民的噪声影响，也便于铺设公共工程设施和绿化美化城镇。

d. 桥梁安全美观

城镇内部桥梁在功能上有别于城镇公路桥梁，其建设标准低于公路桥梁的技术标准，按照受力方式，可分为拱式、梁式和悬吊式三类。

桥梁的建设与维护，除了应满足设计规范，还应遵循经济合理、结构安全、造型美观的原则。可通过加固基础、新铺桥面、增加护栏等措施，对桥梁进行维护、改造。重视古桥的保护，特别是那些历史悠久的古桥，已经成为了城镇乡土特色中不可忽略的重要部分。廊桥造型优美，结构严谨．既可保护桥梁，亦可供人休憩、交流、聚会等。

3）设置停车场地

a. 集中停车

充分利用城镇零散空地。结合城镇人口和主要道路，开辟集中停车场，使动态交通与静态交通相适应，同时也减少机动车辆进人城镇内部对居民生活的干扰。有旅游等功能的城镇应根据旅游线路设置旅游车辆集中停放场地。集中停车场地可采用植草砖铺装，也可采用水泥混凝土等硬质铺装。

b. 路边停车

沿城镇道路，在不影响道路通行的情况下，选择合适位置设置路边停车位。路边停车不应影响道路通行，遵循简易生态和节约用地原则。

4）地面铺装生态

城镇交通流量较大的道路宜采用硬质材料路面，一般情况下使用水泥路面，也可采用沥青、块石、混凝土砖等材质路面。还应根据地区的资源特点，优先考虑选用合适的天然材料，如卵石、石板、废旧砖、砂石路面等，既体现乡土性和生态性，也有利于雨水的渗透，又节省造价。具有历史文化传统的城镇道路路面宜采用传统建筑材料，保留和修复现状中富有特色的石板路、青砖路等传统街巷道。

5）配置道路交通设施

a. 道路安全设施

对现有城镇道路进行全面的通车安全条件验收，对存在安全隐患的城镇道路，要设置交通标志、标线和醒目的安全警告标志等措施保障通车安全。遇有滨河路及路侧地形陡峭等危险路段时。应根据实际情况设置护栏。道路平面交叉时应尽量正交，斜交时应通过加大交叉口锐角一侧转弯半径，清除锐角内障碍物等方式保证车辆通行安全。城镇尽端式道路应预留一块相对较大的空间，便于回车。

b. 道路排水

路面排水应充分利用地形并与地表排水系统配合，当道路周边有水体时，应就近排入附近水体；道路周边无水体时，根据实际需要布置道路排水沟渠。道路排水可采用暗排形式，或采用干砌片石、浆砌片石、混凝土预制块等明排形式。

c. 路灯照明

路灯一般布置在城镇道路一侧、丁字路口、十字路口等位置，具体形式应根据道路宽度和等级确定。路灯架设方式主要有单独架设、随杆架设和随山墙架设三种方式，应根据现状情况灵活布置。路灯应使用节能灯具，在一些经济条件较好的城镇，可以考虑使用太阳能路灯或风光互补路灯，节省常规电能。

d. 路肩设置

路肩是为保持车行道的功能和临时停车使用，并作为路面的横向支承，对路面起到保护作用。当道路路面高于两侧地面时，可考虑设置路肩。路肩设置应"宁软勿硬"，宜优先采用土质或简易铺装，不必过于强调设置硬路肩。

（2）公共服务设施

1）公共活动场地

公共活动场地宜设置在城镇居民活动最频繁的区域，一般位于城镇的中心或交通比较便利的位置，宜靠近村委会、文化站及祠堂等公共活动集中的地段，也可根据自然环境特点。选择城镇内水体周边、现状大树、村口、坡地等处的宽阔位置设置。注意保护城镇的特色文化景观，特色城镇应结合旅游线路、景观需求精心打造。

2）公共服务中心

城镇公共服务设施应尽量集中布置在方便居民使用的地带，形成具有活力的城镇公共活动场所，根据公共设施的配置规模，其布局可以采用点状和带状等不同形式。

3）学校

小学、幼儿园应合理布置在城镇中心的位置，方便学生上下学，学校建筑应注意结构安全、规模适度、功能实用，配置相应的活动场地，与城镇整体建筑风貌相协调，并进行适度的绿化与美化。

4）卫生所

通过标准化村卫生所建设、仪器配置和系统的培训，改善城镇医疗机构服务条件，进一步规范和完善基层卫生服务体系。卫生所位置应方便居民就医，并配置一定的床位、医药设备和医务人员。

5）公厕

结合城镇公共设施布局，合理配建公共厕所。每个主要居民点至少设置 1 处，特大型城镇（3000 人以上）宜设置两处以上。公厕建设标准应达到或超过三类水冲式标准。

结合城镇公共服务中心、公共活动与健身场地，合理配建公共厕所。有旅游功能的特色城镇应结合旅游线路，适度增加公厕数量，并提出建筑风貌控制要求。公厕应与城镇整体建筑风貌相协调。

6）其他

其他公共服务设施包括集贸市场农家店、农资农家店等经营性公共服务设施，参考指标为 200 ~ 600 m^2 / 千人，有旅游功能的城镇规模可增加，配置内容和指标值的确定应以市场需求为依据。

（3）安全与防灾设施

城镇应综合考虑火灾、洪灾、震灾、风灾、地质灾害、雪灾和冻融灾害等的影响，贯彻预防为主，防、抗、避、救相结合的方针，综合整治、平灾结合，保障城镇可持续发展和居民生命财产安全。

1）保障城镇重要设施和建筑安全

城镇生命线工程、学校和居民集中活动场所等重要设施和建筑，应按照国家有关标准进行设计和建造。城镇整治中必须关注建造年代较长、存在安全隐患的建筑，并对城镇供电、供水、交通、通信、医疗、消防等系统的重要设施，根据其在防灾救灾中的重要性和薄弱环节，进行加固改造整治。

2）合理设置应急避难场所

避震疏散场所可分为紧急避震疏散场所、固定避震疏散场所和中心避震疏散场所等三类，应根据“平灾结合”原则进行规划建设，平时可用于居民教育、体育、文娱和粮食晾晒等生活、生产活动。用作避震疏散场所的场地、建筑物应保证在地震时的抗震安全性，避免二次震害带来更多的人员伤亡。要设立避震疏散标志，引导避难疏散人群安全到达防灾疏散场地。

3）完善安全与防灾设施

a. 消防安全设施

民用建筑和城镇（厂）房应符合城镇建筑防火规定，并满足消防通道要求。消防供水宜采用消防、生产、生活合一的供水系统，设置室外消防栓，间距不超过 120m，保护半径不超过 150m，承担消防给水的管网管径不小于 100mm，如灭火用水量不能保证宜设置消防水池。应根据城镇实际情况明确是否需要设置消防站，并配置定数量的消防车辆，发展包括专职消防队、义务消防队等多种形式的消防队伍。

b. 防洪排涝工程

沿海平原城镇，其防洪排涝工程建设应和所在流域协调一致。严禁在行洪河道内进行各种建设活动，应逐步组织外迁居住在行洪河道内的居民，限期清除河道、湖泊中阻碍行洪的障碍物。城镇防洪排涝整治措施包括修筑堤防、整治河道、修建水库、修建分洪区（或滞洪、蓄洪区）、扩建排涝泵站等。受台风、暴雨、潮汐威胁的城镇，整治时应符合防御台风、暴雨、潮汐的要求。

c. 地质灾害工程

地质灾害包括滑坡、崩塌、混石流、地面塌陷、地裂缝、地面沉降等，城镇建设应对场区作出必要的工程地质和水文地质评价，避开地质灾害多发区。

目前常用的滑坡防治措施有地表排水、地下排水、减重及支挡工程等；崩塌防治措施有绕避、加固边坡、采用拦挡建筑物、清除危岩以及做好排水工程等；泥石流的防治宜对形成区（上游）、流通区（中游）、堆积区（下游）统筹规划和采取生物与工程措施相结合的综合治理方案；地面沉降与塌陷防治措施包括限制地下水开采，杜绝不合理采矿行为，治理黄土湿陷。

d. 地震灾害工程

对新建建筑物进行抗震设防，对现有工程进行抗震加固是减轻地震灾害行之有效的措施。提高交通、供水、电力等基础设施系统抗震等级，强化基础设施抗震能力。避免引起火灾、水灾、海啸、山体滑坡、泥石流、毒气泄漏、流行病、放射性污染等次生灾害。

8.3.3 给水设施

（1）优先实施区域供水

临近城镇的乡村，应优先实行城乡供水体化。实施区域供水，城镇供水工程服务范围覆盖周边城镇，管网供水到户。在城镇供水工程服务范围之外的城镇，有条件的倡导建设联村联片的集中式供水工程。

（2）保障城镇饮水安全

1）给水工程须由有资质的单位负责设计、施工、管理。

2）所选水源应采用水质符合卫生标准，水量充沛、易于防护的地下或地表水水源。优质水源应优先保证生活饮用。

3）给水厂站及生产建（构）筑物（含厂外泵房等）周围30m范围内现有的厕所、化粪池和禽畜饲养场应迁出，且不应堆放垃圾、粪便、废渣和铺设污水管渠。有条件的厂站应配备简易水质检验设备。应保证净水过程消毒工序运行正常。

4）饮用水水质应达到《生活饮用水卫生标准》（GB 5749-2006）的要求。现有供水设施供水水质不达标的必须进行升级改造，如可在常规水处理工艺基础上增设预处理、强化混凝处理、深度处理工艺等。原水含铁、锰、氟、砷和含盐量以及藻类、氨氮、有机物超标的，应相应采取特殊处理工艺。

5）必须针对当地水源的水质状况，因地制宜地进行技术经济比较后，确定适宜的净水工艺。

6）村镇供水工程规模较小，净水构筑物结构形式推荐采用一体化钢结构，一体化净水设备具有占地面积小、装配式施工、施工周期短、安装简单、运行管理方便的特点，且可依靠设备厂家的技术力量解决村镇运行管理人才缺乏的难题。一体化净水设备可灵活进行不同工艺组合，还可切换运行，可适应水源水质的变化，出水水质更有保证。

7）现有明露铺设的给水干管和配水管均应改为埋地铺设，与雨污水沟渠及污水管水平净距宜大于1.5m，当给水管与雨污水沟渠及污水管交叉时，给水管应布置在上方。

8）最不利点自由水头根据供水范围内建筑物高度情况确定，一般情况下不小于16m，地形高差较大时，应采取分区分压供水系统，使供水范围内最低点自由水头不超过50m。

9）供水管材应选用PE等新型塑料管或球墨铸铁管，使用年限较长、陈旧失修或漏水严重的管道应及时更换。

（3）加强水源地保护

1）集中式饮用水水源地应划定饮用水水源保护区范围，并设置保护范围标志。

2）地表水水源保护应符合下列规定：

保护区内不应从事捕捞、养殖、停靠船只、游泳等有可能污染水源的任何活动；

保护区内不应排放工业废水和生活污水，沿岸防护范围内不应堆放废渣、垃圾，不应设立有毒有害物品仓库和堆栈，不得从事放牧等可能污染该段水域水质的活动；

保护区内不得新增排污口，现有排污口应结合城镇排水设施予以取缔。

3）地下水水源井的影响半径内，不应开凿其他生产用水井；保护区内不应使用工业废水或生活污水灌溉，不应施用持久性或剧毒农药，不应修建渗水厕所、废污水渗水坑、堆放废渣、垃圾或铺设污水渠道，不得从事破坏深层土层活动；雨季应及时疏导地表积水，防止积水渗入和满溢到水源井内。

8.3.4 生活节能设备

当前，大部分城镇地区还存在能源利用效率低、利用方式落后等问题，重视节约能源，充分开发利用可再生能源，改善用能紧张状况，保护生态环境，是城镇整治的重点内容之一，各城镇应结合当地实际条件选择经济合理的供能方式及类型。

（1）提高常规能源利用率

当前，推广省柴节煤炉灶，以压缩秸秆颗粒、复合燃料等代替燃煤、传统燃柴作为炊事用能，是城镇用能向优质能源转变的重要方式之一。

（2）积极发展可再生能源

可再生能源主要包括太阳能、风能、沼气、生物质能和地热能等。发展可再生能源，有利于保护环境，并可增加能源供应，改善能源结构，保障能源安全。

（3）提倡使用节能减排设备

采用综合考虑建筑物的通风、遮阳、自然采光等建筑围护结构优化集成节能技术。通过屋面遮阳隔热技术，墙体采用岩棉、玻璃棉、聚苯乙烯塑料、聚氨酯泡沫塑料及聚乙烯塑料等新型高效保温绝热材料以及复合墙体，采取增加窗玻璃层数、窗上加贴透明聚酯膜、加装门窗密封条、使用低辐射玻璃、封装玻璃和绝热性能好的塑料窗等措施，有效降低室内空气与室外空气的热传导。同时，垂直绿化也是实现建筑节能的技术手段之一。

8.4 城镇生态住区运营管理

要使城镇生态住区能够始终保持生态性，需要在整个使用时期内对生态住区进行管理与维护，确保生态规划与建设目标的顺利实现。由于住宅用地的土地使用权出让年限高达 70 年，因此在这 70 年的时间里，如何始终保持住区的生态良好，是一个值得深入研究的问题。

8.4.1 生态管理

一个规范的生态住区，生态规划设计、建设固然重要，但只有这些还不完整。要使其发挥应有的效益，还必须加强管理，实施可持续的科学管理，即生态管理。

传统的管理观念建立在以人为中心的基础上，认为管理的目的是为了人们获得更多的利益和更高的价值。这种管理方式强调社会经济系统而忽视了自然系统，无法达到人与自然的和谐。

生态管理则把人放到整个人与自然的系统中去，以人与自然和谐为目标，人的利益不再是被唯一强调的内容。生态管理强调整体综合管理，融合生态学、经济学、社会学和管理学原理，合理经营与管理住区，以确保其功能与价值的持续性。

生态管理的要素包括：确定明确的、可操作的目标；确定管理对象；提出合理的生态管理模式；监测并识别住区生态系统内部的动态特征，确定影响限制因子；确定影响管理活动的政策、法律和法规；选择、分析和整合生态、经济、社会信息，并强调与管理部门和居民间的合作；仔细选择和利用生态系统管理的工具和技术。

8.4.2 全寿命周期管理

城镇生态住区的开发与管理都是从可持续发展的角度进行的，对生态住区管理的理解应从纵横两个维度进行。从横向看，生态管理的对象是生态住区内的生态因子，强调的是生态住区的生态特性；从纵向看，在生态住区开发与使用的整个生命周期中，采用的应是有利于可持续发展的生态管理，这里强调的是管理手段的系统性和可持续性。

全寿命周期管理即是纵向的管理方式，从产品使用年限的角度出发，用系统论的方法进行开发、管理和评价，达到社会、经济和环境效益最优化，涵盖了从前期策划、规划设计、施工直到物业管理的整个开发运营过程。

8.4.3 物业管理

生态住区的物业管理应更强调使用过程的生态性和可持续性，在使用过程中使功能更加完善，并体现绿色生态理念的特殊要求。例如：加强对生态环境的管理，在垃圾处理、水的循环利用、社会环境的营造上，通过区别于一般住区或住区的运行方式，显示出生态设计的巨大效益，体现生态住区的生态特色和使用过程中的经济性。

（1）水系统的管理

对于生态住区而言，生活、绿化和景观均需消耗大量水资源，因此，持续的供水保障是物业管理的重要内容之一。

从生态管理的角度出发，在全寿命周期内对水系统的管理目标就是减少对市政供水系统的依赖，尽量在住区内循环用水。这种循环主要依靠再生水循环系统和雨水收集与处理系统来完成。

再生水是指生活、生产产生的废污水经过处理（主要是自然处理）后的水资源。生活污水中的清洁用水（如洗涤用水）以及一定量的雨水通过再生水管道汇入地下、半地下甚至地面的处理池，利用水生植物、经选择的细菌、湿地等自然处理方式，使水得到净化，经过必要的沉淀、过滤、消毒后，产生的再生水用于冲洗厕所、浇灌植物等。另一方面，来自建筑物的下水就在使用场所内处理，处理后的水可在原场所内再利用，成为生态住区较稳定的水源。在生态住区内建立统一的再生水道系统，可以减少下水道的负担和污水处理费用，保护水环境，节约水资源，促进水系生态的正常循环。

生态住区内可以采用蓄积雨水而不是尽快将雨水排出去的方式来利用雨水。建筑屋顶的降雨可以通过雨水管及集水槽输入到蓄水池，雨量较大时多余的雨水可通过溢流槽流入渗水井并向地下渗透，补充地下水。池内贮存的雨水用于冲洗厕所和绿化浇灌用水等，也可输入再生水系统，经沉淀消毒后用于消防或其他用水。雨水收集与利用系统可以在建筑群范围内进行统一建设；除了人工蓄积雨水之处，还可采用透水路面来进行自然土壤蓄水，以补充地下水；或采用修建渗水沟或渗水井的方式来收集雨水。

（2）垃圾处理系统的管理

生态住区内每天会产生大量的生活垃圾。这些垃圾中，既包括可以循环使用的材料，也包括有机垃圾。对垃圾处理系统的最终管理目标就是要达到垃圾的减量化、资源化和无害化，这就需要对生活垃圾实行分类和回收，充分利用资源。在几十年的使用过程中，对生活垃圾的分类主要依靠居民的自觉性，这也给生态住区的思想管理水平提出了更高的要求。

（3）社会环境管理

人是社会的人，人离不开社会。生态住区运营管理应多考虑人的社会属性，把个人需求与社会存在紧密地联系起来，加强生态住区的社会功能，注重人文精神的建设，在为居民提供物质帮助的同时，也提供精神上的帮助及情感上的交流，创造一个和谐的社会环境。

附录：城镇住区规划实例

1 历史文化名镇住区规划实例

2 城镇小康住宅示范小区规划实例

3 城镇居住区规划实例

4 城镇住区绿化景观规划实例

（提取码：5t0c）

参考文献

[1] 骆中钊．小城镇现代住宅设计 [M]. 北京：中国电力出版社，2006.

[2] 骆中钊，骆伟，陈雄超．小城镇住宅小区规划设计案例 [M]. 北京：化学工业出版社，2005.

[3] 骆中钊，张野平，徐婷俊，等．小城镇园林景观设计 [M]. 北京：化学工业出版社，2006.

[4] 刘延枫，肖敦余．底层居住群空间环境规划设计 [M]. 天津：天津大学出版社，2001.

[5] 肖敦余，胡德瑞．小城镇规划与景观构成 [M]. 天津：天津科学技术出版社，1989.

[6] 张勃，骆中钊，李松梅，等．小城镇街道与广场设计 [M]. 北京：化学工业出版社，2012.

[7] 文剑刚．小城镇形象与环境艺术设计 [M]. 南京：东南大学出版社，2001.

[8] 朱建达．小城镇住宅区规划与居住环境设计 [M]. 南京：东南大学出版社，2001.

[9] 骆中钊，杨鑫．住宅庭院景观设计 [M]. 北京：化学工业出版社，2011.

[10] 汤铭潭，等．小城镇与住区道路交通景观规划 [M]. 北京：机械工业出版社，2011.

[11] 骆中钊．小城镇住区规划与住宅设计 [M]. 北京：机械工业出版社，2011.

[12] 骆中钊．风水学与现代家具 [M]. 北京：机械工业出版社，2011.

[13] 王宁等．小城镇规划与设计 [M]. 北京：科学出版社，2001.

[14] 赵荣山，纪江海，李国庆，等．小城镇建筑规划图集 [M]. 北京：科学出版社，2001.

[15] 张勃，恩璟璇，骆中钊．中西建筑比较 [M]. 北京：五洲传播出版社，2008.

[16] 乐嘉藻．中国建筑史 [M]. 北京：团结出版社，2005.

[17] 温娟，骆中钊，李燃，等．小城镇生态环境设计 [M]. 北京：化学工业出版社，2012.

[18] 骆中钊，商振东，蒋万东，等．小城镇住宅小区规划 [M]. 北京：化学工业出版社，2012.

[19] 骆中钊．中华建筑文化 [M]. 北京：中国城市出版社，2014.08.

[20] 骆中钊．乡村公园建设理念与实践 [M]. 北京：化学工业出版社，2014.10.

[21] 张文忠．公共建筑设计原理 [M]. 北京：中国建筑工业出版社，2001.

[22] 苏继会．合肥市居住小区停车问题与经济比较研究 [J]. 合肥工业大学学报，2001.8.

[23] 肖敦余，胡德瑞．城镇规划与景观构成 [M]. 天津：天津科学技术出版社，1989.

[24] 胡长龙．园林景观手绘表现技法 [M]. 北京：机械工业出版社，2010.

后　记

感恩

“起厝功，居厝福 ” 是泉州民间的古训，也是泉州建筑文化的核心精髓，是泉州人“大　精神，善行天下”文化修养的展现。

“起厝功，居厝福 ” 激励着泉州人刻苦钻研、精心建设，让广大群众获得安居，充分地展现了中华建筑和谐文化的崇高精神。

“起厝功，居厝福 ” 是以惠安崇武三匠（溪底大木匠、五峰石艺匠、官住泥瓦匠）为代表的泉州工匠，营造宜居故乡的高尚情怀。

“起厝功，居厝福 ”是泉州红砖古大厝，创造在中国民居建筑中独树一帜辉煌业绩的力量源泉。

“起厝功，居厝福 ”是永远铭记在我脑海中，坎坷耕耘苦修持的动力和毅力。在人生征程中，感恩故乡“起厝功，居厝福 ”的敦促。

感慨

建筑承载着丰富的历史文化，凝聚了人们的思想感情，体现了人与人、人与建筑、人与社会以及人与自然的关系。历史是根，文化是魂。每个地方蕴涵文化精、气、神的建筑，必然成为当地凝固的故乡魂。

我是一棵无名的野草，在改革开放的春光沐浴下，唤醒了对翠绿的企盼。

我是一个远方的游子，在乡土、乡情和乡音的乡思中，踏上了寻找可爱故乡的路程。

我是一块基础的用砖，在莺歌燕舞的大地上，愿为营造独特风貌的乡魂建筑埋在地里。

我是一支书画的毛笔，在美景天趣的自然里，愿做诗人画家塑造令人陶醉乡魂的工具。

感动

我，无比激动。因为在这里，留下了我走在乡间小路上的足迹。1999 年我以“生态旅游富农家”立意规划设计的福建龙岩洋畲村，终于由贫困变为较富裕，成为著名的社会主义新农村，我被授予“荣誉村民”。

我，热泪盈眶。因为在这里，留存了我踏平坎坷成大道的路碑。1999 年，以我历经近一年多创作的泰宁状元街为建筑风貌基调，形成具有“杉城明韵”乡魂的泰宁建筑风貌闻名遐迩，成为福建省城镇建设的风范，我被授予“荣誉市民”。

我，心花怒发。因为在这里，留住了我战胜病魔勇开拓的记载。我历经十个月潜心研究创作的时代畲寮，终于在壬辰端午时节呈现给畲族山哈们，安国寺村鞭炮齐鸣，众人欢腾迎接我这远方异族的亲人。

我，感慨万千。因为在这里，留载了我研究新农村建设的成果。面对福建省东南山国的优美自然环境，师法乡村园林，开拓性地提出了开发集山、水、田、人、文、宅为一体乡村公园的新创意，初见成效，得到业界专家学者和广大群众的支持。

我，感悟乡村。因为在这里，有着淳净的乡土气息、古朴的民情风俗、明媚的青翠山色和清澈的山泉溪流、秀丽的田园风光，可以获得乡土气息的“天趣”、重在参与的“乐趣”、老少皆宜的“谐趣”和净化心灵的“雅趣”。从而成为诱人的绿色产业，让处在钢筋混凝土高楼丛林包围、饱受热浪煎熬、呼吸尘土的城市人在饱览秀色山水的同时，吸够清新空气的负离子、享受明媚阳光的沐浴、痛饮甘甜的山泉水、脚踩松软的泥土香；感悟到“无限风光在乡村”！

我，深怀感恩。感谢恩师的教诲和很多专家学者的关心；感谢故乡广大群众和同行的支持；感谢众多亲朋好友的关切。特别感谢我太太张惠芳带病相伴和家人的支持，尤其是我孙女励志勤奋自觉苦修建筑学，给我和全家带来欣慰，也激励我老骥伏枥地坚持深入基层。

我，期待怒放。在“外来化”即“现代化”和浮躁心理的冲击下，杂乱无章的“千城一面，百镇同貌”四处泛滥。“人人都说家乡好。”人们寻找着“故乡在哪里？”呼唤着“敢问路在何方？”期待着展现传统文化精气神的乡魂建筑遍地怒放。

感想

唐代伟大诗人杜甫在《茅屋为秋风所破歌》中所曰：“安得广厦千万间，大庇天下寒士俱欢颜，风雨不动安如山！”的感情，毛泽东主席在《忆秦娥·娄山关》中所云：“雄关漫道真如铁，而今迈步从头越。从头越，苍山如海，残阳如血。”的奋斗精神，当促使我在新型城镇化的征程中坚持努力探索。

圆月璀璨故乡明，绚丽晚霞万里行。